FORSCHUNGSBERICHTE
DES LANDES NORDRHEIN-WESTFALEN

Herausgegeben durch das Kultusministerium

Nr. 553

Prof. Dr. Georg Garbotz
Dr.-Ing. Josef Theiner
Technische Hochschule Aachen

Untersuchungen der statischen Walzverdichtungsvorgänge mit Glattwalzen und Vergleiche mit Ergebnissen aus Versuchen mit dynamischen Verdichtungsgeräten

Als Manuskript gedruckt

WESTDEUTSCHER VERLAG / KÖLN UND OPLADEN
1959

ISBN 978-3-663-03819-1 ISBN 978-3-663-05008-7 (eBook)
DOI 10.1007/978-3-663-05008-7

G l i e d e r u n g

1. Vorwort und Aufgabenstellung

In den letzten Jahren wurde immer deutlicher, daß die umfangreichen Schäden am derzeitigen Straßennetz, die infolge der hohen Radlasten und der enorm angestiegenen Verkehrsdichte auftraten, auf die ungenügende oder ungleichmäßige Verdichtung des Untergrundes, des Unterbaues oder der Decke zurückzuführen sind.

Zu den Grundforderungen im modernen Straßenbau muß deshalb die optimale und gleichmäßige Verdichtung sowie die Herstellung einer ebenen Fahrbahn-Oberfläche zählen. Diese Forderungen lassen sich jedoch nur erfüllen, wenn wirksame und geeignete Geräte zur Verfügung stehen; ihre Entwicklung und Verbesserung ist jedoch nur möglich, wenn über die Verdichtungsvorgänge und das Zusammenwirken der einzelnen die Verdichtung beeinflussenden Faktoren Klarheit besteht. In diesem Zusammenhang ergab sich u.a. auch die dringende Notwendigkeit, die Vorgänge bei der statischen Walz- und der dynamischen Rüttelverdichtung zu klären.

Herr Professor Dr. GARBOTZ schlug bereits zu Beginn der 30er Jahre Untersuchungen mit verschieden großen und schweren Walzen, unterschiedlichen Geschwindigkeiten und Walzenbauarten u.a.m. vor [1], die jedoch mangels Mitteln nicht zur Ausführung kamen. Auf Grund seiner immer wieder erhobenen Forderung [2], hier Klarheit zu schaffen, erhielt das Institut für Baumaschinen und Baubetrieb der Rheinisch-Westfälischen-Technischen Hochschule Aachen im Jahre 1952 den Auftrag, Untersuchungen an statischen Walzen durchzuführen, mit deren Abwicklung der Verfasser betraut wurde.

Die Arbeit diente vor allem dazu, die Verdichtungsvorgänge bei gezogenen und selbstfahrbaren Glattwalzen zu klären. Hierzu war es notwendig, den Einfluß des Walzendurchmessers, des Walzengewichtes, der Walzengeschwindigkeit, des Bodenwassergehaltes und der Anzahl der Übergänge auf die Verdichtungswirkung, die Oberflächenebenheit und Staubildung, die Verformung der Bodenschichten und die auftretenden Normal- und Schubkräfte festzustellen, um den Walzen-Herstellern den Einflußgrad der angeführten Faktoren aufzuzeigen und Aufschluß über die erforderlichen Zug- und die auftretenden Umfangskräfte zu geben. Die Untersuchungen wurden in den Jahren 1953 - 1956 in der Versuchsbahn des Instituts durchgeführt.

Neben diesen Hauptuntersuchungen mit statischen Glattwalzen führte der Verfasser eine Reihe von Versuchen mit neuentwickelten Rüttelgeräten durch, die in erster Linie zur Erprobung derselben dienten. Da die Ergebnisse jedoch interessante Vergleichsmöglichkeiten z.B. über die Verdichtungswirkung bieten, die den Einsatzbereich der verschiedenen Geräte abzugrenzen gestatten, wurden sie für die vorliegende Arbeit mit herangezogen.

Die Durchführung der Untersuchungen wurde dadurch ermöglicht, daß vom Wirtschafts- und Verkehrsministerium des Landes Nordrhein-Westfalen die finanziellen Mittel, vom Institut für Baumaschinen und Baubetrieb die Meßapparaturen und von den Firmen

ABG, Hameln/Weser;
Bohn & Kähler, Kiel;
Grün & Bilfinger AG., Mannheim;
Dingler-Werke AG., Zweibrücken;
Gebr. Hamm, Tirschenreuth/Bayern;
Henschel & Sohn GmbH., Kassel;
Carl Kaelble GmbH., Backnang;
Theodor Ohl, Limburg/Lahn;
B. Ruthemeyer, Soest/Westf.;
W. & J. Scheid, Limburg/Lahn;
Strabag-Bau-AG., Köln-Deutz;
W. Weller, Düsseldorf und
H. Zettelmeyer, Konz b./Trier

Sachlieferungen zur Anfertigung der umfangreichen Versuchseinrichtungen und Versuchsgeräte zur Verfügung gestellt wurden.

Dem genannten Ministerium, der Forschungsgesellschaft für das Straßenwesen und den privaten Förderern möchte der Verfasser an dieser Stelle für die großzügige Unterstützung danken.

Mein besonderer Dank gilt Herrn Professor Dr. GARBOTZ, der die maßgeblichen Stellen von der Notwendigkeit dieser Arbeit überzeugte und mir gleichzeitig das Vertrauen schenkte, diese Arbeit durchzuführen. Durch seine laufende rege Anteilnahme und durch Ratschläge und Hinweise gewährte er mir außerdem eine tatkräftige Unterstützung. Ebenso gilt auch mein Dank Herrn Professor Dr.-Ing. SCHULTZE, Direktor des Instituts für Verkehrswasserbau, Grundbau und Bodenmechanik für die Hinweise, die er mir zur Klärung von bodenmechanischen Problemen gegeben hat und für die Erlaubnis, die Laboratoriumseinrichtungen in seinem Institut benutzen zu können.

Ferner darf ich Herrn Dipl.-Ing. FRENKING für die Mithilfe bei der Entwicklung der elektrischen Meßeinrichtungen, Herrn Werkmeister BEGASSE für die unermüdliche Mitarbeit beim Bau der Versuchseinrichtungen und bei der Durchführung der sehr umfangreichen Versuche, und dem Institutsmechaniker Herrn SCHMITZ, für die Anfertigung von Meßgeräten meinen Dank sagen.

1.1 Geschichtliches

Die Straßenwalze, ein unentbehrliches Gerät im neuzeitlichen Straßenbau, ist durchaus nicht so alt, wie es der seit frühgeschichtlichen Zeiten bekannte Straßenbau vermuten ließe [3 u. 4]. Weder die Römer, die ihre Straßen durch Stampfen und Schlagen befestigten, noch andere Völker des Altertums kannten ausgesprochene Straßenwalzen. Die Ägypter verwendeten zwar Walzen, jedoch zum Fortbewegen von schweren Steinen, und die Assyrer Steinwalzen zum Befestigen ihrer flachen Dächer; diese Walzen waren jedoch für den Straßenbau zu leicht. Eine in den 30er Jahren des 19. Jahrhunderts in Mittelamerika entdeckte Steinwalze aus der Maya-Zeit dürfte dagegen dem Straßenbau gedient haben; Zusammenhänge mit späteren europäischen Entwicklungen lassen sich jedoch nicht feststellen.

Auch im frühgeschichtlichen deutschen Straßenbau kannte man keine Walzen und befestigte, soweit man davon sprechen kann, ebenfalls durch Stampfen. Die geringen aufgebrachten Stoßkräfte bewirkten nur die Verdichtung der obersten Gesteinslage, und die tieferreichende Verdichtung blieb dem späteren Verkehr vorbehalten. Hierbei erkannte man den Einfluß, den die unterschiedlichen Radbreiten auf die Güte und die Ebenheit der Straße ausüben und versuchte durch Verordnungen auf die Verwendung zweckmäßiger Radbreiten hinzuwirken. Während in deutschen Verordnungen ein bestimmtes Verhältnis zwischen Nutzlast und Radbreite festgesetzt wurde, gestattete Maria Theresia bei über 6" breiten Rädern beliebig schwere Wagenladungen, und die Engländer führten den Wegzoll ein, der entsprechend der Radbreite abgestuft war; für 22" breite Räder, die praktisch schon Walzen darstellten, galt der niedrigste Satz. Trotzdem man also hiermit bereits Walzen kannte, blieb ihre unmittelbare Nutzanwendung für die reinen Zwecke im Straßenbau einem wesentlich späteren Zeitpunkt vorbehalten.

Als erste Straßenwalze der Welt kann eine eiserne Doppeldeichsel-Einrad-

Walze (Abb. 1) bezeichnet werden, die von mehreren Pferden gezogen wurde; Jakob LEUPOLD beschrieb sie 1725 im sechsbändigen Werk "Theatrum Machinarum".

A b b i l d u n g 1

Um den Einsatz auf schmalen Straßen und Nebenwegen zu ermöglichen, wurden die Pferde hintereinander vorgespannt. Die Walze geriet jedoch bald in Vergessenheit, und im Jahre 1781, bei der Einführung der Packlage durch die "Sächsischen Vorschriften", konnte man sich ihrer nicht mehr erinnern und schrieb die Stampfverdichtung wieder vor, obwohl diese Bauweise den Einsatz von Walzen gerechtfertigt hätte.

Auch eine in England entwickelte, 1777 in der Französischen Enzyklopädie von DIDEROT und d'ALEMBERT beschriebene Walze konnte sich nicht durchsetzen; sie war als zweiachsiger Karren mit Doppeldeichsel ausgeführt und stellte praktisch die erste Tandem-Walze dar; interessanterweise war hier die Möglichkeit einer Gewichtserhöhung durch Zuladen von Steinen erstmals gegeben. Man konnte somit die anfänglichen Walzgänge zweckmäßig mit niedriger und gegen Ende des Walzvorganges mit höherer Belastung walzen.

1787 brachte der Franzose de CESSART eine ähnliche, 3,5 t schwere Walze mit gußeisernen Hohlzylindern von 8 Fuß Länge und 36" Durchmesser heraus.

Während alle genannten Konstruktionen über das eigentliche Entwicklungsstadium nicht hinauskamen, blieb ein erstmaliger längerer praktischer Einsatz einer steinernen Straßenwalze vorbehalten, die 3 Fuß lang und 2 Fuß dick war und erstmalig in der Bayerischen Instruktion für die Erbauung neuer Straßen vom 11.Juli 1819 erwähnt wird.

Im Jahre 1825 führte Preußen in seiner Straßenbauschrift die erste 2,5 - 3 t schwere eiserne Walze ein, deren Gewicht durch Ballast verdoppelt werden konnte. Genaueres über die Bauart ist nicht bekannt.

Auf einer Neujahrsplakette der Kgl. Preuß. Eisengießerei aus dem Jahre 1830 wird eine Tandem-Walze mit verhältnismäßig großen Walzendurchmessern und einem Kasten zur Aufnahme von Gewichten abgebildet.

Aus dem Jahre 1834 stammt die erste konkave Walze; diese nach einem Straßenprofil ausgebildete, von POLONCEAU entwickelte, 3 t schwere hölzerne Walze war mit Eisenblech beschlagen und besaß eine doppelte Gabeldeichsel zum Nebeneinanderspannen der Pferde. Die Konstruktion (Abb.2) geriet jedoch zusammen mit der Idee der konkaven Walzenausbildung bald in Vergessenheit.

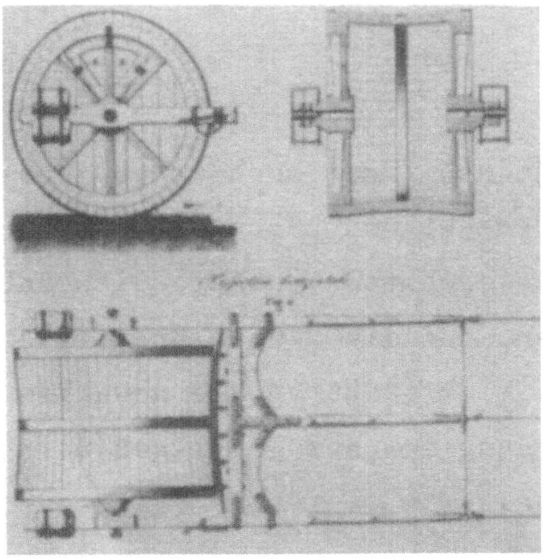

Abbildung 2

Bei einer Vielzahl weiterer Pferdewalzen (Abb. 3) wurde vor allem versucht, das Problem der Gewichtsbelastung und das Wenden besser zu lösen; so stammt die Idee der Wasserfüllung aus dem Jahre 1853 und die Ausstattung der schweren Pferdewalzen mit einer vorderen und hinteren Deichsel, und später mit einer Umsteck- oder Umschlagdeichsel, aus derselben Zeit. Da trotz dieser Maßnahmen das umständliche Umspannen der Pferde beim Wenden erforderlich war, rüstete man eine spätere Konstruktion mit einer drehbaren Zugvorrichtung aus (Abb. 4) und behob so den erwähnten Nachteil. Trotz der verschiedensten Verbesserungen

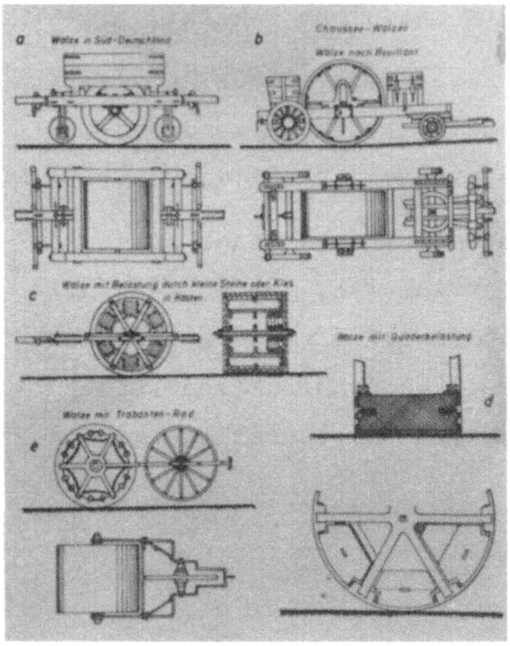

A b b i l d u n g 3

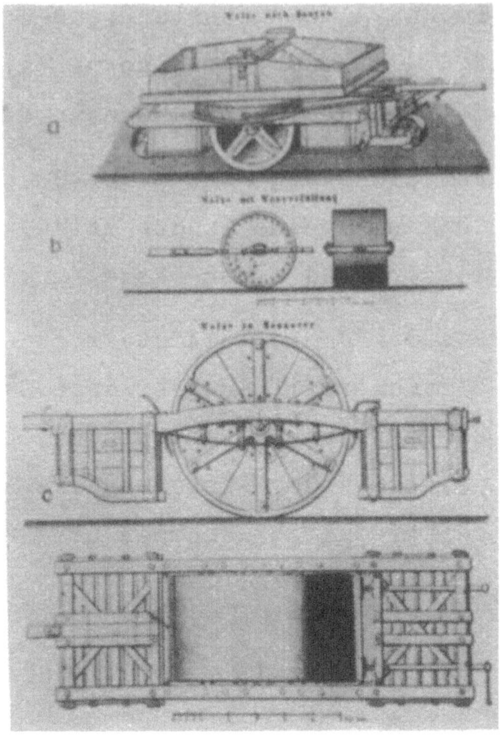

A b b i l d u n g 4

wies die Pferdewalze jedoch immer noch erhebliche Nachteile auf; ein wesentlicher war das Gewicht von höchstens 6 t, das ein oftmaliges Befahren notwendig machte. Schotter rundete sich dabei stark ab und erschwerte das Verspannen, und die vielen Zugpferde zum Ziehen der schweren Walzen lockerten mit ihren Hufen die gewalzte Oberfläche auf; somit bot sich die Nutzanwendung der zur damaligen Zeit noch jungen Dampfmaschine also förmlich an.

Als erster baute der Franzose LEMOINE eine Dampfwalze als direkte Nachbildung einer Pferdewalze, die 1861 in Paris zum Einsatz kam; sie bestand aus einem Rahmen, auf dem der Kessel mit der Maschine und in der Mitte die große Walzentrommel angeordnet waren. Zwei kleine Lenkwalzen an den beiden Stirnseiten dienten zur Abstützung; die Walze bewährte sich nicht.

Eine zufriedenstellende Konstruktion brachte der Franzose BALLAISON mit der ersten Dampf-Tandem-Walze im Jahre 1862 heraus (Abb. 5). Beide Walzentrommeln der 17,5 t schweren Walze wurden von der 5 PS starken Dampfmaschine über Ketten angetrieben. Die Achsen waren zur Lenkung um Kugelzapfen schwenkbar, die sich auf der einen Maschinenseite befanden. Diese später von der Compagnie Gellerat in Paris hergestellte und

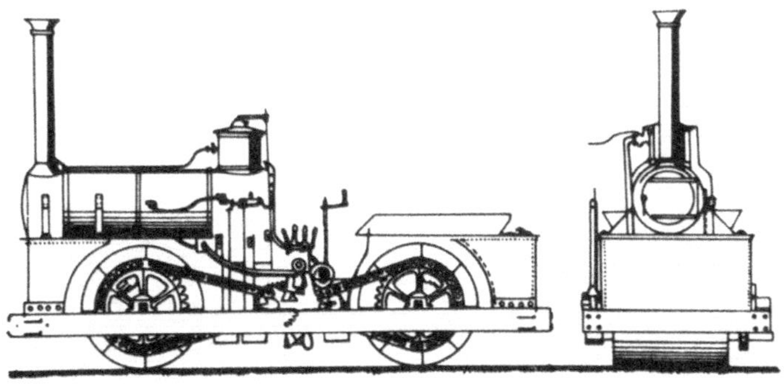

A b b i l d u n g 5

Die erste brauchbare Dampfwalze von Ballaison (Paris 1862)

verbesserte Konstruktion war gegenüber Pferdewalzen wesentlich beweglicher, wie Versuche im Jahre 1866 zeigten. Der Antrieb beider Walzen wirkte sich vor allem walztechnisch günstig aus, so daß das gefürchtete Schieben des Walzgutes, es handelte sich damals um das Walzen von Schotter, nicht auftrat und die Körner weniger zerquetscht und in einen besseren Verband gedrückt wurden. Nachteilig war die hohe Schwerpunktlage und die ungenügende Kurvenfahrbarkeit der Walze.

Im Jahre 1878 baute MAFFEI, München, eine derartige Dampfwalze und verbesserte die Konstruktion im Jahre 1881 weitgehend, so daß Walzen dieser Art noch in den 30er Jahren ihren Dienst zufriedenstellend erfüllten. Das Interessante an der Konstruktion war die maschinelle Lenkung, die darin bestand, daß die Vorder- und Hinterachse auf der Antriebseite in je einem Gelenk und auf der entgegengesetzten Seite in Schlitten gelagert waren, die durch Spindeln bewegt wurden. Bei späteren Konstruktionen trieb man nur eine Walze an und bildete die zweite als Lenkwalze aus.

In der ersten Zeit war man sich auch über den Dampfkesselaufbau nicht einig und ordnete den Kessel sowohl stehend als auch querliegend, jedoch wegen der sich ergebenden hohen Schwerpunktlage kaum längsliegend an.

Der Übergang von der Pferde- zur Dampfwalze ging in England ebenfalls nur schrittweise vonstatten; hier schlug man den Weg zur Dreirad-Walze ein. Das erste Patent erhielten 1863 CLARK & BATLER, London, und die erste brauchbare Konstruktion schufen 1866 AVELING & PORTER, Rochester (Abb. 6); diese 30 t schwere Maschine besaß eine geteilte Lenkwalze mit

A b b i l d u n g 6
Dampfwalze von Aveling und Porter
(Rochester 1867)

A b b i l d u n g 7

1500 mm Durchmesser, die, rückwärts angeordnet, in einem drehbaren Rahmen lagerte. Besonders große Triebwalzen von 2100 mm Durchmesser und eine große Überdeckung verliehen dieser Konstruktion vorzügliche Walzeigenschaften; trotzdem strebte die Firma bei ihrer folgenden im Jahre 1871 herausgekommenen Konstruktion eine Gewichtsverminderung an, in dem man auf den schweren Rahmen verzichtete und den Kessel, da der Vorderwalzenbügel noch nicht bekannt war, über einen Zapfen auf der Achse der V-förmig stehenden Vorderwalzen, die über Ketten gelenkt wurden, abstützte (Abb. 7). Das Konstruktionsgewicht wurde zwar auf 7,5 t gesenkt, jedoch ging durch den nur klein ausführbaren Walzendurchmesser der Vorteil der bisherigen großen Lenkwalze verloren.

Eine Behebung dieses zwar rasch erkannten Nachteiles war erst durch die Erfindung des Walzenbügels und des Sattelstückes, zur Auflagerung des Kessels, möglich; die Erfindung des Walzenbügels ist Green & Sons, die des Sattelstückes Aveling & Porter, etwa Ende der 70er Jahre, zu verdanken.

Eine aus der damaligen Zeit stammende 10 t Walze der letztgenannten Firma mit beiden Neuerungen unterschied sich im äußeren Aufbau nicht wesentlich von den ausgeführten Dampfwalzen-Bauarten der zwanziger Jahre, nur daß bei den neuzeitlichen Walzen die Lenkung, der Antrieb, die Einstellbarkeit der Triebwalzen und die konstruktive Einzelteilgestaltung mehr oder weniger verbessert wurden.

In Anlehnung an die Aveling'sche Konstruktion baute die Maschinenfabrik Kuhn in Stuttgart im Jahre 1878 die erste deutsche Dreirad-Walze. Sie wog 23 t und besaß, wie die spätere Umkonstruktion aus dem Jahre 1885, kein Sattelstück (Abb. 8), so daß die Vorderwalze sehr klein ausgebildet war; der Schotter wurde deshalb so stark geschoben, daß eine wellige Walzoberfläche entstand. Die 35 PS starke Antriebsmaschine vermittelte der Walze eine Arbeitsgeschwindigkeit von etwa 2 km/h und eine Marschgeschwindigkeit von 4 km/h.

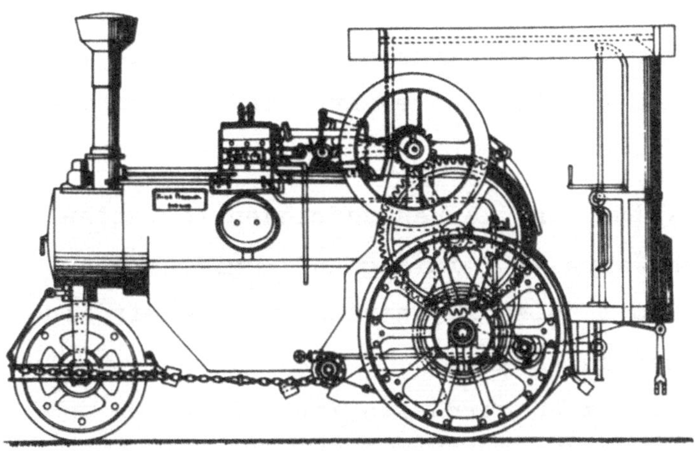

A b b i l d u n g 8

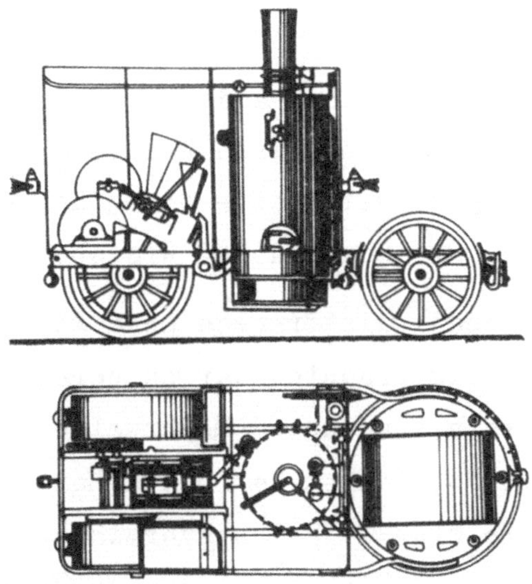

A b b i l d u n g 9

Zu den weiteren deutschen Konstruktionen aus dieser Zeit zählen die 17,5 t schwere "Cyklop-Walze" von Mehlis und Behrens, Berlin (Abb. 9), mit gleichgroßen Lenk- und Triebwalzen von 1500 mm Durchmesser sowie die 26 und 40 t schwere Dampfwalze "Bauart Dreling" (Abb. 10), deren Lenkwalze gleichfalls in einem horizontalen Ring gelagert war und die der ersten Walze von Aveling & Porter aus dem Jahre 1866/67 stark ähnelte. Bei der Dreling'schen Walze waren die im Durchmesser gleichgroßen Einzelwalzen in der Breite so bemessen, daß sie denselben Druck auf das Walzgut ausübten.

Um die Jahrhundertwende unternahm man zuerst in Frankreich die ersten Anstrengungen, den Verbrennungsmotor zum Antrieb heranzuziehen, da der wesentlich geringere Platzbedarf für den Motor neue Möglichkeiten für die konstruktive Gestaltung der Walzen bot. So ließ sich durch breitere

A b b i l d u n g 10

und näher aneinander rückbare Triebwalzen eine größere Überdeckung und durch verkürzbaren Radstand eine größere Wendigkeit erreichen. Die geringere Walzbreite ermöglichte dazu ein leichteres Arbeiten auf schmalen Straßen und auf Gleisbettungen.

Nachdem die französische Konstruktion zwar keinen zufriedenstellenden Erfolg brachte, war es bereits im Jahre 1902 in England möglich, als erste brauchbare Motorwalze eine 16 t Walze zu entwickeln, die mit einem 25 PS starken Petroleum-Motor ausgerüstet war.
Die starke Gewichtsverminderung, die sich durch die Verwendung des Motorantriebes bei den Walzenkonstruktionen erreichen ließ, erkennt man an einer im Jahre 1906 in Amerika gebauten Walze, die nur 2,5 t wog und von einem 8 PS-Gasolin-Motor angetrieben wurde.

Die erste deutsche Motorwalze mit einem Rohöl-Motor baute im Jahre 1913 Jacob & Becker, Leipzig (Abb. 11); sie besaß einstellbare Triebwalzen, die somit ein Walzen von Hohlprofilen ermöglichte.

Besonders die Motorwalzen wurden im Laufe der Zeit ständig weiter entwickelt. Bei den späteren Konstruktionen wurde ein sehr kurzer Radstand vor allem dadurch erreicht, das man Motoren mit stehenden Zylindern verwendete und diese hinter dem Führerstand am Ende des Rahmens anordnete, wobei sich gleichzeitig eine leichte Zugänglichkeit ergab. Der Einbau eines blockierbaren Differentialgetriebes gestattete, mit starr verbundenen Triebrädern zu arbeiten und außerdem enge Kurven zu befahren. Wesentliche Verbesserungen erfuhr im Laufe der Zeit auch der Lenkmechanismus; nachdem die anfängliche Kettenlenkung von der Schnecken- und

Abbildung 11

Stirnrad-Getriebelenkung verdrängt wurde, findet neuerdings bei den modernen Motorwalzen die hydraulische oder elektrische Lenkung in zunemendem Maße Anwendung, da sie dem Walzenführer ein wesentlich leichteres Steuern ermöglicht. Die Vorzüge der Dampfwalze, das stoßfreie Anfahren und Beschleunigen und die Umsteuerbarkeit unter Last, wichtige Forderungen vor allem beim Walzen von bituminösen Belägen, sucht man durch besondere Ausbildung der Kupplungen und der Umsteuerungsorgane wettzumachen, wozu Elemente der Getriebetechnik, wie Doppelkonus- oder Sinuslamellen-Reversierkupplungen, die ein weiches, stoßfreies Arbeiten und eine Schnellumsteuerung in allen Gängen ermöglichen, herangezogen werden. Das stoßfreie Anfahren der Walze ist besonders für die Erreichung einer ebenen Walzoberfläche wichtig, da jeder Ruck einen auftretenden Schub auf das Walzgut bewirkt und eine Verschiebung desselben in horizontaler Richtung zur Folge hat (Abb. 12).

In jüngster Zeit ist man von der Dampfwalze fast vollkommen abgegangen und baut selbst die schwersten Dreirad-Walzen mit über 14 t Grundgewicht als Motorwalzen. Auf Grund der Vereinbarung über die Typenbeschränkung und Kennzeichnung von Straßenwalzen [5] unterscheidet man hinsichtlich der Walzenanordnung Einrad-, Tandem-, Dreirad- und Dreiachs-Walzen und als Sonderausführung die Gummirad-, Vibrations- und Schaffuß-Walzen, die jedoch außerhalb der geschichtlichen Betrachtung bleiben sollen.

Zwar hat man in der genannten Vereinbarung die Grundgewichte festgelegt, ohne dieselben jedoch mit der spezifischen Walzenbelastung, dem Walzen-

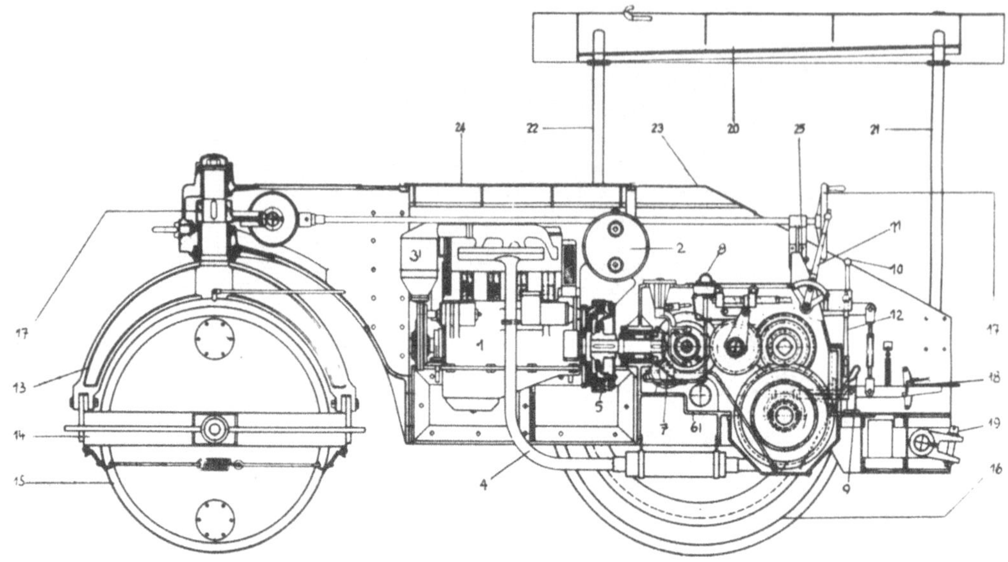

Abbildung 12

1 Starker luft- oder wassergekühlter Dieselmotor
2 Brennstoff-Behälter mit großem Fassungsvermögen
3 Öl - Luftfilter
4 Auspuffleitung
5 Elastische Kupplung
6 Öldicht geschlossenes Getriebe mit 3 Gängen
7 Ölpumpe für Zentralschmierung
8 Schauglas
9 Ölmeßstab für Getriebe
10 Gangschaltung
11 Kupplungsschaltung
12 Differentialsperre
13 Vorderwalzenbügel aus Stahlguß
14 Vorderwalzenrahmen aus SM-Stahl
15 Vorderwalzen aus Stahlguß
16 Hinterwalzen aus Stahlguß
17 Hand- oder hydraulische Steuerung
18 Sicherwirkende Fußbremse, neben einer Bandagenbremse
19 Anhängevorrichtung für Aufreißer
20 Dach mit eingebautem Wasserbehälter
21 Hintere Dachstütze als Füll-Leitung
22 Vordere Dachstütze als Fall-Leitung
23 Aufklappbares Getriebe-Verdeck
24 Aufklappbares Motor-Verdeck
25 Armaturenbrett

durchmesser und der Antriebsart in Zusammenhang zu bringen. Wie wichtig jedoch die Kenntnis dieser Zusammenhänge ist, über die sich die Walzenhersteller und die Straßenbauer nicht im klaren sind, zeigen die Ergebnisse der vorliegenden Forschungsarbeit, allerdings nur für zwei stark unterschiedliche Bodenarten.

1.2 Stand der Forschung

Mit dem Problem der künstlichen Bodenverdichtung im Erd- und Straßenbau und in der landwirtschaftlichen Technik befassen sich die Wissenschaftler und Praktiker bereits seit Jahrzehnten und eine große Anzahl von Forschungsarbeiten ist im Laufe der Zeit auf diesem Gebiet erschienen.

Soweit der Verfasser bei der Durchsicht der umfangreichen Literatur feststellen konnte, beschäftigen sich die Arbeiten jedoch vorwiegend mit der Feststellung der Verdichtungs- und Tiefenwirkung von verschiedenen Verdichtungsgeräten auf unterschiedlichen Bodenarten, bei Veränderung des Wassergehaltes, der Arbeitsgeschwindigkeit, der Verdichtungsarbeit, ohne daß jedoch die eigentlichen Vorgänge im Boden, die z.B. gezogene und selbstfahrbare Walzen verursachen, systematisch untersucht wurden. Mit den vorliegenden Untersuchungen am stärksten im Zusammenhang stehen die nachfolgend kurz besprochenen Arbeiten.

1.21 Forschungs- und Versuchsarbeiten mit Glattwalzen

Mit dem Zugkraftbedarf und der Wirkung von Glattwalzen auf einem stark mit Humus versetztenLehm und einem Feinsand mit 9,3% abschlemmbaren Teilen beschäftigt sich eine Mitte der 20er Jahre von DEUTSCHLÄNDER [6] durchgeführte Forschungsarbeit, in der festgestellt wird, daß auf schwerem Boden die Walzwirkung und auf leichtem Boden der Zugkraftbedarf größer ist.

Die Verdichtungswirkung und der Zugkraftbedarf von 3 verschieden großen Glattwalzen auf mittelschwerem Lehmboden untersuchte ebenfalls KOCH [7], wobei er eine Gesetzmäßigkeit in der Setzungsabnahme nach der Tiefe, eine Abnahme der Tiefenwirkung mit wachsender Walzgeschwindigkeit bei einem Wassergehalt von über 15% und eine annähernde Übereinstimmung der nach FÖPPL berechneten ($Z = \frac{3}{8} Q \sqrt{\frac{2\,t}{R}}$) mit der aufgewendeten Zugkraft feststellte. Die Arbeitsgeschwindigkeit war nur bei kleinem Walzendurchmesser und großer Walzengeschwindigkeit ($\geqq$ 30 m/min) auf den Zugkraftbedarf von Bedeutung.

Eine Untersuchung über die Abnahme des Verdichtungsgrades nach der Tiefe bei 5 verschiedenen Böden, einem schweren, einem schluffigen und einem sandigen Ton, sowie einem Sand und einem tonigen Kiessand, die mit einer 8 t-Glattwalze von 1300 mm Durchmesser bei Veränderung des Wassergehaltes verdichtet wurden, stellten LEWIS und McLAREN [8] an; sie fanden, daß:

1. die allgemeine Tendenz im Verhältnis zwischen Trockendichte und Tiefe für alle Böden annähernd gleich war,
2. das Trockenraumgewicht im oberen Teil der Schicht sich dem möglichen Maximum bei dem betreffenden Wassergehalt näherte,

3. unterhalb von etwa 355 mm Tiefe keine Verdichtungswirkung mehr erreicht wurde,

4. der Wassergehalt das Verhältnis zwischen Trockendichte und Tiefe beträchtlich beeinflußte (Abb.13).

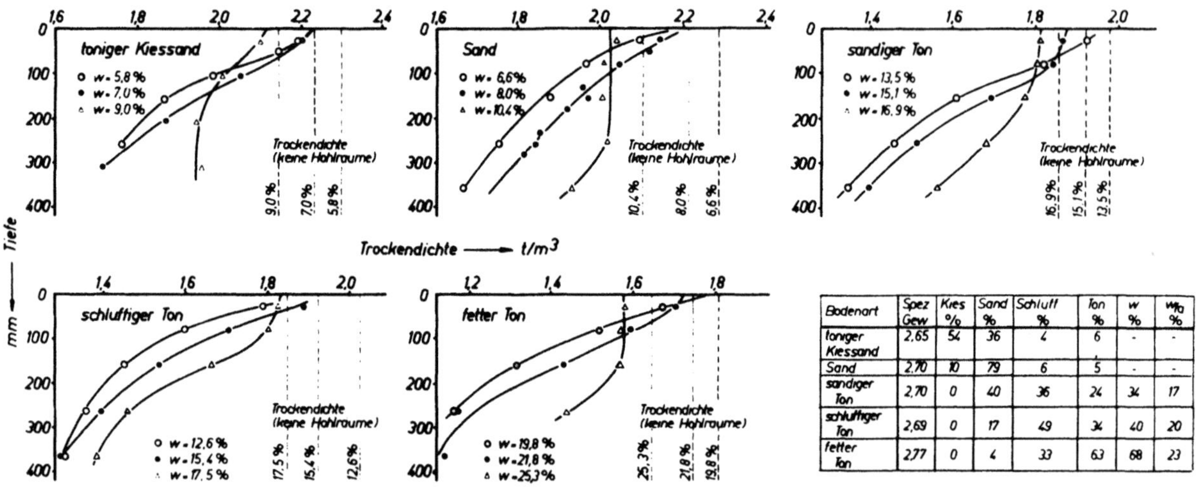

Bodenart	Spez Gew	Kies %	Sand %	Schluff %	Ton %	w %	w_{fa} %
toniger Kiessand	2,65	54	36	4	6	-	-
Sand	2,70	10	79	6	5	-	-
sandiger Ton	2,70	0	40	36	24	34	17
schluffiger Ton	2,69	0	17	49	34	40	20
fetter Ton	2,77	0	4	33	63	68	23

A b b i l d u n g 13

Bodenverdichtung mit 8t-Glattradwalze
Walzendurchmesser 1300 mm,
Walzenbelastung 33,4kg/cm,
Schütthöhe 610 mm,
32 Übergänge

Dem Thema der vorliegenden Forschungsarbeit kommt ein bisher unveröffentlichter Untersuchungsbericht des Road Research Laboratory [9] aus dem Jahre 1955 nahe, der dem Verfasser beim Besuch des genannten Instituts im gleichen Jahr bekannt wurde. PARSONS und SMITH versuchen darin den Einfluß des Walzendurchmessers auf die Verdichtungswirkung bei gezogener Walze zu klären. Die Versuche wurden mit Walzen von 305, 610 und 915 mm Durchmesser bei konstanter Walzenbelastung von 25,3 kg/cm auf 4 verschiedenen Böden, einem schweren und einem sandigen Ton, einem tonigen Kiessand und einem Sand (Abb. 14) durchgeführt, die im lockeren Zustand in einer Stärke von etwa 250-300 mm eingebracht wurden. Es stellte sich heraus:

1.) daß es unmöglich war, mit der kleinen Walze von 305 mm Durchmesser mit der genannten Walzenbelastung zu arbeiten, da sich vor der Walze der Boden derart aufstaute, daß die Drehung verhindert wurde, und

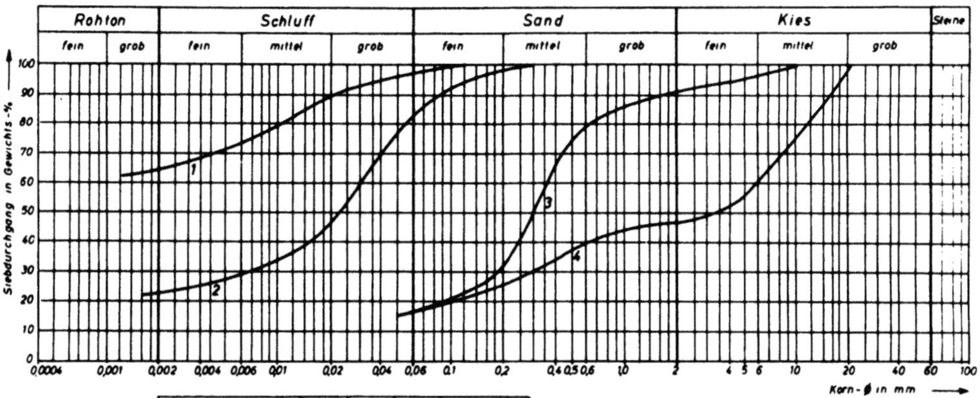

Boden		w_f %	w_a %	PI %	γ_s g/cm³
1	schwerer Ton	75	28	47	2,75
2	sandiger Ton	40	19	21	2,70
3	Sand				2,69
4	Kies-Sand-Ton				2,66

A b b i l d u n g 14

Kornverteilung

2. daß nach den gleichen Übergängen mit der 610 und 915 mm großen Walze keine nennenswerten Unterschiede in der Verdichtungswirkung der obersten 15cm starken Schicht festzustellen waren (Abb. 15).

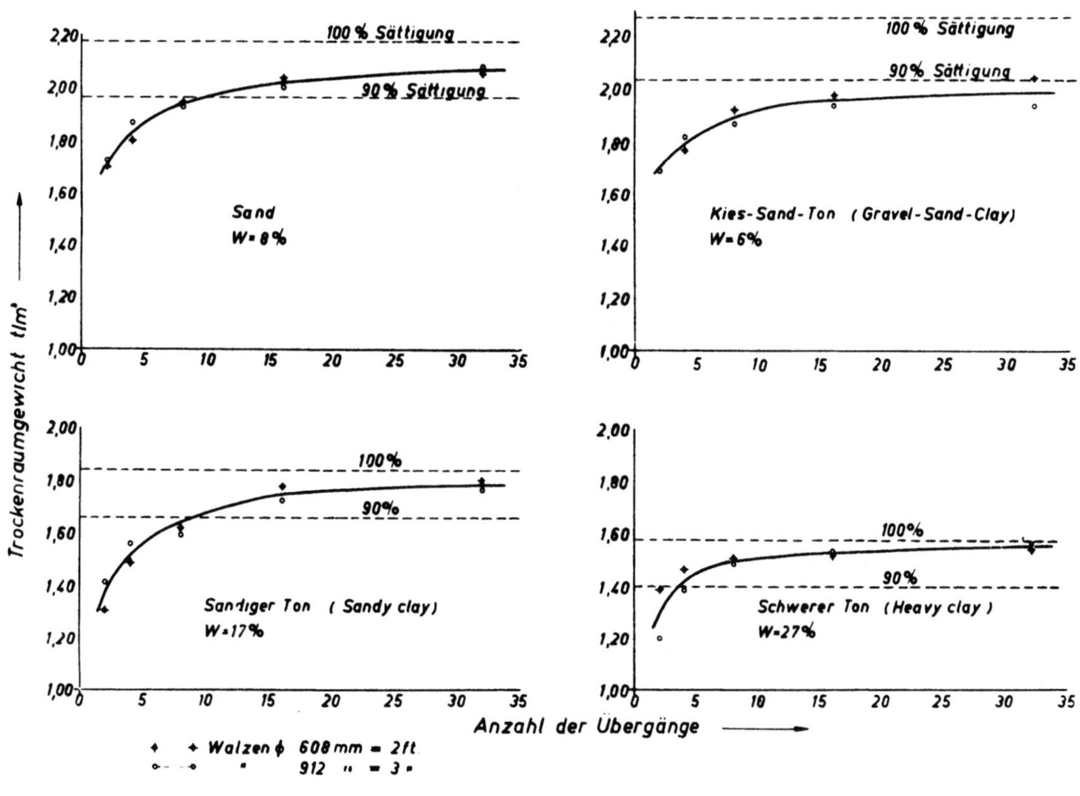

A b b i l d u n g 15

Trockenraumgewicht in Abhängigkeit der Anzahl Übergänge bei Verdichtung mit einer Glattradwalze von 608mm(2 ft.)u.912mm(3 ft.) Walzendurchmesser. Walzenbreite 608mm,Walzenbelastung:25,4 kg/cm(944kg)

Selbst wenn man davon absieht, daß die vorliegende Forschungsarbeit zum größten Teil bereits vor Kenntnis des letztgenannten Berichtes durchgeführt wurde, wäre eine Einschränkung der vom Verfasser durchgeführten Untersuchungen auch bei vorhergehender Kenntnis kaum möglich gewesen, da in der englischen Versuchsarbeit nur mit einer bestimmten Walzenbelastung gearbeitet, also weder die jeweilige zulässige Grenzbelastung noch die Bodenverschiebungen, der Zugkraftbedarf und die Ebenheit bestimmt wurden.

Mit der Bestimmung des Schlupfes und den Bodenverformungen infolge horizontaler Radkräfte beschäftigt sich SÖHNE [10] und versucht mit Hilfe der Zykloiden der rollenden Räder eine Beziehung zwischen der Größe des Schlupfes, den dazu gehörigen Bodenverformungen und den Gleitwegen in der Berührungsfläche zwischen Reifen und Boden zu finden. Bei der Arbeit handelt es sich in erster Linie um theoretische Betrachtungen, die sich z.T. auf die Verhältnisse bei Walzen übertragen lassen. Sie ermöglichen jedoch keine unmittelbare Nutzanwendung für die Versuchsdurchführung der vorliegenden Forschungsarbeit, wenn man von einem Hinweis auf die Sichtbarmachung von Bodenbewegungen mit Hilfe von eingebrachten Gipssträngen absieht. SÖHNE untersuchte weiter die Frage, in welcher Beziehung die Schubspannungen zu den Verformungen stehen, führte hierzu mit Hilfe eines Ringschergerätes Abscherversuche mit Bodenproben durch, um die Abscherspannungen in Abhängigkeit vom Verformungsweg für verschiedene Böden festzustellen und führt aus, daß die Größe des Verformungsweges außer von der Schubspannung τ auch von der Größe der Scherfläche und der Druckspannung σ abhängt. Je größer die Scherfläche und die Druckspannung sind, um so größer ist der Tiefenbereich, in dem eine Verformung infolge der Schubspannung stattfindet, und um so größer wird der Verformungsweg bis zum Einsetzen des Abschervorganges. Eine eindeutige Beziehung zwischen den Abscherdiagrammen und den Zugkraft-Schlupfkurven der Schleppertriebräder konnte er jedoch nicht finden.

In einer weiteren Arbeit, die sich auf einen lehmigen Sandboden, einen feinsandigen Lehmboden und einen lehmigen Tonboden erstreckt, stellt SÖHNE [11] fest, daß bei gleichem spezifischen Flächendruck in der Oberfläche die Druckzwiebeln um so größer werden und desto tiefer reichen, je größer die Gesamtlast ist (Abb. 16). So wurde beim feinsandigen Lehm mit 14% Wassergehalt bei 5,5 kg/cm^2 Druck ein Porenvolumen von 44% und

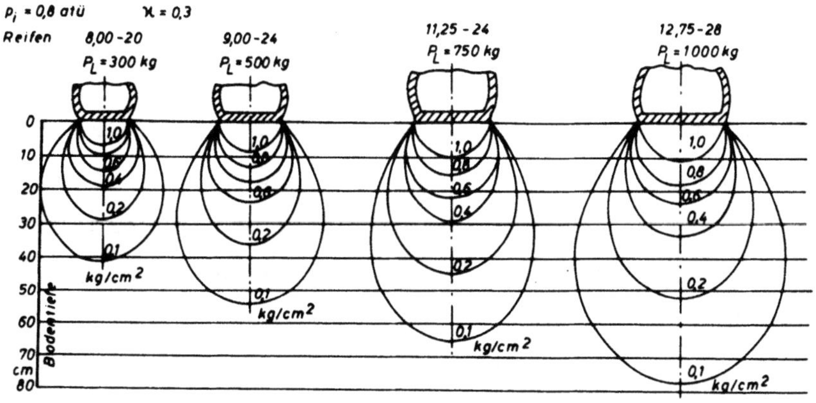

A b b i l d u n g 16

bei 55 kg/cm^2, also dem 10-fachen Druck, von 34% erreicht. Die Verringerung des Porenanteils betrug also nur 10%. Die jeweilige Verdoppelung des Druckes rief somit eine zusätzliche Verdichtung von etwa 3% hervor. Dieses Beispiel gilt für eine kurzzeitige Belastung, wie sie unter rollenden Rädern auftritt. Die Ergebnisse wurden aus Laboratoriumsversuchen, bei denen eine verhinderte Seitenausdehnung des Bodens vorlag, gewonnen; der unter der hydraulischen Presse belastete Boden konnte also nicht wie im Versuchsfeld seitlich ausweichen und wurde nicht durch horizontale Schubkräfte zusätzlich beansprucht. SÖHNE stellte auch Versuche über den Einfluß der Belastungsdauer an und fand, daß die Unterschiede der Porenvolumina nur etwa 1,6% betrugen, wenn einmal der Kolben ohne Unterbrechung mit 120 und 20 mm/min Geschwindigkeit und zum anderen mit 20 mm/min in den Zylinder hineingedrückt wurde, wobei zwischen einzelnen Laststufen der Druck 1/4, 1, 3, 9 und 27 Min. konstant gehalten wurde.

In einer Arbeit [12] des Road Research Laboratory aus dem Jahre 1950 wurde die Wirksamkeit von 6 verschiedenen Verdichtungsgeräten auf unterschiedlichen Bodenarten festgestellt; es galt zu ermitteln, wieviel Walz- oder Arbeitsgänge zur maximalen Verdichtung notwendig sind, welchen Einfluß der Wassergehalt auf die Verdichtung und die Zahl der Arbeitsgänge ausübt, welche stündliche Verdichtungsleistung die einzelnen Geräte ermöglichen und wie groß der Zugkraftaufwand bei den Walzen war. Eingesetzt waren eine 2,3 und 8,7 t Glatt- und eine 12,5 t schwere Gummirad-Walze sowie zwei Schaffuß-Walzen mit Klumpfüßen und konischen Druckstempeln und ein 500 kg Delmag-Frosch. Die Versuche erbrachten folgende Erkenntnisse:

1. Die Glattwalzen hatten bei Sand und Kies eine größere Wirkung als die anderen Geräte:
2. Die schwere Glattwalze war auch in der Lage, einen 22 cm hoch geschütteten sandigen, einen schluffigen und einen festen Tonboden zu verdichten, wobei allerdings der günstige Wassergehalt mit 14, 16 und 20% sehr niedrig lag, so daß er nur in sehr trockener Jahreszeit zu erreichen ist.
3. Die Gummirad-Walze war auf Tonböden mit höherem Wassergehalt den anderen Geräten überlegen.
4. Bei leicht bindigem und trockenem Boden erbrachte die Schaffuß-Walze gute Verdichtungsergebnisse.
5. Der Frosch vermochte sowohl die losen und bindigen Böden zu verdichten, wobei vor allem gegenüber den Glattwalzen eine stärkere Tiefenwirkung erzielt wurde. Um die gleiche Verdichtung zu erreichen, war jedoch ein größerer Zeit- und Arbeitsaufwand notwendig.
6. Keine der Walzen war in der Lage, auf eine größere Tiefe als 15 cm zu verdichten.
7. Der charakteristische Verdichtungsverlauf mit starker anfänglicher und langsam ausklingender Verdichtungszunahme mit steigenden Übergängen war allen Geräten gemeinsam.

1.22 Forschungs- und Versuchsarbeiten mit Rüttelgeräten

Die Vorgänge im Baugrund bei der Schwingungsverdichtung suchen drei stark voneinander abweichende Theorien zu klären (Abb.17 a-c) [13].

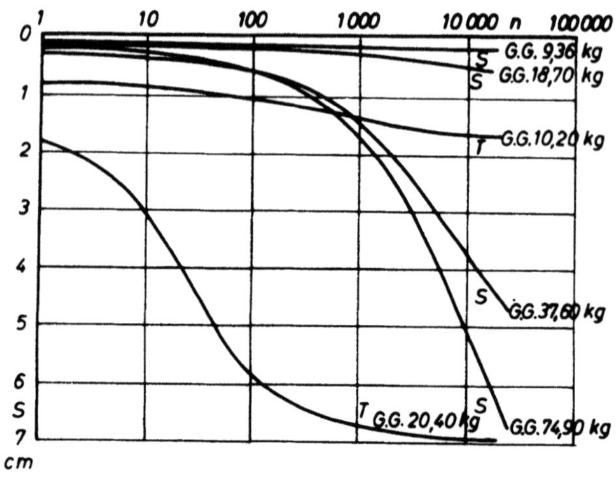

A b b i l d u n g 17a

Zunahme der Setzungen s mit der Anzahl der Lastwechsel n auf Sand S und Ton T

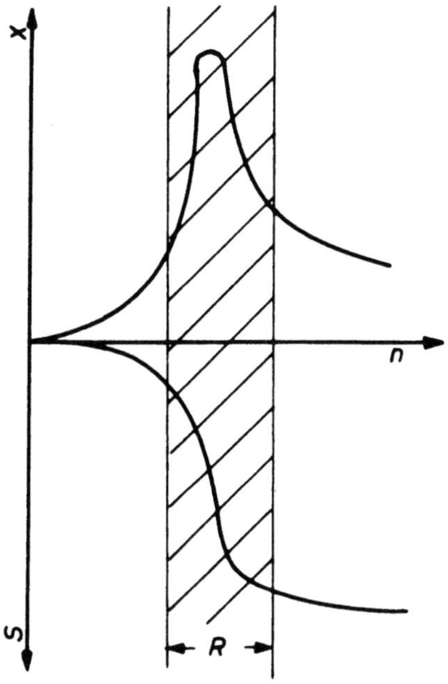

A b b i l d u n g   17b

Zunahme der Amplitude s und der Setzung S im Resonanzbereich R in der Umgebung der Eigenfrequenz

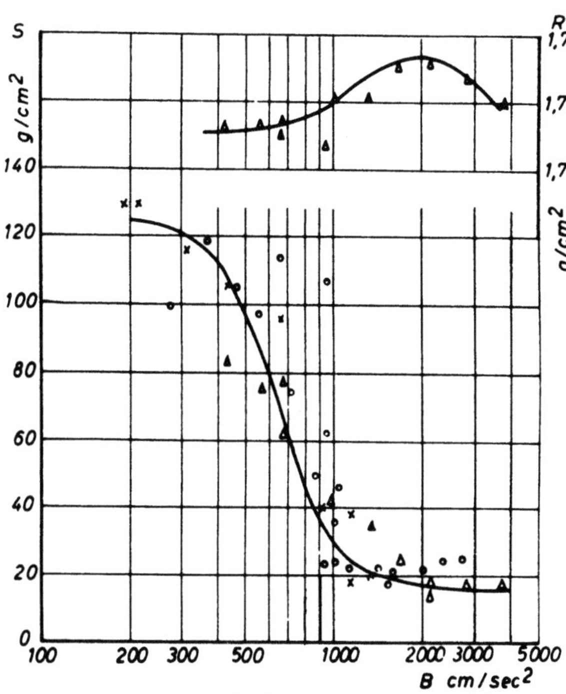

A b b i l d u n g   17c

Starke Abnahme der Scherspannung S mit Zunahme der Beschleunigung B, R = Lagerungsdichte

△ 48 Umdrehungen/sec
● 35 Umdrehungen/sec
o 28 Umdrehungen/sec
X 23 Umdrehungen/sec

Die von HERTWIG stammende Resonanztheorie besagt, daß in der Nähe der Eigenfrequenz des Schwingungssystems (Abb. 17a) die Reibung an den Körnern weitgehend ausgeschaltet wird, so daß diese sich infolge der eigenen Schwere und des Eigengewichtes sowie der Fliehkräfte des Rüttlers in einen engen Kornverband umlagern.

TSCHEBOTARIOFF vertritt demgegenüber die Ansicht, daß die Verdichtungswirkung der Rüttelgeräte in erster Linie auf die hohe Lastwechselzahl und außerdem auf die Größe der Fliehkräfte zurückzuführen ist. Die Zunahme der Setzungen mit steigender Frequenz (Abb. 17b) und bei zunehmender Erregerkraft bestätigen diese Theorie.

MOGAMI und KUBO schließlich vertreten in ihrer Theorie den Gedanken, daß bei der Schwingungsverdichtung die hohen auftretenden Beschleunigungswerte maßgebend sind und sie stützen ihre Theorie auf Versuche, bei denen die Scherspannung bei verschiedenen Frequenzen mit zunehmenden Beschleunigungswerten ab- und die Lagerungsdichte zunimmt (Abb. 17c).

Auf Grund der 3 Theorien folgert LORENZ, daß eine optimale Verdichtungswirkung zu erreichen ist, wenn mit hohen Beschleunigungswerten gearbeitet wird und ausreichende Lastwechsel aufgebracht werden. Erstere lassen sich einmal durch große Fliehkräfte oder in der Resonanzlage bei großen Schwingungsausschlägen erreichen, welche die HERTWIG'sche Theorie unterstreicht.

Als Vorbedingung für eine wirksame Schwingungsverdichtung führt RAMSPECK [14] die Loslösung der einzelnen Teilchen aus dem Verband an, die nur möglich ist, wenn die Trägheitskraft p_t größer ist als die Summe aller Kräfte, die das Teilchen in seiner Lage festhalten wollen; hierzu gehören die Reibung, die Kohäsion und die Scherkraft. Die von RAMSPECK aufgestellte Bedingungsgleichung lautet

$$p_t > K + \sigma_1 \omega^2 \, tang$$

wobei K alle von der Drehzahl unabhängigen Kräfte erfaßt, $\sigma \, tang$ die Reibung und ω die Kreisfrequenz bedeuten.

Der Normaldruck σ auf die Fläche, längs der sich das Teilchen bewegen soll, setzt sich aus zwei Komponenten zusammen, wovon die eine σ_0 ständig und die zweite σ_1 nur bei Einwirkung der Wechselkräfte des Schwingers vorhanden und somit von ω abhängig ist;
für sie gilt der Ausdruck $\sigma_1 \omega^2$

Weiter setzt RAMSPECK für $\frac{K}{D}$ = a (a = Bodendichte) und $\frac{\sigma_1 \, tang}{D}$ = b
und erhält die Bedingung

$$A\omega^2 > a + b\omega^2$$

die im allgemeinen nur zwischen zwei Grenzen ω_1 und ω_2 erfüllt ist.

Die Abbildung 18 zeigt den schematischen Verlauf der Funktion $A\omega^2$ und $a + b\omega^2$ mit dem schraffierten Teil, in dem die Bedingung

$$A\omega^2 > a + b\omega^2$$

erfüllt ist.

Die beiden Grenzfrequenzen ω_1 + ω_2 schließen den Punkt $\omega = \alpha$ ein.

Da die Eigenfrequenz auf Grund der Formel

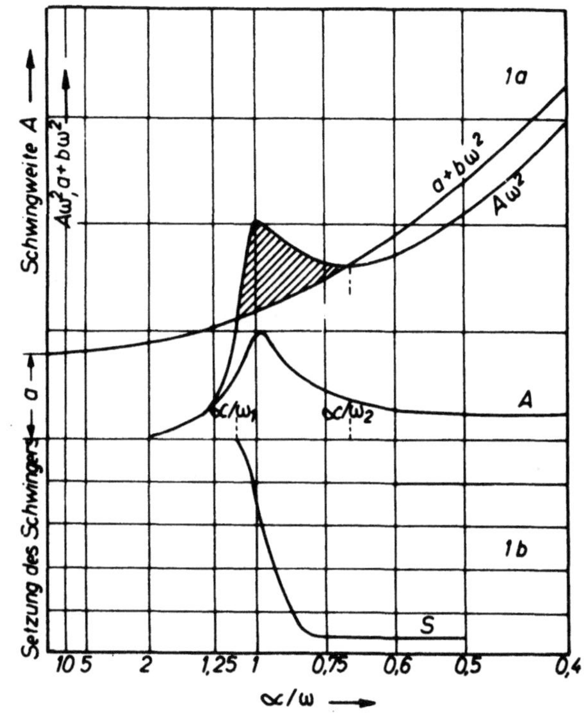

A b b i l d u n g 18

Schematische Darstellung des Setzungsverlaufes eines Schwingers auf nichtbindigem Boden.

1a Schwingweite A und die Funktionen $A\,\omega^2$ und $a+\omega b^2$; in dem schraffierten Teil ist die Bedingung $A\,\omega^2 > a+b\,\omega^2$ erfüllt.

1b Setzungsverlauf. (Nach RAMSPECK)

$$\alpha = \sqrt{\frac{\beta F}{M}}$$

β = dynamische Bettungsziffer des Bodens,

F = Grundfläche des Schwingers,

M = Masse des Schwingers

gegeben ist, so hängt die Lage des Drehzahlbereiches, in dem eine Verdichtung möglich ist, von der Bodenart und den Abmessungen sowie der Masse des Schwingers ab.

In Verbindung mit dem Bau der Reichsautobahn in den 30er und 40er Jahren führte vor allem die Degebo [15] eine Anzahl von Forschungsarbeiten durch, die in erster Linie zur Feststellung der Verdichtungswirkung von verschiedenen Verdichtungsgeräten dienten.

Nach dem Kriege trat vor allem das Road Research Laboratory mit zahlreichen bemerkenswerten Forschungsarbeiten auf dem Gebiet der Stampf- und Rüttelverdichtung hervor.

HUNT [16] stellte bei Untersuchungen mit einer 215 kg schweren Vibrationswalze auf 22 cm hoch geschüttetem Grobsand die stärkere Verdichtungswirkung der Rüttelwalze gegenüber einer 12 t-Gummirad- und einer 8 t-Glatt-Walze fest. Da über die spezifische Walzenbelastung (kg/cm Walzenbreite) und den Walzendurchmesser der Glattwalze nichts erwähnt ist, läßt sich auf Grund der schlechten Verdichtungsergebnisse nur vermuten, daß die Grenzbelastung für diesen Boden und Walzendurchmesser erheblich überschritten wurde.

Über die Verdichtungswirkung einer 1,27 t schweren Anhänge-Vibrationswalze und einer 10 t-Dreirad-Glattwalze bei einem lehmigen Kiessand, der zum Aufbau eines 46 cm starken Unterbaues benutzt und in zwei Lagen von je 23 cm Stärke verdichtet wurde, berichtet TOMLINSON [17] und stellt fest, daß mit der Vibrationswalze eine zufriedenstellende Verdichtung schneller als mit der 10 t Dampfwalze erreicht wurde. Die größtmögliche Verdichtung von 94% der verbesserten Proctordichte ließ sich allerdings mit derselben Anzahl von Übergängen auch mit der statischen Walze erreichen; diese verursachte jedoch ausgeprägte Radspuren, eine Oberfläche mit bruchartiger Struktur und mit eng aneinanderliegenden Querrissen, wobei es schien, als wenn die Oberfläche bei allzu häufigem Walzen stärker aufgelockert wurde. Da die Vibrationswalze eine ebene Walzbahnoberfläche erzeugte und nach dem statischen Walzen zum Ausbügeln der Radspuren weitere Übergänge notwendig gewesen wären, wobei dahingestellt bleibt, ob eine zufriedenstellende Beseitigung der Spuren überhaupt möglich gewesen wäre, bot die Vibrationswalze Vorteile.

TANNER [18] kommt auf Grund von Untersuchungen mit einer 200 kg schweren Vibrationswalze, die statisch und dynamisch gefahren wurde, zu folgenden Erkenntnissen:

1. Die Walze ermöglichte durch dynamischen Einsatz auf tonigem Kiessand, auf Sand und sandigen Tonböden eine wesentlich stärkere Verdichtung als mit statischen Überfahrten.
2. Mit dem Anwachsen des Tongehaltes und der Plastizitätszahl nahm die Verdichtungswirkung ab; eine gute Verdichtung wurde bei Böden mit einem Tongehalt unter 15% und mit einer Plastizitätszahl unter etwa 7% erzielt.

3. Die Verdichtungswirkung nahm bei tonigem Kiessand, bei sandigem Ton und bei Sand nach der Tiefe erheblich ab; als maximale Schütthöhe für diese leichte Walze werden 15 cm empfohlen.

Auf Grund von Untersuchungen mit einer 2,5 t Vibrationswalze, die zur Verdichtung eines tonigen Kiessandes, eines Sandes und eines schluffigen sowie eines fetten Tones eingesetzt wurde, stellte ebenfalls TANNER [19] fest, daß

1. die 3 erstgenannten Bodenarten durch Rüttelverdichtung hauptsächlich bei niedrigem Wassergehalt stark zu verdichten sind, wobei die Verdichtungswirkung der Rüttelwalze etwa der einer 8 t Glattwalze entsprach, während auf fettem Ton die Wirkung der Vibrationswalze nicht zufriedenstellend war,
2. der maximale Druck in 20 cm Tiefe unter der Rüttelbandage (Beschleunigung 14g, Frequenz 80 Hz) um 36% höher lag als unter der statisch wirkenden Hinterwalze, wodurch bei schluffigem Ton ein um 9% höheres Trockenraumgewicht bei optimalem Waseergehalt erreicht wurde (Abb.19).

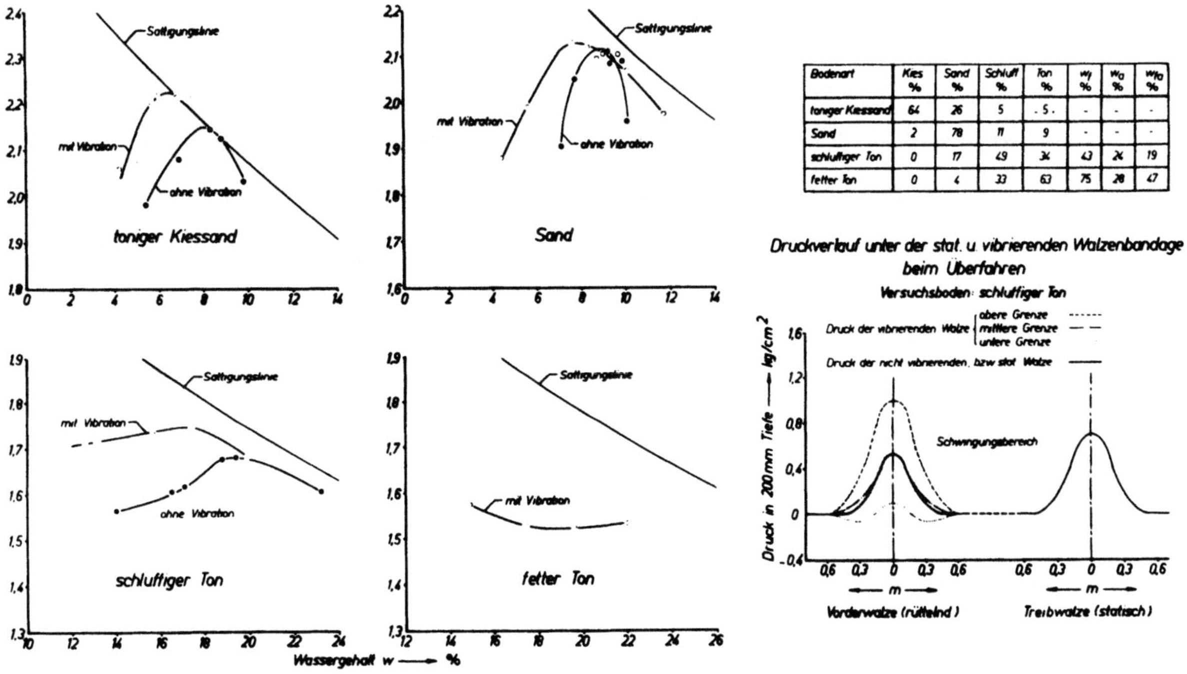

Bodenart	Kies %	Sand %	Schluff %	Ton %	w_l %	w_a %	w_{la} %
toniger Kiessand	64	26	5	5	-	-	-
Sand	2	78	11	9	-	-	-
schluffiger Ton	0	17	49	34	43	24	19
fetter Ton	0	4	33	63	75	28	47

Abbildung 19

Verdichtungsversuche mit 2,5t-Vibrationswalze
Walzendurchmesser 760 mm, 32 Übergänge,
Schütthöhe 230 mm, Walzengewicht: Vorderwalze
12,3 kg/cm, Hinterwalze (statisch) 17,9 kg/cm

Die Verdichtungswirkung, den erreichbaren Verdichtungsgrad, die Anzahl der notwendigen Übergänge, den Einfluß des Wassergehaltes und die stündliche Flächenleistung eines 2 t-Plattenrüttlers auf den gleichen Bodenarten untersuchte ebenfalls TANNER [20] und fand, daß im Sand bis zu einer Tiefe von 30 cm, in tonigem Kiessand bis zu 15 cm und in sandigem Ton bis zu 10 cm eine gute Verdichtung erzielt wurde.

PLANTEMA [21] führte auf einer 5 m hohen Sandschüttung mit verschiedenen Plattenrüttlern Versuche durch, um den Einfluß der Frequenz und der Arbeitsgeschwindigkeit auf den Verdichtungsgrad und die Tiefenwirkung zu klären, wobei er feststellte, daß beide Werte mit der Zahl der Übergänge zunehmen und bei höherer Frequenz größer sind. Nur unwesentlich größer war dagegen die Verdichtungswirkung bei langsamerem Vortrieb.

Über Untersuchungen mit einem schweren Plattenrüttler, der auf verschiedenen Sandböden und auf einem schwach und einem stark schluffigen Sand erprobt wurde, berichtet NEIMANN [22]. Die Ergebnisse vermitteln jedoch nur ein Bild über die Wirksamkeit des Rüttlers auf den angeführten Böden, wobei besonders Angaben über die Tiefenwirkung nach verschiedenen Übergängen gemacht werden.

BATHELT [23] unterscheidet in seiner Forschungsarbeit zwischen Schwing- und Schlagrüttel-Verdichtern und zählt zu den erstgenannten, die sinusförmigen Kraftverlauf und somit sinusförmige Bewegungen verursachen, vor allem die Vibrationswalzen, während die Plattenrüttler als Schlagrüttel-Verdichter keinen eigentlichen Schwingungs-, sondern einen kombinierten Sprung- und Schlagvorgang ausführen (Abb. 20); dabei heben sie sich im Gegensatz zu den ersteren vom Boden ab und führen schnell aufeinanderfolgende Schläge auf den Boden aus. In der Arbeit wird speziell das Arbeitsverhalten dieser Rüttler untersucht. Durch Einführung eines neuen Modells erfaßt BATHELT die plastisch-elastischen Eigenschaften des Bodens und leitet mit Hilfe dieses Modells bei den Untersuchungen des Verdichtungsvorganges wichtige Ergebnisse für die Beurteilung des Verhaltens der Rüttelverdichter ab. Auf Grund der analytischen Behandlung des Stoßvorganges mit Hilfe desselben werden Aussagen darüber gemacht, mit welchen Maßnahmen man dem Effekt des unruhigen Rüttler-Laufes bei höheren Drehzahlen und zunehmendem Verdichtungsgrad begegnen kann. BATHELT führt als wichtigste Abhilfe hierzu die Gewichtserhöhung des Rüttelverdichters bei Konstanthaltung der Maschinen-Grundfläche an

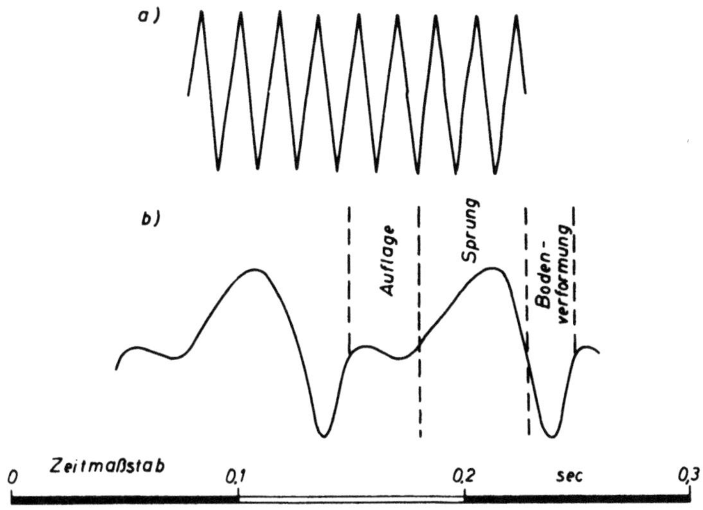

A b b i l d u n g 20

Bewegung an 2 Rüttelverdichtern beim Arbeiten
a) Rüttelwalze
b) Rüttelverdichter

und verweist ferner darauf, daß die von verschiedenen Herstellern als Maß für die Verdichtungswirkung eines Rüttelverdichters genannte Unwuchtkraft nichts Eindeutiges aussagt, da diese bei bestimmten Verhältnissen dem freien Fall entgegenwirken kann, so daß die Schlagkraft des Rüttlers abgebremst wird; außerdem können sich gleichgroße Exzenterkräfte bei verschiedenen Arbeitsfrequenzen stark unterschiedlich in der Verdichtung auswirken; er schlägt zur Charakterisierung der Verdichtungswirkung deshalb die Angabe der Verdichtungsleistung vor und berechnet diese aus der Auftreffgeschwindigkeit, der Masse des Rüttlers und der Arbeitsfrequenz nach der Formel

$$l = f \frac{m}{2} v_2^2$$

1.23 Zusammenfassung

Faßt man die wichtigsten Erkenntnisse aus den angeführten Forschungsarbeiten zusammen, so läßt sich feststellen, daß:

1. Bei kohäsionslosen Böden ein höherer Zugkraftbedarf erforderlich ist, der starke horizontale Bodenbewegungen erwarten läßt,
2. die Verdichtungswirkung der statischen Glattwalzen sich nur auf geringe Tiefe von etwa 20 cm erstreckt,

3. gezogene Walzen mit einem Durchmesser von 300 mm sehr ungünstig sind,
4. die Größe des Verformungsweges von der Schubspannung, der Scherflächengröße und der Druckspannung abhängt,
5. die horizontalen Verschiebungen infolge der Schubspannung um so tiefer reichen, je größer die Scherfläche und die Druckspannung werden,
6. eine Beziehung zwischen Abscherdiagramm und Zugkraft-Schlupfkurve nicht gefunden wurde,
7. die Bodendrücke bei gleicher Flächenpressung in der Aufstandsfläche sich um so tiefer erstrecken, je größer die Gesamtlast ist,
8. die Verdichtung nicht proportional, sondern progressiv mit dem Bodendruck ansteigt,
9. die statische Belastungsdauer und somit die Walzgeschwindigkeit die Verdichtungsergebnisse nicht wesentlich beeinflußt,
10. zur Klärung der Schwingungs-Verdichtungsvorgänge drei voneinander abweichende Theorien bestehen, welche der Resonanzfrequenz, den hohen Lastwechselzahlen und den Beschleunigungswerten unterschiedliche Bedeutung beimessen,
11. der Drehzahlbereich, in dem eine wirksame Schwingungsverdichtung möglich ist, von der Bodenart und den Abmessungen sowie der Masse des Schwingers abhängt,
12. die Verdichtungswirkung der Rüttelgeräte mit dem Anwachsen des Tongehaltes stark abnimmt,
13. auch bei der dynamischen Verdichtung die Arbeitsgeschwindigkeit die Verdichtungswirkung unwesentlich beeinflußt,
14. mit der Zahl der Rüttelübergänge und mit höherer Frequenz die Tiefenwirkung bei der Sandverdichtung zunimmt und
15. die Angabe der Rüttelkraft nichts Eindeutiges über die Verdichtungswirkung aussagt.

2. Die untersuchten Bodenarten

2.1 Der Sand

Für die ersten Untersuchungen mit Glattwalzen wurde aus versuchstechnischen und praktischen Überlegungen ein aus dem Maas-Kiesvorkommen in der Nähe von Geilenkirchen stammender Mittelsand ausgewählt, dessen sehr gleichmäßigen Kornaufbau der Ungleichförmigkeitsgrad 2,0 erkennen läßt (Abb. 21). Seine Anteile an feinem Kies betragen nur etwa 5% und an Schluff 1%.

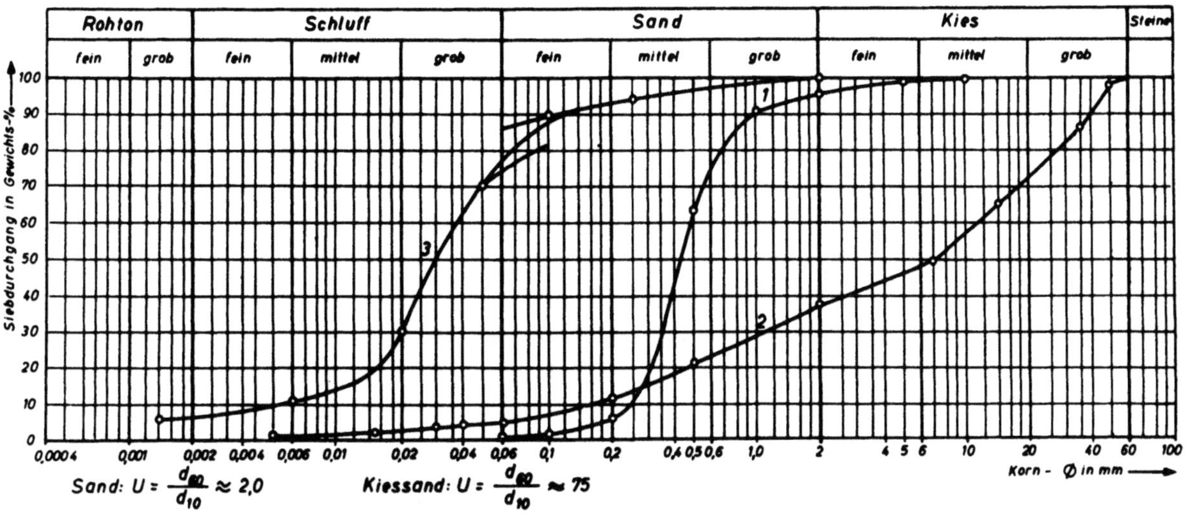

A b b i l d u n g 21

Kornverteilung

Bodenart: 1 Sand, 2 Kiessand, 3 sandiger Schluff

Aus versuchstechnischen Gründen wurde ein Boden gewünscht, der in Anbetracht der umfangreichen Untersuchungen eine verhältnismäßig einfache Versuchsdurchführung gestattet und dabei die verschiedenen Bodenbewegungen am klarsten wiedergibt. Für die praktische Auswahl sprach die Tatsache mit, daß gleichkörnige Sande sehr häufig zur Herstellung von Frostschutzschichten verwendet werden [24]. Da diese Böden nur schwer zu verdichten sind und über die optimal erreichbare Verdichtung vor allem mit Glattwalzen wenig bekannt ist [25], erschien die Wahl dieser Bodenart um so notwendiger.

Neben der Feststellung der Kornverteilung wurden im Institut für Verkehrswasserbau, Grundbau und Bodenmechanik (Direktor Professor Dr.-Ing. habil. E. SCHULTZE) sowie in der Forschungsstelle für Straßen- und Erdbau (Direktor Professor Dr.-Ing. B. RENFERT) der Technischen Hochschule Aachen das Stoffgewicht, die lockerste und die dichteste Lagerung und die einfache Proctordichte bestimmt (Abb. 22) und Scherversuche

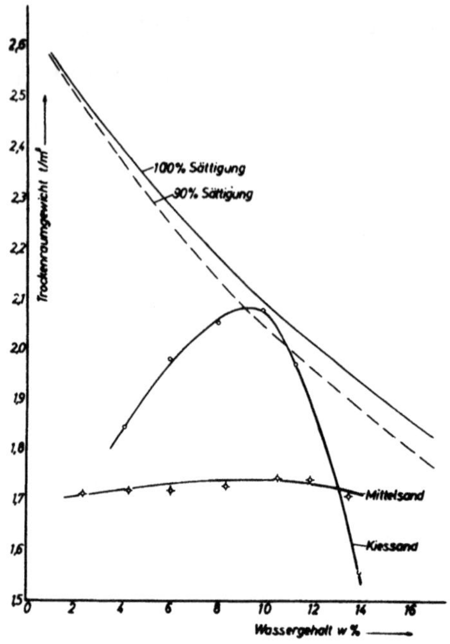

A b b i l d u n g 22

Proctor-Versuche

mit kontrollierter Verschiebung bei Veränderung des Wassergehaltes nach SCHULTZE-MUHS [26] durchgeführt; hierbei ergaben sich folgende nach DIN 4015 bezeichnete Bodenkennwerte:

Stoffgewicht γ_s	2,65 $^g/_{cm^3}$
Porenanteil für die lockerste Lagerung n_o	48 %
Porenanteil für die dichteste Lagerung n_d	30,2 %
einfache Proctordichte γ_e	1,74 $^t/_{m^3}$
Winkel der Scherfestigkeit (für w = 8,1%)	41°
Winkel der inneren Reibung (für w = 8,2%)	35°
Haftfestigkeit(Kohäsion) c (für w = 4-5% u.8,1%)	0,05-0,08 $^{kg}/_{cm^2}$

2.2 Der schwach bindige sandige Schluff

Auch hier zwangen versuchstechnische Überlegungen zur Wahl eines Bodens, der sich in Anbetracht der vielen durchzuführenden Versuche nicht allzu schwierig behandeln läßt; sich für vergleichende Versuche eignet und Merkmale eines bindigen Bodens besitzt. Er durfte somit keine wesentlichen Anteile an unerwünschten Beimengungen von Kies, Steinen oder Kalk enthalten. Nach umfangreichen Nachforschungen konnte bei den

Ziegelwerken Würselen ein gleichmäßig anstehender Boden gefunden werden, der den gestellten Forderungen etwa entsprach. Die durch Sieb- und Schlämmanalyse festgestellte Kornverteilungskurve 3 (Abb. 21) zeigt, daß der Boden bei 22% Sand- und 72% Schluffanteil etwa 6% bindige Bestandteile aufweist. Da die bindigen Anteile demnach im Bereich zwischen 0 - 15% liegen und der Schluff der stärkste vorhandene Bestandteil ist, wird der Boden nach DIN 4022 und 4023 als schwach bindiger sandiger Schluff bezeichnet.

Da für feinkörnige Böden die bei Sand übliche Methode der Bestimmung der Lagerungsgrenzen nicht anwendbar ist, wurde zur Beurteilung der erreichten Verdichtung die einfache (2,5 kg Fallgewicht, 30 cm Fallhöhe, 3 - Schichteneinbau, Verdichtungsarbeit 6 cmkg/cm^3) und die verbesserte Proctordichte (4,5 kg Fallgewicht, 45 cm Fallhöhe, 5 - Schichteneinbau, Verdichtungsarbeit etwa 26 cmkg/cm^3) herangezogen, die sich aus den Proctorkurven (Abb. 23) ergeben [27].

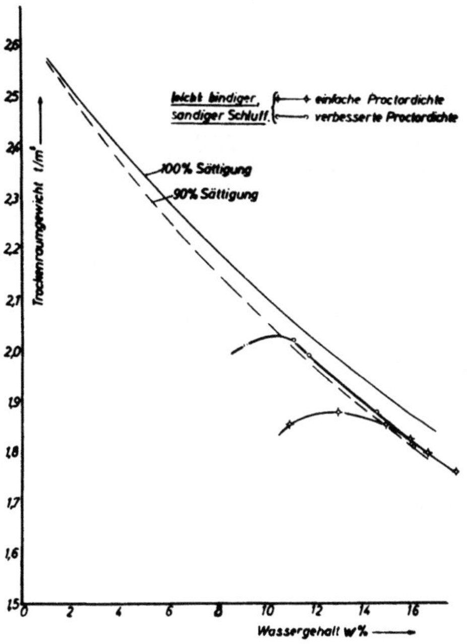

A b b i l d u n g 23

Proctor-Versuche

Auf Grund von weiteren Laboratoriumsversuchen ergaben sich für diesen Boden die nachstehend angeführten Bodenkennwerte:

Stoffgewicht γ_s	2,67 $^{g}/_{cm^3}$
einfache Proctordichte γ_e	1,88 $^{t}/_{m^3}$
verbesserte Proctordichte γ_v	2,03 $^{t}/_{m^3}$
Ausrollgrenze w_a	17,8%
Fließgrenze w_f	27,8%
Plastizitätszahl $w_{fa} = w_f - w_a$	10
Winkel der inneren Reibung (für w = 16,1%)	14°
Haftfestigkeit(Kohäsion) c (für w = 16,1%)	0,62 kg/cm²

2.3 Der Kiessand

Er stammt aus einer in der Nähe von Aachen gelegenen Kiesgrube. Infolge des weitgehend abgestuften Kornaufbaues (U = 75, s.Abb.21) und des geringen Anteils an löshaltigen Beimengungen von etwa 5% eignet er sich vor allem besonders gut zur Erprobung von Rüttelgeräten. Sein Stoffgewicht wurde mit γ_s = 2,65 gr/cm³ und die einfache Proctordichte mit γ_e = 2,09 t/m³ festgestellt.

3. Die Verdichtungsgeräte

3.1 Die Glattwalzen für die Hauptuntersuchungen

Ursprünglich bestand die Absicht, die Untersuchungen vorwiegend als Modellversuche aufzuziehen, um die Versuchsdurchführung zu erleichtern. Diese Absicht war jedoch aus praktischen Überlegungen nicht zu verwirklichen, denn der Verfasser konnte für die vorliegenden Gegebenheiten auf keine bereits vorhandenen Modellgesetze zurückgreifen. Die Neuaufstellung derartiger Gesetze hätte jedoch die eindeutige Kenntnis der maßgebenden Gesetzmäßigkeiten und der Wechselwirkungen zwischen der Walze und dem Boden vorausgesetzt. Die Untersuchungen wurden deshalb im Maßstab 1 : 1 aufgezogen und die Abmessungen der Versuchswalzen entsprechend den in der Praxis vorhandenen Größen ausgewählt.

Die unter Punkt 1 erwähnten Firmen stellten für die Versuche Walzen mit 550, 800, 1200 und 1600 mm Durchmesser (Abb. 24) und einer einheitlichen Breite von 600 mm, sowie Wellen, Lager und sonstige Maschinenelemente zum Bau der Versuchseinrichtung zur Verfügung. Mit den vier

A b b i l d u n g   24

ausgewählten Walzendurchmessern wurde fast der gesamte in der Praxis verwendete Größenbereich erfaßt, und auch die Hinterbandagenbreite der meisten Dreirad-Walzen stimmt mit der gewählten Versuchsbreite von 600 mm überein. Für die gezogenen und die selbstfahrbaren Walzen wurden die gleichen Abmessungen benutzt.

3.2 Die untersuchten Rüttelgeräte

Wie bereits erwähnt, konnten eine Reihe von Rüttelgeräten auf den genannten Bodenarten erprobt und die gewonnenen Ergebnisse zum Vergleich herangezogen werden.

Zu den untersuchten Geräten gehören: eine 350 und 1500 kg schwere Einrad- und je eine 2; 2,3; 3,2; 3,5 und 4,2 t schwere Tandem-Rüttelwalze sowie eine leichte Rüttelplatte mit 140 kg und zwei schwere Plattenrüttler mit 1,6 bzw. 2,25 t Gewicht und ferner ein Mehrplattenrüttler.

4. Die Versuchseinrichtungen

4.1 Der Versuchsort und die Versuchsbahn

Für die Herstellung von gleichen Versuchsbedingungen war es von großer Bedeutung, daß fast alle Untersuchungen in der geschlossenen Halle des Instituts für Baumschinen und Baubetrieb der Technischen Hochschule Aachen, (Direktor o.Prof. Dr. GARBOTZ) durchgeführt werden konnten. Auf diese Weise war es möglich, Temperatur- und Feuchtigkeitsschwankungen auszugleichen (Abb. 25), stets einen gleichmäßig vorbereiteten Versuchsboden zu verwenden und sonstige gleiche Voraussetzungen für einen einwandfreien Versuchsablauf zu schaffen.

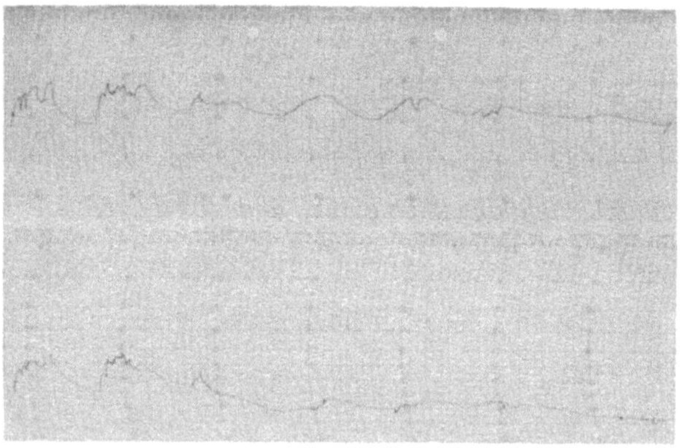

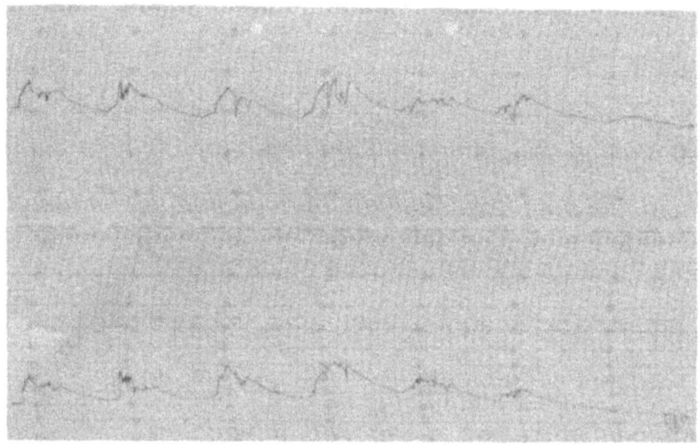

A b b i l d u n g   25

Verlauf der Temperatur- und Luftfeuchtigkeitsschwankungen in der Versuchshalle über den Zeitraum einer Woche (6.-12.9.1954)

Verlauf der Temperatur- und Luftfeuchtigkeitsschwankungen in der Versuchshalle über den Zeitraum einer Woche (15.-21.2.1954)

Um äußere Beeinflussungen durch den Baugrund bei den Versuchen weitgehend auszuschalten, wurde im genannten Institut eine 21 m lange, 3 m breite und 1 m tiefe Bodenrinne bis auf den gewachsenen Boden ausgehoben und in diese eine etwa 60 cm starke Kiessand-Schicht eingebracht und durch schwere Rüttler verdichtet. Auf dieser standfesten Tragschicht lagerte der jeweilige Versuchsboden, allerdings nur in 2 m Breite, um die zu bewegenden Bodenmassen in tragbaren Grenzen zu halten. Die bei den Versuchen aufgewendete Verdichtungsarbeit wurde somit zur alleinigen Verdichtung des Versuchsbodens benutzt.

4.2 Die Schütthöhen

Die Höhe der losen Schüttung betrug für die Hauptversuche mit statischen Glattwalzen bei Mittelsand 30 cm und bei leicht bindigem sandigem Schluff 22 cm. Die erstgenannte Höhe wird häufig in der Praxis angewendet, und die Schütthöhe des Schluffs war versuchstechnisch bedingt, da die zur Verfügung stehende Bungartz-Fräse keine größere Auflockerungstiefe ohne zusätzliche Bewegung von Bodenmassen gestattete. Bei einigen Versuchen auf Mittelsand und bei fast allen Versuchen auf Kiessand betrug die gewählte Schütthöhe 85 cm, um die Verdichtungswirkung nach der Tiefe festzustellen. Der Versuchsboden lagerte in diesem Falle auf dem gewachsenen Boden.

4.3 Die Einrichtungen für die statischen Glattwalzenversuche

4.31 Der Versuchswagen

Bei den Vorversuchen auf Mittelsand schoben die gezogenen Walzen mit 550 und 800 mm Durchmesser bereits infolge ihres Eigengewichtes (400 - 500 kg) nach kurzer Fahrt so erhebliche Bodenmassen vor sich her, daß sie sich festfuhren. Da es jedoch bei den Untersuchungen galt, die jeweilige Grenzbelastung, bei deren Überschreiten ein starkes Schieben des Bodens und somit eine unebene Oberfläche sowie eine mangelhafte Verdichtung in der obersten Schicht auftritt, für die vier Walzendurchmesser festzustellen, war der Bau eines Versuchswagens mit einer Entlastungsvorrichtung notwendig, der im wesentlichen aus einer auf Schienen verfahrbaren äußeren Rahmenkonstruktion und einem inneren Rahmen besteht, wovon der letzte zur Aufnahme der verschieden großen Walzen dient (Abb. 26). Dieser eigentliche Walzenwagen ist am hinteren Ende über einen auskragenden Zapfen, der sich auf einer in Kugellager laufenden Welle am äußeren Rahmen abstützt, frei beweglich gelagert. Vorn kann er über einen am äußeren Rahmen befestigten Galgen und einen Seilzug, der über kugelgelagerte Rollen läuft, entlastet werden.

Das Absenken der Walze vor und zwischen den einzelnen Übergängen ermöglicht ein Ratschen- und Seilzug. Die Welle der verschieden großen Versuchswalzen läuft gleichfalls in Kugellagern, um die Lagerreibung praktisch auszuschalten und die eigentliche Rollreibung der Walze möglichst genau zu erfassen.

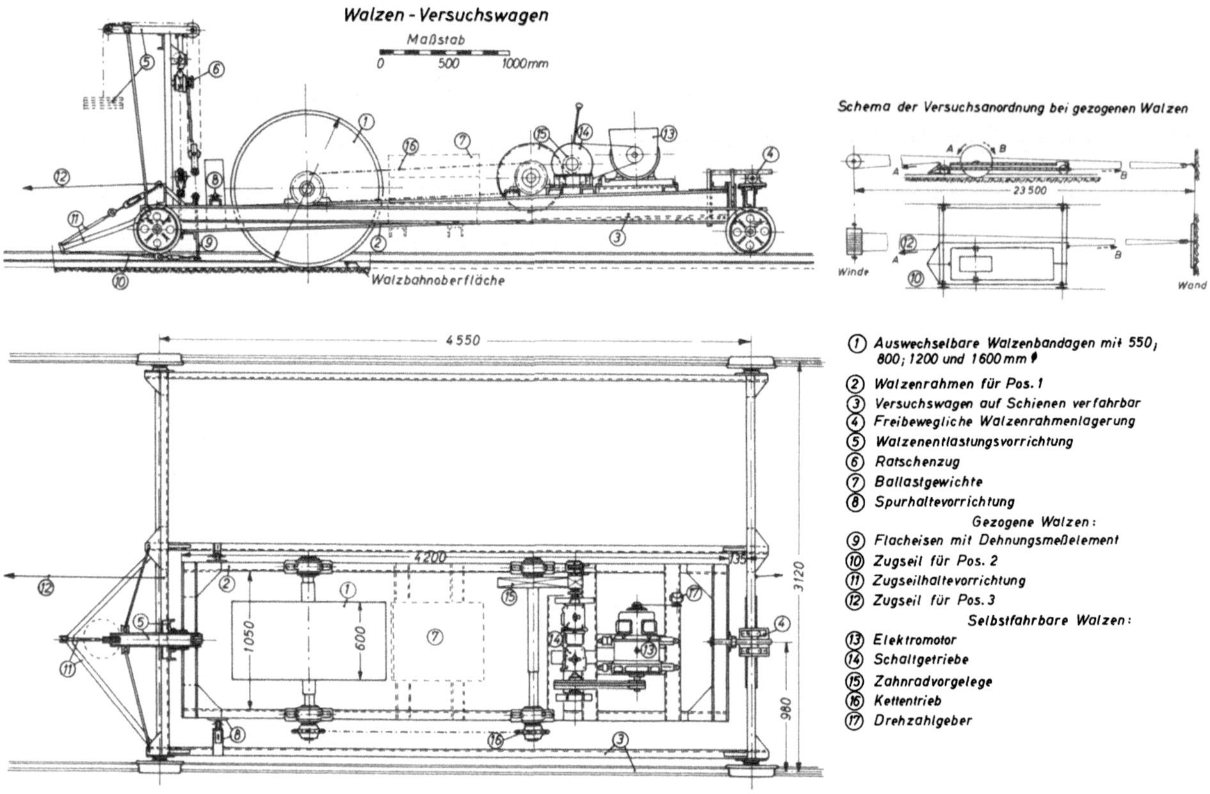

A b b i l d u n g 26

4.32 Die Versuchseinrichtung für gezogene Glattwalzen

Zum Ziehen des unter 4.31 genannten Versuchswagens war eine schwere Antriebswinde notwendig.

4.321 Die Antriebswinde

Eine stabile Eintrommel-Aufzugswinde für eine maximale Zugkraft von 3,8 t stellte die Grün & Bilfinger AG., Mannheim zur Verfügung. Durch Zwischenschalten eines hydraulischen Böhringer-Sturmgetriebes zwischen den 14 kW Antriebsmotor und das Windenstirnrad-Getriebe war eine stufenlose Geschwindigkeitsregulierung von 0 bis 1,4 m/sec möglich. Die Seilführung zwischen der auf der einen Stirnseite der Versuchsbahn stehenden Winde und der auf der entgegengesetzten Seite angebrachten Seilumlenkrolle zeigt schematisch die Abbildung 26. Ein an der Winde angebauter Umdrehungszähler diente zur Geschwindigkeitskontrolle des Walzenwagens über die Meßstrecke.

4.33 Die Versuchseinrichtung für selbstfahrbare Glattwalzen

Für die Durchführung dieser Versuche erhielt der gleiche Versuchswagen einen eigenen auf dem Walzenwagen aufgebauten Antrieb (s.Abb. 26), der aus einem 7,5 kW starken Antriebsmotor und mehreren Übersetzungsgetrieben besteht. Der Motor wurde von einem in der Versuchshalle stehenden Leonard-Regelsatz gespeist, und die Motordrehzahl war stufenlos regelbar. Die starke Untersetzung der Kraftübertragung vom Motor zum Rollenkettenantrieb der Walze über einen Keilriementrieb, zwei hintereinandergeschaltete Autogetriebe und ein Stirnradvorgelege ermöglichte, stets mit günstiger Motordrehzahl zu fahren. Die äußere verfahrbare Rahmenkonstruktion wurde von der angetriebenen Walze mitgezogen, die hierfür notwendigen Kräfte gemessen und bei der Berechnung der Umfangskraft von der registrierten Gesamtantriebskraft in Abzug gebracht (s.4.54).

4.4 Die Versuchseinrichtung für die Rüttelgeräte

Für die Prüfung der Rüttelgeräte wurde die verdichtete Unterbauschicht in der Mitte der Versuchsstrecke auf einer Länge von 4,5 m über die

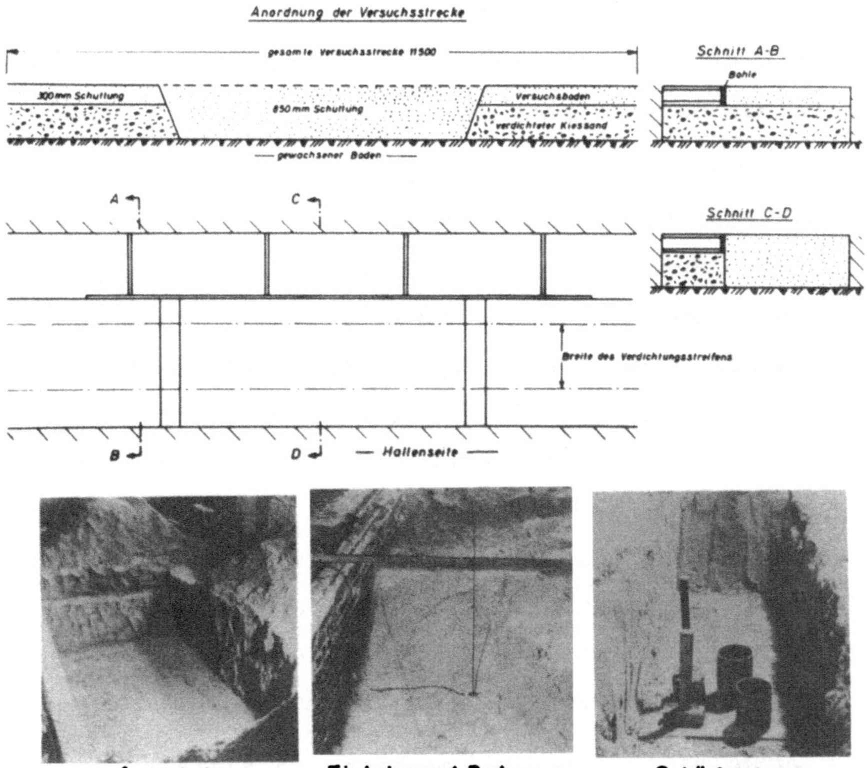

Ausgehobene Versuchsgrube — *Einbringen d. Bodens u. Einlegen der Meßdosen* — *Schürfgrube mit Entnahmezylinder*

A b b i l d u n g 27

Versuchsdurchführung bei Mittelsand
Schütthöhe 850 mm

gesamte Breite bis auf den gewachsenen Untergrund entfernt (Abb.27) und der Versuchsboden, meist Kiessand und bei einigen Versuchen auch Mittelsand, in loser Schütthöhe von 85 cm eingebracht, so daß vor allem die Tiefenwirkung der Rüttelgeräte festgestellt werden konnte.

4.5 Die Meß- und Registriereinrichtungen

4.51 Die Setzungs-Meßeinrichtung

Zur Feststellung der Oberflächenebenheit und der Bodensetzungen in den verschiedenen Tiefen diente eine aus einem U-Profil gefertigte und mit Markierungslöchern versehene Meßbrücke, die sich auf den zu beiden Seiten der Bahn verlegten Schienen, die alle 25 cm Markierungsstreifen aufweisen, abstützte. Quadratische Meßplatten von 10 cm Kantenlänge dienten als Meßpegel (s.Abb. 45).

4.52 Die Bodendruck-Meßeinrichtung

Da bei Beginn der Versuche im Jahre 1953 geeignete Meßdosen von der Industrie nicht zu beziehen waren, sah sich der Verfasser veranlaßt, für die vorliegenden Meßzwecke selbst Bodendruck-Meßdosen zu entwickeln.

Wie SÖHNE [11] bereits ausführt, ist eine exakte Messung des Druckes im Boden praktisch nicht möglich, denn eine Druckmeßdose müßte hierzu dieselbe Steife wie der sie umgebende Boden besitzen oder unendlich dünn sein.

Ist sie jedoch härter als der sie umgebende Boden, konzentrieren sich die Kraftlinien zur Meßdose hin, und ist sie weicher, umgehen sie die Kraftlinien. Hinzu kommen noch die Schwierigkeiten beim Einbau der Dose in den Boden, da die Einbau-Lagerungsdichte nicht wesentlich gestört werden darf. Falls es nun trotzdem gelingen sollte, für den Anfangszustand eines Bodens die genannten Schwierigkeiten zu meistern, so würde die Messung nur für den geschaffenen Zustand gelten, da sich die Lagerungsdichte mit der Anzahl der Übergänge ändert. Es war deshalb von Interesse, festzustellen, welche Unterschiede sich in den Meßergebnissen zeigen, wenn diese Drücke mit zwei verschiedenen Dosen, die sich in ihrer Steifheit wesentlich voneinander unterscheiden, aufgenommen werden.

Die eine Dose wurde mit einer Stahlmembran und mit induktivem Geber (Bauart Askania) und die zweite Dose mit einer Gummimembran, einer Ölfüllung und mit Dehnungsmeßstreifen ausgerüstet (Abb. 28).

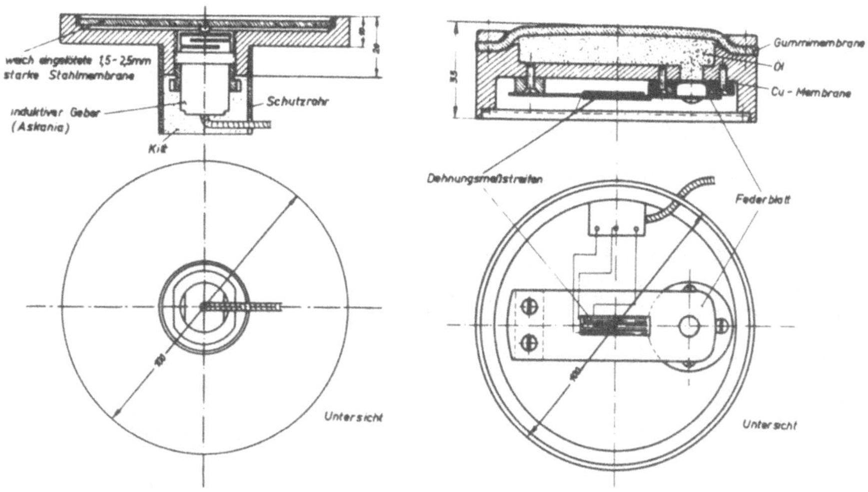

Elektrische Druckmeßdose mit induktivem Geber und Stahlmembrane

Elektrische Druckmeßdose mit Dehnungsmeßstreifen und Gummimembrane

A b b i l d u n g 28

Aus Untersuchungen von HUGGENBERGER [28] und SÖHNE ist bekannt, daß die Abmessung einer Bodendruckmeßdose in der Richtung der zu messenden Spannung wesentlich kleiner sein muß als die Abmessung senkrecht dazu. Da den Idealfall eine unendlich dünne Meßplatte darstellt, wurde versucht, beide Meßdosen möglichst flach zu gestalten. Der Durchmesser der Meßdose wurde den Meßplatten, die als Pegel für die Setzungsmessung dienten und eine Kantenlänge von 10 cm besaßen, angeglichen.

Bei der Stahlmembran-Meßdose verursacht die Durchbiegung der Membran eine Luftspaltänderung in einem induktiven Geber, wodurch das Gleichgewicht einer induktiven Meßbrücke (Askania) gestört wird. Der verursachte Brückenstrom, der über einen Schleifen-Oszillographen aufgezeichnet wird, ist in einem gewissen Bereich proportional der Luftspaltänderung und somit der Durchbiegung der Membran.

Bei der Gummimembran-Meßdose wird der Druck über eine Ölfüllung auf eine klein gehaltene Kupfermembran geleitet und die auftretende Membrandurchbiegung über einen Stempel auf das darunter angeordnete Federblatt übertragen, auf dem 2 Philips-Dehnungsmeßstreifen aufgeklebt sind. Infolge der Federblatt-Durchbiegung wird der untere Meßstreifen verlängert und der obere verkürzt, und die Querschnittsänderung in den feinen Meßstreifendrähten bedingt eine Widerstandsänderung. Da beide aufgeklebten Dehnungsmeßstreifen eine Halbbrücke und mit der eigenlichen Meßbrücke zusammen eine Widerstandsmeßbrücke bilden, tritt infolge der Widerstandsänderung eine Verstimmung der Meßbrücke ein, so daß ein Meßstrom zu fließen beginnt, der nach Verstärkung über einen Schleifen-Oszillographen registriert werden kann (Abb. 29).

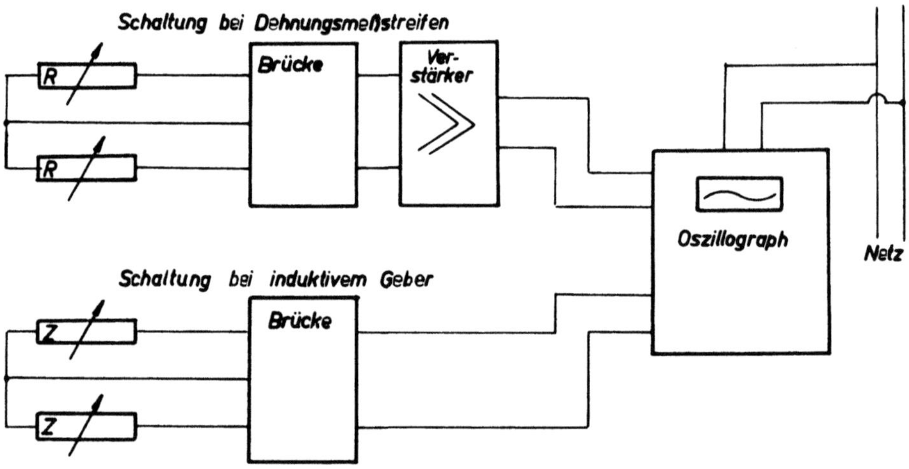

A b b i l d u n g 29

Schematische Darstellung der elektrischen Meßeinrichtung

Ein gewisser Nachteil der Dehnungsmeßelemente ergibt sich dadurch, daß sie nur für einen ganz bestimmten Druck- bzw. Kraftbereich brauchbar sind, da bei der Überschreitung dieses Bereiches die möglichen Meßfehler stark in Auswirkung kommen. Infolgedessen wurden Druckdosen für verschiedene Meßbereiche hergestellt, denn es wäre unzweckmäßig gewesen, eine Dose für einen großen Meßbereich zu bauen und diese auch zur Messung von kleinen Drücken zu benutzen. Die Abmessung des Federblattes wurde für bestimmte Meßbereiche unter Zugrundelegung einer zulässigen Dehnung von 1 o/oo berechnet. Die mit induktivem Geber ausgestatteten Dosen unterscheiden sich in der Stärke der Stahlmembran.

Für die Eichung der Dosen wurde eine Vorrichtung gebaut, die aus einem luftdicht abzuschließenden Drucktopf und einem Quecksilber-Standmanometer für einen maximalen Druck von 2200 mm Hg-Säule (etwa 3 atm.) besteht (Abb. 30).

Die im Drucktopf eingebaute Dose wurde gleichmäßig und stufenweise mit Druckluft abgedrückt, dabei der sich ändernde Brückenstrom durch einen Oszillographen registriert und der jeweilige Belastungs-Druck am Quecksilber-Standmanometer abgelesen. Durch Auftragen der zusammengehörigen Meßwerte ergaben sich Eichkurven, die einen nahezu linearen Verlauf zeigt

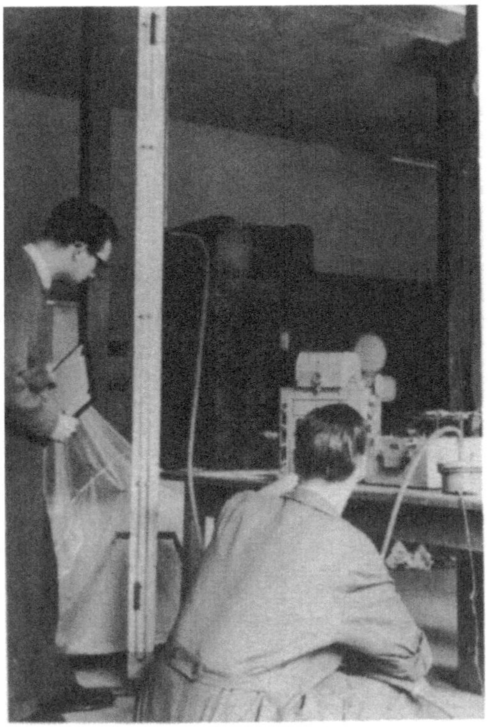

A b b i l d u n g 30

4.53 Die Zugkraft-Meßeinrichtung für die gezogenen Walzen

Bei den ersten Versuchen wurde die Kraft, die zum Ziehen der jeweiligen Versuchswalzen notwendig ist, über ein hydraulisches Zugkraft-Dynamometer (Bauart Maihak) gemessen, das zwischen dem Versuchswagen und dem ziehenden Seilende geschaltet war. Infolge der etwas unebenen Schienenoberfläche traten jedoch beim Ziehen des Versuchswagens Seilschwankungen auf, die sich mit zunehmender Ausfahrt des Seiles derart aufschaukelten, daß keine exakte Messung der Zugkraft möglich war. Diese Meßmethode hatte ferner den Nachteil, daß die rollende Reibung des auf den Schienen laufenden Versuchswagens mitgemessen wurde, so daß ihre Größe erst versuchsmäßig bestimmt und in Abzug gebracht werden mußte.

Um bei der Zugkraft-Messung die Seilschwankungen und die rollende Reibung des Wagens auszuschalten, wurde am äußeren Versuchswagen (s.Abb. 26 und 31) eine Gabel angebracht und über ein kurzes Seil, das einmal an der Gabelspitze und am anderen Ende an einem nach unten auskragenden Flacheisen des Walzenwagens befestigt war, der eigentliche Walzenwagen angehängt.

A b b i l d u n g   31

Mit Hilfe von Dehnungsmeßstreifen, die auf dem Flacheisen aufgeklebt waren, konnte die Zugkraft, die eine Durchbiegung des Flacheisens verursachte, auf dem gleichen, bei der Gummimembran-Meßdose erwähnten elektrischen Prinzip, mit Hilfe eines Oszillographen genauestens registriert werden (Abb. 32).

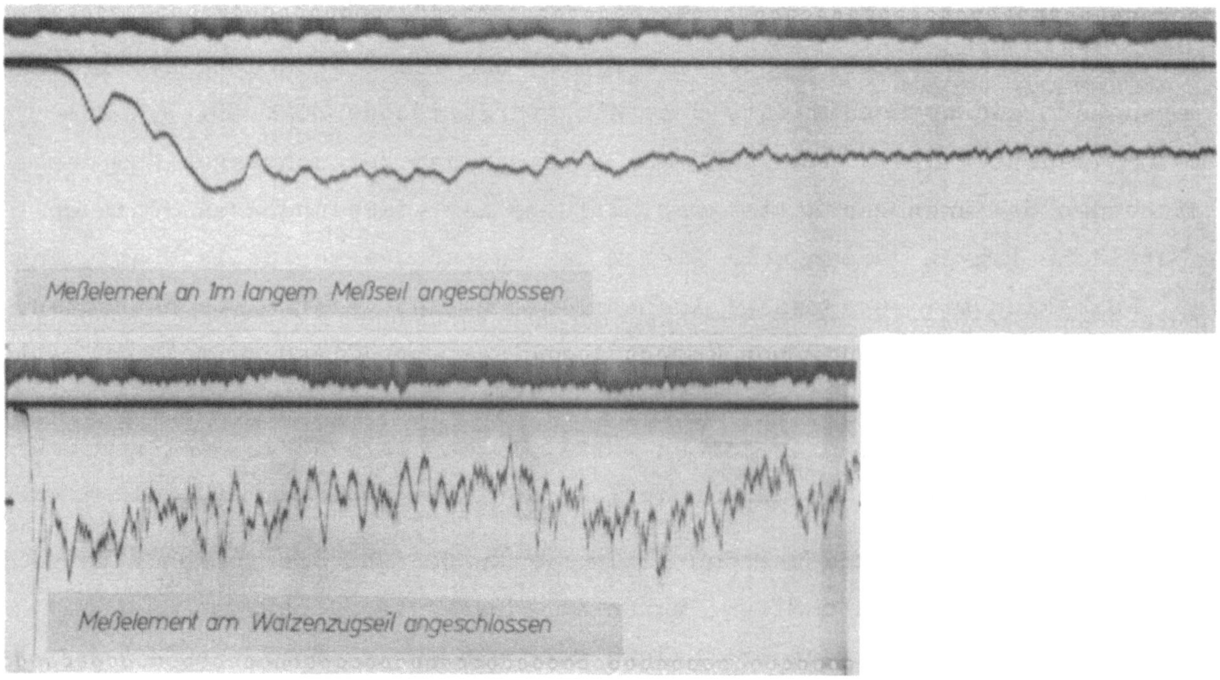

A b b i l d u n g   32

Oszillogramme der Zugkraftmessungen

Die Eichung des Flacheisens erfolgte in einer Bockkonstruktion, in der das Flacheisen unter gleichen Verhältnissen wie im Wagen eingespannt war (Abb. 33) und durch Gewichte stufenweise belastet wurde, wobei ein Oszillograph den Brückenstrom aufzeichnete, der jeder Belastungsstufe entsprach. Bei einigen Versuchen wurde zur Kontrolle der elektrischen Zugkraftmessung ein hydraulischer Maihak-Zugkraftmesser zwischen die Gabelspitze und das am Flacheisen befestigte Meßseil geschaltet; die gefundenen Meßergebnisse zeigten eine genaue Übereinstimmung.

Abbildung 33

4.54 Die Leistungsmessung bei selbstfahrbaren Walzen

Bei den Versuchen mit der selbstfahrbaren Walze wurde die Leistungsaufnahme des Walzen-Antriebsmotors über eine 10 m lange Meßstrecke mit Hilfe eines registrierenden Wattmeters aufgezeichnet und aus der Wattmeteraufschreibung der mittlere Leistungsbedarf festgestellt (Abb. 34). Dieser Leistungsbedarf N_e war notwendig, um einmal die Walze anzutreiben, die Widerstände in den Getrieben zu überwinden und den auf den Schienen laufenden Versuchswagen mitzuziehen. Zur Überwindung der beiden letztgenannten Widerstände war also eine sogenannte Leerlaufleistung N_L notwendig; sie wurde durch Versuche für die 4 Walzendurchmesser in der Weise ermittelt, daß der eigentliche Walzenwagen über den Ratschen- und Seilzug vorn angehoben wurde und die Walze vom Boden freikam, so daß auf den Walzenmantel ein Seil in mehreren Windungen (zur Herstellung eines genügenden Reibungsschlusses) aufgelegt und an dem einen Kopfende der Versuchsbahn befestigt werden konnte. Die freihängende Walze wurde nun angetrieben, wobei sich das ausgelegte Seil am Walzenmantel aufwickelte und den gesamten Versuchswagen in Richtung zum Seilbefestigungspunkt zog. Mit Hilfe des registrierenden Wattmeters wurde die Leistungsaufnahme für diese Leerlauffahrt über die gleiche Meßstrecke wie bei den Walzen-

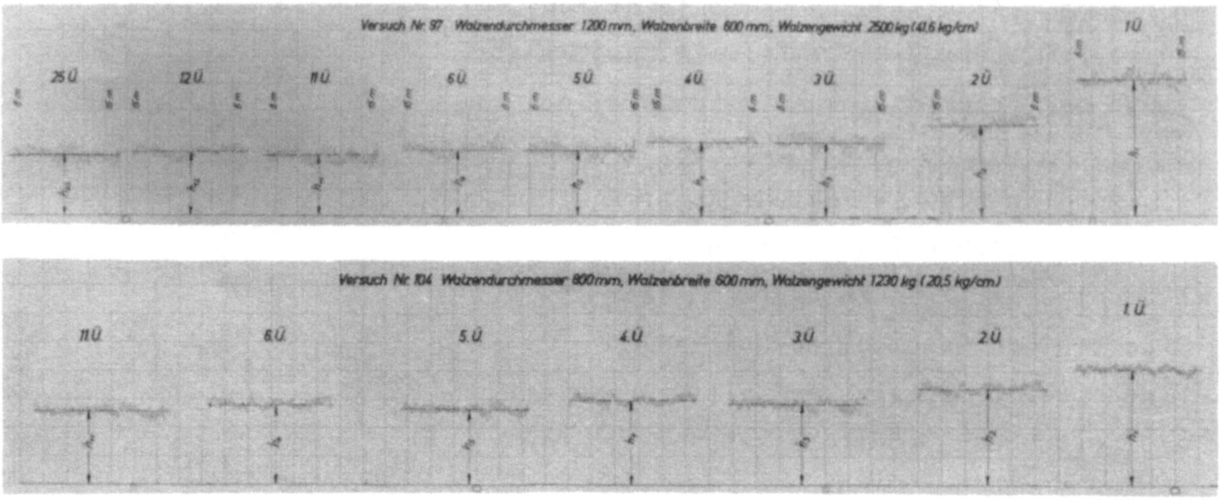

A b b i l d u n g 34

Glattwalzenversuche mit selbstfahrbarer Walze

Ermittlung der Leistungsaufnahme des Walzenantriebsmotors mit dem registrierenden Wattmeter

Leistungsaufnahme in kW=hxUmrechnungsfaktor

Versuchsboden: schwach bindiger,sandiger Schluff, w=16±0,3%, v= 1 km/h

versuchen festgestellt. Die Seilbiegung wurde nicht berücksichtigt, da infolge der großen Trommeldurchmesser die Seilbiegungsverluste als unwesentlich anzusehen sind.

Der effektive Leistungsbedarf zum Fortbewegen der Walze ergab sich somit aus

$$N_W = N_e - N_L$$

und unter Berücksichtigung der Motorwirkungsgrad-Kurve konnte die Umfangskraft an der alten Walze aus der Formel

$$M_d = U \cdot R_W = 71720 \frac{N_W}{n}$$

$$U = 71620 \frac{N_W}{n \cdot R_W}$$

berechnet werden.

U = Umfangskraft in kg

R_W = Radius der Walze

N = Leistung in PS

n = Walzenumdrehungen/min

4.55 Die Kontrolle der Walzenentlastung

Wie bereits erwähnt, mußten einige Versuche auf Sand mit teilweise entlasteter Walze gefahren werden. Eine Kontrolle der Größe und der Gleichmäßigkeit der Entlastungskraft über die Meßstrecke war deshalb erforderlich, weil die Walze und somit auch die Entlastungsgewichte auf unebener Bahn Auf- und Abwärtsbewegungen ausführten, so daß infolge der wechselnd in Ansatz zu bringenden Reibungskräfte in den Seilrollen der Entlastungsvorrichtung (Abb. 35) eine schwankende Entlastungskraft am Wagen zur Wirkung kam. Es galt deshalb, die Seilrollenreibung möglichst weitgehend auszuschalten; dies gelang durch den Einbau von Kugel- anstelle von Gleitlagern, durch die Verwendung größerer Seilrollen und eines dünnen schmiegsamen Seiles. Durch diese Maßnahmen war es nun möglich, die eingestellten Entlastungskräfte auch bei welliger Bahn über die gesamte Meßstrecke etwa konstant zu halten. Zur Kontrolle diente ein Zugkraftmesser Bauart Freise, der zwischen den Walzenwagen und den Flaschenzug geschaltet war und die Entlastungskräfte über die Meßstrecke bei jedem Versuch registrierte Der Vortrieb des Registrierpapiers war mit dem Walzenwagen-Vortrieb gekoppelt, so daß es bei Schwankungen der Entlastungskräfte möglich war, die betreffenden Stellen der Meßstrecke zu bestimmen, bei denen diese Schwankungen zur Wirkung kamen.

A b b i l d u n g 35

4.56 Die Registriereinrichtungen

4.561 Die Oszillographen

Die von den einzelnen Gebern verursachten Meßströme, durch Askania- oder Brandau-Meßbrücken verstärkt, wurden mit Hilfe eines amerikanischen Hathaway-6-Schleifen- (s.Abb. 30) und eines Siemens-3-Schleifen-Oszillographen (Abb. 36) aufgezeichnet.

Abbildung 36

Der Nachteil der elektrischen Registriermöglichkeit ist der, daß die Aufschreibung erst nach dem Entwickeln des Fotopapiers sichtbar wird. Somit kann man während der Messung evtl. notwendige Korrekturen an der Meßbrücken-Empfindlichkeit, bei Auftreten unerwartet starker Belastungen, nicht ersehen.

4.562 Das registrierende Wattmeter

Das benutzte registrierende Gleichstrom-Wattmeter ist ein handelsüblicher Tintenschreiber "Bauart Siemens", der die sofort sichtbare Aufschreibung einer Meßgröße gestattet. Verschiedene Papiervorschübe lassen sich durch Auswechseln von Zahnrädern und verschiedene Meßbereiche durch Vorschalten von Nebenwiderständen einstellen.

4.563 Der Maihak-Zugkraftmesser

Dieser ebenfalls handelsübliche hydraulische Zugkraftmesser besteht im wesentlichen aus einem Drucktopf und einer Registriereinrichtung, die nach dem Prinzip eines Indikators arbeitet. Der Drucktopf und die

Indikator-Federn sind auswechselbar, so daß sich eine große Anzahl von Meßbereichen, die zwischen 0 und 3000 kg liegen, einstellen lassen. Von Vorteil gegenüber der elektrischen Zugkraftmessung ist auch hier die sofort sichtbare Aufschreibung auf Wachspapier während der Messung.

4.57 Das Erfassen der Bodenverformungen

Beim Bau der Versuchsbahn wurde auf halber Bahnlänge seitlich der Bodenrinne ein 2 m langer, 1,85 m breiter und 1 m tiefer Beobachtungsstand ausgehoben, um die Bodenbewegungen mit Hilfe von andersfarbigen Schichten durch eine 2 cm starke Plexiglasscheibe beobachten zu können, die parallel zur Bahn angeordnet ist und etwa 15 cm in die Bodenrinne ragt (Abb. 37). Die im Versuchswagen stets in gleicher Spur geführte Walze

A b b i l d u n g 37

rollte in einem Abstand von 1-2 cm vor der Plexiglasscheibe vorbei. Zur Kenntlichmachung der Bodenbewegungen diente Staubkohle, die bei den ersten Versuchen mit Mittelsand, in dünnen waagerechten Schichten unmittelbar vor der Plexiglasscheibe in etwa 5-10 cm Breite eingesiebt wurde, wobei der senkrechte Abstand dieser Schichten etwa 8-10 cm betrug. Um die horizontalen Bewegungen des Bodens beobachten und feststellen zu können, wurden ferner mehrere senkrecht verlaufende Staubkohle-Streifen an der Plexiglasscheibe eingebracht. Hierzu diente ein 3 mm starker und 4 cm breiter Stahlblechstreifen, der senkrecht zur Scheibe angewinkelt, bis auf die Kiessandschicht gedrückt und dann vorsichtig gezogen wurde; in den Hohlraum wurde Staubkohle eingerieselt.

Bei den ersten Versuchen mit der gezogenen Walze zeigte sich, daß die Bodenbewegungen an der Plexiglasscheibe stark abgeschwächt wiedergegeben wurden; denn bei einer Kontrolle am gegenüberliegenden Rand des Walzstreifens konnten in der freien Bahn wesentlich größere horizontale Verschiebungen festgestellt werden. Der Grund lag darin, daß aus versuchstechnischen Überlegungen nicht mit der Walze direkt an der Plexiglasscheibe vorbeigefahren werden konnte und die Reibungskräfte an der Scheibe sowie die behinderte Seitenausdehnung die Bodenbewegungen stark hemmte. Somit war auch kein Erfassen der wirklichen dynamischen Bodenbewegungen durch Filmen hinter der Scheibe möglich.

4.571 In Sand

Um die tatsächlich auftretenden horizontalen Bodenbewegungen zu erfassen, wurde ein 3 mm starkes und 20 cm breites Blech über eine Führung, die an der Setzungsmeßbrücke angebracht war (s.Abb. 45), genau senkrecht bis auf den Kiessand eingedrückt und wieder vorsichtig herausgezogen und der entstandene Hohlraum mit Staubkohle verfüllt. Die Breite des Einstichbleches reichte 5 cm über und 15 cm in den Walzstreifen. Nach dem Übergang mit der Walze wurde der betreffende, mit Hilfe der Meßbrücke genau festgelegte Einstich, von der Seite aus vorsichtig freigelegt und die verformte Kohleschicht im Foto festgehalten. Das Abtragen des Bodens wurde etwa am Rand des Verdichtungsstreifens eingestellt, um den Walzstreifen für die weiteren Übergänge einwandfrei zu erhalten. Bei einigen Versuchen allerdings, wo ein besonders starkes Schieben des Bodens zu beobachten war, wurde der Einstich bis zu 15 cm tief in den verdichteten Streifen vorgetrieben, um die Verformungen am Rand und zur Mitte des Walzstreifens hin festzustellen; ferner wurden auch die Verformungen knapp außerhalb des Verdichtungsstreifens in diesen Fällen festgehalten.

Da meist für den 1., 2. und 5., bei einigen Versuchen zusätzlich auch noch für den 25. Übergang, die Bodenverformungen bestimmt wurden, wobei jedesmal ein getrennter Einstich erforderlich war, verursachte das oftmalige Freilegen bei der Vielzahl der durchgeführten Versuche einen erheblichen Arbeitsaufwand. Wesentlich war jedoch, daß die tatsächlich auftretenden horizontalen Verschiebungen erfaßt wurden.

Zum Feststellen der notwendigen Überdeckung dienten zwei waagerechte, mit einem Höhenabstand von etwa 8-10 cm dünn eingesiebte Staubkohle-

Schichten, die vor dem ersten Übergang eingebracht und abschnittsweise nach dem 1., 2. und 5. Übergang, in einer quer zur Walzrichtung und senkrecht zur Walzstreifen-Oberfläche stehenden Ebene freigelegt wurden. Die Verformungen sind in Fotos festgehalten (s.8.4).

4.572 In schwach bindigem, sandigen Schluff

Auch hier wurde erst einmal versucht, die Bodenbewegungen auf die gleiche Art wie bei Sand festzustellen. Der aufgefräste Boden, vor dem 1. Übergang, blieb jedoch beim Hochziehen des Einstechbleches infolge seiner krümeligen Struktur schlecht stehen, so daß es meist nicht gelang, einen Hohlraum zum Einfüllen der Staubkohle zu schaffen.

Nach 1 oder 2 Übergängen wiederum war es nur unter erheblichem Kraftaufwand möglich, den Schieber in den stark verdichteten Boden einzudrücken. Falls es gelang, war jedoch nicht die Gewähr für das genaue senkrechte Einstechen und somit das Fixieren der Anfangslage gegeben.

Es wurde deshalb eine neue Einstech-Vorrichtung gebaut, die aus einem dünnwandigen Stahlrohr mit 10 mm l.W. besteht, in das ein angespitztes Rundeisen eingepaßt ist, dessen Durchmesser der lichten Rohrweite entspricht. Beide Teile werden an der Blechführung der Meßbrücke senkrecht in den Boden gedrückt, anschließend wird das Rundeisen herausgezogen, der Hohlraum des Rohres mit zähbreiigem Weißkalk aufgefüllt und der Stab als Kolben benutzt, um den Kalk bei gleichzeitigem Hochziehen des Rohres in den Boden zu drücken. Auf diese Weise war es möglich, Kalkstränge in den Boden einzubringen, die sich beim Übergang der Walze entsprechend verformten und die horizontalen Bodenbewegungen erkennen ließen. Sie wurden meist für den 1., 2. und vereinzelt auch für den 5. Übergang bestimmt. Der verhältnismäßig dünne Kalkstrang dürfte die Art der Verformung durch Veränderung der Bodenstruktur nicht wesentlich beeinflussen, so daß die wirklichen Bodenverformungen aller Voraussicht nicht in Erscheinung getreten sind. Der Kalkstrang wurde im Walzstreifen, 3 cm vom Rand entfernt, eingebracht und zum Fotografieren ebenfalls von der Seite aus freigelegt.

Die Ermittlung der notwendigen Überdeckung erfolgte in der gleichen Weise wie bei Sand mit Hilfe von Staubkohle.

4.58 Die Meßgeräte zum Feststellen der Verdichtung

4.581 Die Bestimmung der Lagerungsdichte des Sandes

Durch Ermitteln des Porenvolumens, das sich bei Sand verhältnismäßig einfach und schnell durch die Entnahme von ungestörten Bodenproben aus der obersten, mittelsten und untersten Schicht mit Hilfe eines Ausstechzylinders bestimmen ließ [26], war eine Überprüfung der Verdichtung nach den einzelnen Walzgängen möglich. Unter dem Porenvolumen

$$n = \frac{V - V_t}{V} \cdot 100\%$$

V = Gesamtvolumen der Probe

V_t = Volumen der Festmasse der Probe = $\frac{G_t}{\gamma_s}$

G_t = Trockengewicht der Probe

γ_s = Stoffgewicht

versteht man also das Verhältnis des Porenraumes zum Gesamtraum des Bodens.

Dieses Verhältnis ist um so größer, je mehr und um so kleiner, je weniger Hohlräume der Boden aufweist, also je lockerer oder dichter er gelagert ist.

Die beiden Lagerungsgrenzen, die lockerste und die dichteste Lagerung wurden mit Hilfe eines Zylinders von 7 cm Durchmesser und 11,3 cm Höhe durch einen Laboratoriumsversuch bestimmt [26].

Zum Feststellen der lockersten Lagerung war es erforderlich, den getrockneten Sand über einen Trichter in den Zylinder einzurieseln, wobei die Trichterspitze die Sandoberfläche stets berühren mußte, um keine Verdichtung durch freien Fall zu erhalten. Nach sorgfältigem Abstreichen und Abwiegen des eingerüttelten Sandes konnte die lockerste Lagerung nach der Formel

$$n_o = 100 - \frac{100 \cdot G_t}{V_1 \cdot \gamma_s} \, [\%]$$

G_t = Gewicht des lockeren Sandes im Zylinder [g]

V_1 = Rauminhalt des Zylinders [cm^3]

γ_s = Stoffgewicht des Sandes = 2,65 g/cm^3

bestimmt werden.

Die dichteste Lagerung wurde in einem gleichgroßen, mit einer abnehmbaren Bodenplatte versehenen Zylinder ermittelt. Ein Sieb und ein darübergelegtes Filterpapier verhinderte das Ausschlämmen von feinen Bodenteilchen.

Nachdem zunächst 1/5 des Bodengewichtes G_t eingefüllt, mit Wasser übergossen und durch 30 Doppelschläge mit einer Schlaggabel eingerüttelt wurde, erfolgte das Einbringen der weiteren Fünftel in gleicher Arbeitsfolge. Eine Wasserstrahl-Pumpe saugte anschließend im Sand befindliches Wasser ab, und die Höhe der Sandoberfläche im Zylinder konnte über eine aufgelegte Kopfplatte eingemessen werden. Aus dem Volumen V_2, das die eingerüttelte Sandmenge G_t einnahm, wurde die dichteste Lagerung nach der Formel

$$n_d = 100 - \frac{100 \cdot G_t}{V_2 \cdot \gamma_s}$$

bestimmt.

Für die dichteste Lagerung betrug der Mittelwert aus 3 Versuchen 30,2%.

Der Maas-Sand besaß in der natürlichen Lagerung ein Porenvolumen zwischen 37 - 39%.

4.582 Die Prüfung der Verdichtung des schwach bindigen, sandigen Schluffs

Eine Nachprüfung der Verdichtung nach den einzelnen Übergängen wäre auch bei diesem Boden allein durch die Entnahme von ungestörten Bodenproben mit Hilfe des Ausstechzylinders möglich gewesen. Da die Entnahme im verdichteten Schluff jedoch wesentlich schwerer wie bei Sand vorzunehmen ist, hätte die Verdichtungsprüfung bei den vielen Versuchen und der großen Anzahl zu entnehmender Proben wesentlich längere Zeit beansprucht; außerdem bereitete es nach dem Ausstechen der Probe, vor allem, wenn diese aus der untersten Schicht entnommen wurde, erhebliche Schwierigkeiten, die Oberfläche wieder so glatt einzunehmen, daß die Meßstrecke für die weitere Versuchsdurchführung erhalten blieb. Diese Gründe trugen dazu bei, mit der Proctornadel zu arbeiten; sie ermöglicht eine verhältnismäßig schnelle Prüfung der Verdichtung auf der gesamten 10 m langen Meßstrecke durch Feststellen des Eindringungswiderstandes in verschiedenen Tiefen.

Die Nadel wurde hierzu mit der vorschriftsmässigen Geschwindigkeit von etwa 1 cm/sec alle Meter in die Oberfläche und die etwa 8 cm tiefen Löcher eingedrückt (Abb. 38), um die obere und untere Schicht zu erfassen. Der Eindringungswiderstand ergibt sich als Quotient aus der Eindrückkraft und der Fläche des verwendeten Druckstempels, der nach dem Fortschritt der Verdichtung angepaßt werden muß.

A b b i l d u n g 38

Das Ausstechen und Entnehmen der Bodenpfropfen erfolgte mit einem konisch angespitzten Rohr, das mit Hilfe eines Quergriffes eingedrückt und um 90° gedreht wurde, wobei der Bodenpfropfen im Rohr steckenblieb und herausgezogen werden konnte.

4.583 Die Prüfung der Verdichtung des Kiessandes

Eine Entnahme von Proben mit dem Ausstechzylinder war bei diesem sehr grobkörnigen Boden nicht möglich, so daß mit der Sandersatz-Methode, einem sehr zeitraubenden Verfahren, gearbeitet werden mußte. Zum Feststellen des Porenvolumens und des Trockenraumgewichtes mußte für jeden Meßpunkt ein etwa 10 cm tiefes Loch mit gleichfalls etwa 10 cm Durchmesser vorsichtig mit einem Löffel und einem Kratzer ausgehoben, der Boden sorgfältig in einer Schale gesammelt und gewogen werden (Abb. 39). Auf das Loch bzw. die begrenzende Deckplatte wurde nun ein mit Normensand gefüllter Zylinder aufgesetzt, dessen Boden eine kleine zentrisch angeordnete Auslauföffnung besitzt, die sich trichterförmig auf die lichte Weite des Zylinders erweitert. Beim Öffnen des Bodenschiebers rieselte nun der Normensand in das ausgehobene Loch und füllte dieses und den Ausflußkegel auf. Vom Gewicht der eingerieselten Sandmenge wurde das Gewicht des Sandes abgezogen, der zum Auffüllen der Deckplatte

A b b i l d u n g 39

Entnahme von Bodenproben nach der Sandersatzmethode
(kleiner Meßuhrzylinder)

und des Ausflußkegels notwendig ist. Aus dem bekannten Stoffgewicht des Normensandes ließ sich das Volumen des ausgehobenen Loches und somit das Naßraumgewicht der ausgehobenen Bodenprobe, und nach dem Trocknen und Feststellen des Wassergehaltes das Trockenraumgewicht ermitteln.

4.584 Die Prüfung der Verdichtung des Schotters

Die Ermittlung des Schotter-Raumgewichtes erfolgte gleichfalls nach der Sandersatz-Methode; infolge der großen Körnung war jedoch hierbei nicht der normale Sanduhr-Zylinder mit 110 mm Innendurchmesser zu verwenden, sondern es wurde ein größerer, nach Angaben des Road Research Laboratory, Harmondsworth [29], angefertigter Meßzylinder benutzt, der einen Innendurchmesser von 215 mm, eine Füllhöhe von 470 mm und einen Sandauslauf von 22,5 mm Durchmesser besitzt (Abb. 40). Mit diesem Gerät läßt sich das Volumen eines ausgehobenen Loches auch bei sehr unregelmäßiger Mantelfläche mit einer Genauigkeit von etwa 2% feststellen und somit das Trockenraumgewicht vom eingerüttelten Schotterunterbau hinreichend genau ermitteln.

A b b i l d u n g   40

Entnahme von Bodenproben nach der Sandersatzmethode
(großer Meßuhrzylinder)

Außer dem Schotter-Raumgewicht wurde ferner der Verformungsmodul (E bzw. der M_E-Wert) mit Hilfe von Plattendruckversuchen unter Benutzung des Schweizer VSS-Gerätes (Abb. 41) bestimmt.

A b b i l d u n g   41

Der Verformungsmodul

$$E = \frac{1,5\ r \cdot p}{s} \text{ bzw. } M_E = \frac{p}{s} \cdot D \text{ in kg/cm}^2$$

stellt eine Kennziffer für die Zusammendrückbarkeit der Schotterschicht dar, wobei die deutschen Normen den E-Wert und die Schweizer Normen den M_E-Wert angeben.

In den Formeln bedeuten:

r bzw. D = Radius bzw. Durchmesser des Lastplattenstempels in cm
p = aufgebrachte Druckspannung in kg/cm^2
s = die Setzung in cm.

Nach den Vorschriften und Richtlinien der "Vereinigung Schweizerischer Straßenfachmänner (VSS)" wird für die obere Tragschicht ein M_E-Wert von 1000 kg/cm^2 vorgeschrieben.

5. Die Grundlagen zur Auswertung der Meßergebnisse

Da man ein Verdichtungsgerät in erster Linie nach seiner Wirtschaftlichkeit und Brauchbarkeit beurteilt, interessieren den Konstrukteur und den Bauausführenden die Größen, die diese Faktoren beeinflussen, bei den Hauptuntersuchungen mit gezogenen und mit selbstfahrbaren statischen Glattwalzen u.a.

die Verdichtungswirkung,
die erreichbare Ebenheit in der Verdichtungsfläche,
die Zug- und Umfangskräfte,
die notwendige Antriebsleistung und
die auftretenden Bodendrücke.

Die bei gezogenen und bei selbstfahrbaren Walzen auftretenden Kräfte und Momente zeigt die Abbildung 42 a und b.

Man erkennt hieraus, daß auf den Boden nicht nur Vertikal-, sondern auch Horizontalkräfte wirken, die die Verdichtung, die Oberflächen-Ebenheit und die Bodenverformungen besonders bei kohäsionslosen Böden, wie noch später gezeigt wird, wesentlich beeinflussen.

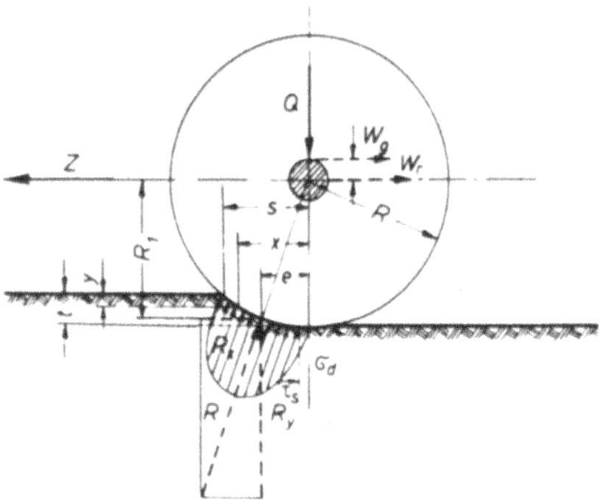

$R_x = Z = W_g + W_r$ Z = Zugkraft

$R_y = Q$ Q = Walzengewicht

W_g = Widerstand durch Lagerreibung = $\mu \cdot Q$

W_r = Widerstand durch rollende Reibung = $e \cdot Q$

e, e' = Hebelarm der rollenden Reibung

A b b i l d u n g 42a

Gezogene Walze

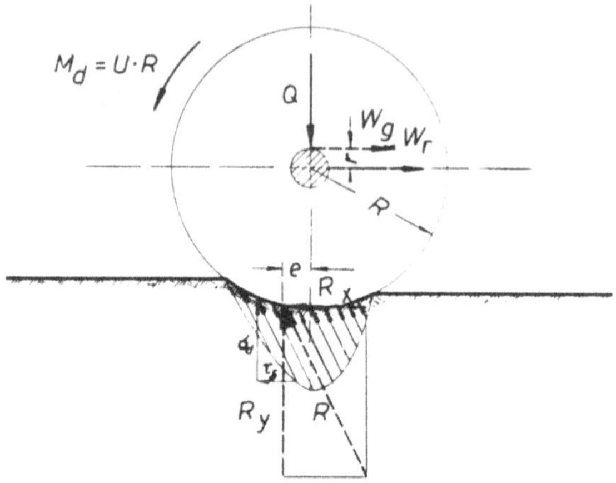

$R_x = U = W_g + W_r$, $R_y = Q$

U = Umfangskraft , Q = Walzengewicht

W_g = Widerstand durch Lagerreibung = $\mu \cdot Q$

W_r Widerstand durch rollende Reibung = $e \cdot Q$

e = Hebelarm der rollenden Reibung

A b b i l d u n g 42b

Selbstfahrbare Walze

5.1 Die Verdichtungs-, Setzungs- und Ebenheits-Kontrolle

Eine genaue Berechnung der Verdichtung auf Grund von Setzungsmessungen setzt voraus, daß die in der Walzspur zusammengedrückten Bodenmassen nur allein zum Auffüllen der Hohlräume des darunterliegenden Bodens dienen und somit weder nach der Seite weggedrückt oder in der Walzrichtung hin- und hergeschoben werden. Diese Voraussetzung trifft in Wirklichkeit jedoch nicht zu, da die Walze die Bodenteilchen sowohl seitlich aus dem Verdichtungsstreifen mehr oder weniger stark herausdrückt und besonders bei kohäsionslosen Böden auch in der Walzrichtung verschiebt, so daß sich seitliche Bodenwälle und Aufstauungen vor der Walze bilden, die bei gleichem Walzengewicht um so größer sind, je geringer die Scherfestigkeit des Bodens ist. Da die Scherfestigkeit mit der Verdichtung zunimmt [30], zeigen sich die Bodenbewegungen somit hauptsächlich bei den ersten Walzgängen.

Das seitliche Herausdrücken des Bodens wird im praktischen Betrieb dadurch abgeschwächt, daß die einzelnen Übergänge nebeneinander vorgelegt werden, wobei das Verdichtungsgerät bei jedem Übergang um etwa die halbe Arbeitsbreite versetzt wird. Da der gleiche Arbeitsvorgang bei den Versuchen nur schwer durchzuführen gewesen wäre, wurde aus versuchstechnischen Gründen darauf verzichtet und stets in der gleichen Spur gewalzt. Um diese Versuchsbedingungen und Randeinflüsse weitgehend auszuschalten, erfolgte die Messung der Setzungen und die Entnahme der Bodenproben im mittleren Teil des Verdichtungsstreifens.

Aus der Setzung der verschieden tief eingelegten Meßpegel wurde das jeweilige Porenvolumen für bestimmte Übergänge nach der Formel

$$n_x = \frac{n_o - \Delta s_x}{100 - \Delta s_x} \%$$

berechnet.

n_x = erreichtes Porenvolumen nach dem xten Walzgang

n_o = Ausgangsporenvolumen

$\Delta s_x = \frac{s_o - s_u}{d} \cdot 100$ = Setzungsdifferenz (%) zwischen zwei verschieden tief eingelegten Meßpegeln in % der Schichtstärke beim xten Übergang

s_o = Setzung der oberen Meßpegel bzw. der Oberfläche

s_u = Setzung der unteren Meßpegel

d = Schichtstärke zwischen den oberen und unteren Meßpegeln.

Die für bestimmte Übergänge in die Rechnung eingesetzten gemessenen bleibenden Setzungen (die elastische Bodenfederung war nach der angewandten Meßmethode nicht zu erfassen) stellen Mittelwerte aus mindestens 15 Einzelmessungen auf der 10 m langen Meßstrecke dar.

Bei den Versuchen, bei denen keine größeren horizontalen und seitlichen Bodenbewegungen auftraten, stimmten die berechneten und die gemessenen Verdichtungsergebnisse gut überein, da die Unterschiede maximal ± 4% betrugen.

Die Verdichtungskontrolle erfolgte bei allen Versuchen jedoch stets mit den unter 4.58 genannten Meßgeräten; oftmals wurde außerdem noch die erreichte Verdichtung parallel hierzu aus den Setzungswerten berechnet.

Für die Bestimmung der Ebenheit wurde die Walzbahn-Oberfläche alle 50 cm über die aufgelegte Meßbrücke an festgelegten markierten Stellen nach bestimmten Übergängen eingemessen.

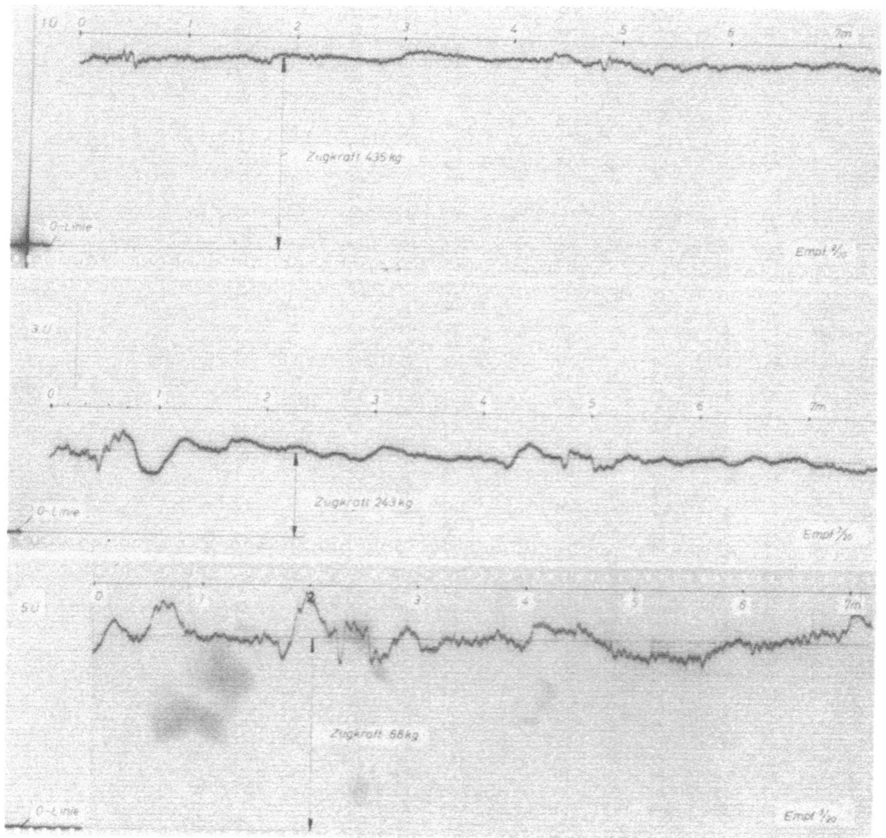

A b b i l d u n g 43

Versuche mit gezogener Walze
Verlauf der Zugkraft über eine 7-m-Meßstrecke
Oszillogramme vom 1.,3. und 5.Übergang
Vers.114: Walzendurchmesser 800 mm, Walzenbreite 600mm, Walzengewicht 2000 kg (33,3 kg/cm), Versuchsboden: schwach bindiger, sandiger Schluff, w = 16+0,3%, v=2 km/h

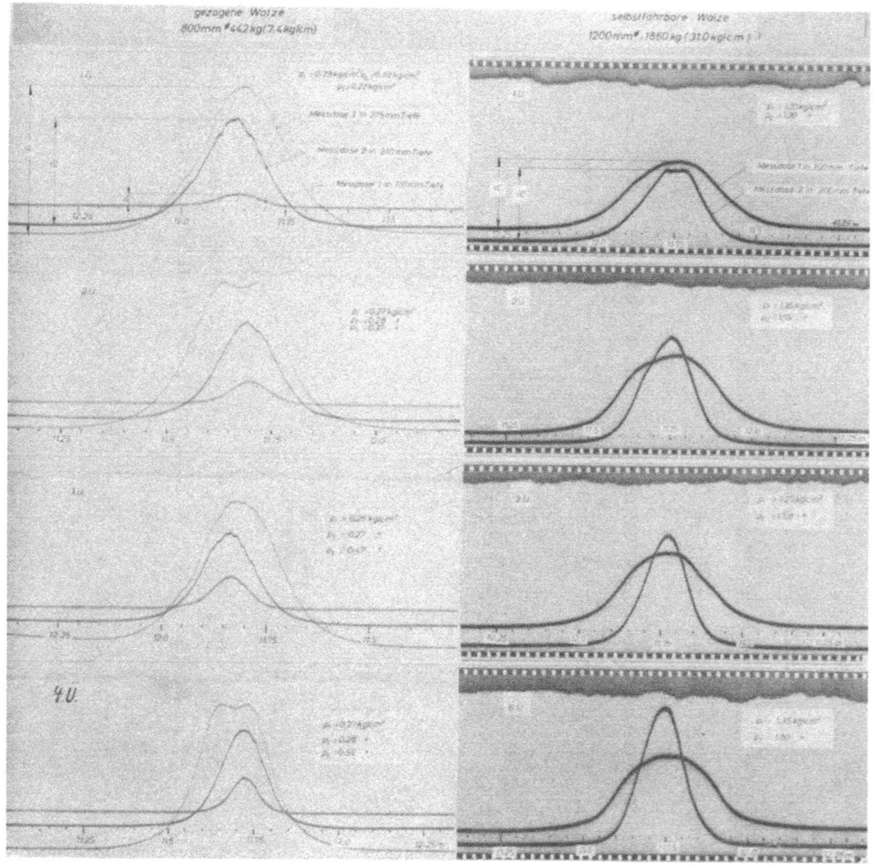

A b b i l d u n g 44

Größe und Verlauf der Bodendrücke in
3 bzw. 2 Meßtiefen beim Überwalzen
Oszillogramme vom 1.,2.,3.,4.u.6.Übergang
Walzenbreite 600 mm, v = 1 km/h, Versuchsboden:
Mittelsand, w = 4,0 - 5,0%

5.2 Die Ermittlung der Zug- und der Umfangskraft

Die Bestimmung von brauchbaren Durchschnittswerten für die Zug- und Umfangskraft setzte voraus, daß der Kraftverlauf auf einer möglichst langen Strecke mit den unter 4.53 und 4.54 erwähnten Meßeinrichtungen registriert wurde, um aus dem schwankenden Kraftverlauf (Abb. 43) einen guten Mittelwert der Zug- bzw. Umfangskraft zu erhalten.

Wie bereits unter 4.54 erwähnt, erfolgte deswegen die Registrierung der Kräfte über die 10 m lange Meßstrecke.

5.3 Die Bodendrücke

Mit den unter 4.52 besprochenen elektrischen Meßdosen wurde der Druckverlauf in verschiedenen Tiefen unter der darüberrollenden Walze durch Oszillographen registriert (Abb. 44).

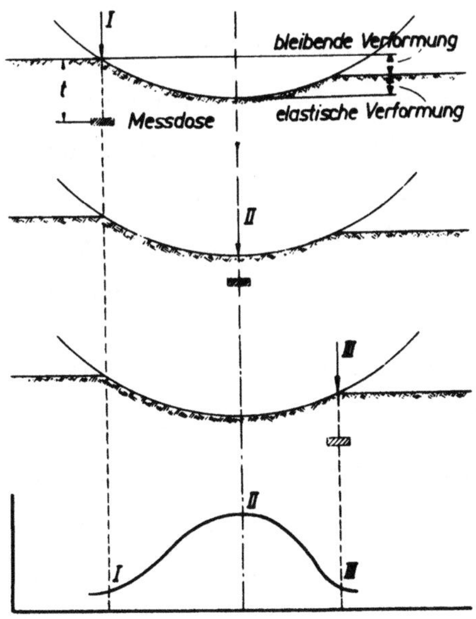

A b b i l d u n g 45

Druckmessungen unter der rollenden Walze mittels Meßdosen

Wie die Abbildung 45 zeigt, beginnt die Walze in Stellung I die Meßdose zu überrollen und in Stellung III zu verlassen. Bis zur Stellung II, in der sich die Walzenachse senkrecht über der Meßdose befindet, steigt der Druck laufend an und bis zum Erreichen der Stellung III fällt er auf 0 ab.

Der Druck, den die Walze auf die Meßdose ausübt, bevor sie die Stellung I erreicht, und die kleine Druckspannung, die auf der Meßdose infolge der Verdichtung des Bodens verbleibt, sind so gering, daß sie auf den Oszillogrammen nicht in Erscheinung treten, da aus versuchstechnischen Gründen die Druckmeßeinrichtung nicht so empfindlich gestellt werden kann, daß sich in einem Diagramm sowohl die geringen Drücke außerhalb des Bereiches der Stellungen I und III und der maximale Druck in Stellung II erfassen lassen.

Aus den Oszillographen-Aufzeichnungen (Abb. 44) und den Eichkurven der Meßdosen (s. 4.52) konnte auf Grund des MAXWELL'schen Satzes von der Gegenseitigkeit der Formänderungen die Druckverteilung in einem Längsschnitt unter der Walze rekonstruiert werden (Abb. 78). Das Integral aller vertikalen Druckspannungen (σ_z) über der Aufstandsfläche $\int \sigma_z \cdot dF = Q$ gibt das Walzengewicht an. Es war von Interesse, festzustellen, inwieweit sich zwischen den gemessenen und den berechneten Bodendrücken Abweichungen ergeben.

Ein im Boden unter einer darüberrollenden Walze auftretendes Druckverteilungsfeld wird von verschiedenen Faktoren, dem Walzengewicht, der Größe der Walzenaufstandsfläche, der Flächendruckverteilung in der Berührungsfläche, der Bodenart, der Bodendichte und dem Wassergehalt beeinflußt. Für die Berechnung der Spannungsverteilung im Boden existieren halbempirische Formeln, wie sie u.a. von FRÖHLICH [31] entwickelt wurden.

Durch zahlreiche Druckmessungen konnte festgestellt werden, daß die Druckverteilung im Boden unter einer Last von der Druckverteilung in einem homogenen, isotropen, dem HOOKE'schen Gesetz gehorchenden Körper abweicht, die durch eine strenge Rechnung erfaßt werden kann. Je nachgiebiger ein Boden bei zunehmendem Wassergehalt und je geringer seine Kohäsion ist, um so mehr konzentriert sich die Druckspannung zur Lastachse hin. FRÖHLICH berücksichtigt diese Tatsache, indem er in die strengen Formeln von BOUSSINESQ den sogenannten Konzentrationsfaktor einführt.

Wie FRÖHLICH ausführt, gehen die theoretischen Betrachtungen über die Druckverteilung im Baugrund von den Ergebnissen aus, die die mathematische Elastizitätstheorie für den einfachsten Belastungsfall des elastisch-isotropen Halbraumes, nämlich die in einem Punkt der Oberfläche angreifende lotrechte Einzellast liefert. Die Untersuchungen darüber verdanken wir vor allem BOUSSINESQ; sie gelten allerdings nur für eine gewichtslose, ursprünglich spannungslose, isotrope, dem HOOKE'schen Gesetz gehorchende Masse.

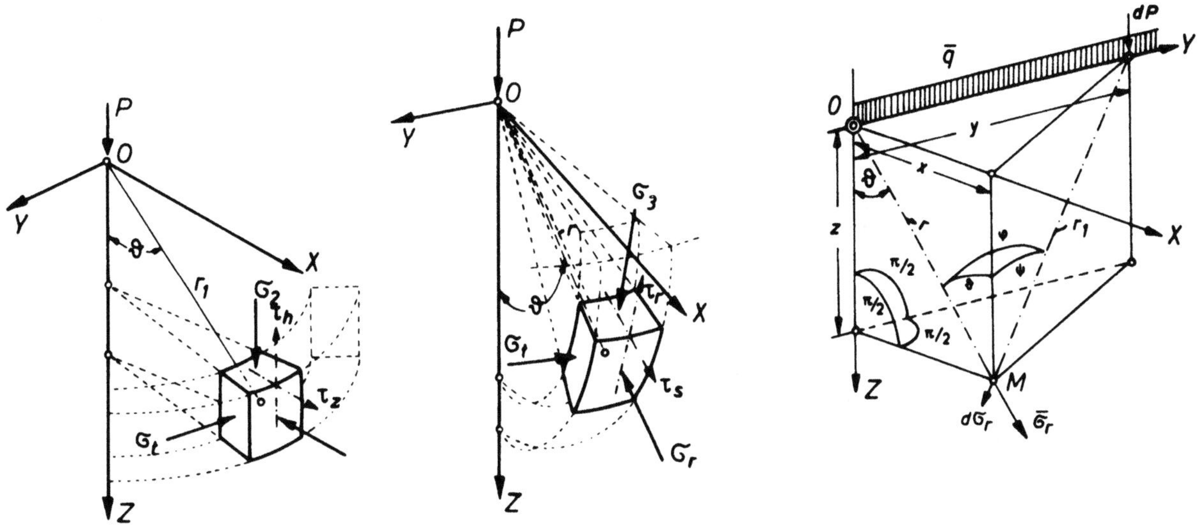

A b b i l d u n g 46

Wie die Abbildung 46 zeugt, greift an der Oberfläche des unendlich großen Halbraumes im Punkt O die lotrechte Einzellast P an, die der Richtung nach mit der Achse eines räumlichen Polarkoordinaten-Systems zusammenfällt, wobei in den Polarkoordinaten r und ϑ

die lotrechte Normalspannung . . . . σ_z

die waagerechte Normalspannung
in radialer Richtung . . . . σ_h

die waagerechte Normalspannung
in tangentialer Richtung . . . . σ_t

und die zu σ_z und σ_h gehörige
Schubspannung . . . . τ

herrschen.

Setzt man eine raumbeständige Masse mit der Poissonzahl m = 2 voraus, so vereinfachen sich die BOUSSINESQ'schen Grundgleichungen, und es wird

$$\sigma_z = \frac{3P}{2\pi r^2} \cos^3\vartheta \qquad \sigma_t = 0$$

$$\sigma_h = \frac{3P}{2\pi r^2} \cos\vartheta \, \sin^2\vartheta \qquad \tau = \frac{3P}{2\pi r^2} \cos^2\vartheta \, \sin\vartheta \tag{1}$$

Durch eine Transformation der Spannungskomponenten und bei Annahme von $m = 2$ ergeben sich die polaren Spannungen:

Die Normalspannung in der Richtung des Fahrstrahles r . . . . σ_r

die im Meridian liegende Normalspannung senkrecht zum Fahrstrahl . . . . σ_s

die Meridian-Spannung. . . . . σ_t

und die zu σ_r und σ_s gehörige Schubspannung. . . . . τ_r

Zu $\sigma_r = \frac{3P}{2\pi r^2} \cos\vartheta$ und σ_s, σ_t und $\tau = 0$ (2)

(Abb. 46).

Auch bei größeren Poissonzahlen als 2 weicht innerhalb eines Winkels $\vartheta = 45^\circ$ die Richtung der Hauptspannung σ_r nicht erheblich von den Fahrstrahlen zum Krafteinleitungspunkt ab, woraus FRÖHLICH das Prinzip einer geradlinigen Kraftausbreitung als genügend genaue Näherung ableitet.

Aus den Gleichungen (2) zieht FRÖHLICH noch einen wichtigen Schluß bezüglich der Spannungsverteilung infolge einer lotrechten linienförmigen Last $\bar{q}$ (Abb. 46), die als Grundlage für die Berechnung des Spannungszustandes unter einer Glattwalze dienen soll. FRÖHLICH führt aus, daß bei der Betrachtung einer durch die Lastlinie gehenden, unter ϑ gegen die Lotrechte geneigten Ebene, und eines in dieser Ebene liegenden Punktes M alle auf M wirkenden Spannungen infolge der Lastelemente $dP = \bar{q}\, dy$ in dieser Ebene liegen und sich daher zu der ebenfalls polargerichteten Hauptspannung des vorliegenden zweidimensionalen Problems zusammensetzen lassen.

Um zu den Druckverhältnissen in erdartigen Körpern überzugehen, muß man nach FRÖHLICH den Begriff der Isotropie in elastischer Hinsicht verlassen und im Gegensatz zu dem bisher betrachteten elastisch-isotropen Halbraum den anisotropen Halbraum setzen, für den er aus verschiedenen Gründen ebenfalls die Gültigkeit des Gesetzes von der geradlinigen Kraftausbreitung anwendet und feststellt, daß die zahlreichen Beobachtungen von Spannungen diese Annahme unter Berücksichtigung der zu erwartenden Genauigkeit rechtfertigen.

Denkt man sich den Halbraum mit einer lotrechten Linien-Last $\bar{q}$ (Walzengewicht kg/cm) belastet, so entsteht in jeder zur Lastlinie senkrechten Ebene derselbe Spannungszustand.

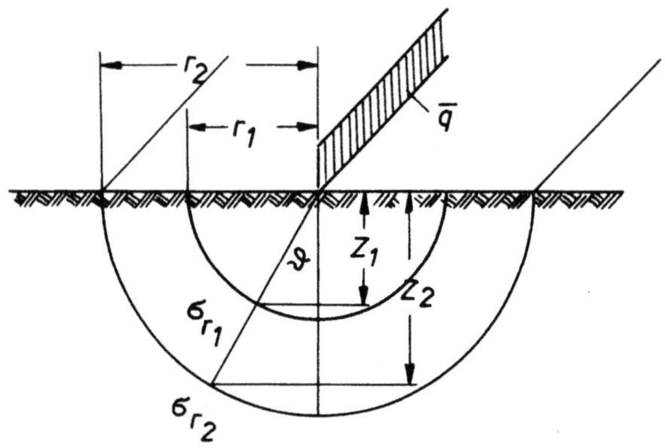

A b b i l d u n g 47

Betrachtet man den Halbraum, in dem zwei konaxiale, um die konzentrischen Halbkreise r_1 und r_2 verlaufende Zylinderflächen eingezeichnet sind und auf den die linienförmige Belastung $\bar{q}$ wirkt (Abb. 47) dann lautet nach FRÖHLICH der allgemeine Ansatz für die polargerichtete Normalspannung

$$\sigma_r = \bar{f}\,\frac{\bar{q}}{r}\cos^{\nu-2}\vartheta$$

Der Faktor $\bar{f}$ ergibt sich aus der Gleichgewichtsbedingung

$$q = 2\int_{\vartheta=0}^{\vartheta=\frac{\pi}{2}} \sigma_r \cos\vartheta \, dU$$, wobei $dU = r\,d\vartheta$ das Element des Kreisumfanges ist.

Der Wert für σ_r eingesetzt, ergibt

$$q = 2\int_{\vartheta=0}^{\vartheta=\frac{\pi}{2}} \bar{f}\frac{\bar{q}}{r}\cos^{\nu-1}\vartheta\, r\,d\vartheta \quad \text{oder} \quad 1 = 2\bar{f}\int_{\vartheta=0}^{\vartheta=\frac{\pi}{2}} \cdot\cos^{\nu-1}\vartheta\, d\vartheta$$

und

$$\bar{f} = \frac{1}{2\int_{\vartheta=0}^{\vartheta=\frac{\pi}{2}} \cos^{\nu-1}\vartheta\, d\vartheta}$$

Für angenommene Konzentrationsfaktoren zwischen 1 und 6 ergibt sich $\bar{f}$

ν	1	2	3	4	5	6
$\bar{f}$	$\frac{1}{\pi}$	$\frac{1}{2}$	$\frac{2}{\pi}$	$\frac{3}{4}$	$\frac{8}{3\pi}$	$\frac{15}{16}$

und die polare Normalspannung σ_r

ν	1	2	3	4	5	6
σ_r	$\frac{1}{\pi}\frac{\bar{q}}{r}\frac{1}{\cos\vartheta}$	$\frac{1}{2}\frac{\bar{q}}{r}$	$\frac{2}{\pi}\frac{\bar{q}}{r}\cos\vartheta$	$\frac{3}{4}\frac{\bar{q}}{r}\cos^2\vartheta$	$\frac{8}{3\pi}\frac{\bar{q}}{r}\cos^3\vartheta$	$\frac{15}{16}\frac{\bar{q}}{r}\cos^4\vartheta$

Aus der Beziehung $\sigma_z = \sigma_r \cdot \cos^2\vartheta$ erhält man die Formeln nach denen die lotrechte Normalspannung σ_z berechnet werden kann.

ν	1	2	3	4	5	6
σ_z	$\frac{1}{\pi}\frac{\bar{q}}{r}\cos\vartheta$	$\frac{1}{2}\frac{\bar{q}}{r}\cos^2\vartheta$	$\frac{2}{\pi}\frac{\bar{q}}{r}\cos^3\vartheta$	$\frac{3}{4}\frac{\bar{q}}{r}\cos^4\vartheta$	$\frac{8}{3\pi}\frac{\bar{q}}{r}\cos^5\vartheta$	$\frac{15}{16}\frac{\bar{q}}{r}\cos^6\vartheta$

Je größer der Wert für ν , um so mehr konzentrieren sich die Spannungen zur Lastachse. SÖHNE [11] führt als Ursache der Konzentration drei Gründe an, und zwar

1. die in der Berührungsfläche nach innen gerichteten Reibungsspannungen,
2. die Veränderung des E-Moduls nach der Tiefe,
3. die elastische und plastische Verformung des Bodens, so daß ein Ausweichen des Bodens am Rande der Lastfläche stattfindet, was zu einer Konzentration der Spannungen unter der Lastfläche führt.

6. Die verschiedenen Verdichtungsmethoden

6.1 Allgemeines

Die künstliche Verdichtung bezweckt, den Porenraum in Schüttungen, der entweder ganz mit Wasser oder teilweise mit Wasser und Luft gefüllt ist, zu verringern, um die Scher- und die Standfestigkeit zu erhöhen, spätere Setzungen auszuschalten und die Neigung zur Wasseraufnahme herabzusetzen. Grundsätzlich erfolgt die Verdichtung durch zyklische Belastungseinwirkung auf das zu verdichtende Material, wobei die sich wiederholenden Be- und Entlastungen den Spannungszustand im Verdichtungsgut in bestimmter Folge je nach der Art des Verdichtungsgerätes ändern.

Zu den Faktoren, die die Verdichtungswirkung beeinflussen, gehören u.a. die maximale auf die Oberfläche aufgebrachte Spannung, die Dauer des Spannungszustandes, die Geschwindigkeit der Spannungsänderung, die Häufigkeit der zyklischen Belastung, die horizontalen Bodenbewegungen, die Kornverteilung und der Wassergehalt des zu verdichtenden Materials.

Zwei grundsätzlich verschiedene Verfahren, und zwar die statische und die dynamische Verdichtungsmethode wendet man zur mechanischen Verdichtung an, wobei die statische Verdichtung durch Walzen und die dynamische durch Stampfen oder Vibrieren erfolgt.

Beim Walzen wird durch das Eigengewicht der Walze auf das zu verdichtende Material eine Druckwirkung ausgeübt und hierdurch eine bleibende Deformation t hervorgerufen, von deren Größe normalerweise der Verdichtungsgrad abhängt.

Beim Stampfen wird eine Masse periodisch auf eine Höhe H angehoben und durch freien Fall auf das Verdichtungsgut fallen gelassen, wobei die wenigen kurzen Schläge die Verdichtung bewirken.

Beim Vibrieren oder Rütteln wird eine Masse durch mechanische, elektrische, pneumatische oder hydraulische Erregung in einen Schwingungszustand versetzt, und die hohe Zahl von meist leichteren Schlägen verursacht die Verdichtung, wobei die Verdichtungswirkung dadurch verstärkt wird, daß die kinetische Energie der Masse die zu verdichtenden Bodenteilchen gleichfalls in einen Schwingungs- und förmlichen "Fließzustand" versetzt, so daß sie auch infolge ihres Eigengewichtes versuchen, die Hohlräume auszufüllen und einen möglichst engen Kornverband zu bilden.

Die Masse wirkt entweder auf die Oberfläche (Oberflächenvibration) oder sie wird in die Schüttung eingeführt (Tiefenvibration).

Es ist verständlich, daß sich die aufgezeigten Verfahren infolge des oft stark unterschiedlichen Aufbaues, der Verschiedenartigkeit der Hohlräume, des unterschiedlichen inneren Zusammenhaltes des Boden- oder Haufwerksteilchen sowie anderer bodenphysikalischer Kenngrößen-Unterschiede nicht gleich gut für die verschiedenen Materialien und Verdichtungsarbeiten eignen, jedoch ist eine exakte Abgrenzung der Einsatzbereiche infolge der vielen beeinflussenden Faktoren nicht möglich.

Allgemein läßt sich folgendes feststellen [32] und [33]:

Für die Verdichtung von bindigen Böden kommt in erster Linie die statische Walzverdichtung in Frage, da sich die vielen feinen luft- und wassergefüllten Poren nur durch höhere, länger einwirkende Drücke und knetende Verdichtung verringern; die Tiefenwirkung der statischen Walzen ist nur gering, da sie kaum mehr als etwa 20 - 25 cm beträgt.

Zur Verdichtung von grobstückigen, bindigen Bodenarten findet das Stampf-Verfahren Anwendung, da die großen luftgefüllten Hohlräume nur durch hohe, plötzlich auftretende Drücke zum Einsturz zu bringen sind.

Bei allen kohäsionslosen Bodenarten und losem Haufwerk ist die Rüttelverdichtung die wirksamste. Die Verdichtung ist um so stärker, je ungleichförmiger die Körnung ist bzw. je mehr sich der Kornaufbau der Fuller-Kurve (U = 36,7) nähert. Geringe Beimengungen bindiger Bestandteile von unter 5% beeinflussen die Wirkung nicht ungünstig, höhere prozentuale Feinanteile "verkitten" jedoch das Korngerüst, so daß die Adhäsionskräfte eine Umlagerung der Bodenteilchen verhindern oder zumindest erschweren. Der Rütteleffekt kann sich somit bei bindigen Bodenarten nicht auswirken.

Im nachfolgenden wird versucht, für die 3 Verfahren eine rechnerische Arbeitsbetrachtung zu vermitteln.

6.2 Arbeitsbetrachtungen

6.21 Statische Walze

Unter der Voraussetzung, daß die Bodenmassen der Walzspur nur zum Auffüllen der Hohlräume des darunterliegenden Bodens dienen (s. 5.1) und der Untergrund absolut elastisch angesehen wird (Abb. 48) gilt

$$V_1 \cdot \gamma_1 = V_2 \cdot \gamma_2$$

$$B.L.H.\gamma_1 = B.L(H-t)\gamma_2 = F(H-t)\gamma_2$$

$$\gamma_2 = \frac{H.\gamma_1}{(H-t)\gamma_2}$$

Die Spurtiefe t ergibt sich nach [34] zu

$$t = \sqrt[x+0,5]{\frac{\xi}{C(1+\frac{x}{3})}}$$

C = Koeffizient der Bodensenkung, hängt von der Dichte und dem Wassergehalt des Bodens ab und wurde experimentell bestimmt

ξ = Koeffizient der Verdichtungsfähigkeit

$$\xi = \frac{Q}{B\sqrt{D}} = \frac{\bar{q}}{\sqrt{D}}$$

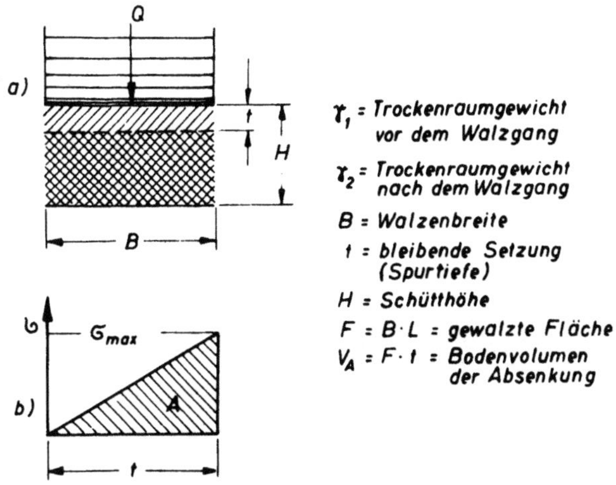

A b b i l d u n g 48

Auf Grund von Erfahrungen beträgt $\varkappa$:

für Böden mit optimalem Wassergehalt	0,4 - 0,6
für trockene Böden	0,6 - 0,8
für Böden, deren Wassergehalt um 3-6% höher als der optimale ist	0,2 - 0,4

Aus einer vereinfachten Betrachtung ergibt sich die im Boden erzielte Verdichtungsarbeit beim Walzprozeß unter der Voraussetzung linearer Federung des Bodens (Abb. 48) und unter der Annahme, daß die gesamte Bodensenkung t als bleibend anzusehen ist - d.h., die in den Boden hineingesteckte Arbeit bleibt infolge Dämpfung im Boden erhalten -.

$$A = \text{Druck} \cdot \frac{\text{Volumen}}{2} = \sigma_{max} \; F \frac{t}{2} = \sigma_{max} \cdot \frac{V_A}{2}$$

σ_{max} = max. Bodendruck in der Aufstandsfläche beim Walzen, oder durch Einführen des mittleren Druckes:

$$A = \sigma_{mittel} \cdot V_A$$

Wie man aus den in die Berechnung einzuführenden Annahmen erkennt, hängt die Arbeitsbetrachtung weitgehend von der Übereinstimmung der Bodeneigenschaften mit den gemachten Voraussetzungen ab. Da eine diesbezügliche strenge Formulierung der Bodeneigenschaften nicht ohne weiteres möglich ist, kann die Verdichtungsarbeit nicht unbedingt als ein Vergleichsmaß für den Verdichtungseffekt gewertet werden. Die Beurteilung der Verdichtung nach der bleibenden Bodensenkung ist daher vorzuziehen.

6.22 Freifall-Stampfer

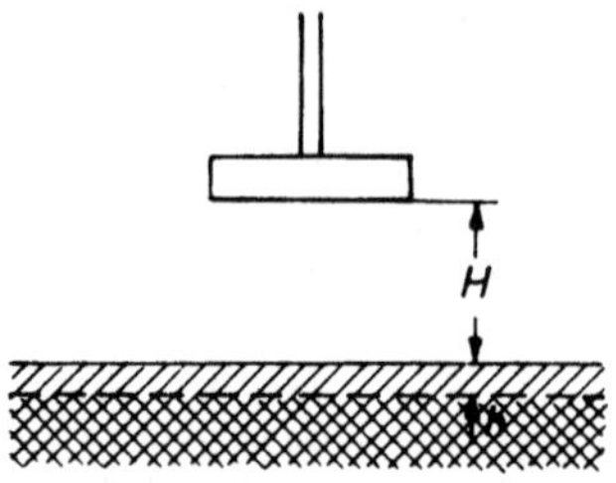

Abbildung 49

Nach dem Impulssatz

$$J = M \cdot v$$

und

$$P_A = \frac{dJ}{dt}$$

gilt bei angenommener gleichmäßiger Verzögerung

$$P_A = \sigma_A \cdot F_A = M \frac{v_A}{t} = M.b \qquad (1)$$

Nach dem Energiesatz gilt:

Σ Energien = Kinetische + Potentielle Energie = const.

oder

$E_{kin_{max}} = E_{pot_{max}}$ (ohne Dämpfung, lineare Federung)

$$M \frac{V_A^2}{t} = P_A \frac{h}{2} \qquad (2)$$

da $C = \frac{\sigma_A}{h} = \frac{P_A}{F_A \cdot h}$ und $\frac{1}{h} = \frac{C}{\sigma_A}$

$$\sigma_A \cdot F_A = P_A = M \frac{V_A^2}{2} \cdot \frac{2}{h} = M \frac{V_A^2}{2} \cdot \frac{2C}{\sigma_A} \qquad (3)$$

Bei freiem Fall aus der Höhe H ist

$$V_A = \sqrt{2 g H}$$

und aus (3) ist

$$\sigma_A = \sqrt{\frac{G\, 2gH \cdot 2C}{g\, 2\, F_A}} \quad \text{oder} \quad \sigma_A = \sqrt{\frac{2\,G\,H\,C}{F_A}} \qquad (4)$$

Die beim Aufschlag auftretende Normalspannung σ_A läßt sich somit nach der Formel (4) berechnen, wenn C durch Versuche bestimmt worden ist.

Eine weitere Möglichkeit zur Ermittlung von σ_A ergibt sich durch Messung der Verzögerung (b) und Bestimmung der Kraft P_A

Es ist
$$P_A = M \frac{V_A}{t} = \frac{G}{g} \cdot \frac{V_A}{t}$$

und
$$\sigma_A = \frac{P_A}{F_A} = \frac{G}{g\,F_A} \cdot \frac{V_A}{t}$$

Aus der Kenntnis der lotrechten, auf die Oberfläche wirkenden Normalspannung läßt sich jedoch noch nichts Eindeutiges über die Verdichtungswirkung aussagen, da diese noch von verschiedenen anderen Faktoren (s. 6.1) beeinflußt wird.

6.23 Der Auflastrüttler (Vibrationswalze)

Das dynamische Ersatzsystem hat folgenden Aufbau:

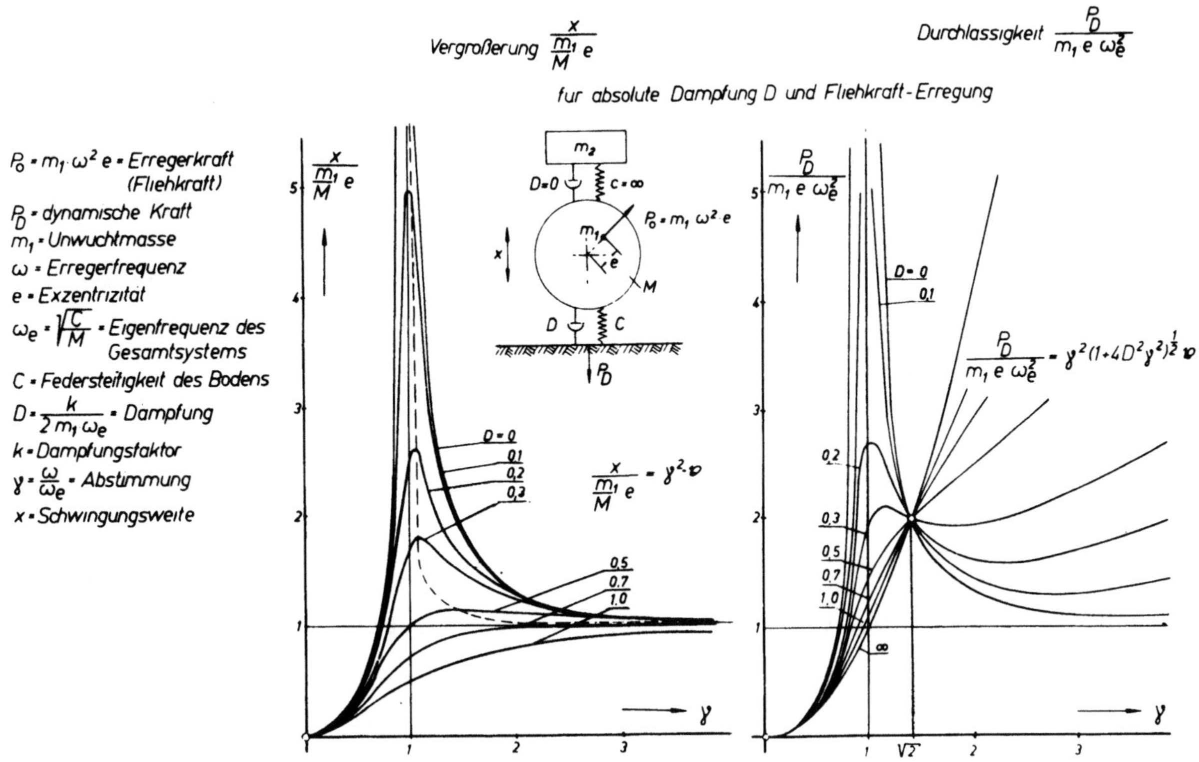

A b b i l d u n g 50

Aus der Bewegungsgleichung
$$M\ddot{x} + K \cdot \dot{x} + C \cdot x = m_1 \omega^2 e \cos \omega t$$

ergibt sich die Schwingungsweite

$$x = e\frac{m_1}{M}\cdot\gamma^2\cdot\frac{1}{\sqrt{(1-\gamma^2)^2+(2D\gamma)^2}} = e\frac{m_1}{M}\gamma^2\cdot\vartheta$$

und die dynamische auf den Boden wirkende Kraft K

$$K = m_1 e\omega_e^2\,\gamma^2\,\vartheta\sqrt{1+4D^2\frac{\omega^2}{\omega_e^2}}$$

Sie setzt sich vektoriell zusammen aus der

Federkraft + Dämpfungskraft

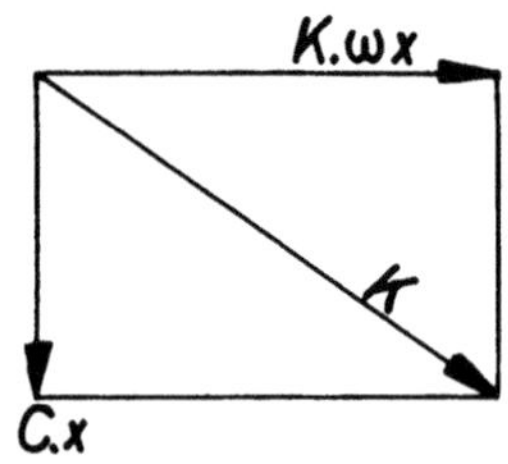

ϑ = Vergrößerungsfaktor.

Die dynamische Kraft ist dimensionslos,

$$T = \frac{K}{P_0} = \frac{K}{m_1 e\omega_e^2} = \gamma^2\,(1+4D^2\gamma^2)^{1/2}\cdot\vartheta$$

dargestellt in Abbildung 50 [35].

An Hand dieser Kurven läßt sich die dynamische Kraft K für vorhandene γ und D berechnen.

Unter dem Schwinger erhält jedes Bodenteilchen eine Beschleunigung, deren Größe der Ausdruck $x\cdot\omega^2$ kennzeichnet. Die Trägheitskraft p_t des Teilchens beträgt somit

$$p_t = m_t\cdot b = m_t\cdot x\cdot\omega^2$$

m_t = Masse des Teilchens.

Sollen die Schwingungen das Teilchen aus dem Verband lösen und in eine andere Lage bringen, muß die Trägheitskraft p_t größer sein als die Summe aller Kräfte, die der Lageänderung entgegenwirken, wozu die Kohäsion, das Gewicht und die innere Reibung des Bodens $\sigma\cdot\tan\varrho$ zählen [14].

σ kennzeichnet dabei den Normaldruck auf die Fläche längs der sich das Teilchen bewegen soll, und

ϱ den Reibungswinkel.

Der Normaldruck setzt sich aus zwei Teilen zusammen; einem Teil, der auch dann vorhanden ist, wenn keine Schwingungen aufgebracht werden, und einem zweiten Teil, der von der Wechselkraft bestimmt wird.

Die aufgezeigten Zusammenhänge lassen erkennen, daß sich die Verdichtungswirkung auf Grund der Größe der dynamischen Kraft und der Schwingungsweite x des Schwingers nicht allein beurteilen läßt, da der Verdichtungseffekt weitgehend durch nicht ohne weiteres anzugebende Bodeneinflüsse bei der Kornumlagerung beeinflußt wird.

Eine aus der dynamischen Kraft formulierte Arbeitsbeziehung würde demnach lediglich die Arbeit im ideal-elastischen System angeben, jedoch kein Maß für die Verdichtungswirkung darstellen.

6.24 Der Sprungrüttler (Plattenrüttler)

Die Schlagarbeit ergibt sich aus

$$A = \frac{m v_A^2}{2}$$

v_A = Auftreffgeschwindigkeit.

Die mittlere Verdichtungsleistung ist $N = \frac{A}{T}$

$$T = \frac{1}{f} \qquad \left[\frac{\text{Zeitgröße der Schwingung}}{\text{Schwingungsfrequenz}}\right]$$

demnach

$$N = f \cdot \frac{m v_A^2}{2}$$

Die Auftreffgeschwindigkeit ist abhängig vom Gewicht des Rüttlers und der Amplitude der Exzenterkraft $P_o = m\,\omega^2\,e$.

Es gibt natürlich eine Drehzahl, für die die Auftreffgeschwindigkeit einen größten Wert besitzt. Der Betrag ist abhängig von der Konstruktion und den Bodenwerten. Da also auch in diesem Falle die Eigenschaften des Teilschwingungssystems "Boden" den Verdichtungseffekt beeinflussen, läßt sich mit der Kenntnis von N noch keine endgültige Aussage über die optimale Verdichtungswirkung machen.

Auf Grund der rein rechnerischen Betrachtungen ist es nicht ohne weiteres möglich, die einzelnen, unterschiedlich wirkenden Verdichtungsgeräte hinsichtlich ihrer Wirksamkeit miteinander zu vergleichen. So wäre zwar ein Vergleich des Sprungrüttlers mit dem Stampfer möglich - das Vergleichsmaß würde die Frequenz sein -, jedoch würde dieser Vergleich selbst bei Voraussetzung gleicher Bodenbeschaffenheit keine eindeutige Aussage über die Verdichtungswirkung gestatten, da der Rüttler den Boden noch zusätzlich in Schwingungen versetzt, so daß sich demnach ein vom Stampfer abweichender Verdichtungseffekt ergeben dürfte.

7. Der Verlauf der Versuche mit statischen Walzen

7.1 Die Versuchsvorbereitung

Für die Möglichkeit des Vergleiches der Versuchsergebnisse war es wichtig, stets gleiche Anfangs-Versuchsbedingungen, vor allem hinsichtlich der Bodeneinbringung, zu schaffen.

7.11 Bei Mittelsand

Um die erheblichen Bodenmassen nach jedem Versuch zu lockern und auf der gesamten Bahnlänge und Schütthöhe wieder gleichmäßig einzubringen, wurde eine Doppel-Planierschar gebaut, die sich über Spindeln heben und senken und auf einem stabilen, mit Ballastgewichten beschwerten Schienenwagen mit Hilfe der Aufzugswinde über die gesamte Versuchsbahn verfahren läßt. Die kopfseitig angeordnete Planierschar kann dabei auf entsprechende Höhe, die für das Ein- und Ausbringen des Bodens notwendig ist, abgesenkt und angehoben werden. Nach jedem Versuch wurde der Sand aus der etwa 10 m langen Meßstrecke im mittleren Teil der Versuchsbahn nach den Kopfenden der Bodenrinne geschoben, und anschließend mit der Planierschar wieder lagenweise eingefahren (Abb. 51).

Wie die späteren Untersuchungen zeigten, war es auf diese Weise möglich, den Sand stets in etwa gleicher Lagerungsdichte einzubauen, denn bei fast allen Versuchen konnte ein Anfangs-Porenvolumen von 45 bis 46% festgestellt werden; lediglich bei den Versuchen mit hohem Bodenwassergehalt wurde eine dichtere Anfangslagerung mit einem Porenvolumen von etwa 43 bis 44% ermittelt.

Das Einbringen des Sandes mit der Planierschar erfolgte in jeweils 10 cm starken Lagen, die planeben abgezogen und auf deren Oberfläche in versetzter Anordnung über die Meßbrücke eingemessene Meßplatten mit 10 cm Kantenlänge und elektrische Druckmeßdosen eingelegt wurden; sie

A b b i l d u n g 51

Versuchsdurchführung bei Mittelsand
Schütthöhe 300 mm

dienten zur Setzungs- und Bodendruckmessung in den verschiedenen Tiefen. Sobald die Schütthöhe von etwa 30 cm erreicht war, wurde die Oberfläche mit einer am Planierschildwagen befestigten und über Schraubenspindeln genau einstellbaren Richtlatte planeben abgezogen und die Oberfläche alle 50 cm eingemessen.

Falls eine Änderung des Wassergehaltes notwendig war, wurde der Boden vor dem nächsten Einbringen mit einer Zerstäuberdüse besprengt und laufend mit der Planierschar hin- und hergeschoben, um eine innige Durchmischung zu erreichen. Um ein Austrocknen der obersten Schicht bei mehrstündigen Versuchspausen zu verhindern, wurde die gesamte Versuchsstrecke mit dünnen Plastik-Planen abgedeckt. Beim Vorbereiten der 85 cm hohen Schüttung wurde der Sand und die tieferen Lagen von Hand eingeschaufelt und auf gleichmäßiges Einbringen geachtet; der Boden durfte also in keiner Weise durch Betreten oder starkes Bewerfen vorverdichtet werden. Zum Einbringen der obersten 50 cm diente gleichfalls die Planierschar, und zum planebenen Abziehen der Oberfläche die Richtlatte. In verschiedenen Tiefen eingelegte Meßplatten und Druckmeßdosen ermöglichten auch hier die Setzungen und Bodendrücke festzustellen.

Eine am Schienenwagen angebaute, aus stabilen Aufreißzähnen bestehende Aufreißvorrichtung diente zum Lockern des Bodens vor dem Ausbringen; für Sand war sie jedoch nicht erforderlich.

7.12 Bei schwach bindigem, sandigem Schluff

Zur gleichmäßigen Auflockerung des Schluffs diente eine Bungartz-Fräse mit 90 cm Arbeitsbreite und 20 - 25 cm Frästiefe. Nach jedem Versuch wurde der verdichtete Boden auf der gesamten Versuchsstrecke mit der Fräse solange bearbeitet, bis er eine gleichmäßige, feinkrümelige Struktur zeigte; hierzu waren etwa 12 - 15 Übergänge notwendig (Abb. 52).

A b b i l d u n g 52

Nach anschließendem Abziehen mit der verfahrbaren Richtlatte betrug die lose Schütthöhe etwa 22 cm.

Aus versuchstechnischen Gründen wurden keine Meßplatten, dagegen bei einigen Versuchen Druckmeßdosen eingelegt. Vor jedem Auffräsen wurde der Boden angesprengt, um den Verlust durch Verdunsten auszugleichen und den Versuchs-Wassergehalt stets gleichzuhalten. Bei einer beabsichtigten stärkeren Änderung des Wassergehaltes war ein laufendes Auffräsen und gleichzeitiges Besprengen erforderlich. Die Plastik-Planen schützten auch hier die Boden-Oberfläche während der Versuchspausen vor allzu starkem Austrocknen. Die Entnahme von 3 ungestörten Bodenproben bei Versuchsbeginn ermöglichte die Überwachung der Anfangsdichte und des Wassergehaltes. Die erwähnten Maßnahmen trugen wesentlich dazu bei, daß die gemessenen zusammengehörigen Versuchswerte bei den einzelnen Versuchen nur wenig (2-4%) schwankten. Da die Durchführung von Versuchen auf 85 cm hoher Schluff-Schüttung schwierig und der praktische Wert derartiger Versuche gering gewesen wäre, da der Boden in der Praxis in dieser Stärke kaum geschüttet wird, wurde darauf verzichtet.

7.13 Bei Kiessand

Die Schütthöhe betrug bei den meisten Versuchen 85 cm. Hierzu war es wiederum erforderlich, den Boden von Hand in die 85 cm tiefe und 4,5 m lange Versuchsgrube einzuschaufeln und auf gleichmäßige Anfangs-Lagerungsdichte zu achten. Meßplatten und Druckmeßdosen wurden in verschiedenen Tiefen eingelegt. Die verfahrbare Richtlatte erlaubte auch bei

A b b i l d u n g 53

Versuchsdurchführung bei Kiessand
Schütthöhe 850 mm

Kiessand das Einebnen der Oberflächenhöhe. Nach dem Versuch mußte die Grube wieder vollkommen ausgehoben und in der erwähnten Weise für den nächsten Versuch vorbereitet werden, was einen erheblichen Arbeitsaufwand erforderte, da nur die oberste 30 cm starke Schicht mit dem verfahrbaren Aufreißer gelockert und mit der Planierschar beiseite geschoben werden konnte, während die tieferen Lagen mit der Kreuzhacke gelockert und von Hand ausgeschaufelt werden mußten.

7.2 Die Versuchsdurchführung

Alle Versuche mit statischen Glattwalzen auf 30 cm hoher Sand- und 22 cm hoher Schluff-Schüttung erstreckten sich über 25 Übergänge, obwohl in der Praxis aus wirtschaftlichen Erwägungen weniger Walzengänge ausgeführt werden. Diese Versuchsausweitung war erforderlich, um das Ausklingen der Verdichtungswirkung festzustellen.

Nach dem 1., 2., 5., 12. und 25. Übergang wurde meist die Setzung, die Aufstandsfläche, die Verdichtungszunahme (durch Feststellen des Trockenraumgewichtes oder des Eindringungs-Widerstandes) sowie die Zugkraft oder die Antriebsleistung, ferner des öfteren der Bodendruck und bei den Anfangsübergängen die horizontalen Bodenbewegungen ermittelt. Die sorgfältige Entnahme der Bodenproben und die gleichmäßige Handhabung der Proctornadel durch ein und dieselbe Hilfskraft bei sämtlichen Versuchen trugen neben den gleichmäßig eingehaltenen Versuchsbedingungen wesentlich dazu bei, daß die Schwankungen in den Ergebnissen gering waren. So unterschieden sich bei Sand die zugehörigen Meßwerte (jeweils 3) für das Porenvolumen um 1,5%.

Zu Beginn eines jeden Versuches wurde der hochgezogene und am äußeren Rahmen festgelegte Walzenwagen durch Auflegen von Ballast- oder von Gegengewichten be- oder entlastet und auf das jeweils gewünschte Gewicht gebracht. Zur Kontrolle der Walzenachslast diente ein Zugkraft-Dynamometer, das zwischen dem Kranhaken des Hallenkranes und einem an der Walzenbandage befestigten Seil geschaltet war; die Laufkatze wurde zu diesem Zweck auf das Stichgeleise über die Bodenrinne gefahren. Zur Bestimmung der Walzenaufstandsfläche wurde die Walze über den Ratschenzug auf den Boden abgelassen (Abb. 51), nach einer Standzeit von 10 Sekunden hochgezogen, der Versuchswagen verfahren und die Sehne der Aufstandsfläche gemessen. Die genaue Eindrucktiefe war aus der Sehne und dem

Walzendurchmesser zu errechnen. Die Standzeit war so gewählt, daß keine nennenswerte Setzungszunahme bei längerem Absenken erfolgte.

Für alle Versuche wurde die gleiche Meßstrecke zugrunde gelegt und infolgedessen die Hin- und die Rückfahrt des Walzenwagens von denselben Stellen gestartet. Die Walze wurde hierzu auf den Boden abgelassen, der Freise-Zugkraftmesser zur Überprüfung der Entlastungskraft eingeschaltet, die elektrische Druck- und Zugmeßeinrichtung an die elektrischen Meßbrücken bzw. die Oszillographen angeschlossen und die Null-Linien aufgezeichnet. Bei den Versuchen mit der gezogenen Walze bediente eine Hilfskraft die Winde, eine zweite schaltete die Oszillographen an den Grenzpunkten der Meßstrecke ein und aus, und der Versuchsingenieur stoppte die vom Bedienungsmann an der Winde über einen Drehzahlmesser eingestellte Geschwindigkeit und beobachtete die Vorgänge vor und hinter der Walze längs der Meßstrecke.

Bei der selbstfahrbaren Walze war nur eine Hilfskraft erforderlich, welche den Leonard-Regelsatz bediente und die Oszillographen einschaltete, während der Versuchsingenieur die Schleppkabel führte und die Walzvorgänge beobachtete. An einer Skala am Leonard-Regelsatz wurden vorher, bei hochgezogener Walze, für die verschiedenen Durchmesser die Zeigerstellungen für 1,2 und 3 km/h Walzengeschwindigkeit markiert. Hierdurch ließ sich die gewünschte Geschwindigkeit schnell einregulieren.

Nach dem ersten Übergang wurden die Bodenwälle beiderseits der Walzspur nach den Seiten eingeebnet, um ein Herabfallen von Bodenmassen auf die Oberfläche des verdichteten Streifens bei den folgenden Übergängen zu verhindern. Anschließend erfolgte das Einmessen der Oberflächenhöhe und der eingelegten Platten, das Freilegen der eingestreuten Kohleschicht, die Entnahme von Bodenproben oder die Ermittlung des Eindringungs-Widerstandes mit der Proctornadel, und die neuerliche Bestimmung der Aufstandsfläche. Der gleiche Arbeitsablauf ergab sich nach dem 2., 5., 12. und 25. Übergang.

Bei den Versuchen mit der gezogenen Walze gestattete die Zugkraft-Meßvorrichtung nur ein Messen in der Fahrtrichtung zur Winde hin, so daß nur die Zugkraft beim 1. und den folgenden ungeraden Übergängen ermittelt werden konnte.

Bei den Versuchen mit der selbstfahrbaren Walze war es dagegen möglich, die Leistungsaufnahme in beiden Fahrtrichtungen zu registrieren und somit die Umfangskraft zu ermitteln.

Nach dem 25. Übergang wurde der Walzen-Versuchswagen mit Hilfe des Kranes von der Versuchsbahn abgehoben und neben der Bahn abgesetzt, um zum neuen Aus- und Einbringen des Bodens mit der Planierschar den notwendigen Platz zu schaffen.

Zur Bestimmung des Trockenraumgewichtes wurden meist 3 Proben aus den einzelnen Schichten, bei Sand aus der oberen, mittleren und unteren und bei Schluff aus der oberen und unteren Schicht nach den festgelegten Walzgängen entnommen. Bei den 85 cm hohen Schüttungen lagen die Entnahmestellen in der obersten Schicht und in etwa 12, 35 und 65 cm Tiefe unter der verdichteten Oberflächenhöhe.

Bei den Untersuchungen mit Rüttelgeräten blieb zwar die Versuchsdurchführung im wesentlichen die gleiche wie bei den statischen Walzversuchen, das Versuchsprogramm wurde jedoch vielfach auf die Wünsche der Auftraggeber ausgerichtet. Eine Anzahl von Versuchen umfaßte deshalb 5 - 12 Übergänge.

8. Die Untersuchungen mit gezogenen statischen Glattwalzen auf Mittelsand (Schütthöhe 300 mm)

Ursprünglich bestand die Absicht, als kleinsten Walzendurchmesser 450 mm vorzusehen. Die später erläuterten Versuche mit der 550er Walze zeigten jedoch, daß diese kleinen Walzen zur Verdichtung von Mittelsand ungeeignet sind, da sie bereits bei verhältnismäßig geringer Walzenbelastung (5-6 kg/cm) den Boden derart stark hin- und herschieben, daß keine ausreichende Verdichtung eintritt. Aus diesem Grunde und aus praktischen Erwägungen, die sich aus der Feststellung ergaben, daß derartige kleine Walzen in der Praxis außer als Stütz- oder Ackerwalzen kaum Anwendung finden, wurde auf die Versuche mit 450 mm Walzendurchmesser verzichtet.

8.1 Die Untersuchungen bei der Veränderung des Walzengewichtes

Von insgesamt 34 Versuchen, die mit gezogenen 550, 800, 1200 und 1600 mm großen Walzen auf Mittelsand gefahren wurden (s.Abb. 54), dienten über 50% dazu, den Einfluß des Walzengewichtes auf die einzelnen Meßgrößen festzustellen.

Versuchsbedingungen

für gezogene und selbstfahrbare Glattwalzenversuche

Bodenart: Mittelsand, Schütthöhe 30 cm, Walzenbreite 600 mm

Walzen-Ø	gezogene Walze						selbstfahrbare Walze					
	Versuch	Walzengewicht		w	v	Anzahl der Übergänge	Versuch	Walzengewicht		w	v	Anzahl der Übergänge
mm	Nr.	kg/cm	kg	%	km/h		Nr.	kg/cm	kg	%	km/h	
550	13	3,0	182	4,4	1	25	66	10,0	600	4,0	1	25
	15	4,1	225	3,2	1	25	67	6,7	400	4,0	1	25
	16	5,6	332	3,4	1	25	68	11,7	700	4,2	1	1
	17	3,5	210	3,4	2	25	69	8,3	500	4,0	1	5
	18	5,6	335	3,4	2	25	70	6,7	400	4,3	2	25
	19	5,6	335	4,9	1	25	71	5,0	300	4,6	1	25
	20	5,6	335	7,0	1	25	68a	10,9	650	4,2	1	1
	21	3,2	192	4,0	2	25	68b	10,9	650	4,2	3	1
	22	1,7	100	5,1	1	25						
800	23	5,7	340	4,0	1	25	60	10,8	650	4,2	1	25
	24	10,9	650	4,8	1	25	61	20,8	1250	4,2	1	2
	25	8,6	515	4,7	1	25	62	15,7	940	4,4	1	25
	26	7,4	442	5,3	1	25	63	18,4	1100	4,4	1	12
	27	6,3	380	6,2	1	25	64	13,4	800	4,4	1	25
	28	5,8	343	10,3	1	25	65	15,7	940	4,2	3	25
	29	5,9	335	10,7	2	25						
	30	6,3	380	7,7	2	25						
	31	5,7	340	7,0	1	25						
	32	5,7	340	6,9	2	25						
1200	33	12,0	720	5,7	1	25	53	28,3	1700	4,4	1	25
	34	14,6	876	4,6	1	25	54	36,9	2210	4,1	1	25
	35	18,0	1080	4,7	1	25	55	33,0	1980	4,5	1	25
	36	16,3	980	5,0	1	25	56	24,2	1450	4,6	1	25
	37	14,7	880	4,7	2	25	57	28,2	1700	4,7	3	25
	38	14,8	885	8,4	1	25	58	18,4	1100	4,7	1	25
	39	15,2	910	8,0	2	25	59	31,0	1860	4,8	1	25
	40	14,8	890	9,4	2	25	71a x)	38,3	2300		1	12
	41	14,9	895	9,7	1	25	x) auf 850 mm Schüttung					
1600	42	14,5	860	4,8	1	25	48	19,7	1180	4,0	1	25
	43	26,7	1600	4,5	1	25	49	29,0	1740	4,0	1	25
	44	33,7	2020	4,5	1	25	50	38,3	2300	4,5	1	25
	45	33,7	2020	4,2	2	25	51	46,7	2800	5,0	1	12
	46	20,0	1200	5,0	1	25	52	38,3	2300	5,0	3	25
	47	39,0	2340	4,1	1	25						

A b b i l d u n g 54

Bei diesen nachfolgend unter 8.11 bis 8.14 besprochenen Versuchen wurde die Walzengeschwindigkeit mit 1 km/h konstant und der Wassergehalt mit etwa 4-5% annähernd gleich gehalten.

8.11 Die Versuche mit 550 mm Walzendurchmesser

Bei einer Veränderung des Walzengewichtes zwischen 100 und 335 kg (Versuche Nr. 22, 13, 15, 16 und 19) ergab sich eine Verdichtungszunahme, vor allem in der obersten Schicht mit steigender Anzahl der Übergänge, nur bei den drei erstgenannten Versuchen. Die Verdichtungswirkung nimmt jedoch infolge des geringen Walzengewichtes nach der Tiefe schnell ab, wie die Linien der Porenvolumina auf Abbildung 55 erkennen lassen, die alle eine mehr oder weniger starke Rechtsneigung zeigen. Anders hingegen

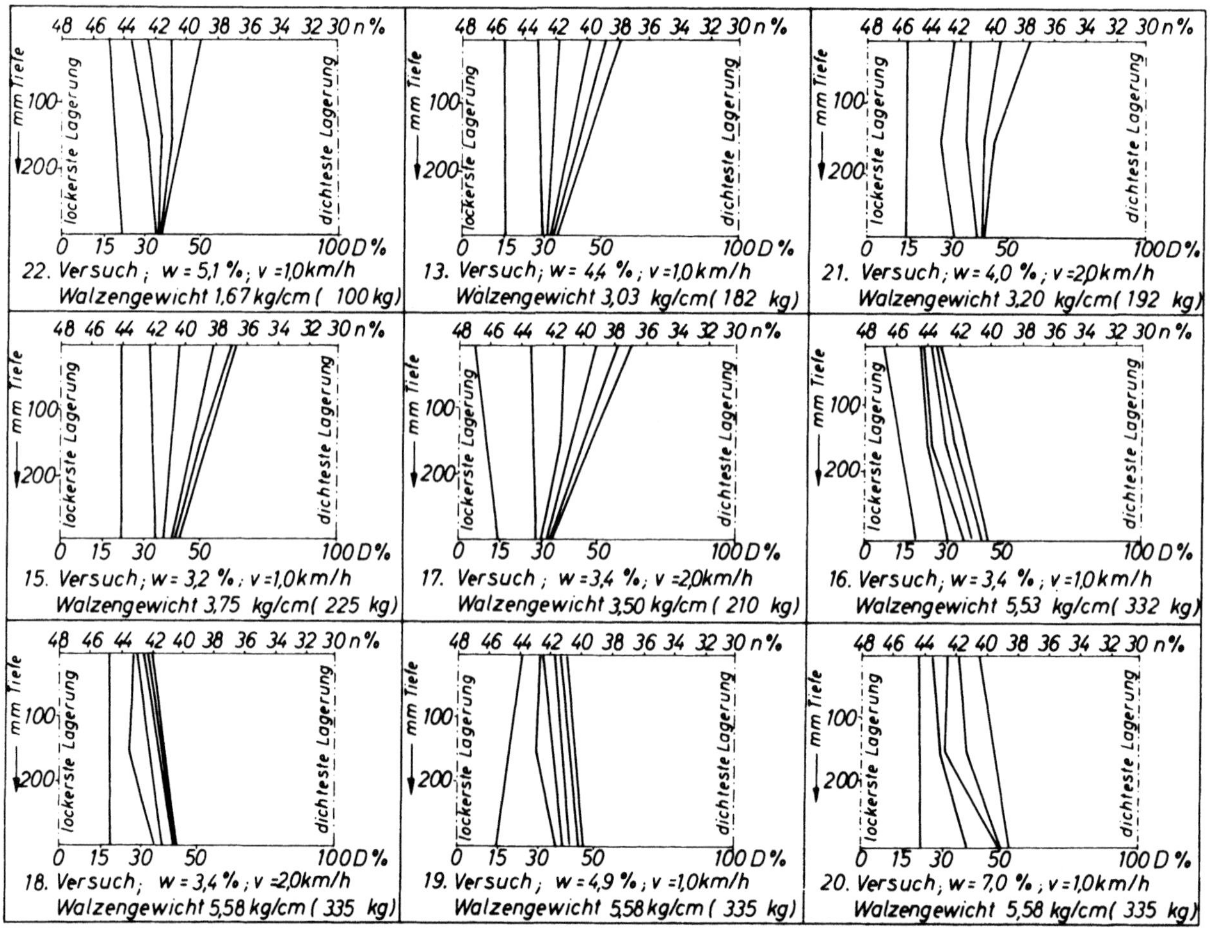

A b b i l d u n g 55

Glattwalzenversuche mit gezogener Walze

Walzendurchmesser 550 mm, Walzenbreite 600 mm, Versuchsboden: Mittelsand, Schütthöhe 300 mm ist der Verlauf bei den Versuchen 16 und 19. Hier ist die Verdichtung auch bei einer Vielzahl von Übergängen in der obersten Schicht schlechter als im unteren Teil der Schüttung. Die Linien, die die Größe des erreichten Porenvolumens nach bestimmten Übergängen angeben, sind nach links geneigt. Die zulässige Grenzbelastung ist also bei einem Walzengewicht von 335 kg (5,6 kg/cm) bereits wesentlich überschritten. Die zu schwere Walze schiebt infolgedessen den Boden vor allem in der obersten Schicht bei jedem Übergang laufend hin und her, ohne ihn wesentlich zu verdichten.

8.12 Die Versuche mit 800 mm Walzendurchmesser

Auch hier zeigte sich bei der Erhöhung des Walzengewichtes im Verlauf der Verdichtungslinien die gleiche Tendenz wie bei den Versuchen mit der 550er Walze (Abb. 56). Wird die Grenzbelastung stärker überschritten,

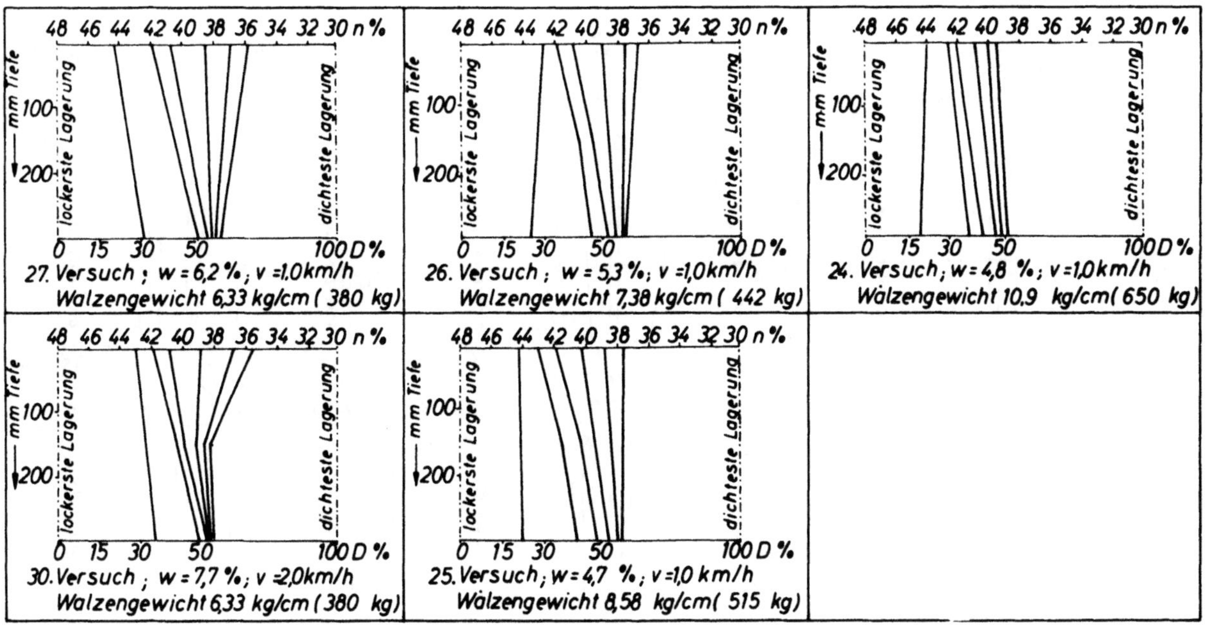

A b b i l d u n g 56

Glattwalzenversuche mit gezogener Walze

Walzendurchmesser 800 mm
Walzenbreite 600 mm
Versuchsboden: Mittelsand
Schütthöhe 300 mm

im vorliegenden Falle beim 24. Versuch (Walzengewicht 650 kg, 10,9 kg/cm), so läßt sich in der oberen Schicht kaum eine wesentliche Verdichtungszunahme erreichen. Das kennzeichnende Merkmal ist wiederum die Linksneigung der Verdichtungslinien. Wird die Grenzbelastung, bei der vorliegenden Versuchsreihe etwa 380 kg (6,3 kg/cm), nicht so stark überschritten (Versuche 25 und 26), so prägt sich diese Charakteristik nur in den anfänglichen Walzgängen deutlich aus.

8.13 Die Versuche mit 1200 mm Walzendurchmesser

Die erreichte Verdichtung, die sich bei der Veränderung des Walzengewichtes zwischen 720 und 1080 kg (12,0 und 18,0 kg/cm) ergibt, zeigen die Versuche 35-36 (Abb. 57). Der charakteristische, nach links geneigte

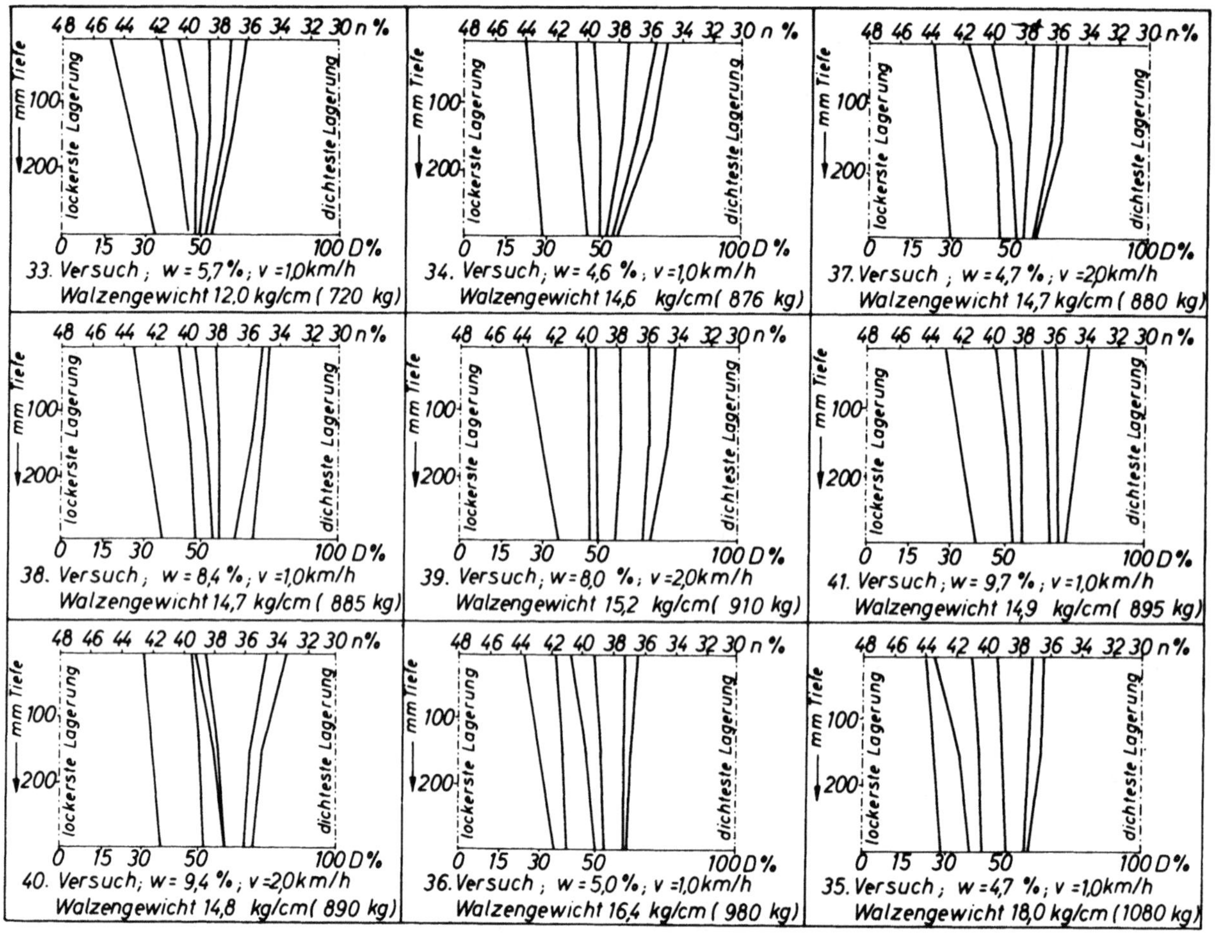

Abbildung 57

Glattwalzenversuche mit gezogener Walze

Walzendurchmesser 1200 mm, Walzenbreite 600 mm, Versuchsboden: Mittelsand, Schütthöhe 300 mm

Linienverlauf bei zu hohem Walzengewicht tritt hier weniger deutlich in Erscheinung als bei den Versuchen mit den kleinen Walzen. Auch diese

Versuchsreihe läßt jedoch erkennen, daß bei zu hohem Walzengewicht eine schlechtere Verdichtung in der obersten Schicht, als bei der günstigen Grenzbelastung erreicht wird, die im vorliegenden Falle bei etwa 900 kg (15 kg/cm) liegt.

8.14 Die Versuche mit 1600 mm Walzendurchmesser

Trotzdem bei dieser Versuchsreihe das Walzengewicht in einem besonders weiten Bereich zwischen 860 und 2340 kg (14,5 und 39,0 kg/cm) verändert wurde, ergaben sich bei den einzelnen Versuchen keine so großen Unterschiede in den Verdichtungs-Ergebnissen für die oberste Schicht, wie bei den vorangegangenen drei Versuchsreihen, wo das Walzengewicht noch dazu in weit engeren Grenzen verändert wurde. Der große Walzendurchmesser läßt also auch bei wesentlicher Überschreitung der Grenzbelastung, die bei etwa 1530 kg (25,5 kg/cm) liegt, keine allzugroßen Verdichtungs-Unterschiede in der oberen Schicht aufkommen (Abb. 58). Die obere Bild-

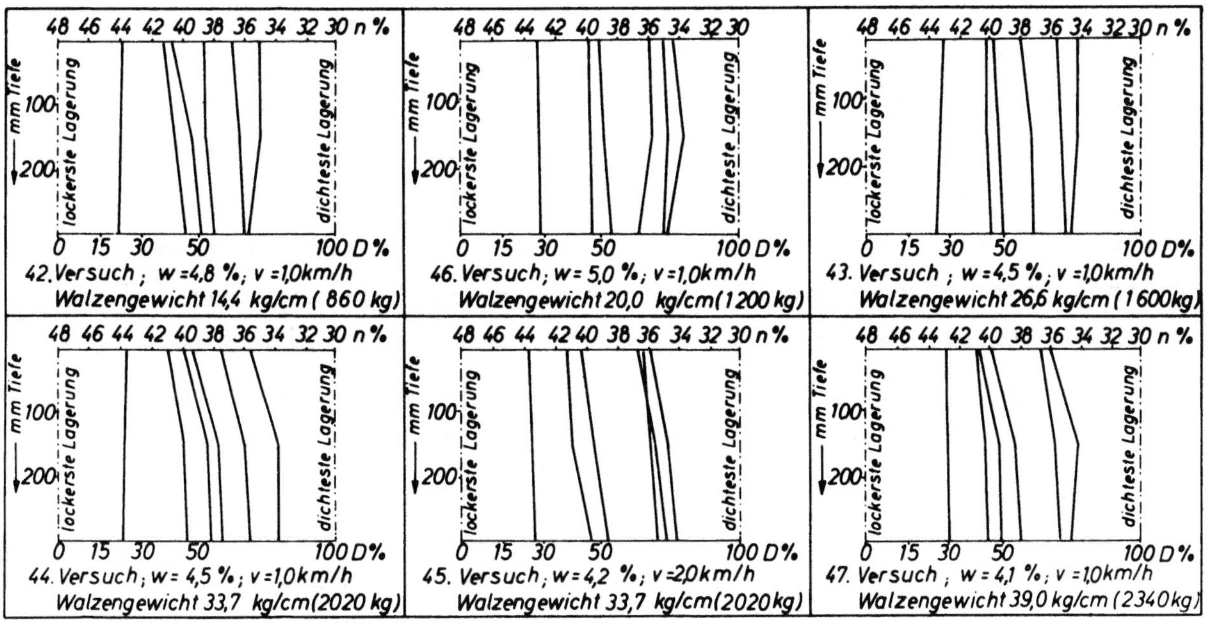

A b b i l d u n g 58

Glattwalzenversuche mit gezogener Walze

Walzendurchmesser 1600 mm
Walzenbreite 600 mm
Versuchsboden: Mittelsand
Schütthöhe 300 mm

reihe zeigt die Ergebnisse der Versuche mit zu niedrigem oder nahe an der Grenzlast liegendem Gewicht, und die untere Bildreihe diejenigen mit zu hohem Walzengewicht. Für den letzten Fall ist die Linksneigung der Linien wiederum charakteristisch.

8.2 Die Veränderung der Walzengeschwindigkeit

Die bei allen 4 Versuchsreihen vorgenommene Veränderung der Walzengeschwindigkeit von 1 auf 2 km/h beeinflußte nur unwesentlich die Verdichtungsergebnisse. Diese Feststellung ergibt sich auf Grund des Vergleichs folgender Versuche:

550 mm Walzendurchmesser Versuch 13, 15, 16 mit 21, 17, 18
800 mm Walzendurchmesser Versuch 27, 29, 31 mit 30, 28, 32
1200 mm Walzendurchmesser Versuch 34, 38, 41 mit 37, 39, 40
1600 mm Walzendurchmesser Versuch 44 mit 45.

Auch die Zugkräfte der entsprechenden Vergleichsversuche waren nicht wesentlich unterschiedlich, so daß auch die horizontalen Bodenverschiebungen (s. 8.4) keine nennenswerten Verschiedenheiten bei 1 und 2 km/h Geschwindigkeit aufweisen, da die Zugkräfte, die als Schubkräfte in horizontaler Richtung wirken, die Verschiebungen hervorrufen.

8.3 Die Veränderung des Wassergehaltes

Bei einigen Versuchen mit 550, 800 und 1200 mm Walzendurchmesser wurde (s.Abb. 54) der Wassergehalt verändert und das Walzengewicht und die Walzengeschwindigkeit konstant gehalten. Die Versuchsergebnisse (s.Abb. 55-59) zeigen, daß auch eine weitgehende Erhöhung des Wassergehaltes, bei der 800er Versuchsreihe um über 10%, keine wesentlich bessere Verdichtung erbringt. Die geringen Unterschiede nach einzelnen Übergängen erklären sich dadurch, daß es nicht möglich war, den nassen Sand in der gleichen lockeren Lagerungsdichte wie den trockenen einzubauen.

Die gefundenen Versuchsergebnisse stimmen auch mit den Ergebnissen des Proctor-Versuches (s.Abb. 22) überein, denn auch hier zeigt die sehr flach verlaufende, für gleichmäßigen Sand typische Proctor-Kurve, daß die Veränderung des Wassergehaltes die Verdichtung nicht wesentlich beeinflußt.

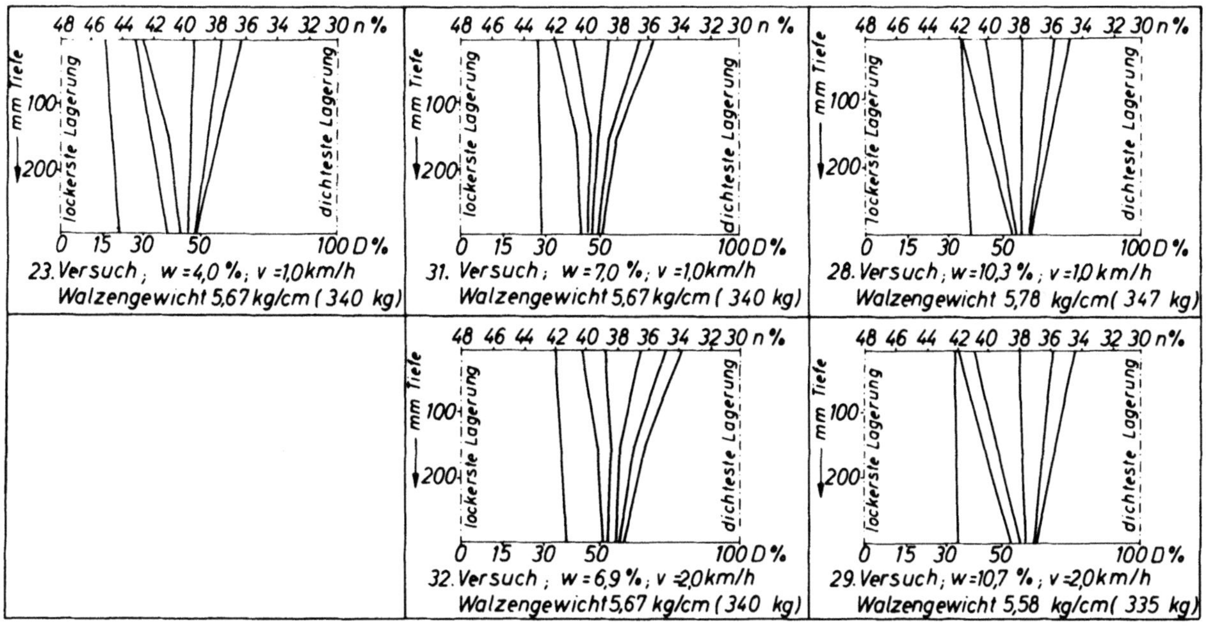

Abbildung 59

Glattwalzenversuche mit gezogener Walze

Walzendurchmesser 800 mm
Walzenbreite 600 mm
Versuchsboden: Mittelsand
Schütthöhe 300 mm

8.4 Die Bodenverformungen bei den 4 Versuchsreihen

Die horizontalen Verschiebungen des Bodens, die bei den einzelnen Versuchen und Übergängen auftraten, sind in Fotos festgehalten, die zu einem großen Teil auf den folgenden Abbildungen zusammengestellt sind.

8.41 Die Bodenbewegungen bei der 550er Versuchsreihe

Die oberen 3 Bildreihen der Abbildung 60 zeigen die Größe der wahren Bodenverschiebungen, die sich bei der Veränderung des Walzengewichtes, der Walzengeschwindigkeit und des Wassergehaltes in der freien Bahn ergaben; die senkrecht eingestreuten Kohleschichten wurden hierzu nach den angeführten Übergängen freigelegt.

Die Fotos, die nicht alle wiedergegeben sind, zeigen, daß bis zu einem Walzengewicht von etwa 220 kg (3,7 kg/cm) die horizontalen Verschiebungen langsam und bei weiterer Gewichtserhöhung schnell zunahmen. Sie traten jedoch auch bei dem maximalen Versuchsgewicht (335 kg, 5,6 kg/cm) nur in den obersten 10 cm auf, da dieses geringe Walzengewicht nicht ausreichte, die Bodenteilchen auf der gesamten Schütthöhe zu verschieben.

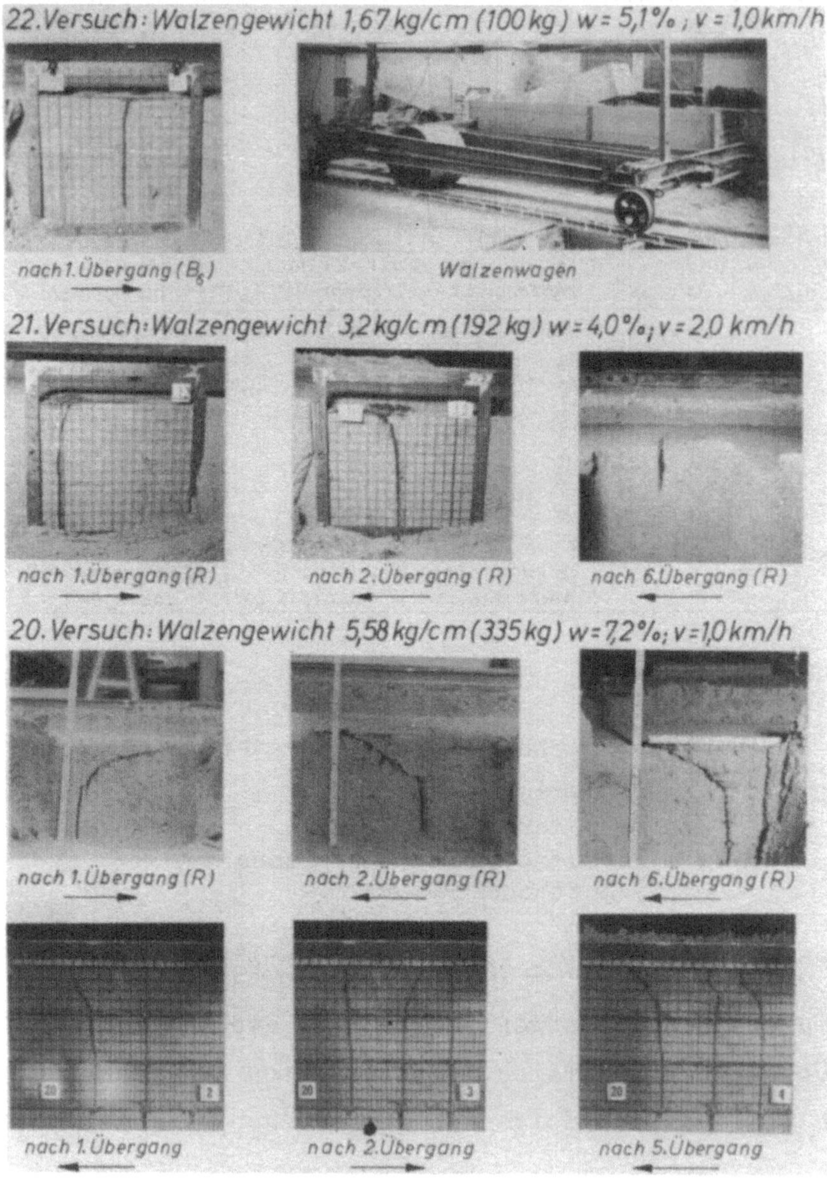

Abbildung 60

Horizontale Verschiebungen des Bodens

Glattwalzenversuche mit gezogener Walze
Walzendurchmesser 550 mm
Walzenbreite 600 mm
Versuchsboden: Mittelsand
Schütthöhe 300 mm

Auf der zweiten Bildreihe erkennt man, daß bei einem Walzengewicht von 192 kg (3,2 kg/cm) die Verschiebungen beim 6. Übergang zur Ruhe kamen, da sich der Boden in der oberen Schicht dann soweit verdichtet hatte (n = 40%), daß er eine genügende Scherfestigkeit besaß, um die inzwischen auch geringer gewordenen Schubkräfte (Zugkräfte) aufzunehmen.

Beim maximalen Versuchsgewicht (335 kg) kamen dagegen die Bodenbewegungen auch nach 25 Übergängen noch nicht zur Ruhe, da sich der Boden durch das starke Hin- und Herschieben nicht soweit verfestigen konnte, um den größeren Schubkräften genügend Widerstand entgegenzusetzen.

Während also die drei oberen Bildreihen die wirklichen im Walzstreifen aufgetretenen Verschiebungen wiedergeben, zeigt die unterste Reihe diejenigen, die bei größtem Walzengewicht (335 kg) hinter der Plexiglasscheibe zu beobachten waren. Vergleicht man die beiden untersten Reihen, so erkennt man deutlich die wesentlich kleineren Verschiebungen hinter der Scheibe. Die Gründe dafür wurden bereits unter 4.57 genannt. Zu der untersten Bildreihe wäre zu bemerken: Der linke Streifen auf dem linken Foto zeigt die horizontale Verschiebung des Bodens beim 1. Übergang, und der rechte Streifen wurde nach dem 1. Übergang eingestreut. Das mittlere Bild läßt die Verschiebung nach dem 2. Übergang erkennen; demnach bewegte sich der linke, vor dem 1. Übergang eingebrachte Streifen fast wieder in die ursprüngliche Lage zurück, während der mittlere nach dem 1. Übergang eingestreute und somit erstmalig bewegte Streifen sich nach der Walzrichtung hin verschob; der rechte Streifen wurde erst nach den 2 Übergängen eingebracht. Das rechte Foto schließlich zeigte die drei Streifen nach dem 5. Übergang.

8.42 Die Bodenbewegungen bei der 800er Versuchsreihe

Während auf der Abbildung 61 die Versuche dargestellt sind, bei denen das Walzengewicht verändert und der Wassergehalt sowie die Walzengeschwindigkeit konstant gehalten wurden, zeigt Abbildung 62 die Versuche, die mit annähernd gleichem Walzengewicht bei Veränderung der Walzengeschwindigkeit und des Wassergehaltes gefahren wurden. Die Abbildung 61 veranschalicht deutlich, in welchem Maße die Verschiebungen mit steigendem Walzengewicht zunehmen. Bei 8,6 und 10,9 kg/cm Walzenbelastung verschieben sich die Bodenteilchen beim 1. und 2. Übergang fast auf der gesamten Schütthöhe.

Diese Bewegungen beruhigen sich zwar bei steigender Anzahl der Übergänge in den tieferen Schichten, in den oberen 5-10 cm sind sie dagegen bei 650 kg (10,9 kg/cm) Walzengewicht auch noch nach 25 Übergängen festzustellen. Die obere Schicht läßt sich hier auch mit vielen Walzgängen nicht genügend verdichten.

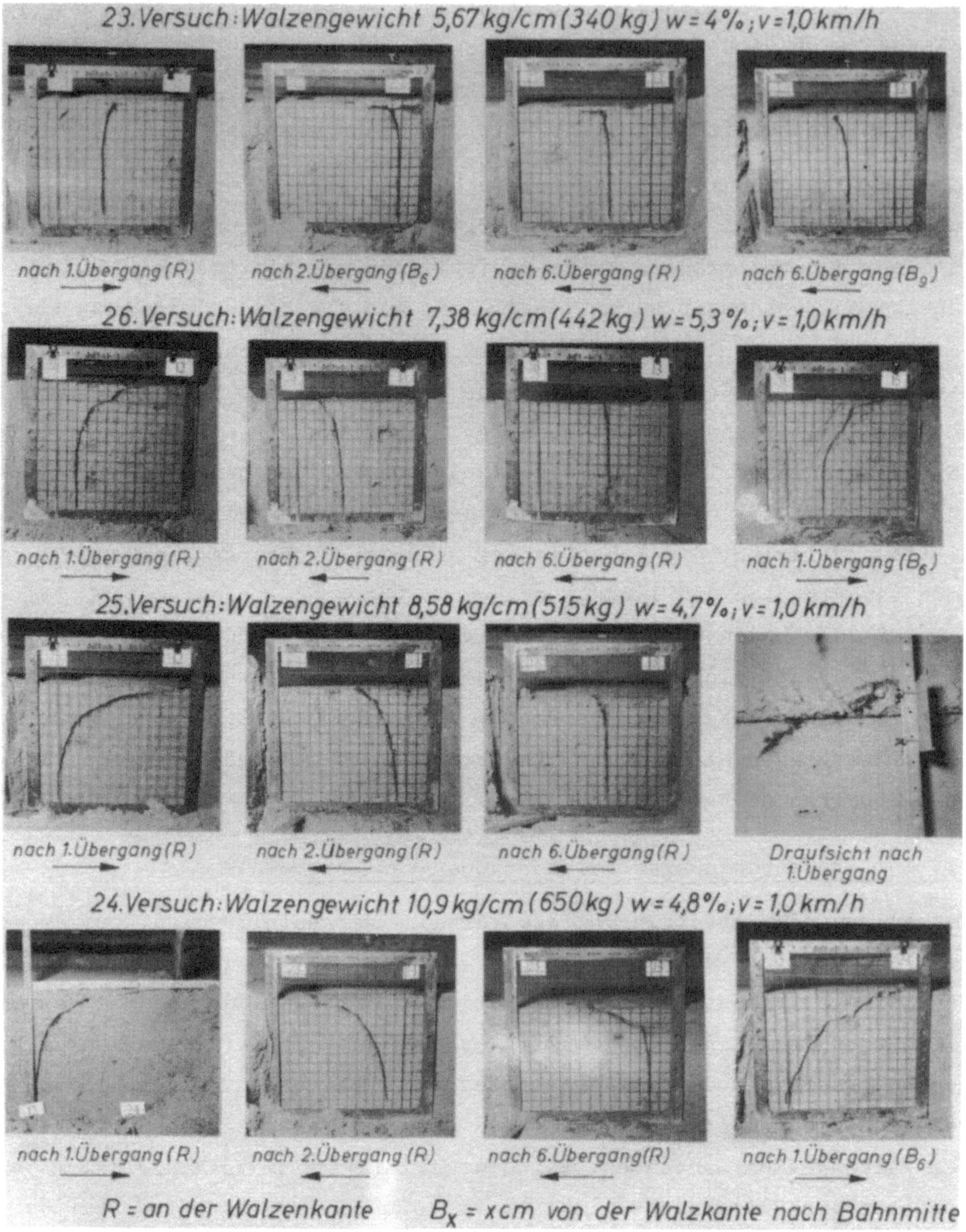

A b b i l d u n g 61

Horizontale Verschiebungen des Bodens

Glattwalzenversuche mit gezogener Walze
Walzendurchmesser 800 mm
Walzenbreite 600 mm
Versuchsboden: Mittelsand
Schütthöhe 300 mm

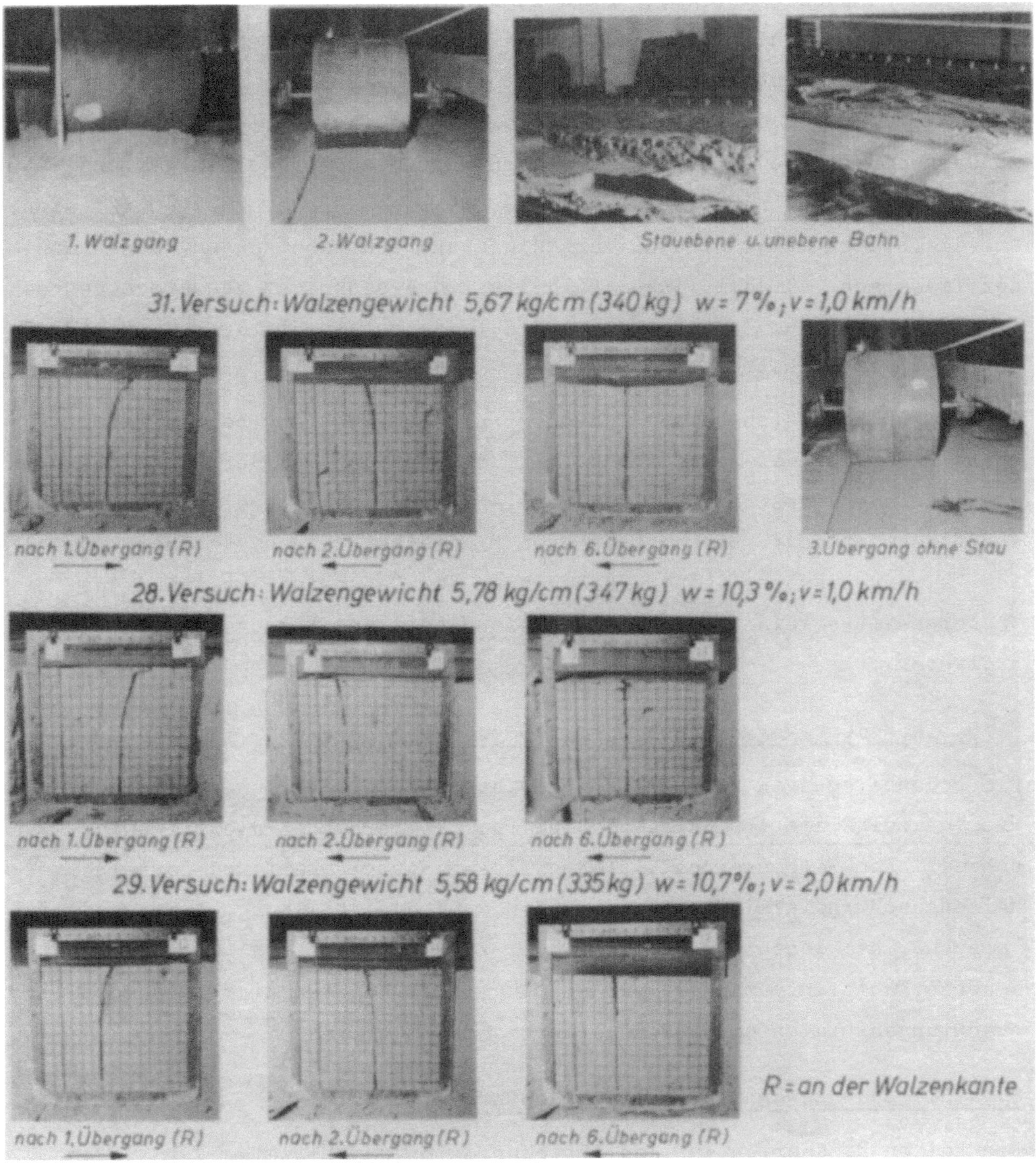

A b b i l d u n g 62

Horizontale Verschiebungen des Bodens

Glattwalzenversuche mit gezogener Walze
Walzendurchmesser 800 mm
Walzenbreite 600 mm
Versuchsboden: Mittelsand
Schütthöhe 300 mm

Das rechts außen angeordnete Bild in der dritten Bildreihe zeigt die Draufsicht auf den Walzenstreifen und die aufgelegte Meßbrücke. Man erkennt, daß der unter dem Führungsblech der Meßbrücke eingebrachte Kohlestreifen von der Walze nicht gleichmäßig in Walzrichtung verschoben, sondern daß der Boden am Rand des Verdichtungsstreifens weniger und in der Mitte stärker nach vorn bewegt wurde. Diese Ungleichheit wirkt sich, wie die beiden äußeren Fotos der untersten Bildreihe zeigen, auch nach der Tiefe aus. Auf dem linken Bild liegt die senkrecht abgestochene Betrachtungsebene am Walzbahnrand und auf dem rechten Bild, 6 cm vom Rand entfernt, im Walzstreifen.

Die Folgen, die sich bei zu schwerem Walzengewicht ergeben, zeigt die obere Bildreihe der Abbildung 62, auf der man den vor der Walze aufgestauten Boden, den Bodenwall und die entstandene unebene wellige Walzbahnoberfläche erkennt. Die drei unteren Bildreihen zeigen, daß bei konstantem Walzengewicht bei einer Veränderung der Geschwindigkeit und des Wassergehaltes keine wesentlich unterschiedlichen Bodenverschiebungen auftreten.

8.43 Die Bodenbewegungen bei der 1200er Versuchsreihe

Die Bodenbewegungen sind gleichfalls aus zwei Bildserien zu ersehen. Hiervon zeigt die Abbildung 63 wiederum die Versuche, die mit unterschiedlichem Walzengewicht, etwa gleichem Wassergehalt und derselben Walzengeschwindigkeit gefahren wurden, und die Abbildung 64 diejenigen Versuche, bei denen das Walzengewicht konstant blieb und die beiden anderen Faktoren verändert wurden. Auch hier konnten die gleichen Beobachtungen wie unter 8.42 angeführt gemacht werden.

8.44 Die Bodenbewegungen bei der 1600er Versuchsreihe

Die beiden Bildserien auf den Abbildungen 65 und 66 zeigen, in welchem Maße der Boden verschoben wird, wenn das Walzengewicht von 860 kg (14.4 kg/cm) auf 2340 kg (39 kg/cm) erhöht wird und der Wassergehalt sowie die Walzengeschwindigkeit (außer Versuch 44) unverändert bleiben. Die Versuche, die mit zu niedrigem oder an der Grenzlast liegendem Walzengewicht gefahren wurden, sind auf der Abbildung 65 und diejenigen, bei denen das Walzengewicht größer als die Grenzlast war, auf der Abbildung 66 dargestellt. Bei den erstgenannten Versuchen beruhigen sich die horizontalen Bodenbewegungen bis zum 6. Übergang, bei über der Grenzlast

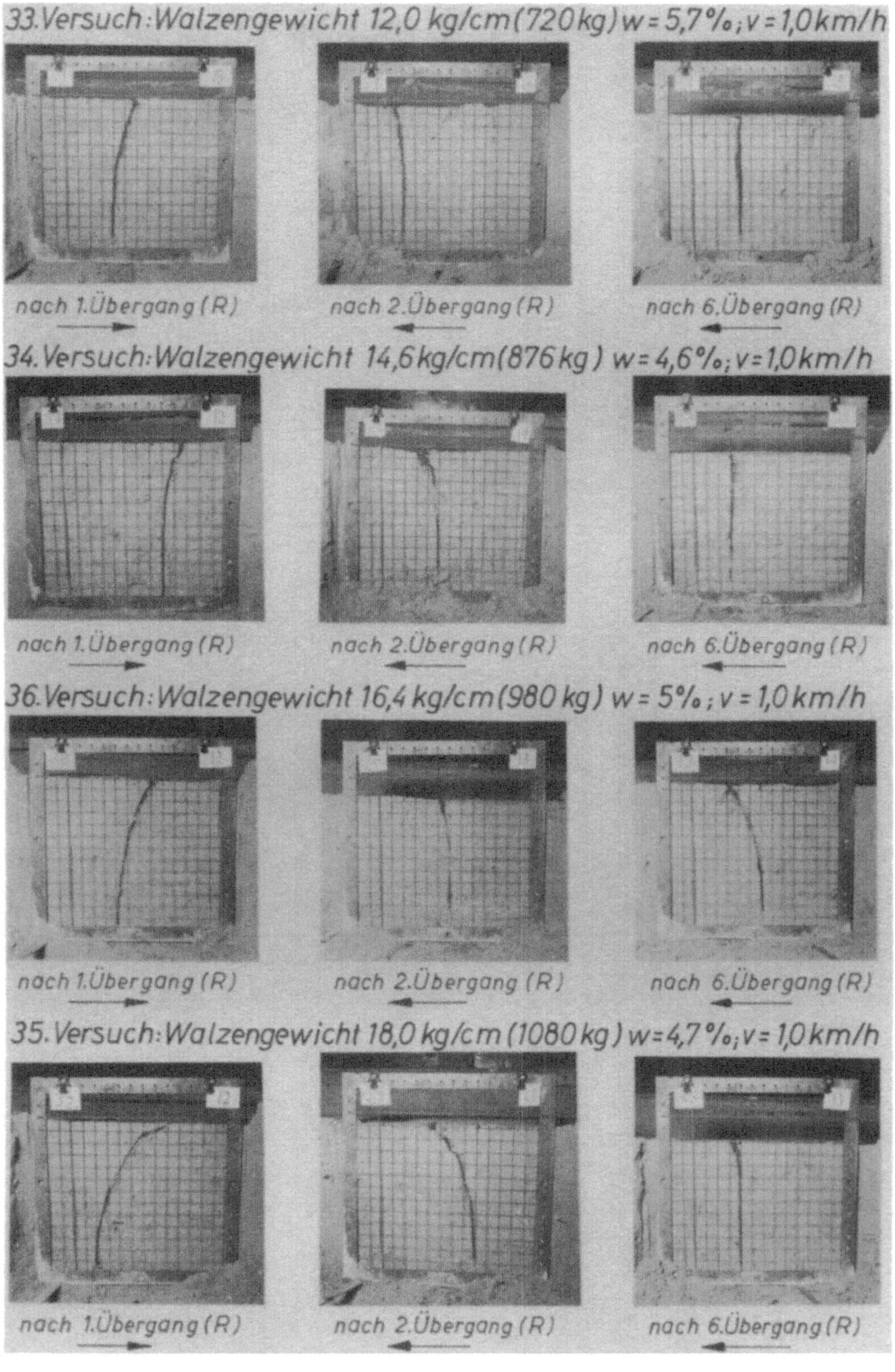

A b b i l d u n g 63

Horizontale Verschiebungen des Bodens

Glattwalzenversuche mit gezogener Walze
Walzendurchmesser 1200 mm
Walzenbreite 600 mm
Versuchsboden: Mittelsand
Schütthöhe 300 mm

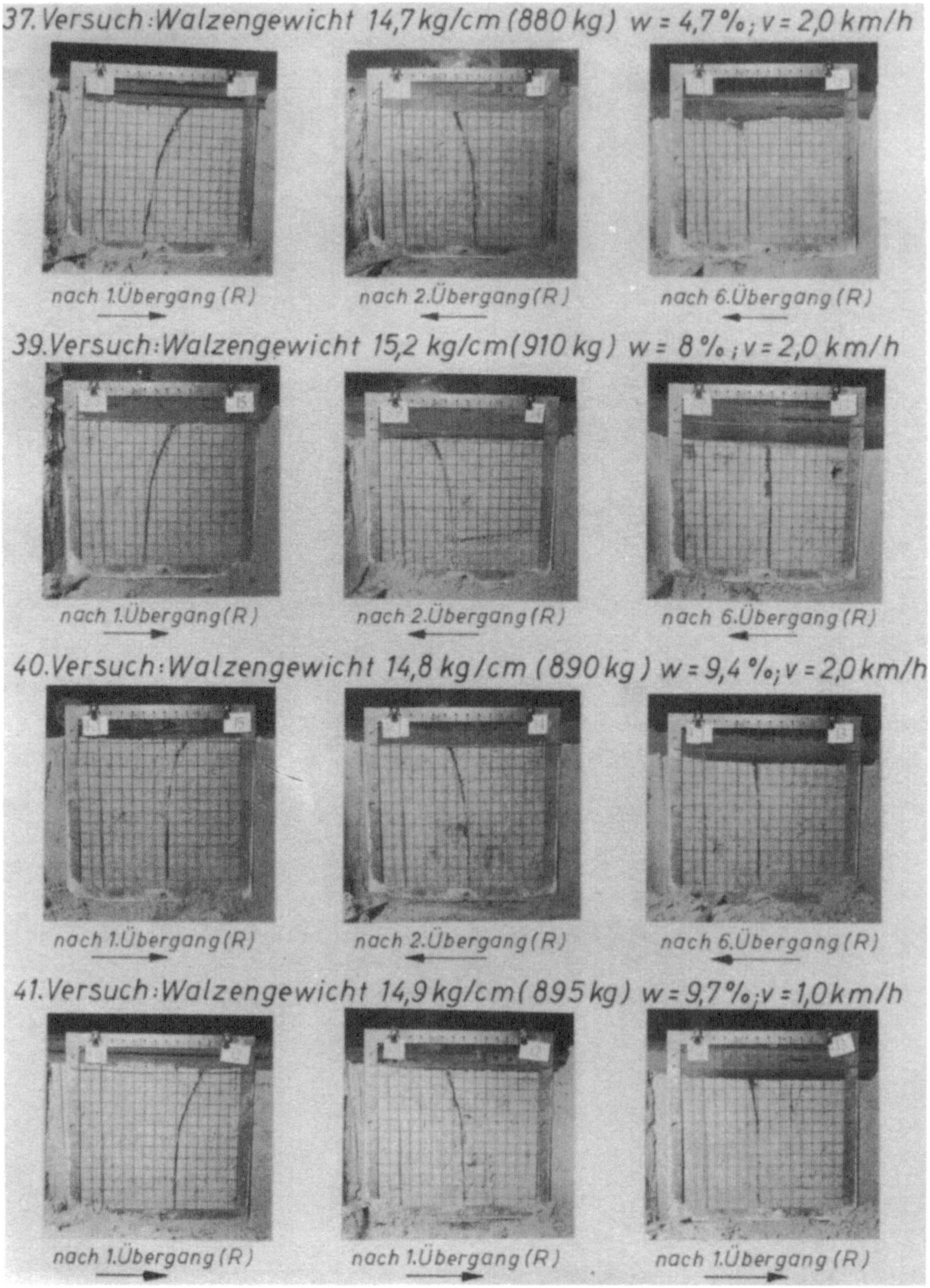

A b b i l d u n g 64

Horizontale Verschiebungen des Bodens

Glattwalzenversuche mit gezogener Walze
Walzendurchmesser 1200 mm
Walzenbreite 600 mm
Versuchsboden: Mittelsand
Schütthöhe 300 mm

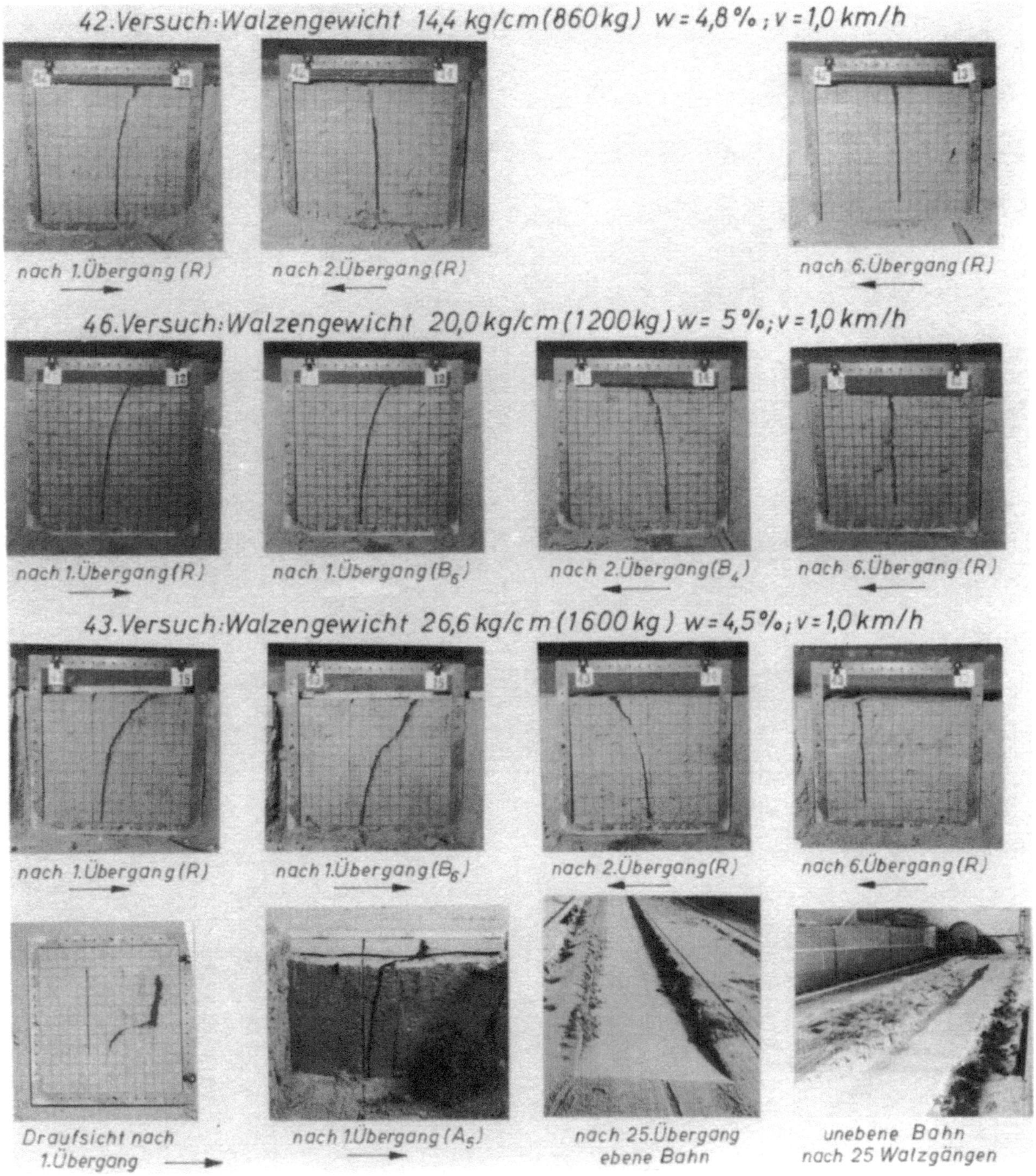

A b b i l d u n g 65

Horizontale Verschiebungen des Bodens

Glattwalzenversuche mit gezogener Walze
Walzendurchmesser 1600 mm
Walzenbreite 600 mm
Versuchsboden: Mittelsand
Schütthöhe 300 mm

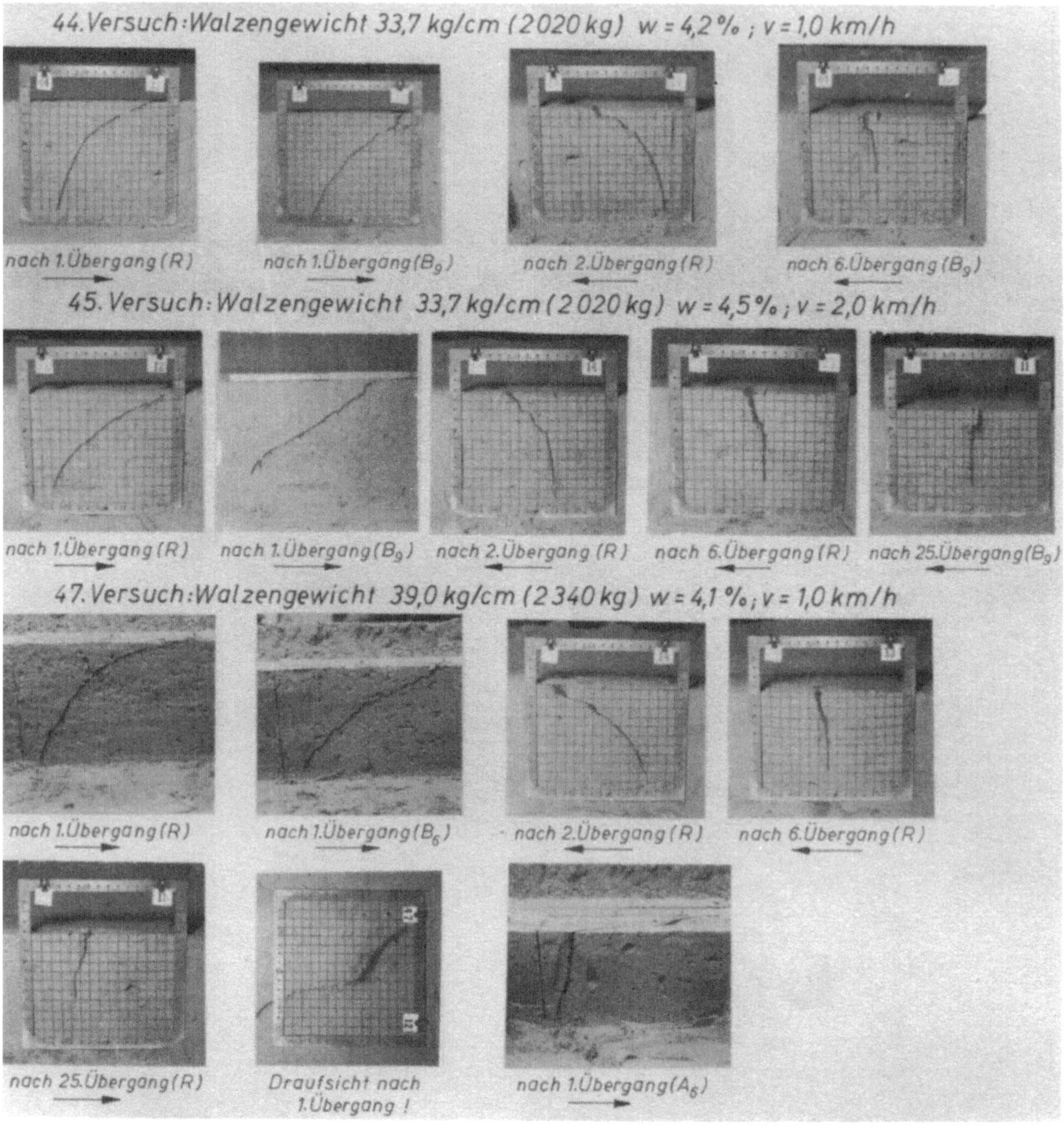

A b b i l d u n g 66

Horizontale Verschiebungen des Bodens

Glattwalzenversuche mit gezogener Walze
Walzendurchmesser 1600 mm
Walzenbreite 600 mm
Versuchsboden: Mittelsand
Schütthöhe 300 mm

liegendem Gewicht treten sie auch noch nach 25 Übergängen in Erscheinung. Auch hier erkennt man aus den beiden Draufsichten auf die Walzbahn mit den verformten Kohlestreifen, daß die Walzen den Boden am Rand des Walzstreifens weniger und zur Mitte zu stärker vor sich herdrückt (linkes und mittleres Foto der zwei unteren Bildreihen). Wie weit sich diese Unterschiede nach der Tiefe auswirken, zeigen die von verschiedenen Abstechebenen aufgenommenen Bilder (Klammervermerke B).

Das Auftreten von Querrissen auf der Walzbahnoberfläche wäre ferner im Zusammenhang mit der Beobachtung der Bodenverformungen zu erwähnen. Die meist 35-40 mm voneinander entfernten Risse zeigten sich mehr oder weniger stark ausgeprägt bei den meisten Versuchen auf dem gesamten Walzstreifen. Sie traten erstmalig meist nach dem 2. Walzgang in Erscheinung. War das Walzengewicht kleiner oder gleich der betreffenden Grenzlast, so wurden die Risse mit der Erhöhung der Anzahl der Übergänge nach und nach zugewalzt, bis sie vollkommen verschwanden, was meist nach etwa 8-10 Übergängen der Fall war. Bei über der Grenzlast liegendem Walzengewicht zeigten sich die Risse auch noch nach 25 Übergängen. Als Grenzfälle wären schließlich diejenigen Versuche noch anzuführen, bei denen das Walzengewicht erheblich unter oder über der Grenzlast lag. Während im erstgenannten Falle bereits nach dem 1. Übergang vereinzelt Querrisse auftraten, zeigten sich bei den letztgenannten Versuchen auch nach vielen Übergängen keine. Die Walze, vor der sich größere Bodenmassen stauten, rollte hier mit starkem negativem Schlupf ab und scherte förmlich den in den oberen Schichten lockeren Boden ab (Abb. 67).

Das Entstehen der Querrisse veranschaulicht die obere Skizze. Demnach bildet sich hinter der abrollenden Walze infolge der elastischen Rückfederung des Bodens und der Bodenpressung eine kurze Bodenwelle, die der Walze nachläuft. Beim Verflachen treten Scher- und Zugspannungen auf, die infolge der geringen Kohäsion des Bodens die Querrisse verursachen. Diese Erkenntnis bestätigte auch ein Versuch, bei dem die gezogene Walze gestoppt und über die Entlastungsvorrichtungen vom Walzstreifen abgehoben wurde.

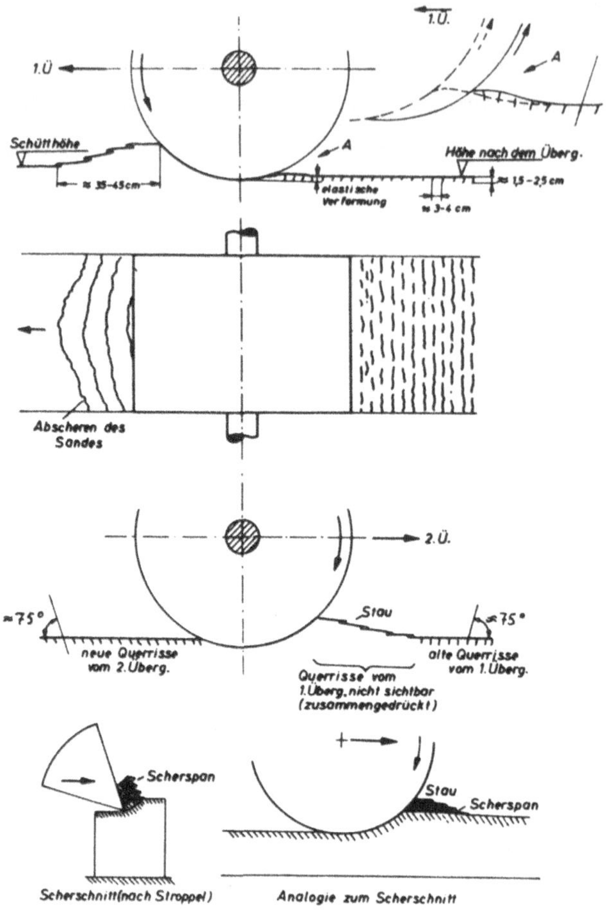

A b b i l d u n g 67

Gezogene Walze (Bildung von Querrissen)

Die Abbildung 68 zeigt, daß sich die Querrisse an oder kurz hinter der Knickstelle bilden. Sie verlaufen nicht senkrecht sondern je nach der Walzrichtung unter etwa 75° zur Walzbahn-Oberfläche geneigt; ihre Tiefe war sehr unterschiedlich und bei höherem Walzengewicht größer. Eine genaue Feststellung war sehr schwierig, da sich die Risse beim Abstechen des Bodens mit Sandkörnchen zusetzen. Bei einigen Versuchen gelang es durch Einfrieren von Bodenstücken, Rißtiefen von etwa 15-25 mm festzustellen. Bei den Versuchen mit gleichem oder kleinerem Gewicht als die Grenzlast verdichtete sich der Boden, wie bereits früher erwähnt, auch in der oberen Schicht mit steigenden Übergängen, da die Bodenteilchen nicht laufend hin- und hergeschoben wurden. Die Walze sank somit nicht mehr so stark ein, und die Bodenwelle hinter der Walze wurde damit immer kleiner, so daß sich keine neuen Querrisse bildeten und die ursprünglichen zugewalzt wurden. Bei zu schwerer Walze verdichtete sich der Boden

A b b i l d u n g 68

infolge des Hin- und Herschiebens in der oberen Schicht nicht genügend; die Bodenwelle hinter der Walze blieb somit in ihrer Anfangsgröße fast erhalten, so daß sich laufend Querrisse bildeten.

8.5 Die Zusammenfassung der Ergebnisse mit gezogenen Walzen auf Mittelsand und 300 mm Schütthöhe

8.51 Die Verdichtungsergebnisse

Greift man diejenigen Versuche heraus, die mit 1 km/h Walzengeschwindigkeit und mit annähernd gleichem Wassergehalt (4-5%) gefahren wurden und rechnet auf Grund der festgestellten Porenvolumina für die einzelnen Versuche und Übergänge das in der oberen und unteren Schicht erreichte Trockenraumgewicht aus, so zeigt sich deutlich der Einfluß des Walzengewichtes und des Walzendurchmessers auf die Verdichtung der beiden Schichten (Abb. 69 und 70).

Man erkennt, daß der Walzendurchmesser und das Walzengewicht die Verdichtung in der oberen Schicht besonders stark beeinflussen. Es zeigt sich, daß nur bei einem bestimmten, für die einzelnen Walzendurchmesser verschiedenen Gewicht eine optimale Verdichtung bei den angeführten Übergängen erreicht wird. Vergrößert oder verringert man dieses, so ergibt sich eine schlechtere Verdichtung, da im ersten Fall die Walze den Boden bei jedem Übergang hin- und herschiebt und auflockert, während sich bei kleinerem Gewicht eine geringere Bodenpressung ergibt.

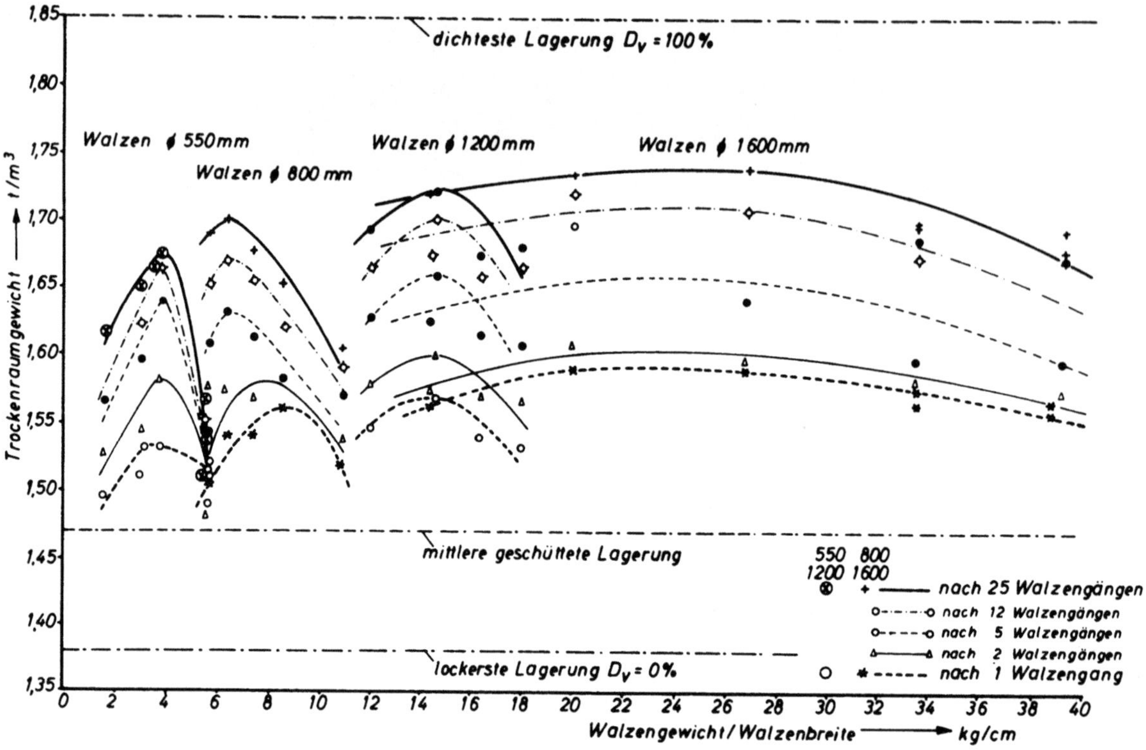

A b b i l d u n g 69

Glattwalzenversuche mit gezogener Walze
Einfluß des Walzengewichtes und Walzendurchmessers auf die Verdichtung der obersten Schicht
Walzengeschwindigkeit 1 km/h
Walzenbreite 600 mm
Versuchsboden: Mittelsand
Wassergehalt 4-5%
Schütthöhe 300 mm

Das Abweichen vom günstigen Walzengewicht macht sich besonders nachteilig bei kleinem Walzen-Durchmesser bemerkbar, wie die Kurven für die 550er Walze zeigen; eine geringe Veränderung des Walzengewichtes kann hier bereits zu einer wesentlichen Verminderung des Trockenraumgewichtes und somit zu einer erheblich schlechteren Verdichtung führen. Eine Gewichtsveränderung beeinflußt um so weniger die Verdichtungswirkung, je größer der Walzendurchmesser ist. Bei der 1600er Walze konnte bereits das Gewicht erheblich vom günstigen abweichen, ohne daß das Trockenraumgewicht wesentlich abnahm; die schwache Krümmung wirkt bereits plattenähnlich.

Die Zusammenhänge für die untere Schicht sind in Abbildung 70 dargestellt.

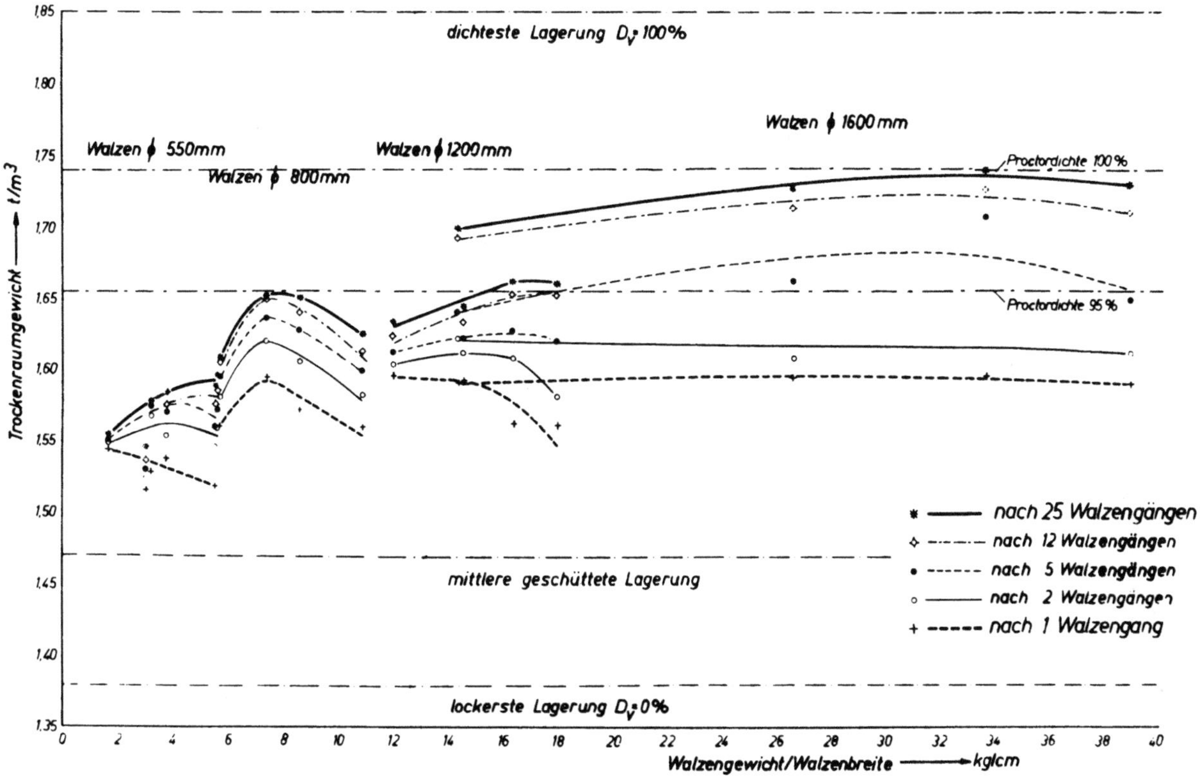

A b b i l d u n g 70

Glattwalzenversuche mit gezogener Walze

Einfluß des Walzengewichtes und Walzendurchmessers auf die Verdichtung der untersten Schicht

Walzengeschwindigkeit 1 km/h, Walzenbreite 600 mm, Versuchsboden: Mittelsand, Wassergehalt 4-5%, Schütthöhe 300 mm

Die Verdichtungskurven auf der Abbildung 69 zeigen, daß bei der Steigerung der Walzenbelastung von 3,3 kg/cm bei 550 mm Walzendurchmesser auf 26,7 kg/cm bei 1600 mm Walzendurchmesser das Trockenraumgewicht in der oberen Schicht verhältnismäßig gering anstieg. Dies könnte zu dem Schluß verleiten, kleine Walzen mit geringem Gewicht für die Verdichtung von Sand zu verwenden; diese besitzen jedoch, wie die Trockenraumgewichte für die untere Schicht zeigen, nur eine geringe Tiefenwirkung und sie ermöglichen nicht, die 300 mm hohe Schüttung gleichmäßig wie die großen und entsprechend schweren Walzen zu verdichten.

Die Erhöhung der Geschwindigkeit auf 2 km/h und eine Veränderung des Wassergehaltes im Bereich zwischen etwa 4 und 11% erbrachten keine nennenswerten Unterschiede in den Verdichtungs-Ergebnissen.

8.52 Die Zugkraft-Meßergebnisse

Die bei den Versuchen mit 600 mm breiter Walze bei 1 km/h Geschwindigkeit und 4-5% Wassergehalt gemessenen Zugkräfte (nach 5.3) wurden für 1 m Walzenbreite umgerechnet und in Abhängigkeit vom Walzengewicht und vom Walzendurchmesser aufgetragen (Abb. 71).

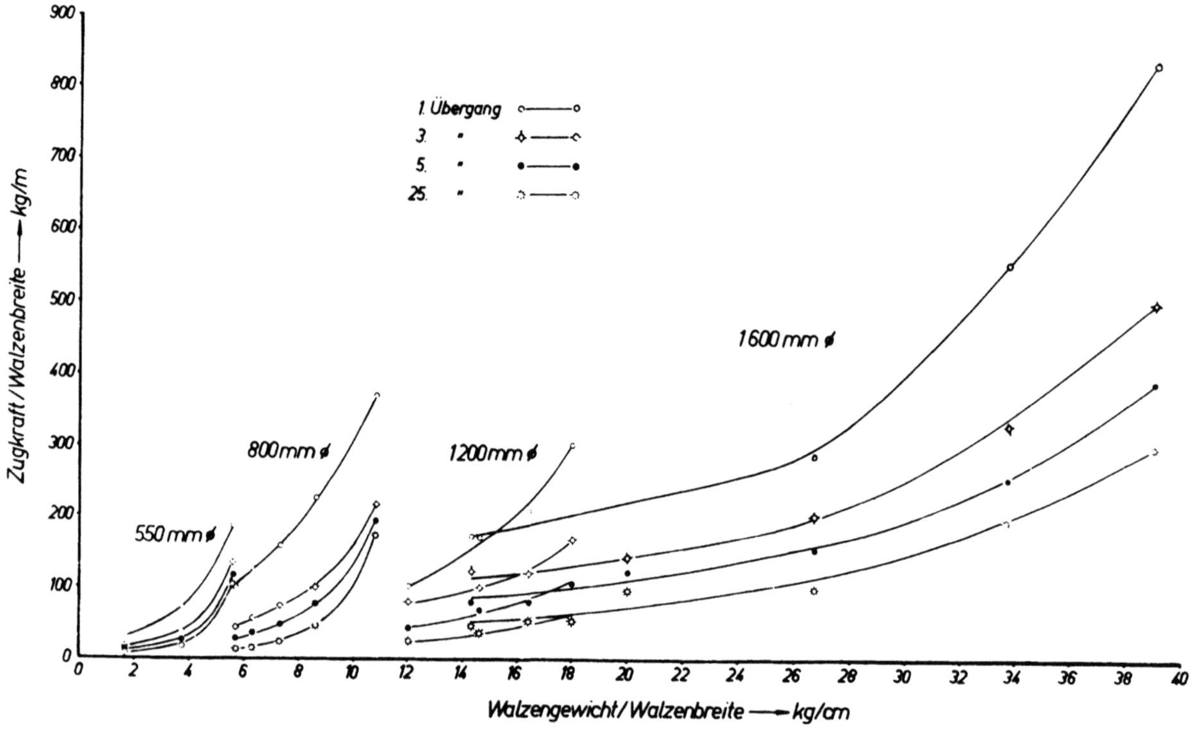

Abbildung 71

Versuche mit gezogener Walze

Gemessene Zugkraft in Abhängigkeit vom Walzendurchmesser, Walzengewicht und von der Anzahl Übergänge
Walzenbreite 600 mm,
v = 1 km/h
Versuchsboden: Mittelsand
Schütthöhe 300 mm
w = 4,0-5,0%

Bei einem Versuch mit einer 1,2 m breiten Walze konnte festgestellt werden, daß die Zugkräfte proportional mit der Breite zunehmen und somit das proportional stärkere seitliche Abfließen von Sand bei der schmaleren Walze die Zugkraft-Meßergebnisse nur unwesentlich beeinflußt. Die auf 1 m Walzenbreite umgerechneten Zugkräfte entsprechen somit den wirklichen Werten.

Der Vergleich der Zugkraft- und der Verdichtungskurven (Abb.71 und 69) läßt eine gewisse Übereinstimmung erkennen. Erhöht man nämlich das Walzengewicht bis zum jeweils für den betreffenden Durchmesser günstigen Grenzgewicht, so nimmt die Zugkraft langsam, und bei Überschreitung desselben wesentlich schneller zu. Der auftretende Stau vor der Walze und die schlechtere Verdichtung der oberen Schicht, die einen größeren Rollwiderstand bedingt, verursachen den steileren Zugkraftanstieg.

Der Rollwiderstandsbeiwert μ' , der gleichfalls in Abhängigkeit vom Walzengewicht und vom Walzendurchmesser aufgetragen ist (Abb. 72), läßt

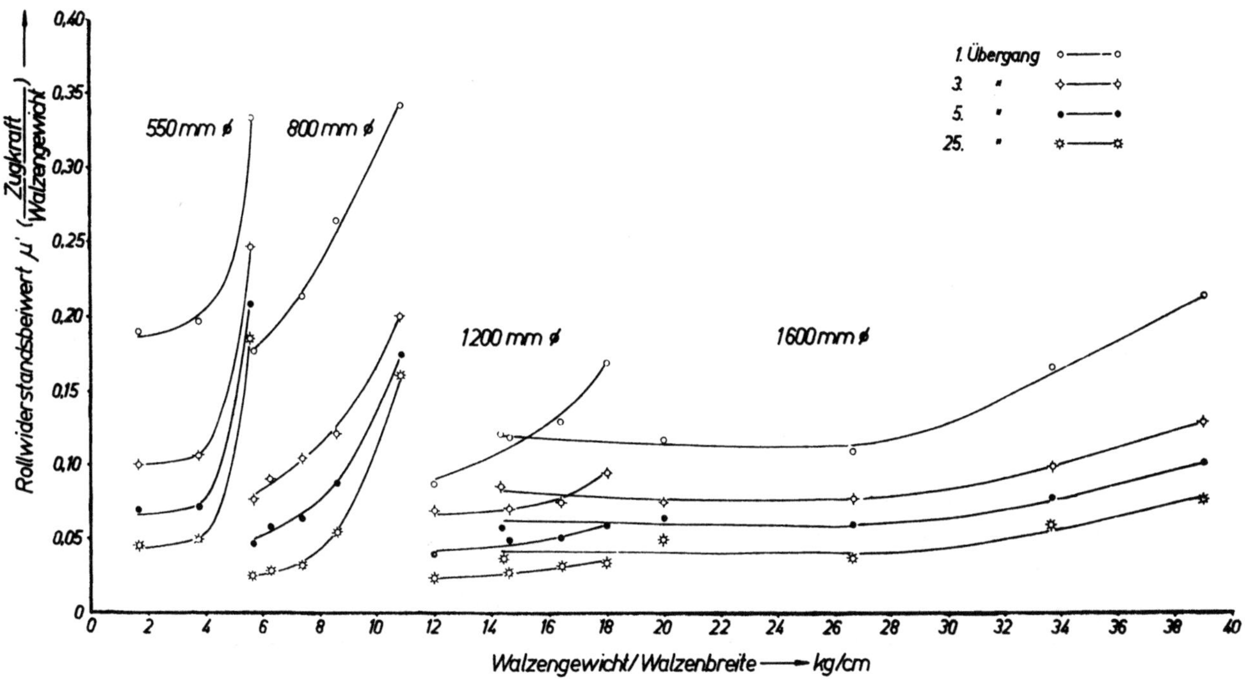

Abbildung 72

Versuche mit gezogener Walze

Rollwiderstandsbeiwert μ' in Abhängigkeit vom Walzendurchmesser, Walzengewicht und von der Anzahl Übergänge

Walzenbreite 600 mm

v = 1 km/h

Versuchsboden: Mittelsand

Schütthöhe 300 mm

w = 4,0-5,0%

die soeben erwähnten Zusammenhänge noch deutlicher erkennen; auffallend ist der sprunghafte Anstieg der Beiwerte bei der 550er und 800er Walze bei der Überschreitung der Grenzbelastung.

Da die Schubkräfte als Äquivalent der Zugkräfte in horizontaler Richtung auftreten und die mehr oder minder starken Bodenverschiebungen in dieser Richtung verursachen, war es von Interesse, festzustellen, inwieweit die gemessenen mit den rechnerisch ermittelten Zugkräften übereinstimmen.

Der Bewegungswiderstand auf ebener Bahn setzt sich bei gleichförmiger Bewegung aus:

der Lagerreibung am Wellenumfang und

der rollenden Reibung am Boden

zusammen.

Die Lagerreibung sucht am Hebelarm r (Abb. 73) die Drehung der Walze zu verhindern; zwischen der Walze und dem Boden muß ein Reibungswiderstand Wg_B auftreten, der die Walze mittels der sogenannten Haftreibung

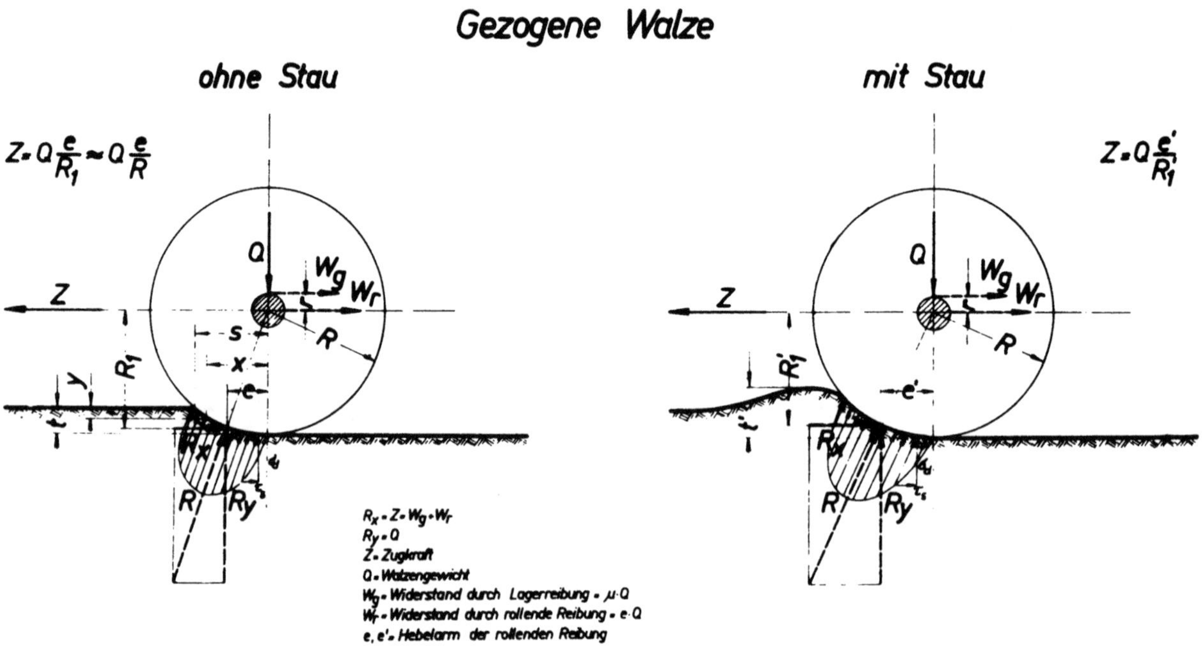

A b b i l d u n g 73

festhält und die Drehung derselben erzwingt. Es gilt die Gleichung

$$Wg_B \cdot R = \mu Qr \quad \text{oder} \quad Wg_B = \frac{\mu Qr}{R} = Wg$$

Reibungszahl μ für Wälzlager etwa 0,0015.

Bei den Versuchen ergab sich somit für das größte Versuchswalzen-Gewicht von 2340 kg bei der 1600er Walze und 10 cm Wellendurchmesser ein maximaler Wert für die Lagerreibung von

$$Wg = 0{,}0015 \; \frac{2340 \cdot 5}{80} = 0{,}22 \text{ kg}$$

der als Zugkraftanteil auftritt.

Infolge dieses geringen Wertes kann die Lagerreibung bei der Berechnung der Zugkraft vernachlässigt werden.

Für die rollende Reibung gilt nach FÖPPL die Gleichung [36]:

$$Q \cdot e = W_r \cdot R_1$$

Da R_1 annäherungsweise R gesetzt werden kann und Wg vernachlässigt wird, ergibt sich

$$Z = W_r = Q \frac{e}{R}$$

Den Wert e berechnet FÖPPL unter der Annahme, daß der Boden als plastisch vorausgesetzt wird und der Bodendruck in jedem Flächenelement der Berührungsfläche proportional der dort schon bewirkten Eindrückung ist; er setzt ferner voraus, daß die Tiefe der Spur gegenüber dem Radhalbmesser klein ist, und er faßt den Kreis als einen Parabelbogen mit der Pfeilhöhe t und der halben horizontalen Sehne s auf. Die Einsenkung y im Abstand x vom lotrechten Walzendurchmesser ist dann

$$y = t \; \frac{s^2 - x^2}{s^2}$$

und da $s^2 = 2$ Rt gesetzt werden kann,

$$y = \frac{2\,Rt - x^2}{2\,R}$$

Unter der obigen Annahme der Bodendruck-Verteilung geht die Resultierende durch den Schwerpunkt des halben Parabelsegmentes, daher ist

$$e \int_0^s y \, dx = \int_0^s x \, y \, dx$$

und hieraus

$$e = \frac{3 \, s}{8} = \frac{3}{8} \sqrt{2 \, Rt.}$$

Die FÖPPL'sche Zugkraftformel lautet somit

$$Z = Q \, \frac{e}{R} = \frac{3}{8} \, Q \sqrt{\frac{2 \, t}{R}}$$

Die Zugkraft ist also eine Funktion der Eindrucktiefe.

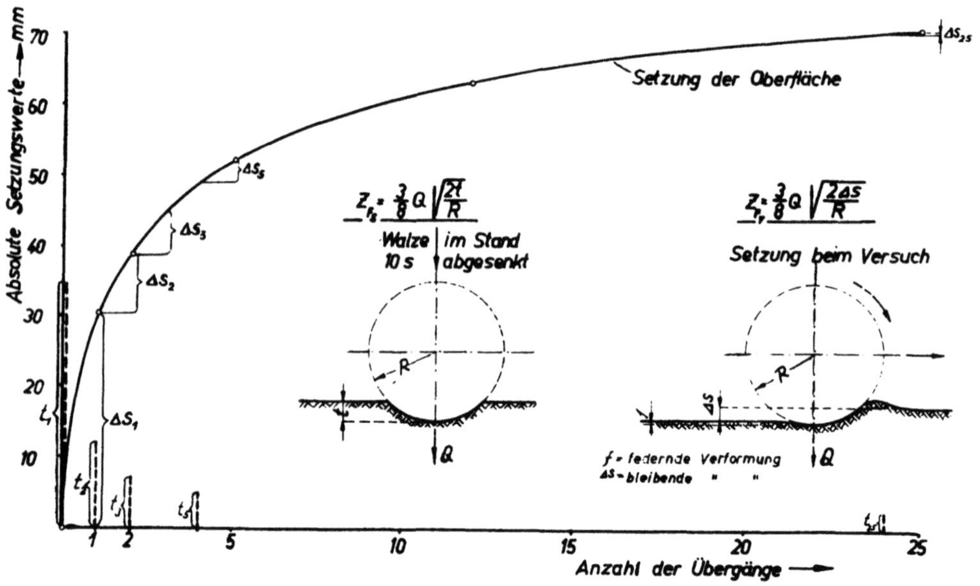

A b b i l d u n g   74

Erläuterungen für die Zugkraftberechnung

Wie die Abbildung 74 zeigt, wurde einmal für t das Maß eingesetzt, das sich beim Absenken der Walze im Stand (10 sec,) vor dem zu berechnenden Übergang ergab (t_1, t_2, t_3 usw.), und einmal wurde mit der Absenkung der Oberfläche (Δs_1, Δs_2 usw.) gerechnet, die sich beim betreffenden

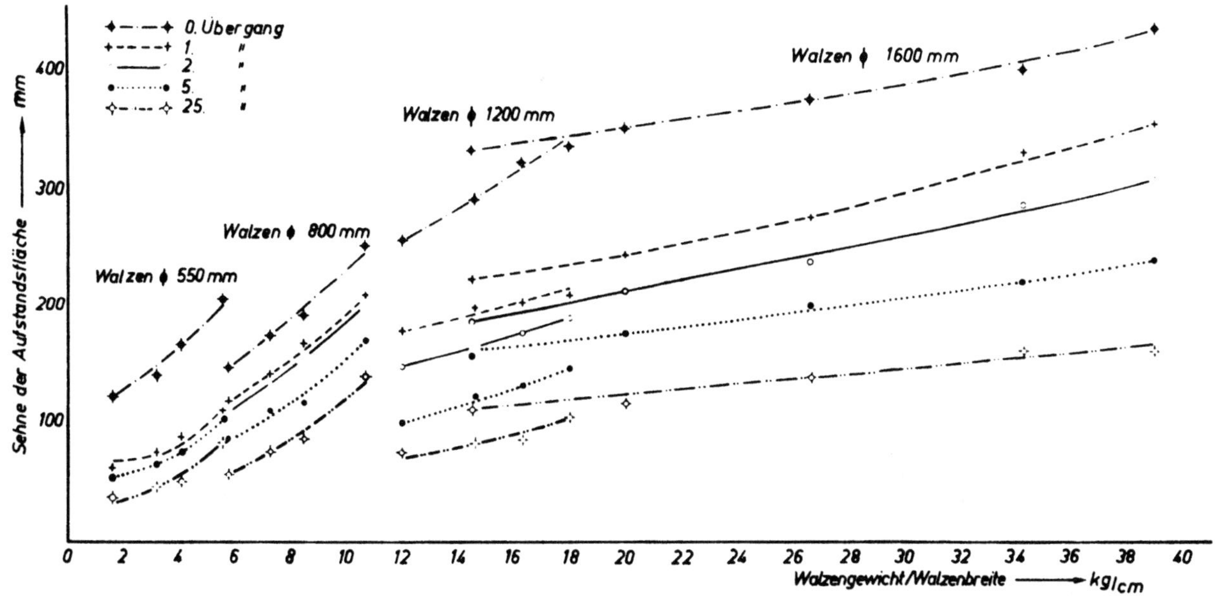

Glattwalzenversuche mit gezogener Walze

Gemessene Sehne der Aufstandsfläche in Abhängigkeit vom Walzengewicht und Walzendurchmesser Standzeit 10 sek
Walzengeschwindigkeit 1 km/h
Walzenbreite 600 mm
Versuchsboden: Mittelsand
Wassergehalt 4-5%
Schütthöhe 300 mm

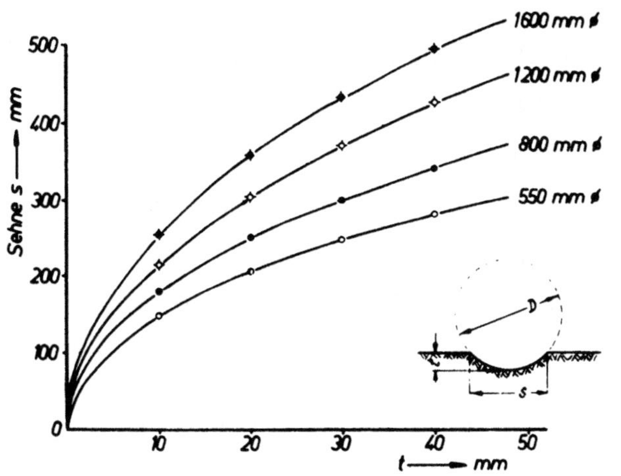

Sehne der Aufstandsfläche in Abhängigkeit von der Eindruckstiefe bei verschiedenen Walzendurchmessern

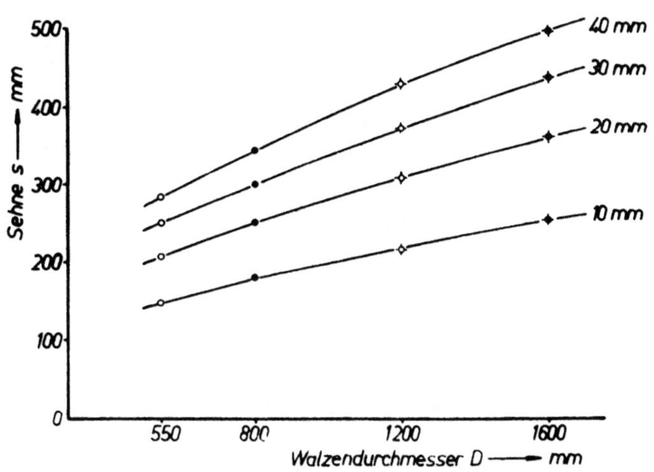

Sehne der Aufstandsfläche in Abhängigkeit vom Walzendurchmesser bei verschiedenen Eindrucktiefen

Abbildung 75

Übergang, für den die Zugkraft zu berechnen war, zeigte. Der genaue Wert für t konnte aus der Sehne der Aufstandsfläche (Abb. 75) und dem Walzendurchmesser berechnet werden. Die auftretenden Fehlerbereiche, die sich nach den beiden Berechnungsarten ergeben, sind auf der Abbildung 76 dargestellt. Demnach ist das Verhältnis der gemessenen (Zg) und berechneten (Z_F) Zugkräfte in den meisten Fällen > 1.

Besonders groß wird das Verhältnis $\frac{Zg}{Z_{Fy}}$ bei mehr als 3 Übergängen, wenn man die Δs-Werte, also die Oberflächenabsenkung, zugrunde legt, wie es normalerweise bei der Ermittlung der rollenden Reibung der Fall ist.

Daß meist wesentlich kleinere Zugkräfte berechnet als gemessen wurden, rührt vom Stau des Bodens vor der Walze her, der in den Maßen Δ s und t nicht erfaßt wird. Wie die Abbildung 73 zeigt, verschiebt sich infolgedessen die resultierende Bodendruck-Ersatzkraft nach links, das Maß e vergrößert sich auf e', und R_1 verkleinert sich auf R_1'; demnach kann man R_1' auch nicht mehr annäherungsweise gleich R setzen. Die Formel muß also lauten:

$$Z = Q \frac{e'}{R_1'} .$$

Berechnet man auf Grund dieser Formel die Zugkräfte, was für einen Versuch durch Ausmessen der Stauwelle durchgeführt wurde, so kommen zwar die berechneten Zugkräfte den gemessenen näher, sie sind jedoch immer noch bis zu 50% kleiner. Da die Größe der Stauwelle jedoch von vielen Faktoren und Zufälligkeiten abhängt und sich laufend ändert, ist eine rechnerische Vorbestimmung und somit eine ungefähre Festlegung der resultierenden Bodendruck-Ersatkraft durch die Maße e' und R_1' nicht möglich.

Eine genaue Bestimmung der Zugkraft ist nur durch Versuche möglich.

Wie die Ergebnisse (Abb. 76) zeigen, kommen die berechneten Zugkräfte den gemessenen wesentlich näher, wenn das Maß der statischen Absenktiefe t und nicht die Δs-Werte eingesetzt werden. Die Unterschiede zwischen den gemessenen und den berechneten Zugkräfte waren beim 1.Übergang am kleinsten, da sich hier verhältnismäßig große t- und Δs-Werte ergaben, so daß der zusätzliche Stau diese Werte nicht im gleichen Verhältnis wie die wesentlich kleineren Δs- und t-Werte bei den späteren

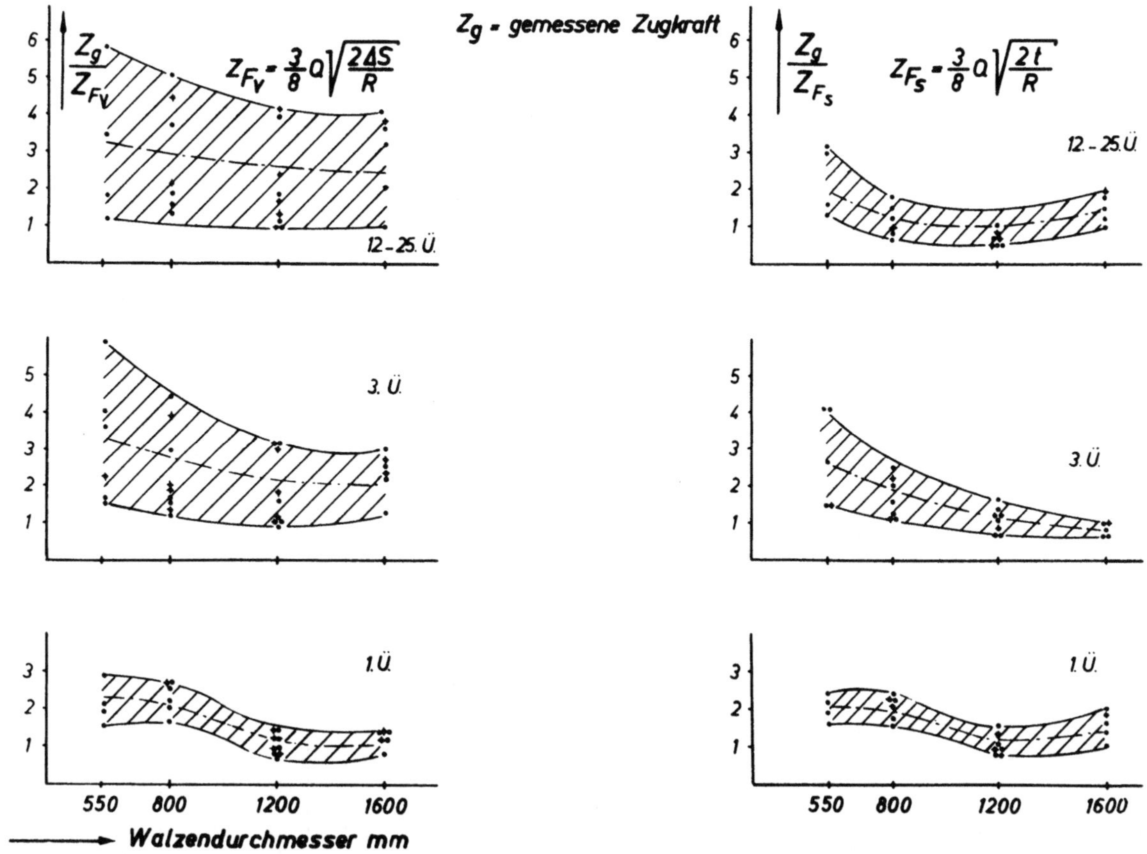

A b b i l d u n g 76

Glattwalzenversuche mit gezogener Walze

Auftretende Fehlerbereiche für Zugkräfte bei verschiedenen Berechnungsarten

Walzengeschwindigkeit 1 km/h	Schütthöhe 300 mm
Walzenbreite 600 mm	Wassergehalt 4-5%
Versuchsboden: Mittelsand	

Übergängen beeinflußte. Annäherungsweise läßt sich die Zugkraft berechnen, wenn man einen Korrekturfaktor K in die Formel einführt, dessen Größe aus der Abbildung 76 für die einzelnen Walzendurchmesser und Übergänge zu ersehen ist:

$$Z = \frac{3}{8} K Q \sqrt{\frac{2t}{R}} .$$

8.53 Die Bodendruckmessungen

Auf Grund der unter 5.3 angeführten Formeln wurde die lotrechte Normalspannung σ_z für je einen Walzgang am Anfang und am Ende des 41. Versuches (2. und 24. Übergang) für gewählte Konzentrationsfaktoren von

2. Übergang

Konzentrations-faktor V	t (cm)	Faktor	σ 10°	20°	30°	35°	40°
4	10,84	$11,18 \cos^4 \vartheta$	10,520	8,720	6,290	5,040	3,850
		$r = \frac{t}{\cos \vartheta}$	11,007	11,536	12,517	13,212	14,151
		$\sigma_z = 11,18 \frac{1}{r} \cos^4 \vartheta$	0,956	0,756	0,503	0,381	0,272
		$a = t \cdot tg\, \vartheta$ (cm)	1,911	3,946	6,259	7,590	8,771
	19,54	$11,18 \cos^4 \vartheta$	10,520	8,720	6,290	5,040	3,850
		r	19,842	20,794	22,564	23,853	25,509
		δ_z	0,530	0,419	0,279	0,211	0,151
		a(cm)	3,445	7,113	11,282	13,682	16,396
	25,94	$11,18 \cos^4 \vartheta$	10,520	8,720	6,290	5,040	3,850
		r	26,351	27,615	29,965	31,677	33,877
		σ_z	0,399	0,316	0,210	0,159	0,114
		a(cm)	4,575	9,446	14,984	18,170	21,775
5	10,84	$12,65 \cos^5 \vartheta$	11,720	9,269	6,162	4,667	3,336
		r	11,007	11,536	12,517	13,212	14,151
		σ_z	1,065	0,803	0,492	0,353	0,236
		a(cm)	1,911	3,946	6,259	7,590	8,771
	19,54	$12,65 \cos^5 \vartheta$	11,720	9,269	6,162	4,667	3,360
		r	19,842	20,794	22,564	23,853	25,509
		σ_z	0,591	0,446	0,273	0,196	0,131
		a(cm)	3,445	7,113	11,282	13,682	16,396
	25,94	$12,65 \cos^5 \vartheta$	11,720	9,269	6,162	4,667	3,360
		r	26,351	27,615	29,965	31,667	33,877
		σ_z	0,445	0,336	0,206	0,147	0,0985
		a(cm)	4,575	9,446	14,984	18,170	21,775

24. Übergang

Konzentrations-faktor V	t (cm)	Faktor	σ 10°	20°	30°	35°	40°
4	9,45	$11,18 \cos^4 \vartheta$	10,520	8,720	6.290	5,040	3,850
		r	9,595	10,056	10,912	11,535	12,337
		σ_z	1,096	0,867	0,576	0,437	0,312
		a(cm)	1,666	3,440	5,456	6,617	7,929
	17,55	$11,18 \cos^4 \vartheta$	10,520	8,720	6,290	5,040	3,850
		r	17,821	18,676	20,266	21,423	22,911
		δ_z	0,590	0,467	0,310	0,235	0,168
		a(cm)	3,094	6,388	10,133	12,289	14,726
	23,65	$11,18 \cos^4 \vartheta$	10,520	8,720	6,290	5,040	3,850
		r	24,015	25,168	27,309	28,870	30,870
		σ_z	0,438	0,346	0,230	0,175	0,125
		a(cm)	4,169	8,609	13,656	16,560	19,845
5	9,45	$12,65 \cos^5 \vartheta$	11,720	9,269	6,162	4,667	3,336
		r	9,596	10,056	10,912	11,536	12,337
		σ_z	1,221	0,922	0,565	0,405	0,270
		a(cm)	1,666	3,446	5,456	6,617	7,229
	17,55	$12,65 \cos^5 \vartheta$	11,720	9,269	6,162	4,667	3,336
		r	17,821	18,676	20,266	21,423	22,911
		σ_z	0,658	0,496	0,304	0,218	0,146
		a(cm)	3,094	6,388	10,133	12,289	14,726
	23,65	$12,65 \cos^5 \vartheta$	11,720	9,269	6,162	4,667	3,336
		r	24,015	25,168	27,309	28,870	30,870
		σ_z	0,488	0,368	0,226	0,162	0,108
		a(cm)	4,169	8,609	13,656	16,560	19,845

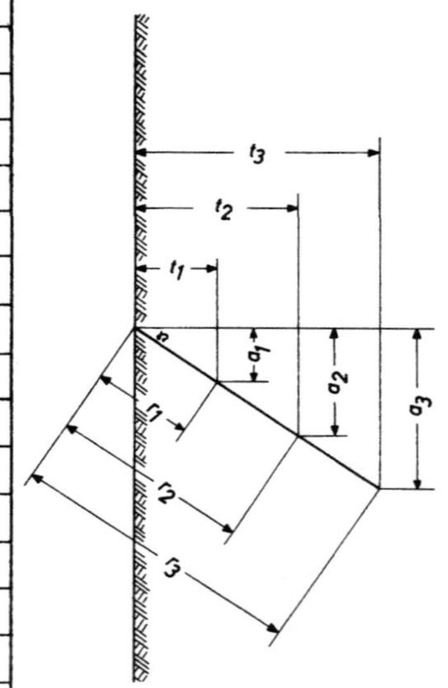

Abbildung 77

$\nu = 4$ und $\nu = 5$ berechnet und die Ergebnisse den gemessenen Bodendrücken gegenübergestellt. Die Walzenbelastung betrug beim 41.Versuch $\bar{q} = 14{,}9$ kg/cm, der Walzendurchmesser 1200 mm, und die 3 eingelegten Meßdosen befanden sich beim 2. und 24. Übergang in den nachfolgend angeführten Tiefen unter der Walzbahn-Oberfläche:

2.Übergang $t_1 = 10{,}84$ cm, $t_2 = 19{,}54$ cm, $t_3 = 25{,}95$ cm,
24.Übergang $t_1 = 9{,}45$ cm, $t_2 = 17{,}55$ cm, $t_3 = 23{,}65$ cm.

Bei der Annahme von $\nu = 4$ beträgt nach 5.3:

$$\sigma_z = \frac{3}{4}\,\frac{\bar{q}}{r}\cos^4\vartheta \qquad \text{für } \bar{q} = 14{,}9 \text{ kg/cm} \qquad \sigma_z = 11{,}18\,\frac{1}{r}\cos^4\vartheta$$

und bei $\nu = 5$

$$\sigma_z = \frac{8}{3\pi}\cdot\frac{\bar{q}}{r}\cos^5\vartheta \qquad \text{für } \bar{q} = 14{,}9 \text{ kg/cm} \qquad \sigma_z = 12{,}65\,\frac{1}{r}\cos^5\vartheta$$

Die auf Grund der vorliegenden Verhältnisse berechneten lotrechten Normalspannungen σ_z (Abb. 77) sind in der Abbildung 78 den registrierten Bodendrücken gegenübergestellt.

Wie der Vergleich zeigt, ergibt sich für die Tiefen t_2 und t_3 bei $\nu = 4$ und für Tiefe t_1 bei $\nu = 5$ eine bessere Übereinstimmung der Maximalwerte. Es ergibt sich also kein einheitliches ν bei den Bodendruckverteilungen für alle Tiefen. Die Unterschiede zwischen den gemessenen und den berechneten Spannungen sind jedoch in Anbetracht der zu erwartenden Genauigkeit als gering zu bezeichnen; für die beiden unteren Betrachtungstiefen ist es jedoch zu empfehlen, $\nu = 3$ zu wählen, da sich dann eine noch bessere Übereinstimmung der Werte ergeben dürfte.

Wie SÖHNE [11] anführt, treten besonders bei bindigem Boden und bei lockerem Sand Schwierigkeiten bei der Druckmessung auf, so daß es nicht leicht ist, durch Messungen festzustellen, welcher Konzentrationsfaktor zu wählen ist; SÖHNE führt jedoch gleichzeitig an, daß sich andererseits durch einen Fehler von 25% in der Druckmessung oder Rechnung nur ein maximaler Verdichtungsfehler von 1% Porenanteil ergibt.

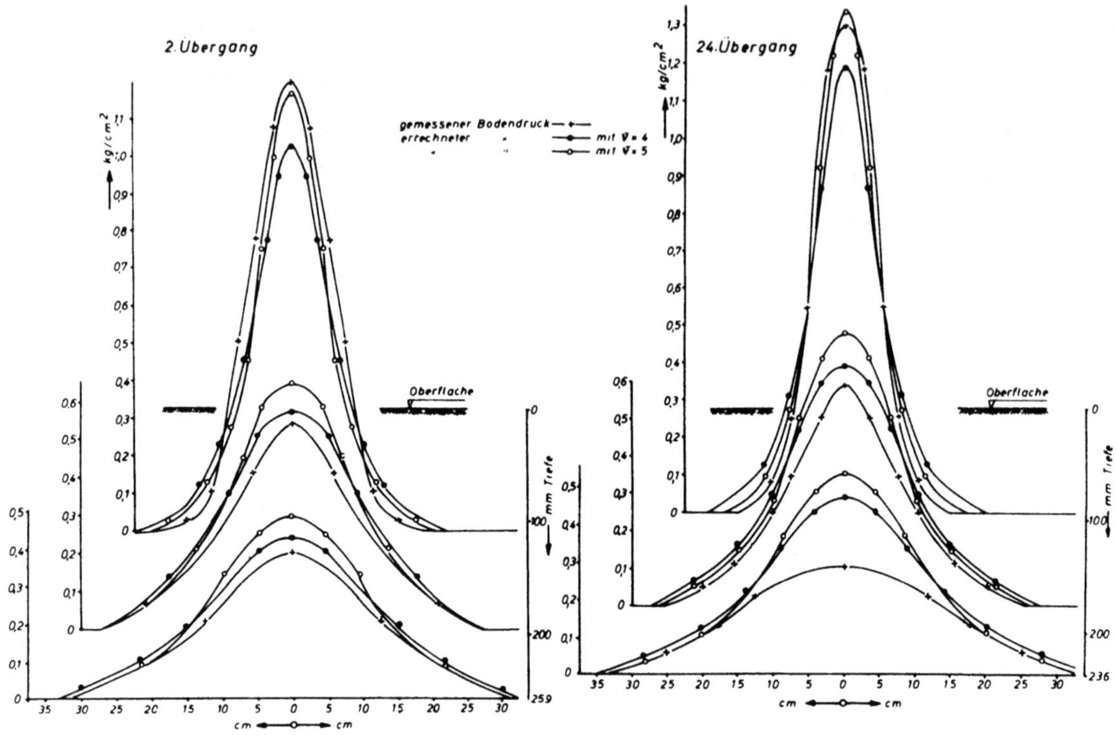

A b b i l d u n g 78

Verlauf der spez. Bodendrücke in verschiedenen Tiefen beim Überfahren mit einer Glattradwalze

Walzendurchmesser 1200 mm
Walzenbreite 600 mm
Walzengewicht 895 kg (14,9 kg/cm)
v = 1 km/h
Versuchsboden: Mittelsand
Schütthöhe 300 mm
w = 9,7%

Die bei den einzelnen Versuchen und bestimmten Übergängen in 3 Meßtiefen registrierten Bodendrücke wurden für jeden Versuch aufgetragen (Abb. 79), so daß die Abnahme des Bodendruckes nach der Tiefe zu ersehen ist. Die unterschiedlichen Werte, die bei den einzelnen Übergängen registriert wurden, ergeben sich durch die sich laufend ändernde Aufstandsfläche und durch Meßungenauigkeiten; die Unterschiede sind jedoch verhältnismäßig gering.

Greift man aus den einzelnen, für jeden Versuch aufgetragenen Kurvenscharen die Bodendrücke für die Meßtiefen 100, 150, 200 und 250 mm ab und trägt diese in Abhängigkeit vom Walzengewicht und vom Walzendurch-

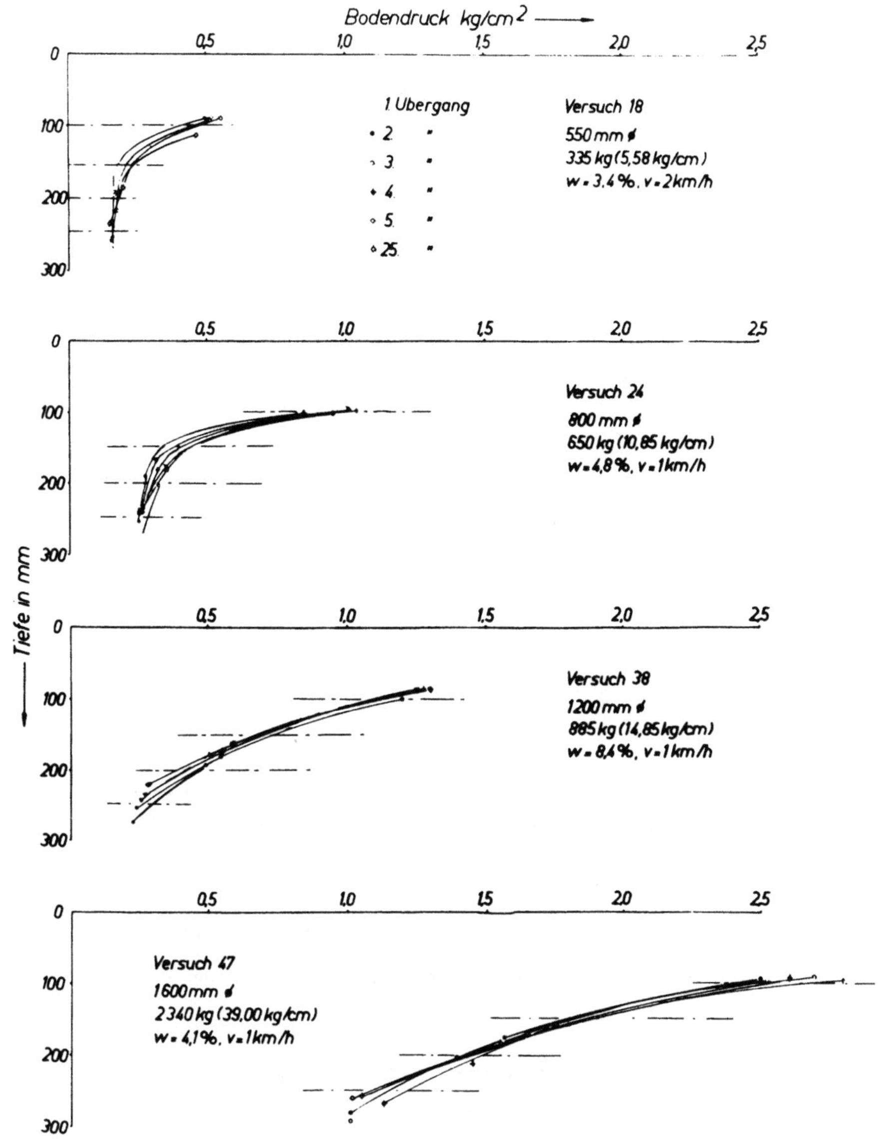

Abbildung 79

Glattwalzenversuch mit gezogener Walze

Abnahme des Bodendruckes nach der Tiefe bei verschiedenem Walzengewicht und Walzendurchmesser

Walzenbreite 600 mm, Versuchsboden: Mittelsand, Schütthöhe 300 mm

messer auf (Abb. 80), so gewinnt man eine Übersicht über die Größe der Bodendrücke, die bei den Versuchen mit der gezogenen Walze in den angeführten Tiefen auftraten. Der unstete Übergang zwischen den entsprechenden Streubereichen erklärt sich z.T. durch Meßungenauigkeiten und aus der verschieden großen Aufstandsfläche, die sich bei gleichem Walzengewicht bei den 4 Walzendurchmessern als Folge der unterschiedlichen Walzenabmessung und der verschieden stark auftretenden Bodenverformungen ergibt.

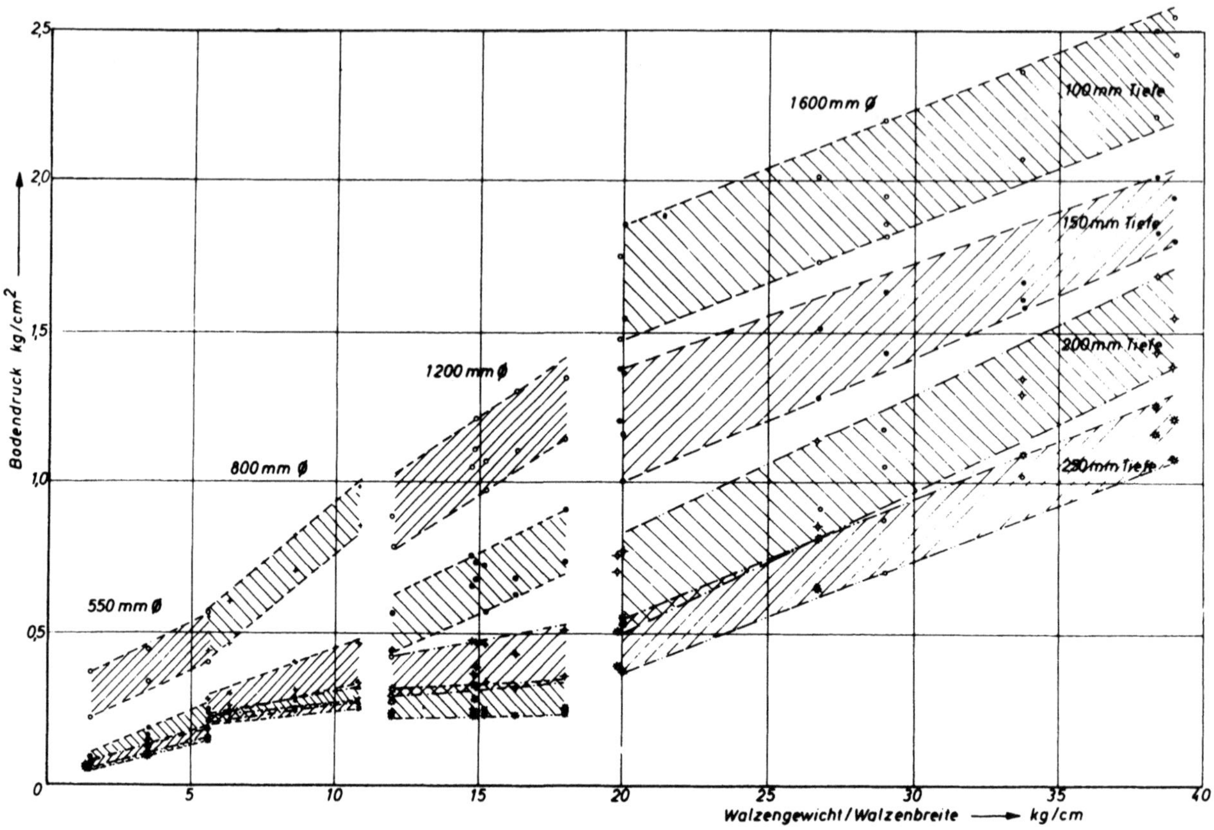

A b b i l d u n g 80

Glattwalzenversuche mit gezogener Walze

Bodendruck in Abhängigkeit vom Walzengewicht und vom Walzendurchmesser

Walzenbreite 600 mm
v = 1 km/h
Versuchsboden: Mittelsand
Schütthöhe 300 mm
w = 4,0-5,0%

Beim Vergleich der Drücke, die mit einer Stahl- und mit einer Gummi-Membrandose in gleicher Tiefe gemessen wurden, ergab sich keine klare Bestätigung des unter 4.52 erwähnten Hinweises bezüglich einer starken Beeinflussung der Druckmeßergebnisse durch die unterschiedliche Steife der Dosen. Die Unterschiede in den gemessenen Bodendrücken lagen innerhalb der 15% Grenze und somit im Bereich der Meßgenauigkeit.

8.54 Die Bodenverformungen

Eine Übersicht von der Größe der Bodenverschiebungen, die sich bei den 4 Versuchsreihen bei der Veränderung des Walzengewichtes, der Walzengeschwindigkeit und des Wassergehaltes ergaben, vermitteln die Abbildungen 82 bis 84. Man erkennt, daß mit steigendem Walzengewicht die

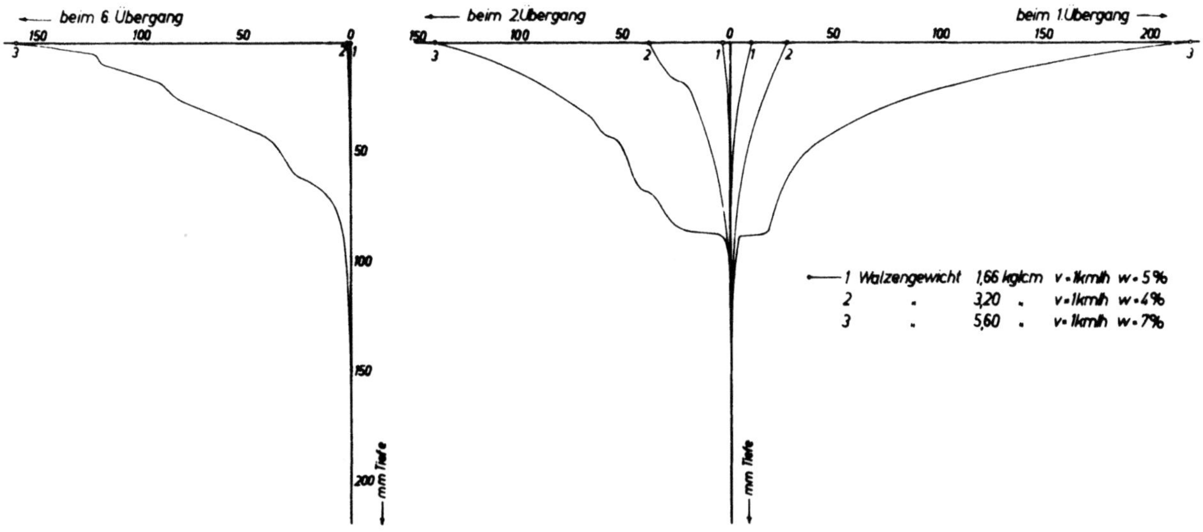

A b b i l d u n g   81

Glattwalzenversuche mit gezogener Walze

Horizontale Verschiebung des Bodens (an der Walzkante)
Walzendurchmesser 550 mm
Walzenbreite 600 mm
Versuchsboden: Mittelsand
Schütthöhe 300 mm

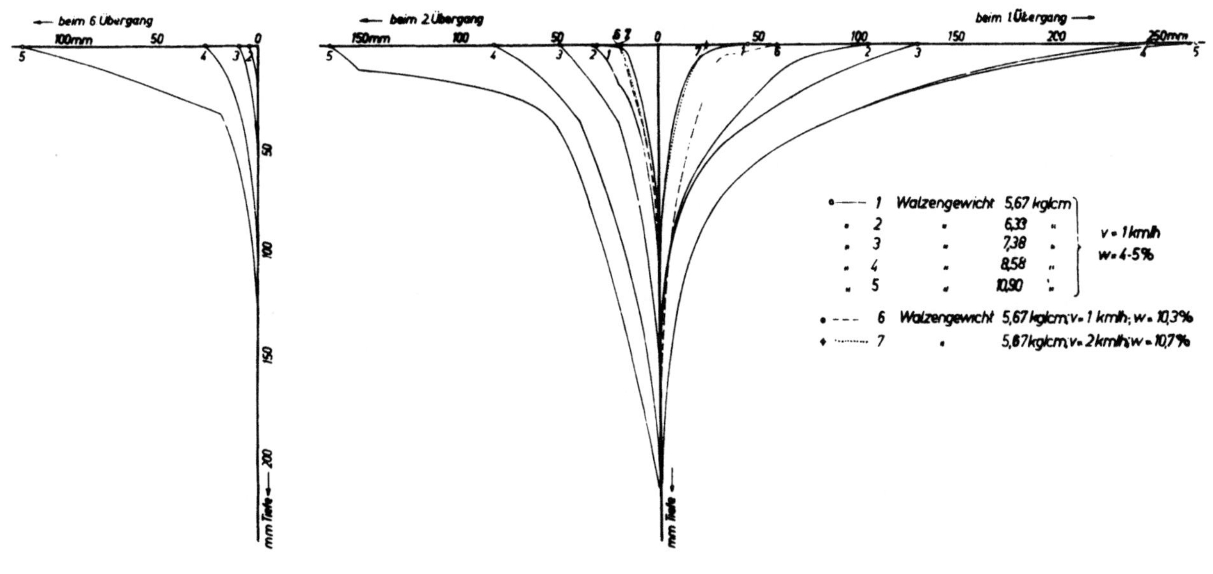

A b b i l d u n g   82

Glattwalzenversuche mit gezogener Walze

Horizontale Verschiebung des Bodens (an der Walzkante)
Walzendurchmesser 800 mm
Walzenbreite 600 mm
Versuchsboden: Mittelsand
Schütthöhe 300 mm

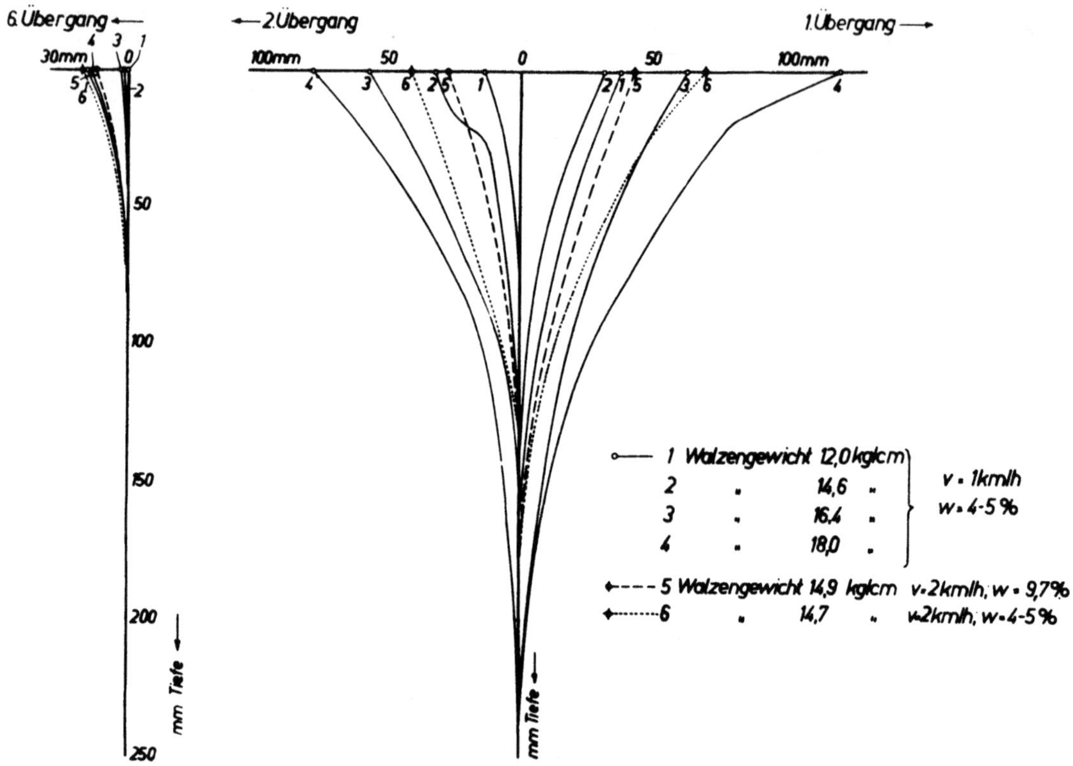

A b b i l d u n g 83

Glattwalzenversuche mit gezogener Walze

Horizontale Verschiebung des Bodens (an der Walzkante)
Walzendurchmesser 1200 mm, Walzenbreite 600 mm, Versuchsboden: Mittelsand, Schütthöhe 300 mm

Verschiebungen in horizontaler Richtung und nach der Tiefe hin zunehmen. Eine annähernd gleiche Veränderung des Walzengewichtes wirkt sich bei 550 und 800 mm Walzendurchmesser wesentlich stärker aus als bei den zwei größeren Walzen, da eine Gewichtserhöhung über die Grenzbelastung bei den kleinen Walzen ein laufendes starkes Hin- und Herschieben des Bodens zur Folge hat, so daß keine Dichte- und somit auch keine Scherwiderstands-Zunahme eintritt. Da die Scherfestigkeit mit steigender Auflast ferner zunimmt [26], ist sie, wenn man auch von der unterschiedlichen Verdichtungszunahme absehen würde, bei den Versuchen mit höherem Gewicht, also bei der 1200er und 1600er Versuchsreihe, von vornherein größer einzusetzen.

Da normalerweise mit steigenden Übergängen die Verdichtung und der Scherwiderstand zunehmen, sofern die Walze infolge zu hohen Gewichtes nicht allzu stark schiebt, kommen die Verschiebungen nach einigen Walzgängen meist zur Ruhe.

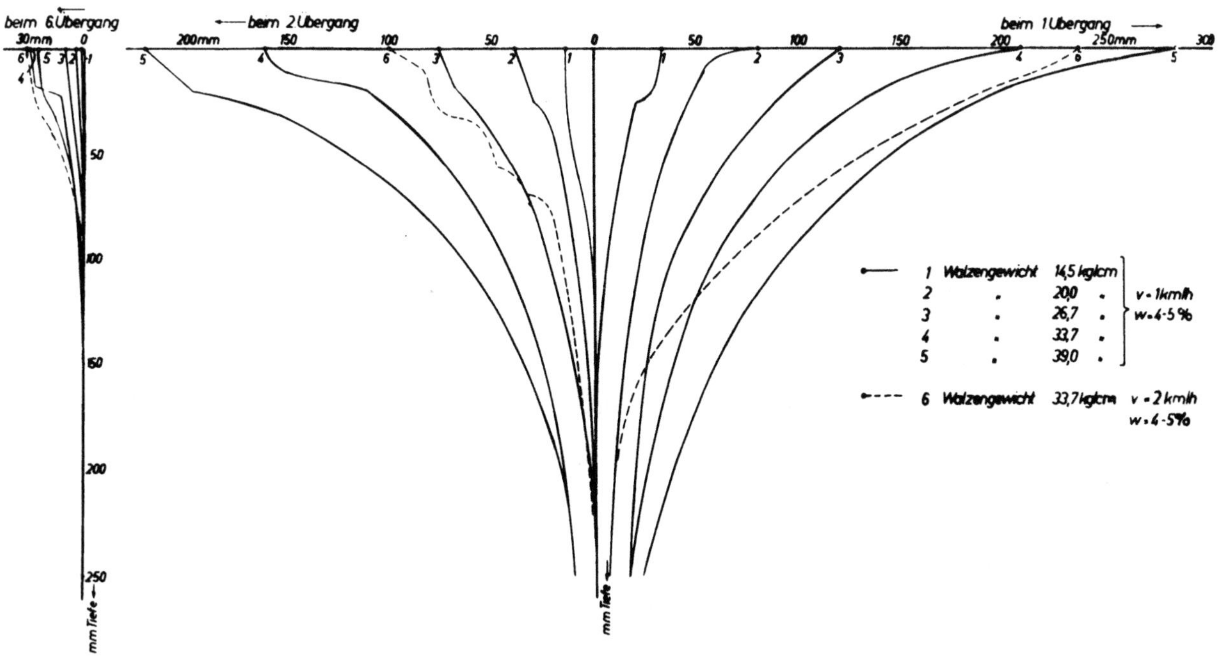

A b b i l d u n g 84

Glattwalzenversuche mit gezogener Walze

Horizontale Verschiebung des Bodens (an der Walzkante)
Walzendurchmesser 1600 mm
Walzenbreite 600 mm
Versuchsboden: Mittelsand
Schütthöhe 300 mm

Die Ausbildung von Scherflächen zeigt sich deutlich auf der Abbildung 81 beim 2. und 6. Übergang (Walzenbelastung 5,60 kg/cm). Ein direkter Vergleich der Bodenverformungen der 4 Versuchsreihen (Abb. 81-84) ist wegen der unterschiedlichen Walzengewichte nicht möglich. Eine Angleichung der Walzenbelastung war jedoch bei allen 4 Versuchsreihen aus bereits erwähnten Gründen nicht möglich, wenn man von einer erheblichen Herabsetzung des Walzengewichtes bei der 1200er und 1600er Versuchsreihe in den Gewichts-Bereich der kleinen Walzen absieht.

Die Veränderung der Walzengeschwindigkeit und des Wassergehaltes wirkt sich bei gleichem Walzengewicht unwesentlich in den Verschiebungsgrößen aus. Diese Feststellung erklärt sich dadurch, daß weder eine wesentlich andere Dichte bei verändertem Wassergehalt noch eine erheblich abweichende Zugkraft bei 2 km/h Geschwindigkeit in Erscheinung trat.

8.55 Die Ebenheits-Messungen

Die bei den einzelnen Versuchen und bestimmten Übergängen vorgenommene Höheneinmessung der Walzbahn-Oberfläche (s.5.1) bezweckte, in Verbindung mit der Ebenheits-Bestimmung, festzustellen, inwieweit sich intervallmäßig Wellen bei einer Veränderung des Walzengewichtes und des Walzendurchmessers ausbilden.

Aus der Vielzahl der zur Verfügung stehenden Nivellements wurden von jeder Versuchsreihe 2 oder 3 ausgewählt, und zwar die Versuche mit niedrigem und besonders hohem Walzengewicht, und in der Abbildung 85 aufgetragen.

Aus dem Vergleich der einzelnen Nivellements läßt sich eine in bestimmten Abständen sich wiederholende Ausbildung von Wellen auf der 8 m langen Meßstrecke nicht erkennen. Die beiden schwachen Höcker bei etwa 8 und 14,5 m auf den zwei oberen Nivellements deuten zwar auf ein periodisches Ausbilden hin, bei der Nachprüfung über die gesamte 17 m lange Bahn war jedoch auch hier keine Regelmäßigkeit festzustellen.

Eine verhältnismäßig gute Ebenheit war mit der 800er und 1200er Walze bei niedrigem Walzengewicht zu erreichen. Obwohl bei der 1600er Versuchsreihe das Walzengewicht von 1200 kg ebenfalls unter der betreffenden Grenzbelastung lag, war es jedoch für die sehr lockere Anfangsschüttung zu schwer; der Boden wurde deshalb beim 1. Übergang stärker geschoben als bei den zwei dargestellten Versuchen (s.Abb. 85), so daß sich eine unebene Oberfläche bereits zu Anfang ausbildete, die auch bei den folgenden Übergängen erhalten blieb, da der Boden kaum noch bewegt wurde.

Besonders große Unebenheiten ergaben sich beim Versuch mit der 550er Walze mit 335 kg Walzengewicht. Das Nivellement (3.Reihe der Abb. 85) läßt hier besonders deutlich das starke Auf- und Abschieben des Bodens erkennen.

Die Höhen-Messungen erstreckten sich alle über eine Meßstrecke, auf der die Walzen in gleichförmiger Bewegung gezogen wurden. Die zusätzlich auftretenden Beschleunigungen und Verzögerungen bei Anfahren und Abbremsen der Walze, die größere Schubkräfte nach sich ziehen und die Ausbildung von weiteren Unebenheiten verursachen, sind auf der Abbildung 85 nicht zu ersehen.

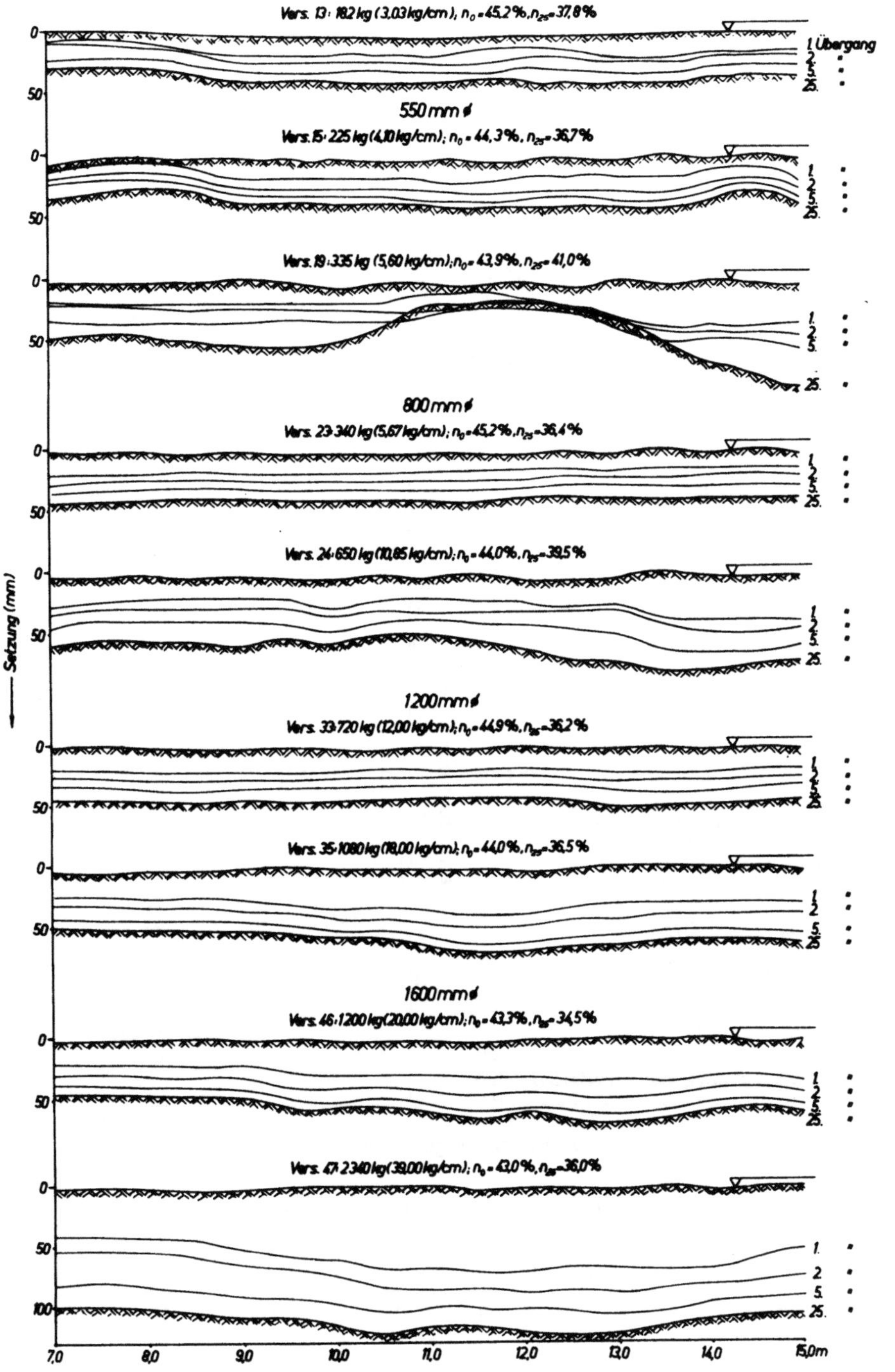

A b b i l d u n g 85

Glattwalzenversuche mit gezogener Walze

Oberflächenebenheit auf einer 8-m-Meßstrecke nach verschiedenen Übergänge

Versuchsboden: Mittelsand, w = 4,0-5,0%, v = 1 km/h

Bei der Beurteilung der Nivellements ist zu berücksichtigen, daß es sich im vorliegenden Falle um einen kohäsionslosen und sehr locker geschütteten Boden handelt, dessen Scherwiderstand besonders zu Anfang sehr gering ist.

8.56 Die Ergebnisse der Setzungs-Messungen

Die absoluten Werte der Setzungen der Oberfläche und der etwa 100 und 200 mm tief eingelegten Meßplatten wurden bei sämtlichen Versuchen festgestellt und in Abhängigkeit von der Anzahl der Übergänge aufgetragen. Die Setzungen der Oberfläche und der 200 mm tief eingelegten Meßpegel, die sich bei den Versuchen mit der kleinsten und größten Versuchswalze (550 und 1600 mm Durchmesser) ergaben, sind auf den Abbildungen 86 und 87 aufgetragen und den erreichten Porenvolumina gegenübergestellt.

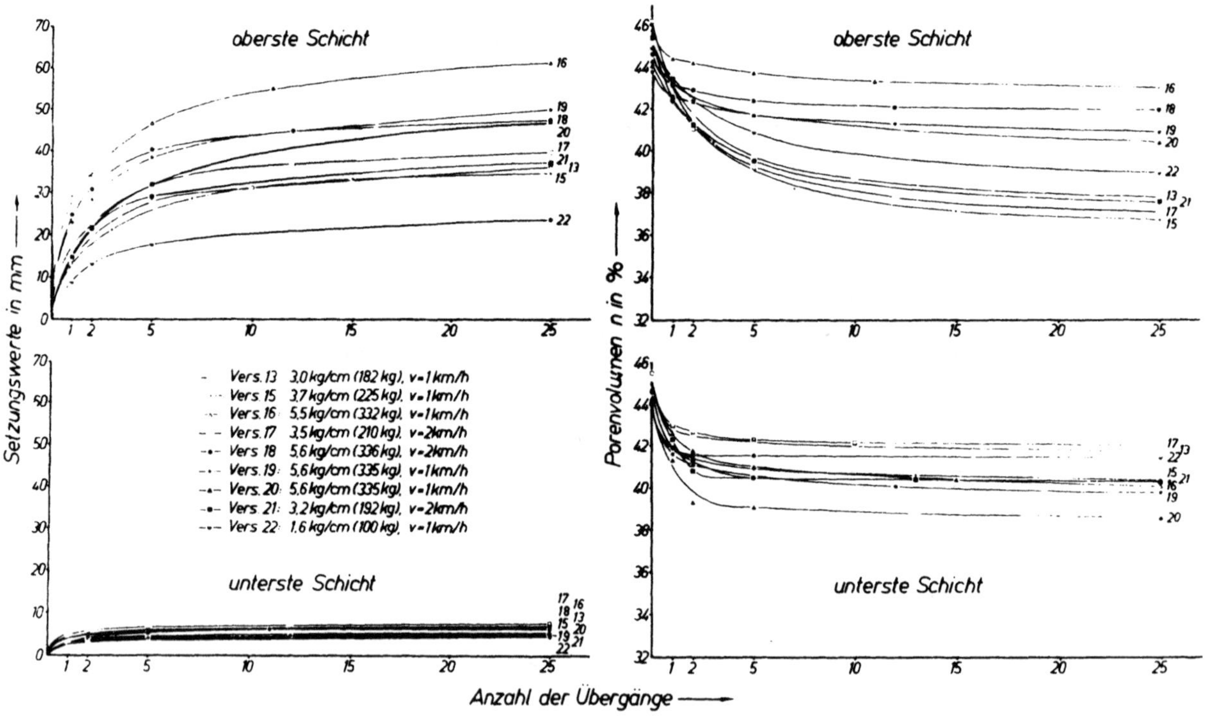

A b b i l d u n g 86

Versuche mit gezogener Walze

Absolute Setzungswerte und Porenvolumina in Abhängigkeit von der Anzahl der Übergänge

Versuchsboden: Mittelsand
Walzendurchmesser 550 mm
Walzenbreite 600 mm
Versuche 13-22
Schütthöhe 300 mm

Hohe anfängliche und langsam ausklingende Setzungen bei steigenden Übergängen sind das Kennzeichnende aller Kurven. Bei erheblich über der Grenzbelastung liegendem Walzengewicht ergaben sich auch nach 25 Übergängen noch größere Setzungen. Hierbei handelt es sich jedoch nicht mehr

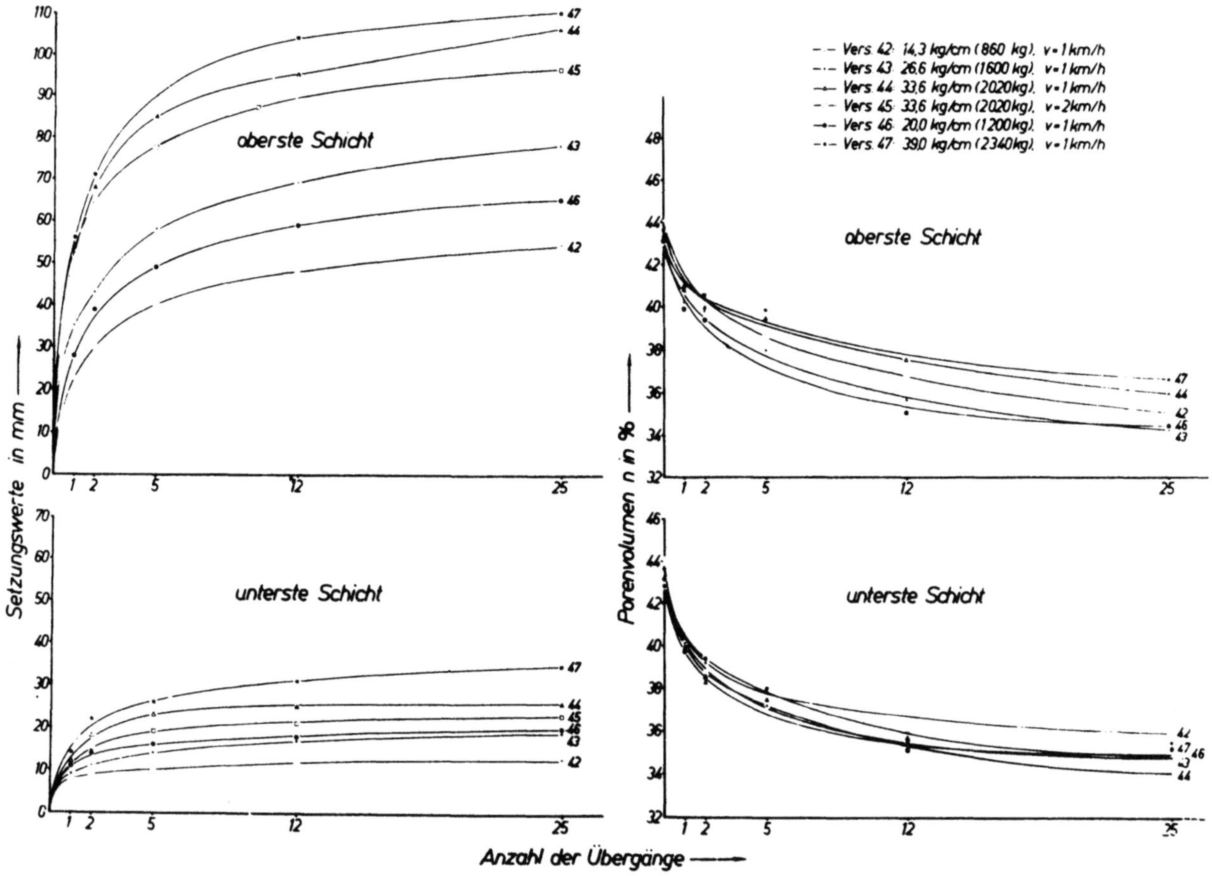

A b b i l d u n g 87

Versuche mit gezogener Walze

Absolute Setzungswerte und Porenvolumina in Abhängigkeit von der Anzahl der Übergänge

Versuchsboden: Mittelsand, Walzendurchmesser 1600 mm, Walzenbreite 600mm, Versuche 42-47, Schütthöhe 300 mm

ausschließlich um reine Setzungen, sondern vielmehr um ein Abschieben von Boden nach den Kopfenden der Walzstrecke. Vergleicht man die entsprechenden Kurven der Setzungen und der Porenvolumina, so ergibt sich nur dann eine Übereinstimmung, wenn das Walzengewicht die Grenzbelastung nicht wesentlich überschreitet, der Boden also nicht stark horizontal bewegt oder sogar weggeschoben, sondern hauptsächlich in vertikaler Richtung zusammengedrückt wird. Bei hohem Walzengewicht ergeben sich zwar aus den soeben angeführten Gründen große Oberflächen-Setzungen; die entsprechenden Porenvolumina sind jedoch am größten, die Verdichtung also am schlechtesten.

Vergleicht man die zugehörigen Kurven für die untere Schicht, so prägen sich bei den verschiedenen Walzenbelastungen infolge der geringeren Setzungs-Unterschiede die Zusammenhänge zwischen den Setzungen und den Porenvolumina nicht so deutlich aus.

Für die 800er und 1200er Versuchsreihe und für die mittlere Schicht (100 mm Tiefe) wurden zwar ebenso die entsprechenden Kurven ermittelt; da sie jedoch keine neuen Erkenntnisse erbringen, wurden sie nicht besonders dargestellt. In der oberen Bildreihe der Abbildung 88 sind Setzungs- und Verdichtungswerte aufgetragen, die sich bei gleichem Walzengewicht mit der 550er und 800er Walze ergaben.

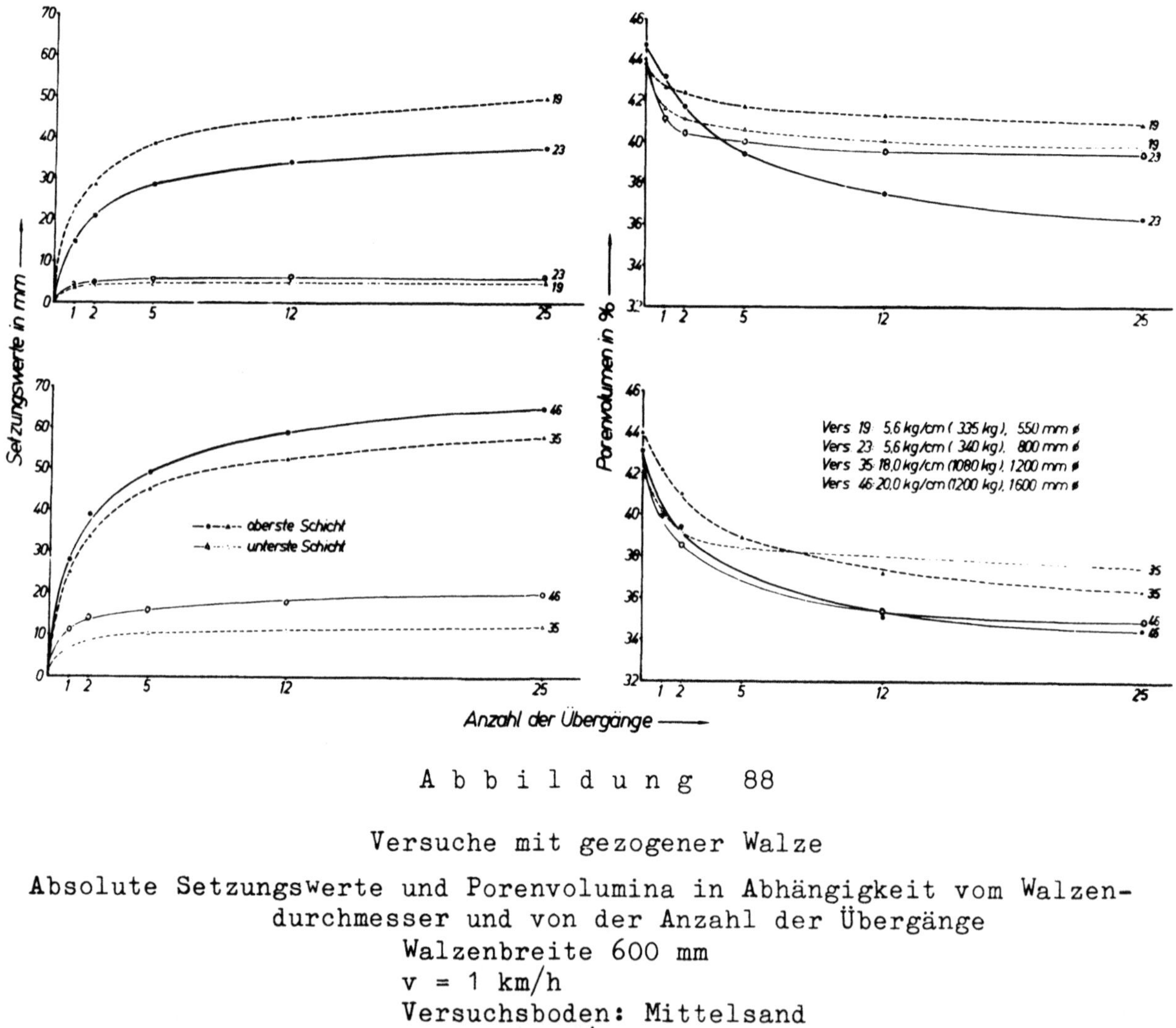

A b b i l d u n g 88

Versuche mit gezogener Walze

Absolute Setzungswerte und Porenvolumina in Abhängigkeit vom Walzendurchmesser und von der Anzahl der Übergänge

Walzenbreite 600 mm

v = 1 km/h

Versuchsboden: Mittelsand

w = 4,0-5,0%

Schütthöhe 300 mm

Der Vergleich zeigt, daß den größeren Setzungen beim 19.Versuch nicht gleichzeitig die kleineren Porenvolumina gegenüberstehen, da die Walze stark schob, so daß sich das Porenvolumen nur von 44 auf 41% verminderte. Hieraus erkennt man, daß sich aus den Setzungen allein kein eindeutiges Bild von der erreichten Verdichtung ableiten läßt. In der unteren Schicht stimmen die Setzungen und die Porenvolumina überein, da sich die horizontalen Bodenbewegungen nicht bis zu dieser Tiefe auswirken. Die in der unteren Bildreihe dargestellten Versuche Nr. 35 und 46 (1200 und 1600 mm Durchmesser) stimmen in den Setzungs- und Verdichtungs-Ergebnissen sowohl für die obere als auch für die untere Schicht besser überein, da die großen Walzen den Boden in horizontaler Richtung nicht so stark bewegen.

Trägt man die Setzungswerte für die obere, mittlere und untere Schicht über den Ausgangstiefen für bestimmte Walzgänge auf, so ergibt sich ein Bild von der Tiefenwirkung der Walzen. Verlaufen die Kurven im unteren Teil asymptotisch zur Abszissenachse, so treten zwischen den einzelnen Schichttiefen nur geringe Setzungsunterschiede auf; die relativen Verschiebungen sind also klein, und eine ungenügende Verdichtung ist die Folge. Bei steilerem Kurvenverlauf schieben sich die einzelnen Schichten stärker ineinander, und eine bessere Verdichtung wird erreicht.

Aus den Neigungen der Kurven an der Ausgangstiefe Null (Oberfläche) läßt sich allerdings nicht immer die Verdichtungswirkung einwandfrei erkennen. Bei zu hohem Walzengewicht wird nämlich der Boden von der Walze abgeschert; es werden Setzungen, die praktisch keine sind, gemessen und somit ein steilerer Kurvenverlauf aufgetragen, der normalerweise auf eine stärkere Verdichtung schließen läßt.

In der Abbildung 89 sind verschiedene derartige Kurvenscharen für die 4 Versuchsreihen aufgetragen, die sich bei gleicher Walzengeschwindigkeit, annähernd konstantem Wassergehalt und unterschiedlichem Walzengewicht ergaben. Bei den Versuchen mit 550, 800 und z.T. auch 1200 mm Walzendurchmesser nähern sich die Kurven asymptotisch der x-Achse, die Walzengewichte sind demnach zu leicht, um eine genügend tiefreichende Verdichtung zu bewirken. Der Verlauf der Kurven beim 35., 43. und 47. Versuch läßt dagegen erkennen, daß hier die Verdichtungswirkung bis in die untere Schicht reicht. Die Ermittlung des Trockenraumgewichtes mit Hilfe des Ausstechzylinders bestätigte diese Erkenntnis.

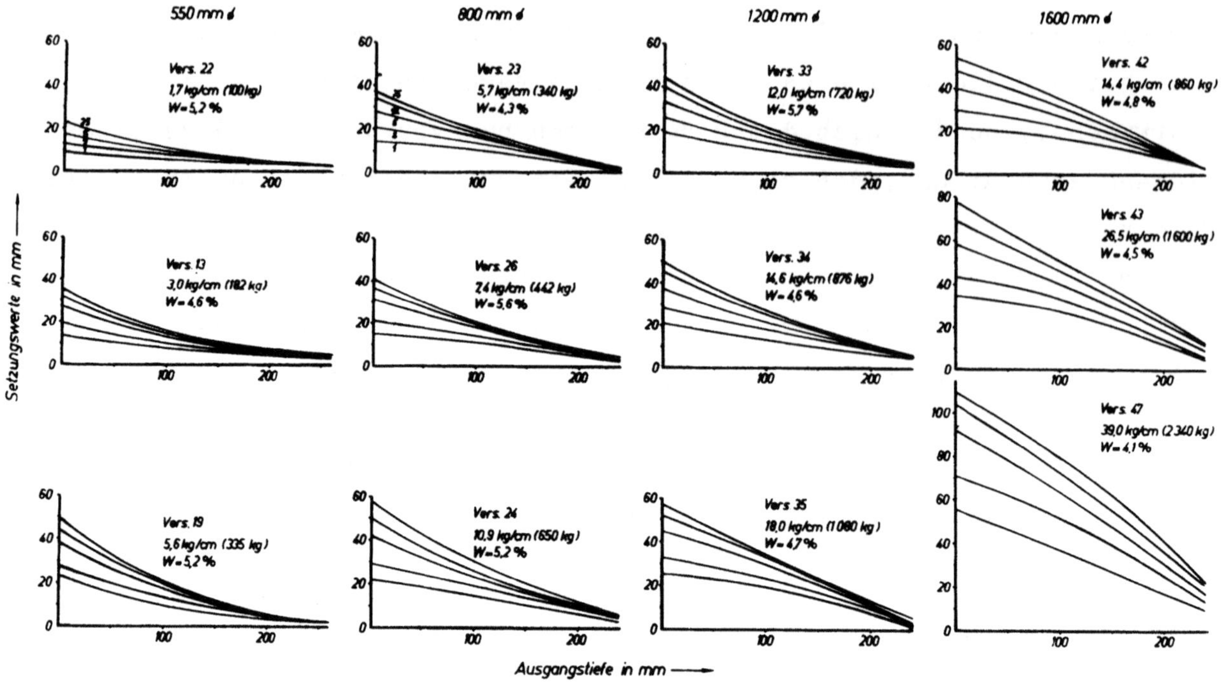

A b b i l d u n g   89

Versuche mit gezogener Walze

Absolute Setzungswerte in Abhängigkeit der Ausgangstiefen für verschiedene Walzgänge bei Walzen mit 550, 800, 1200 und 1600 mm ⌀ mit verschiedenen Gewichten

Versuchsboden: Mittelsand
v = 1 km/h
w = 4,5-5,5%
Schütthöhe 300 mm

Die Abbildung 90 zeigt weitere Setzungskurven für die Versuche mit der 800er und 1200er Walze. Hier wurde jedoch das Walzengewicht innerhalb einer Versuchsreihe konstant gehalten und der Wassergehalt sowie die Walzengeschwindigkeit verändert. Nennenswerte Unterschiede im Verlauf der Kurven bei der Veränderung dieser beiden Faktoren sind nicht festzustellen. Die in den tieferen Lagen erkennbare Abnahme der Setzungswerte bei der Erhöhung des Wassergehaltes dürfte darauf zurückzuführen sein, daß der nasse Boden nicht ebenfalls so locker wie der trockene (4-5%) eingebaut werden konnte.

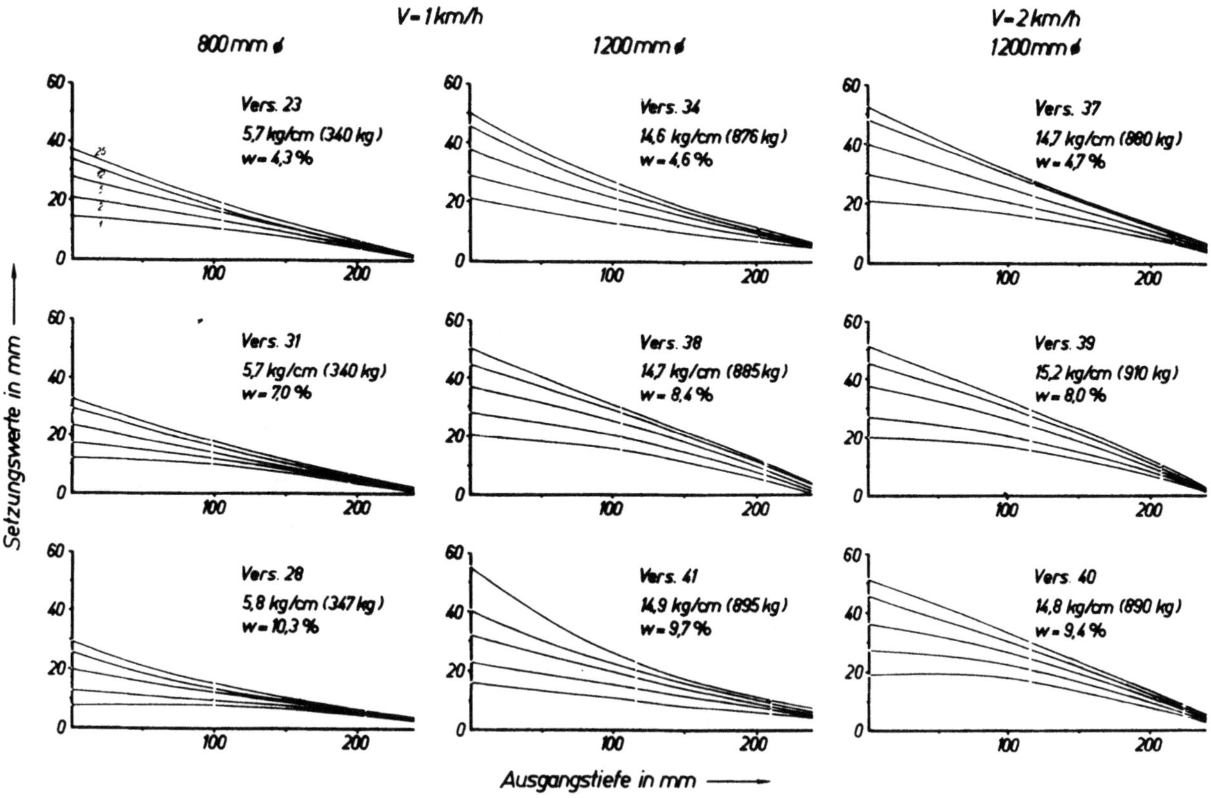

Abbildung 90

Versuche mit gezogener Walze

Absolute Setzungswerte in Abhängigkeit der Ausgangstiefen für verschiedene Walzgänge bei verschiedener Walzengeschwindigkeit und unterschiedlichem Wassergehalt, Versuchsboden: Mittelsand
Walzendurchmesser 800 mm: Walzengewicht etwa 340 kg(≈ 5,7 kg/cm)
Walzendurchmesser 1200 mm: Walzengewicht etwa 900 kg(≈ 15,0 kg/cm)
Schütthöhe 300 mm

8.57 Der Einfluß der Anzahl der Übergänge

Die Verdichtungs- und die Setzungskurven in den Abbildungen 86 bis 88 lassen erkennen, daß es aus wirtschaftlichen Überlegungen angebracht erscheint, den Verdichtungsvorgang nach einer gewissen Anzahl von Übergängen abzubrechen, da die Verdichtungszunahme bei weiteren Walzgängen in keinem Verhältnis zur aufgebrachten Verdichtungsarbeit steht. Der Abbruch des Verdichtungsvorganges setzt selbstverständlich voraus, daß zu diesem Zeitpunkt bereits der notwendige Verdichtungsgrad erreicht ist. Wie bereits unter 2.1 angeführt, sind gleichkörnige Sande schwerer als ungleichkörnige zu verdichten, da sie etwa die 4-6-fache Verdichtungsarbeit erfordern [24]. Setzt man die Verminderung des Porenvolumens nach 25 Übergängen bei den Versuchen, die im Bereich der Grenzbelastung für den jeweiligen Walzendurchmesser gefahren wurden, gleich 100%, so beträgt für diese Versuche auf Grund des Kurvenverlaufs (Abb. 86 - 88) nach 2, 5 und 10 Übergängen die Abnahme des Porenvolumens in der oberen Schicht etwa 45, 70 und 85%. In der unteren Schicht klingt die Zunahme noch rascher ab, das Porenvolumen vermindert sich hier nach den genannten Übergängen um etwa 55, 75 und 90%, bezogen auf die Gesamtverringerung in der unteren Schicht nach 25 Übergängen.

Nach den TVE wird für Dammteile bis 2 m unter Fahrbahn-Oberkante eine 95%ige und für die oberen 2 m des Dammes eine 100%ige einfache Proctordichte vorgeschrieben. Wollte man den letztgenannten Wert auf der gesamten 30 cm hohen Versuchsschüttung etwa erreichen, käme nur der Einsatz der 1600er Walze in Frage, die etwa 1600 kg (26,6 kg/cm) wiegen müßte. Zum Erreichen einer 95%igen Proctordichte (n = 37,4%) sind dann etwa 4-6, und zum Erreichen einer 100%igen Proctordichte (n = 34,4%) etwa 25 Übergänge bei 4-5% Wassergehalt und 1 km/h Walzengeschwindigkeit erforderlich. Mit 800 und 1200 mm Walzendurchmesser war es nur bei einzelnen Versuchen möglich, auf einer Teilhöhe der Schüttung den oberen Sollwert zu erreichen; bei den Versuchen mit der 800er Walze mußte hierzu noch der Wassergehalt wesentlich erhöht werden.

9. Die Untersuchungen mit selbstfahrbaren statischen Glattwalzen auf Mittelsand, 300 mm Schütthöhe

Da der Proctorversuch und die bisherigen Untersuchungen mit gezogenen Walzen zeigten, daß der Wassergehalt die Versuchsergebnisse nicht wesentlich beeinflußt, wurde auf eine Veränderung bei diesen Versuchen verzichtet und außer dem Walzengewicht lediglich die Walzengeschwindigkeit bei einigen Versuchen verändert.

9.1 Die Veränderung des Walzengewichtes

Um den Einfluß dieses Faktors zu bestimmen, wurden 22 Versuche bei 1 km/h Walzengeschwindigkeit gefahren (s.Abb. 54) und in gleicher Weise wie bei den Untersuchungen mit gezogenen Walzen, durch systematisches Herantasten, die jeweilige Grenzbelastung für die einzelnen Walzendurchmesser ermittelt.

9.11 Die Versuche mit 550 mm Walzendurchmesser

Bei einer Gewichtsveränderung im Bereich zwischen 300 und 700 kg (5,0 und 11,7 kg/cm) ergaben sich die auf der Abbildung 91 dargestellten Verdichtungsergebnisse. Der typische Verlauf der Linien mit Rechts- oder

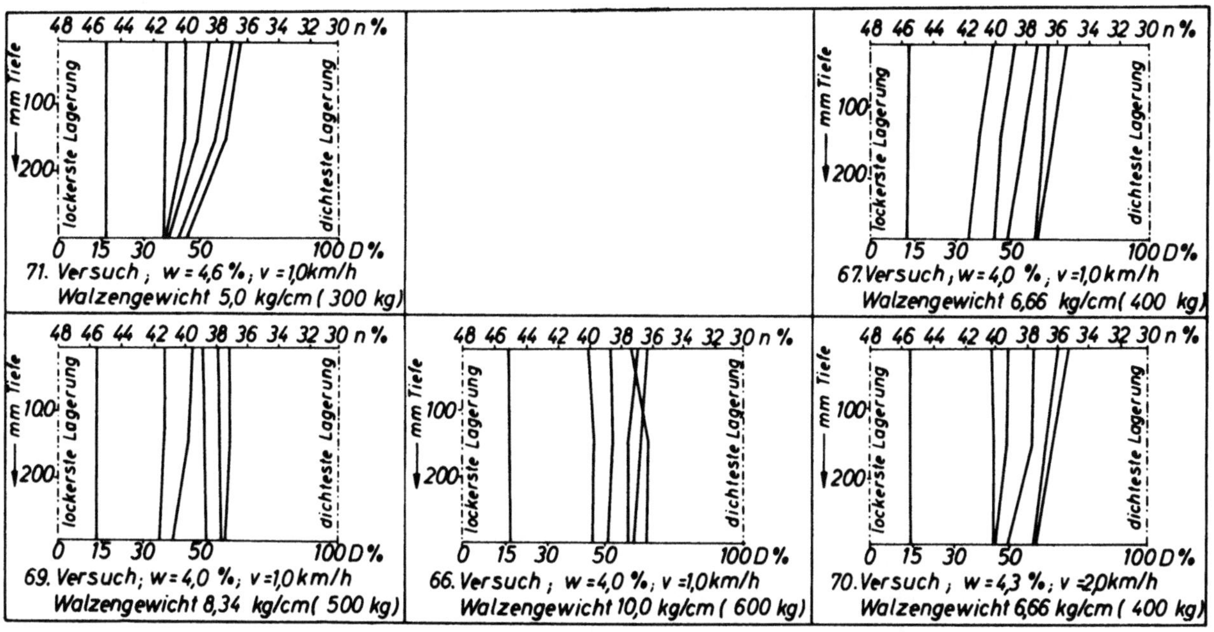

A b b i l d u n g 91

Glattwalzenversuche mit selbstfahrbarer Walze

Walzendurchmesser 550 mm
Walzenbreite 600 mm
Versuchsboden: Mittelsand
Schütthöhe 300 mm

Linksneigung bei Unter- oder Überschreitung der Grenzbelastung, wie er sich bei den gezogenen Walzen zeigte, tritt hier nicht in Erscheinung. Man erkennt jedoch, daß bei einer Steigerung des Walzengewichtes bis auf etwa 400 kg eine Zunahme und darüber hinaus eine Abnahme der Verdichtung in der oberen Schicht eintritt. Beim 71. Versuch (300 kg Walzengewicht) weist der ausgeprägte Knick in den Linien darauf hin, daß das Walzengewicht zu gering war, um auch die untere Schicht annähernd gleich wie die obere zu verdichten.

Für die untere Schicht kann das Walzengewicht auch auf 600 kg erhöht werden, ohne daß sich eine Grenzbelastung abzeichnet. Der Rückgang der Verdichtung beim 66. Versuch nach dem 25. Übergang beruht auf dem verstärkten Abscheren des Bodens und der Bildung von schuppenartigen Überlappungen in der oberen Schicht (s.9.31).

Bei 2 weiteren Versuchen (68 und 68a) wurde das Walzengewicht auf 650 und 700 kg erhöht; dabei zeigte sich, daß sich die Walze beim 1.Übergang bereits nach 1,5 bis 2 m festfuhr und den Boden derart aufwühlte, daß keine Setzungs- und Verdichtungsmessung möglich war (s. 9.3) (Abb. 92). Auch eine Vorverdichtung des Bodens mit einer leichten Walze konnte nicht verhindern, daß sich die 650 kg (10,9 kg/cm) schwere Walze wiederum nach etwa 2 m Fahrt festfuhr.

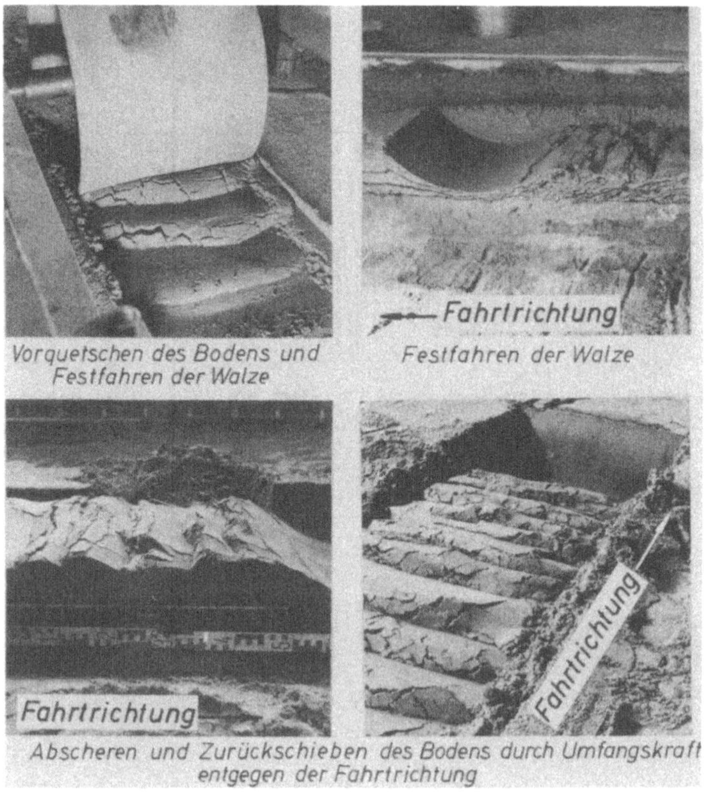

A b b i l d u n g 92
Versuche mit selbstfahrbarer Walze
Walzvorgang bei zu schwerer Walze, Versuchsboden: Mittelsand, Schütthöhe 300 mm

9.12 Die Versuche mit 800 mm Walzendurchmesser

Die auf der Abbildung 93 aufgetragenen Ergebnisse lassen aus der Neigung der einzelnen Linien bereits wieder deutlicher den günstigen Grenzbereich der Walzenbelastung erkennen. So zeigen die Versuche 60 und 64, daß das Walzengewicht zur gleichmäßigen Verdichtung der gesamten Schüttung

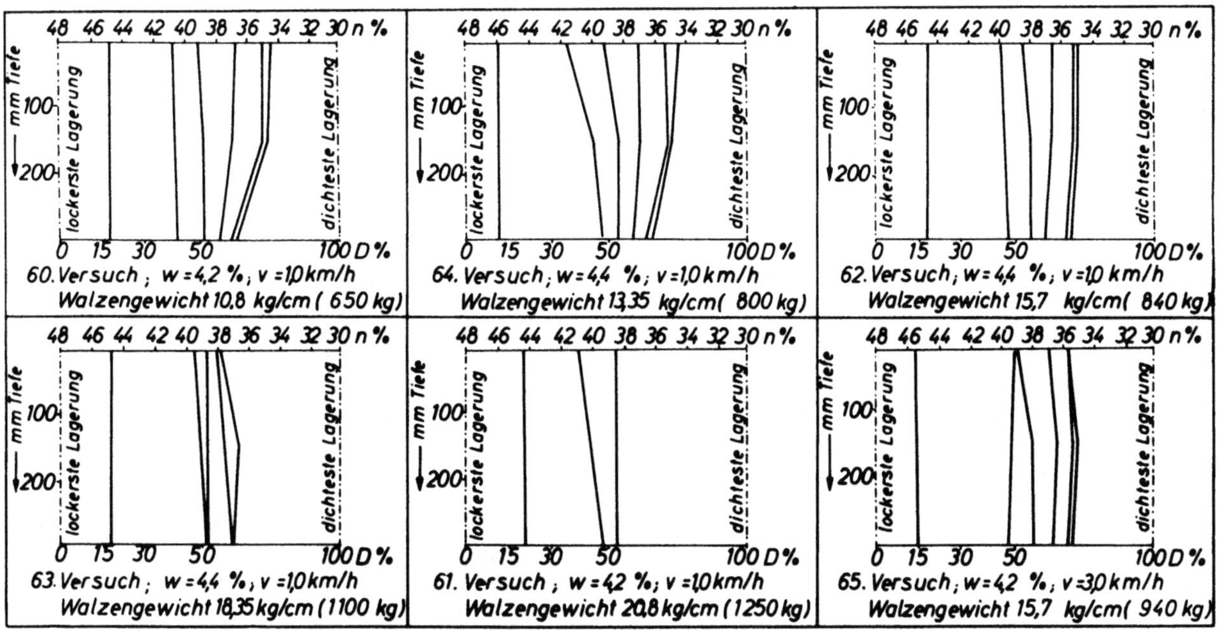

A b b i l d u n g 93

Glattwalzenversuche mit selbstfahrbarer Walze

Walzendurchmesser 800 mm
Walzenbreite 600 mm
Versuchsboden: Mittelsand
Schütthöhe 300 mm

zu leicht ist, während beim 63. Versuch (1100 kg) die Linksneigung der Linien nach dem 5. und 12. Übergang bereits auf die Überschreitung der Grenzbelastung hindeutet. Bei diesem und in stärkerem Maße noch beim 61. Versuch (Gewicht 1250 kg) tritt nach einigen Übergängen ein erhebliches Abscheren des Bodens ein (s. 9.3), so daß die Versuche bereits nach 2 bzw. 12 Übergängen abgebrochen werden mußten. Bei weiteren Übergängen wäre die Linksneigung der Linien voraussichtlich noch deutlicher in Erscheinung getreten.

9.13 Die Versuche mit 1200 mm Walzendurchmesser

Im Bereich zwischen 1100 und 2210 kg (18,4 und 36,9 kg/cm) Walzengewicht ergaben sich die auf der Abbildung 94 ersichtlichen Verdichtungsergebnisse. Auch hier deutet die Neigung der Linien bei den höheren Übergängen auf ein Unter- oder Überschreiten der Grenzbelastung (für die obere Schicht etwa 1600 kg) hin.

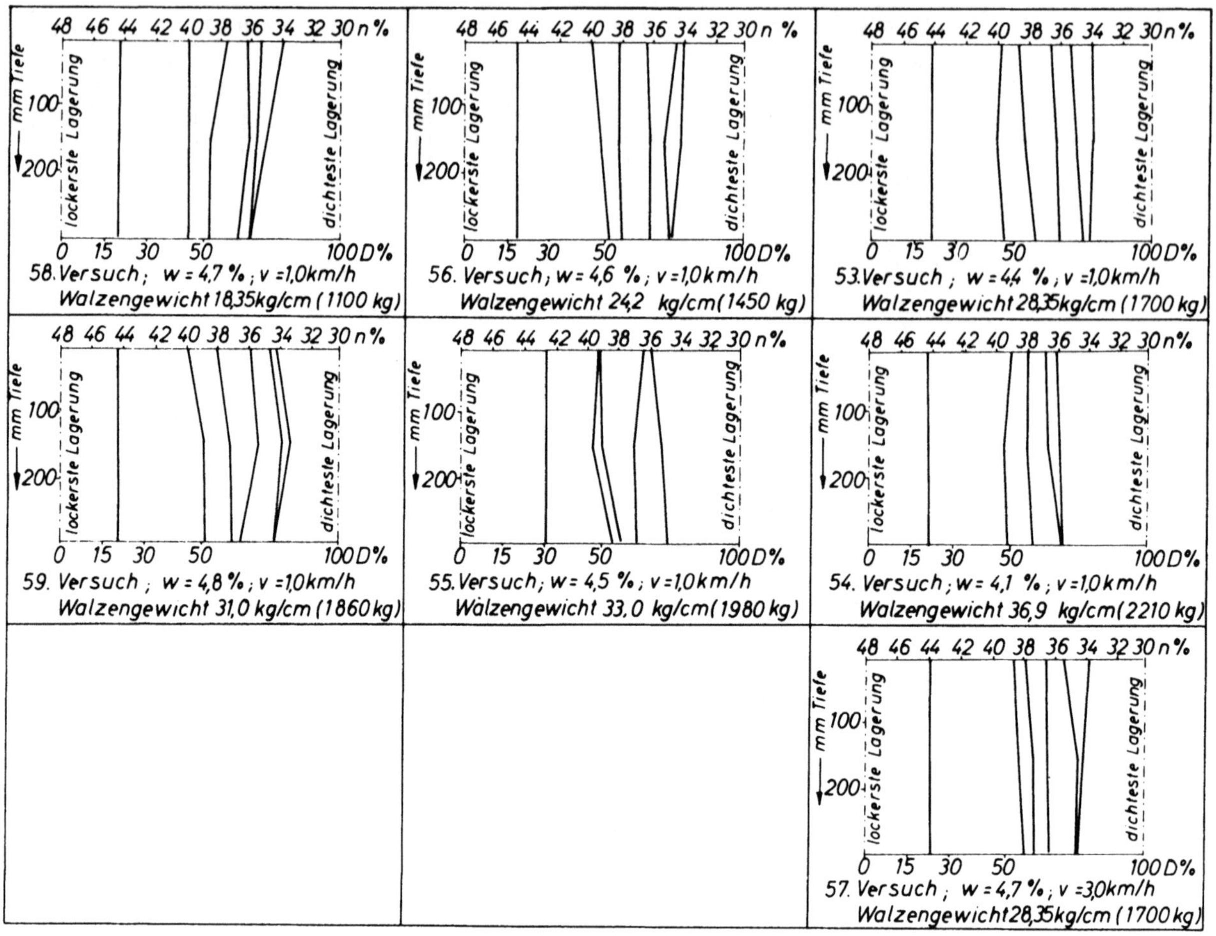

Abbildung 94

Glattwalzenversuche mit selbstfahrbarer Walze

Walzendurchmesser 1200 mm, Walzenbreite 600 mm, Versuchsboden: Mittelsand, Schütthöhe 300 mm

9.14 Die Versuche mit 1600 mm Walzendurchmesser

Die erreichte Verdichtung bei einer Veränderung des Walzengewichtes zwischen 1180 und 2800 kg (19,7 und 46,7 kg/cm) veranschaulicht die Abbildung 95. Auch bei diesen Versuchen mit der großen Walze zeigt sich, daß die Dichte in der oberen Schicht nur bis zu einem bestimmten Gewicht zu- und bei weiterer Gewichterhöhung wieder abnimmt. Die Versuche 50 und 51 lassen erkennen, daß hier die Grenzbelastung bereits wieder überschritten wurde. Bei 2800 kg Walzengewicht verstärkte sich nach dem 3. Übergang die Schuppenbildung derart, daß der Versuch nach dem 12. Übergang abgebrochen wurde.

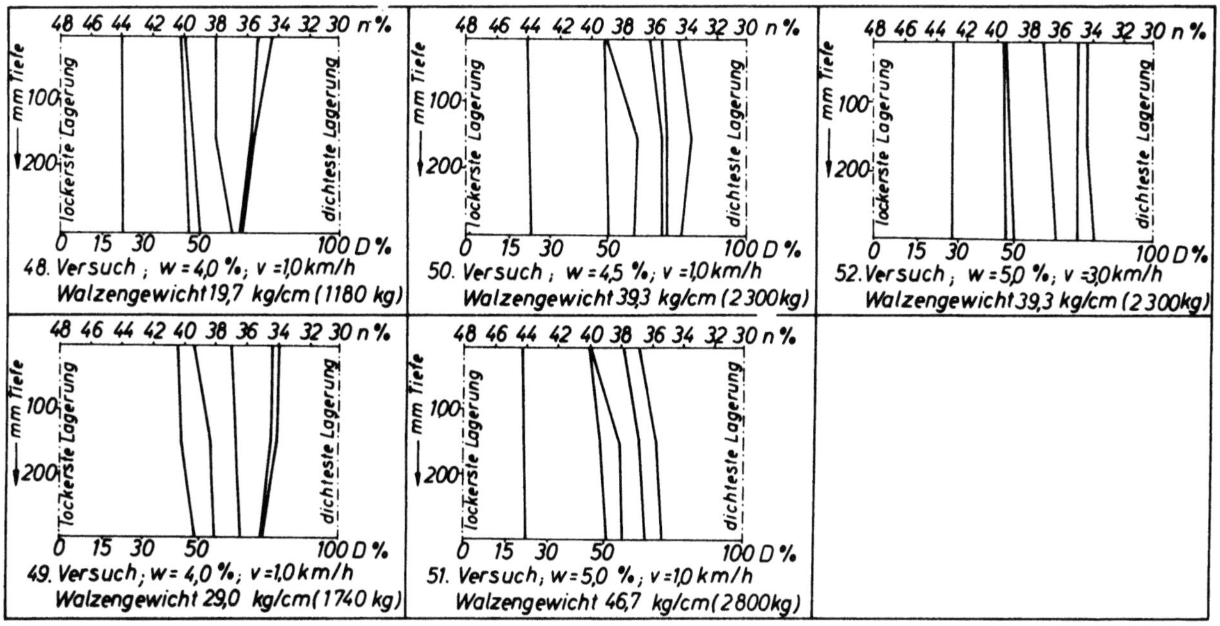

A b b i l d u n g 95

Glattwalzenversuche mit selbstfahrbarer Walze

Walzendurchmesser 1600 mm
Walzenbreite 600 mm
Versuchsboden: Mittelsand
Schütthöhe 300 mm

9.2 Die Veränderung der Walzengeschwindigkeit

Im Gegensatz zu den Versuchen mit gezogenen Walzen wurde bei den Untersuchungen mit der selbstfahrbaren Walze die Geschwindigkeit stärker, und zwar von 1 auf 3 km/h verändert (außer 70. Versuch); hierdurch sollte geklärt werden, inwieweit eine größere Geschwindigkeitsänderung die verschiedenen Meßergebnisse beeinflußt. Der Vergleich der Porenvolumina der Versuche

67 und 70 mit 550 mm Walzendurchmesser
62 und 65 mit 800 mm Walzendurchmesser
53 und 57 mit 1200 mm Walzendurchmesser und
50 und 53 mit 1600 mm Walzendurchmesser,

die zur besseren Gegenüberstellung auf den Abbildungen 91 bis 95 meist untereinander angeordnet sind, zeigt, daß sich auch eine stärkere Geschwindigkeitsveränderung [11] in den Verdichtungsergebnissen nicht nennenswert bemerkbar macht. Inwieweit die anderen Meßergebnisse beeinflußt werden, wird jeweils unter dem betreffenden Abschnitt erwähnt.

9.3 Die Bodenverformungen bei den 4 Versuchsreihen

Die Bodenverschiebungen bei den selbstfahrbaren Walzen bei der Veränderung der einzelnen Faktoren sind gleichfalls in Bildserien für die 4 Walzendurchmesser zusammengestellt. Allgemein fällt auf, daß die Verschiebung der senkrecht eingebrachten Kohleschicht wesentlich kleiner als bei der gezogenen Walze ist, obwohl die Walzengewichte meist erheblich größer sind.

Während die gezogene Walze, je nach ihrem Gewicht, den Boden mehr oder weniger stark vorschiebt und überrollt, drückt die selbstfahrbare Walze zwar auch den Boden mehr oder minder stark vor, die entgegengesetzt der Zugkraft am Walzenmantel wirkende Umfangskraft (Triebkraft) drückt ihn jedoch beim Überrollen nach hinten wieder zurück (Abb. 96).

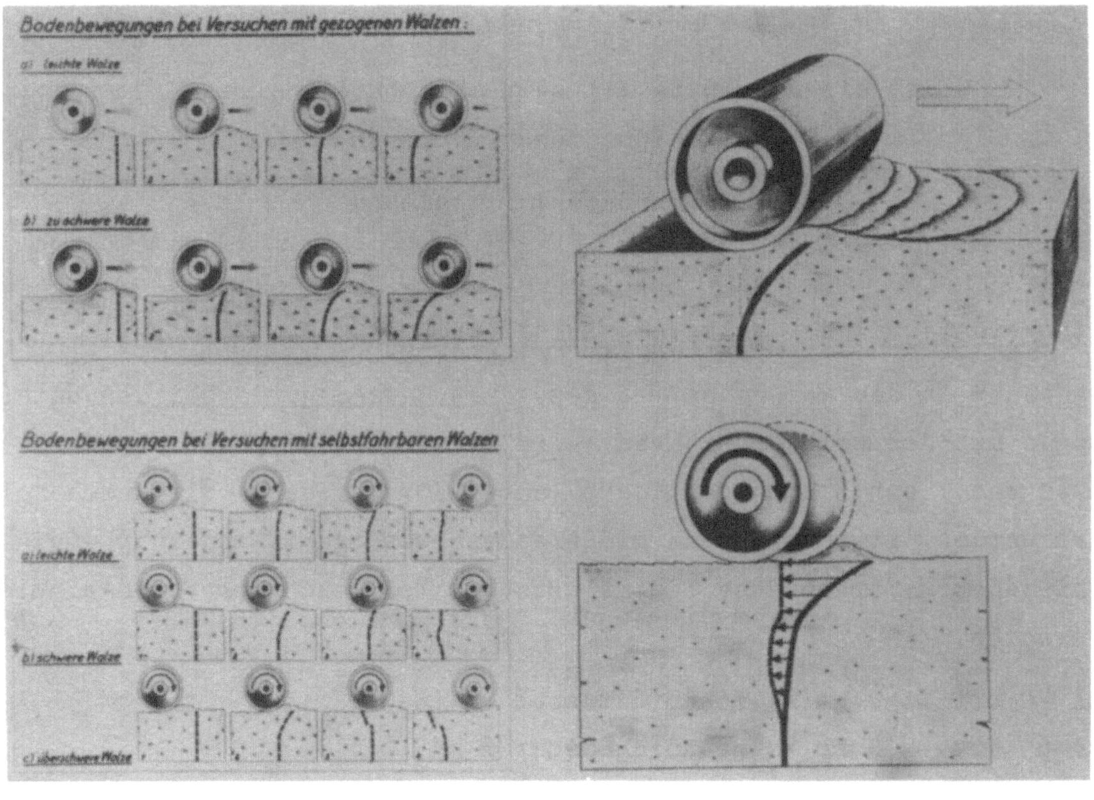

A b b i l d u n g   96

Die Umfangskraft kann bei großem Walzengewicht und kleinem Walzendurchmesser so erheblich ansteigen, daß der Scherwiderstand (Reaktionskraft) des Bodens überschritten, die Bodenschicht abgeschert und nach hinten weggedrückt wird (Abb. 96 c). Verstärkt sich dieser Vorgang fährt die

Walze fest. Die Ausbildung von Scherflächen und die sich bildende schuppenartige Oberfläche hinter der Walze zeigen die Abbildungen 92 und 97.

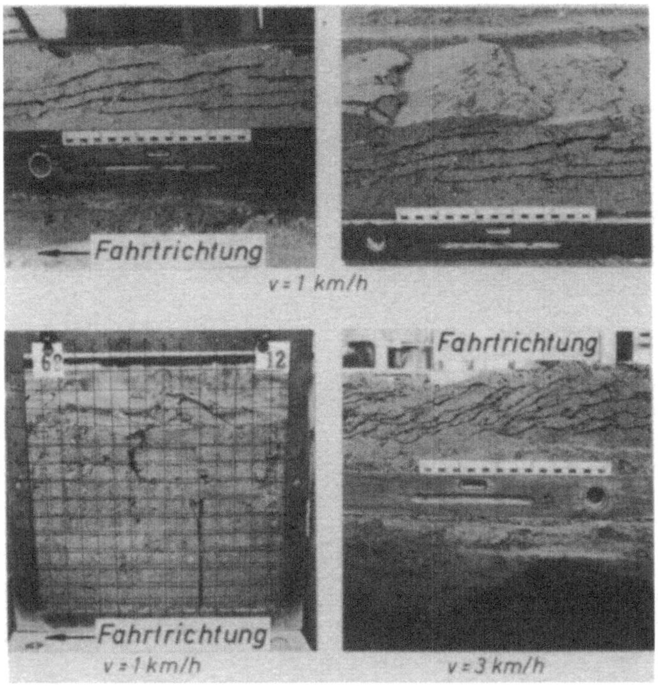

A b b i l d u n g 97

Versuche mit selbstfahrbarer Walze

Walzvorgang bei zu schwerer Walze
Bildung von Scherebenen
Versuchsboden: Mittelsand
Schütthöhe 300 mm

Bei hohem Walzengewicht bildet sich auch hinter der großen Walze eine schuppenartige Oberfläche. Die Scherflächen-Bildung trat allerdings erst nach einigen Übergängen auf, sobald die hohen Umfangskräfte auf der sich verkleinernden Aufstandsfläche zur Wirkung kamen.

Eine Staubildung wie bei der gezogenen Walze macht sich vor der selbstfahrbaren nicht bemerkbar, da die Bodenwelle, die durch den Eindruck der Walze hervorgerufen wird, förmlich unter die vorlaufende Walze gezogen und somit stark verflacht wird. Scherflächen bilden sich auf der Bodenwelle nur bei sehr hohem Walzengewicht aus.

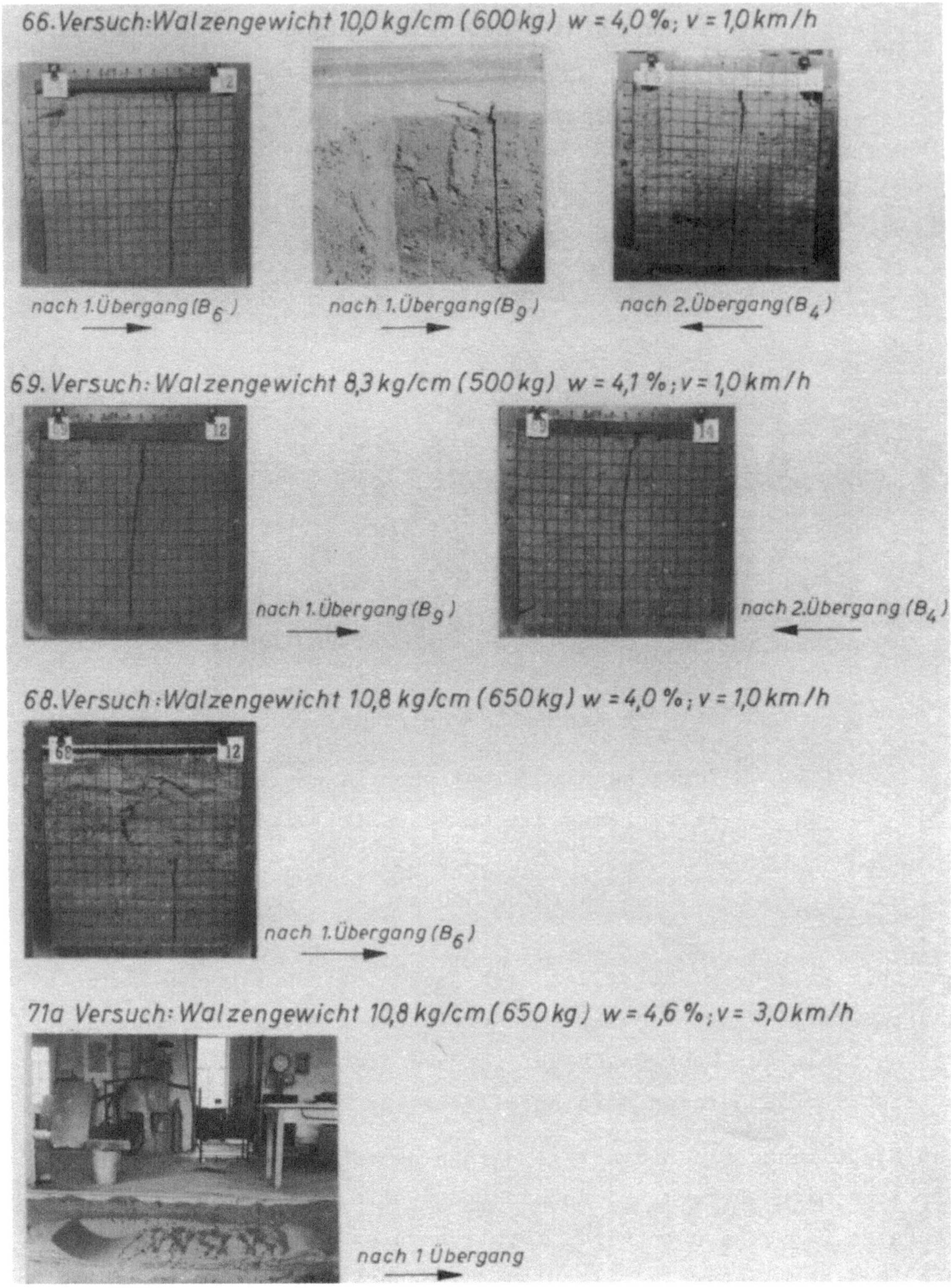

A b b i l d u n g 98

Glattwalzenversuche mit selbstfahrbarer Walze

Walzendurchmesser 550 mm
Walzenbreite 600 mm
Versuchsboden Mittelsand
Schütthöhe 300 mm

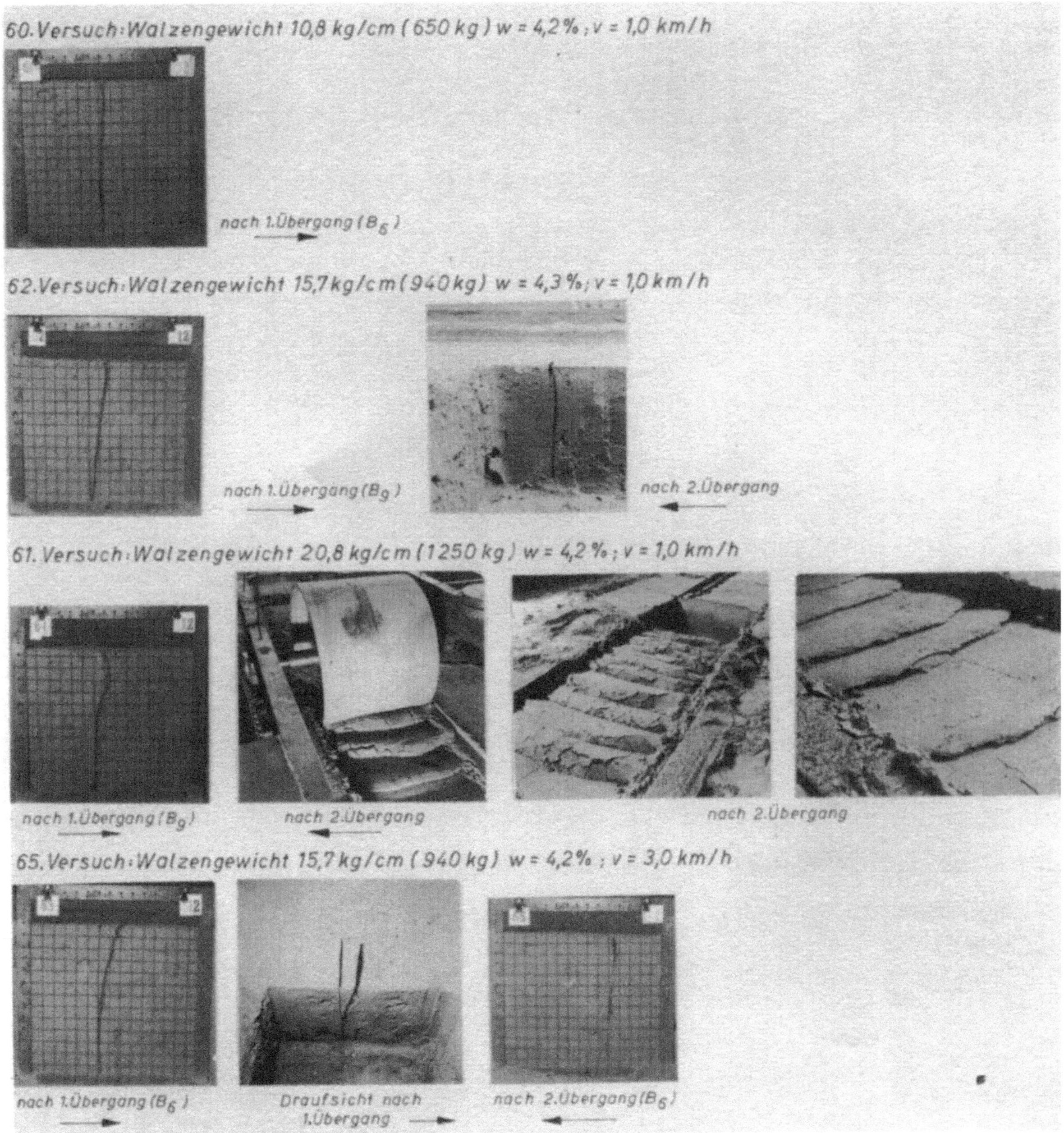

A b b i l d u n g 99

Glattwalzenversuche mit selbstfahrbarer Walze

Walzendurchmesser 800 mm
Walzenbreite 600 mm
Versuchsboden Mittelsand
Schütthöhe 300 mm

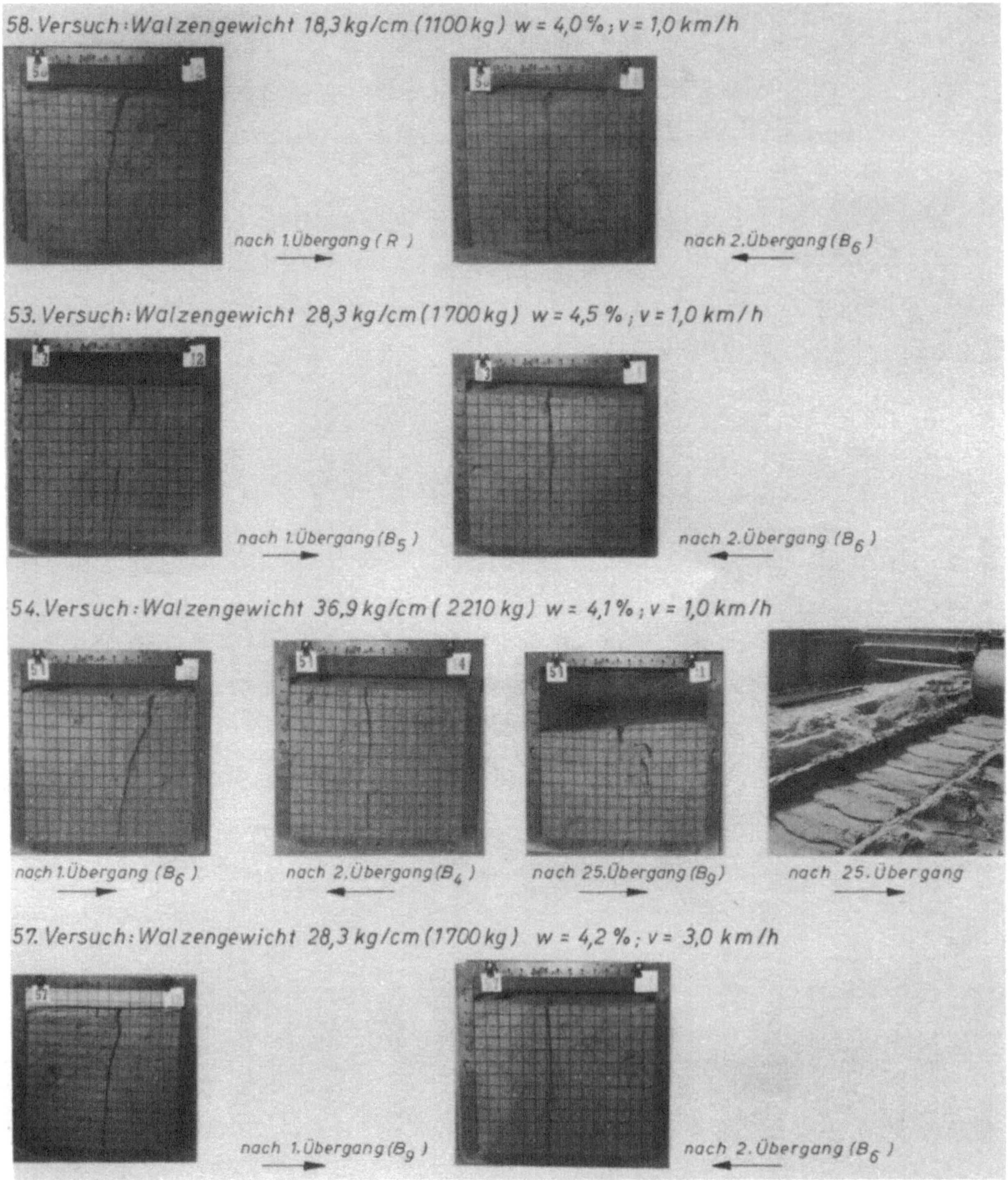

Abbildung 100

Glattwalzenversuche mit selbstfahrbarer Walze

Walzendurchmesser 1200 mm
Walzenbreite 600 mm
Versuchsboden Mittelsand
Schütthöhe 300 mm

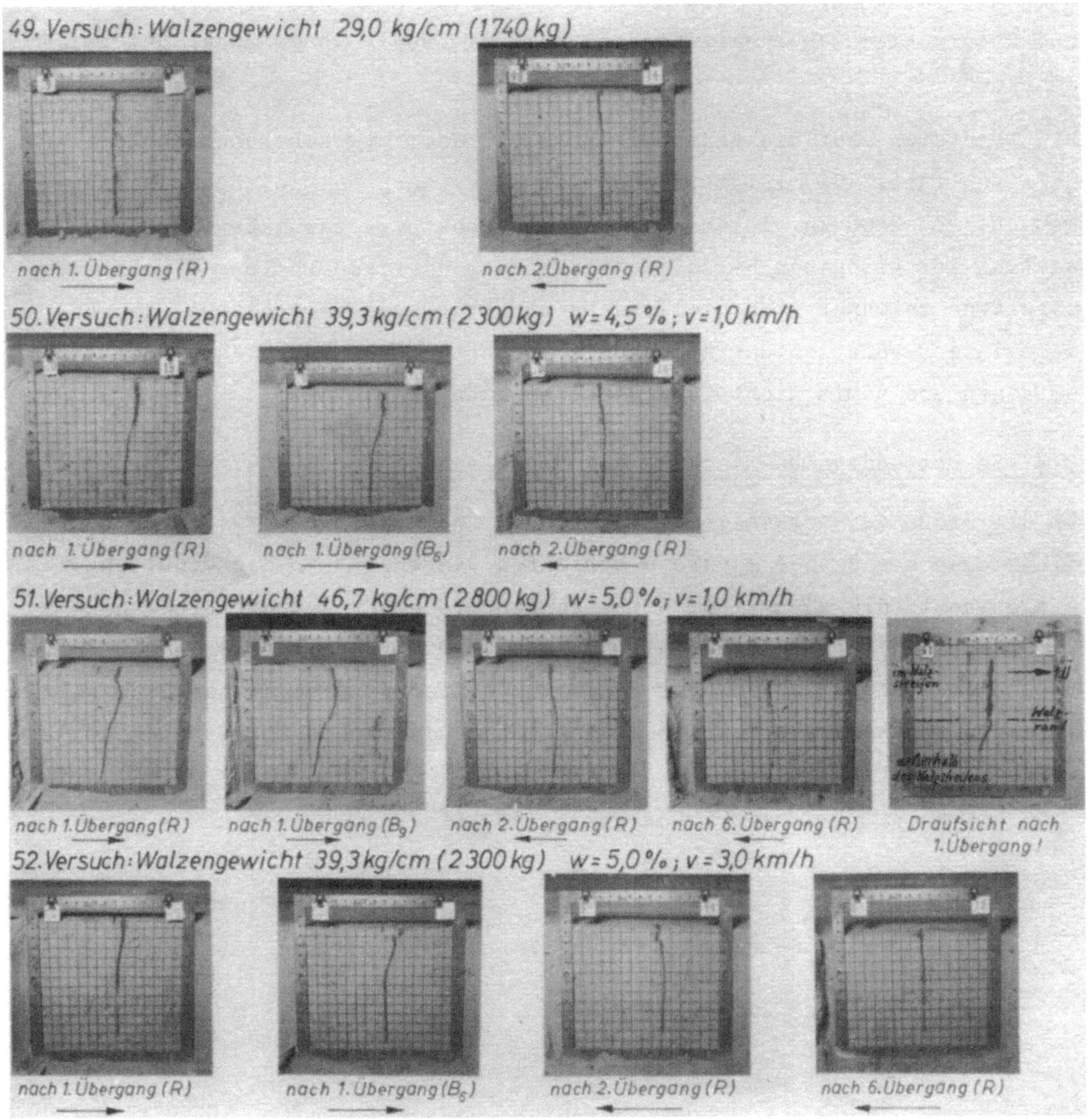

A b b i l d u n g 101

Glattwalzenversuche mit selbstfahrbarer Walze

Walzendurchmesser 1600 mm
Walzenbreite 600 mm
Versuchsboden Mittelsand
Schütthöhe 300 mm

Die Abbildungen 98 bis 101 zeigen die horizontalen Verschiebungen des Bodens der 4 Versuchsreihen bei unterschiedlichem Walzengewicht und veränderter Walzengeschwindigkeit.

Man erkennt, daß die Verschiebungen auch bei stärkerer Gewichtsveränderung kaum nennenswert zunehmen und sich bei gleichem Walzengewicht und unterschiedlicher Walzengeschwindigkeit wenig voneinander unterscheiden.

Die Draufsicht auf die Bahnoberfläche mit dem vorgeschobenen Kohlestreifen (Abb. 101) zeigt, daß der Streifen auch bei dem hohen Walzengewicht von 2800 kg gleichmäßig vorgeschoben bzw. zurückbewegt wurde, was bei der gezogenen Walze nicht der Fall war. Außerhalb des Walzstreifens zeichnet sich die Tendenz zur stärkeren Verschiebung des Bodens in der Walzrichtung ab, da die vorbeilaufende Walze den Boden nicht erfassen und somit nicht zurückdrücken kann.

9.4 Die notwendige Überdeckung bei Mittelsand

Um die Größe der notwendigen Überdeckung festzustellen, wurden beim Einbringen des Sandes gefärbte Schichten waagerecht in die Schüttung eingestreut, die nach 2 bw. 5 Übergängen mit einer selbstfahrbaren 2300 kg (38,3 kg/cm) schweren Walze mit 1600 mm Durchmesser und 600 mm Breite freigelegt wurden. Der Boden mußte hierzu in einer quer zum Walzstreifen und senkrecht zur Oberfläche stehenden Ebene abgestochen werden.

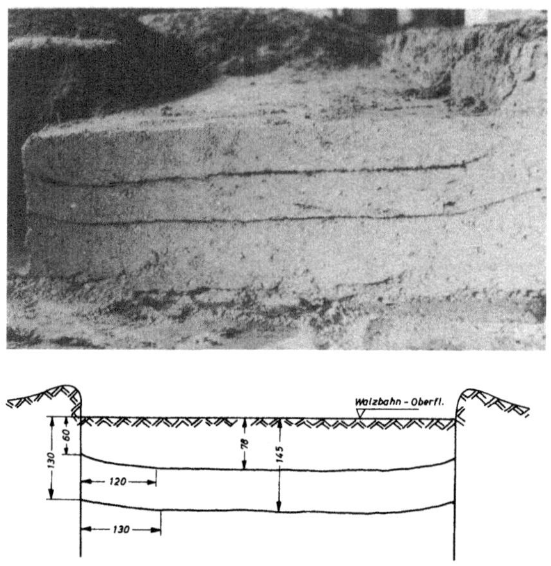

Abbildung 102
Notwendige Überdeckung bei Mittelsand

Wie die Abbildung 102 zeigt, verlaufen die eingefärbten Schichten auch nach mehrmaligem Überwalzen nur im mittleren Teil des Walzenstreifens waagerecht, gegen die Ränder der Walzbahn hin jedoch nach oben, obwohl die Walzbahnoberfläche auf der gesamten Breite eben ist. Das seitliche Ausscheren des Bodens beeinflußt den Schichtenverlauf auf jeder Seite des Verdichtungsstreifens auf einer Breite von etwa 130 mm. Demnach ist eine Überdeckung von etwa 130-150 mm erforderlich.

9.5 Die Zusammenfassung der Ergebnisse mit selbstfahrbaren Walzen auf Mittelsand, 300 mm Schüttung

9.51 Die Verdichtungsergebnisse

Wie unter 8.51, so wurden auch hier die aus den Porenvolumina errechneten Trockenraumgewichte für die obere und untere Schicht in Abhängigkeit vom Walzengewicht und vom Walzendurchmesser aufgetragen, um den Einfluß dieser Faktoren auf die Verdichtung zu veranschaulichen (Abb. 103 und 104). Obwohl die Verdichtungskurven keinen so ausgeprägten Charakter wie diejenigen für die gezogenen Walzen zeigen, kann man jedoch auch hier für die verschiedenen Walzendurchmesser und Übergänge den günstigen Belastungsbereich erkennen, der eine optimale Verdichtung erbringt. Aus dem mehr oder weniger starken Abfallen der Kurven nach den einzelnen Übergängen geht hervor, daß man anfangs (1.bis 3.Übergang) eine größere Belastung aufbringen kann, bevor der Boden abschert und sich Schuppen bilden, als bei höheren Übergängen; dies hängt mit der Verkleinerung der Aufstandsfläche zusammen.

Die Versuche zeigten, daß die Ergebnisse kaum durch eine Veränderung des Wassergehaltes oder der Walzengeschwindigkeit beeinflußt wurden.

9.52 Die notwendige Antriebsleistung und die auftretenden Umfangskräfte

Die aus der registrierten Leistungsaufnahme des Antriebsmotors nach 5.4 berechneten und auf 1 m Walzenbreite bezogenen Umfangskräfte zeigen die Abhängigkeit vom Walzengewicht und vom Walzendurchmesser für verschiedene Übergänge (Abb.105). Ein schneller Anstieg der Umfangskraft bei einer Gewichtserhöhung ergibt sich vor allem bei den Versuchen mit 550 und 800 mm Walzendurchmesser. Eine stark unterschiedliche Zunahme der Umfangskraft unter- bzw. oberhalb der Grenzbelastung ist hier nicht deutlich, wie bei der Zugkraft (gezogene Walze) erkennbar. Auch aus dem

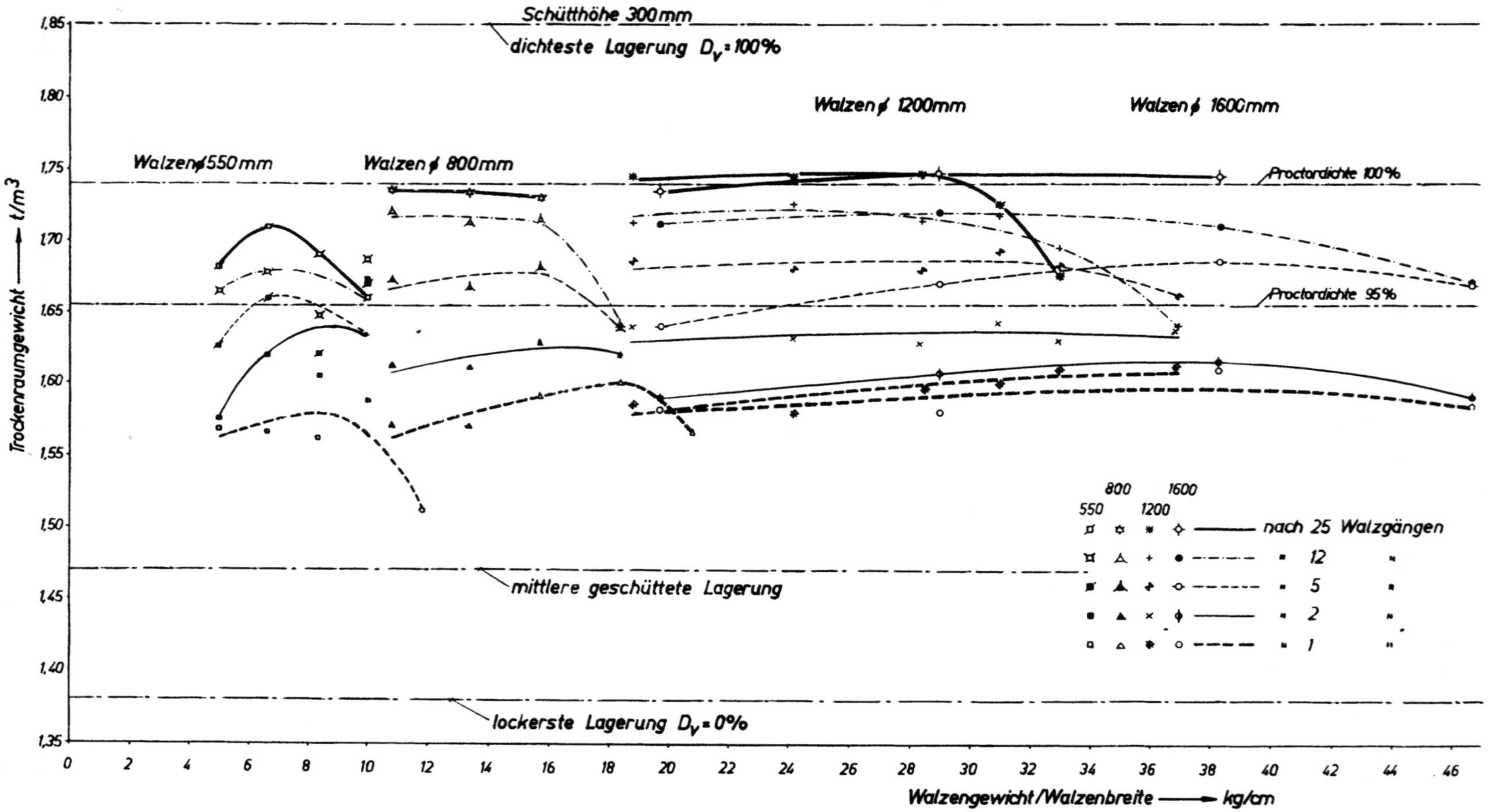

A b b i l d u n g 103

Glattwalzenversuche mit selbstfahrbarer Walze

Einfluß des Walzengewichtes und Walzendurchmessers auf die Verdichtung der obersten Schicht

Walzengeschwindigkeit 1 km/h
Walzenbreite 600 mm

Versuchsboden Mittelsand
Wassergehalt 4 - 5 %

Schütthöhe 300 mm

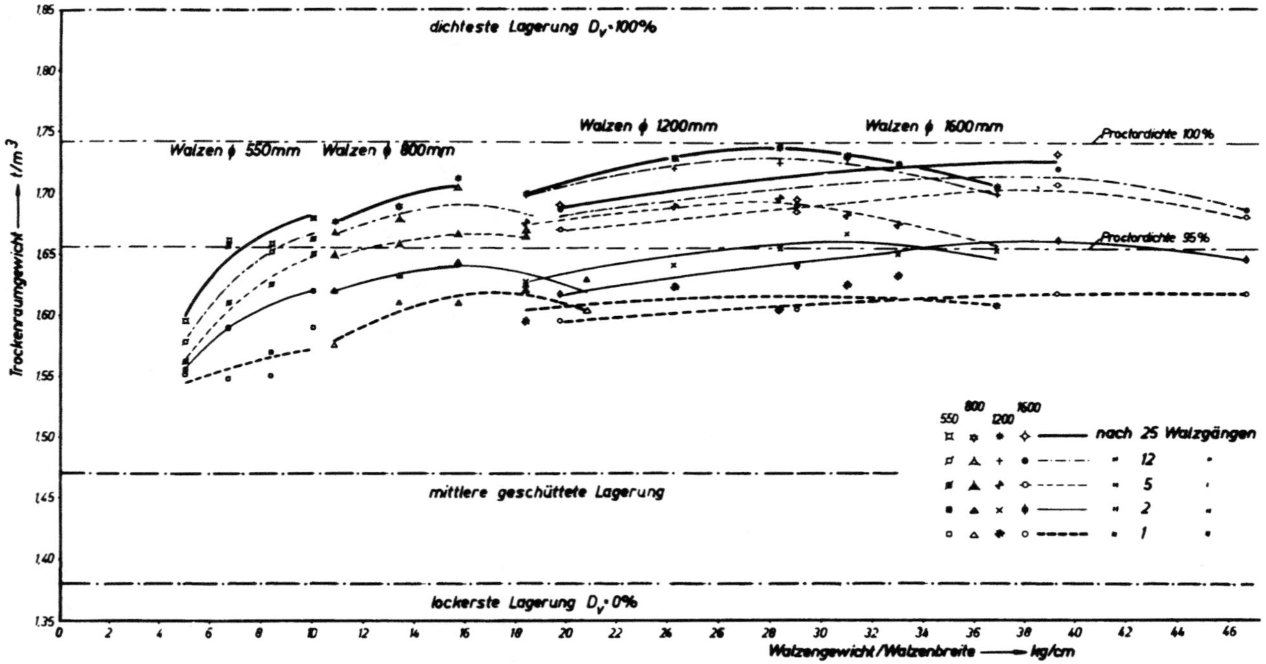

A b b i l d u n g 104

Glattwalzenversuche mit selbstfahrbarer Walze

Einfluß des Walzengewichtes und Walzendurchmessers auf die Verdichtung der <u>untersten</u> Schicht

Walzengeschwindigkeit 1 km/h — Versuchsboden Mittelsand

Walzenbreite 600 mm — Wassergehalt 4 - 5 %

Schütthöhe 300 mm

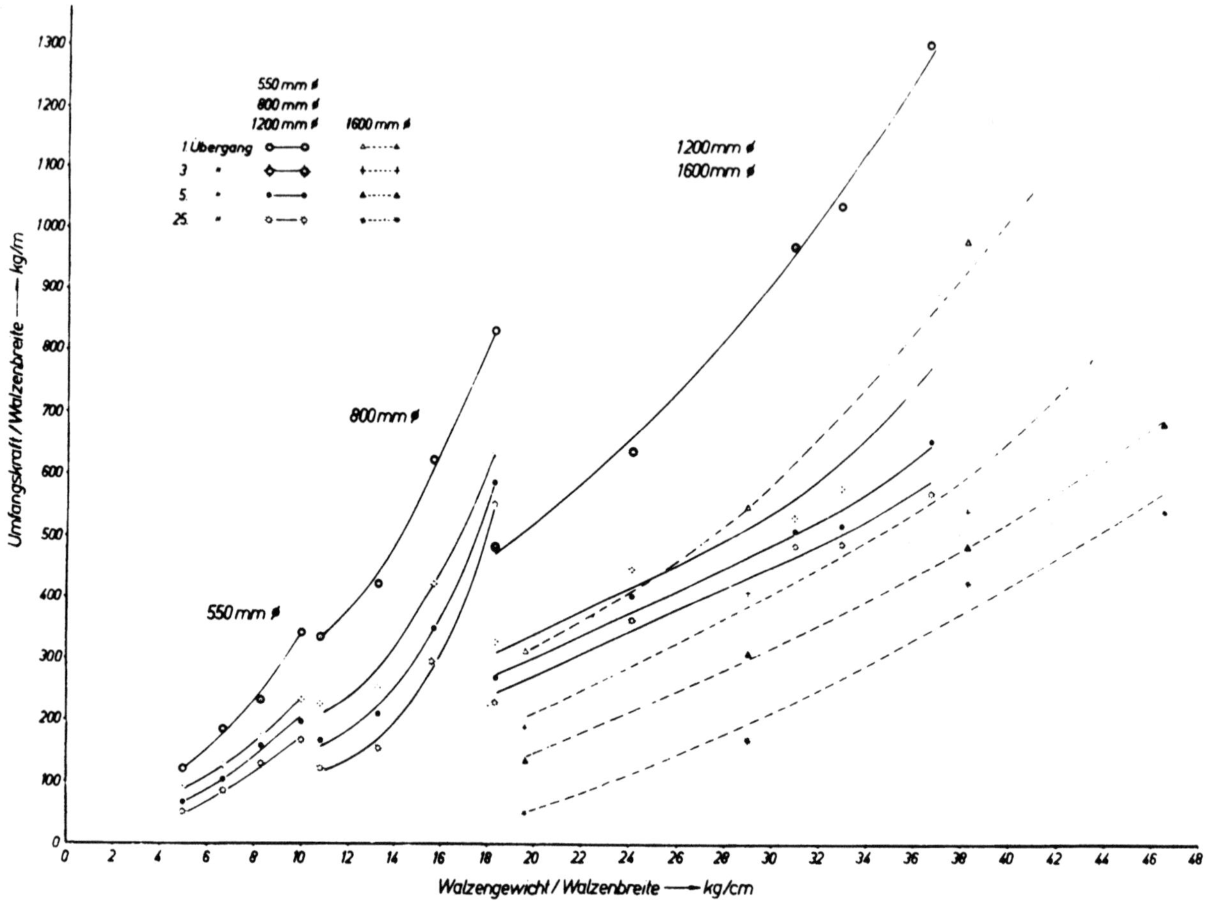

A b b i l d u n g 105

Versuche mit selbstfahrbarer Walze

Gemessene Umfangskraft in Abhängigkeit vom Walzendurchmesser, Walzengewicht und von der Anzahl Übergänge

Walzenbreite 600 mm, v = 1 km/h, Versuchsboden: Mittelsand, Schütthöhe 300 mm, w = 4,0-5,0%

Verhältnis der Umfangkraft zum Walzengewicht, das als Rollwiderstands-Beiwert μ'' bezeichnet wird und in Abhängigkeit vom Walzengewicht und vom Walzendurchmesser aufgetragen ist (Abb. 106), kann man ausgeprägte Knickpunkte im Kurvenverlauf im Bereich der Grenzbelastung nicht erkennen. Auffallend ist jedoch der wesentlich steilere Anstieg des Rollwiderstands-Beiwertes mit zunehmendem Walzengewicht bei den zwei kleinen Walzendurchmessern.

Der Vergleich der gemessenen Zug- und Umfangskräfte der 1600er Versuchsreihe zeigt (ein Vergleich bei den kleineren Walzen ist infolge der verschiedenen Gewichte nicht möglich), daß die Umfangs- (Trieb-)Kräfte durchschnittlich 1,5mal größer sind.

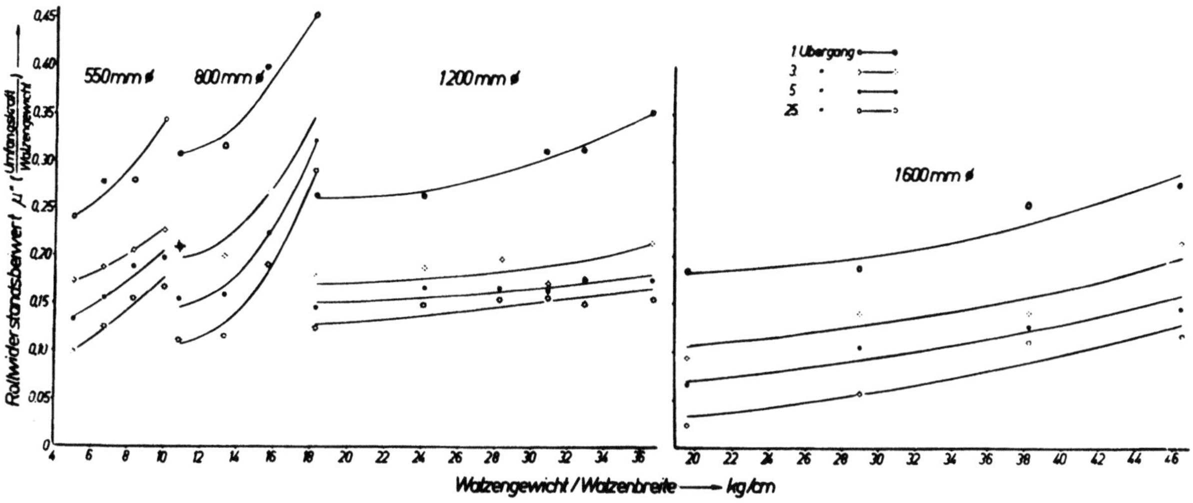

Abbildung 106

Versuche mit selbstfahrbarer Walze
Rollwiderstandsbeiwert in Abhängigkeit vom Walzendurchmesser, Walzengewicht und von der Anzahl Übergänge
Walzenbreite 600 mm
v = 1 km/h
Versuchsboden Mittelsand
w = 4,0-5,0%
Schütthöhe 300 mm

Diese Feststellung ist verständlich, da man die zusätzliche Verformungsarbeit berücksichtigen muß, die die selbstfahrbare Walze auf den Boden aufbringt, um diesen mehr oder weniger stark nach hinten wegzudrücken. Setzt man die Umfangskraft zu der nach FÖPPL auf Grund der Werte t und Δs berechneten Zugkraft ins Verhältnis (t aus der Sehne der Aufstandsfläche Abb.107 und Δs aus den Setzungskurven Abb.112 und 113)(s.8.52), so ergibt sich (Abb. 108) bei

$$\frac{U}{Z_{F_s}}$$

für alle Walzendurchmesser und Übergänge ein annähernd gleicher, um den Faktor 2 schwankender Wert. Das Verhältnis

$$\frac{U}{Z_{F_v}}$$

ist demgegenüber unterschiedlich und vor allem bei den höheren Übergängen wesentlich größer.

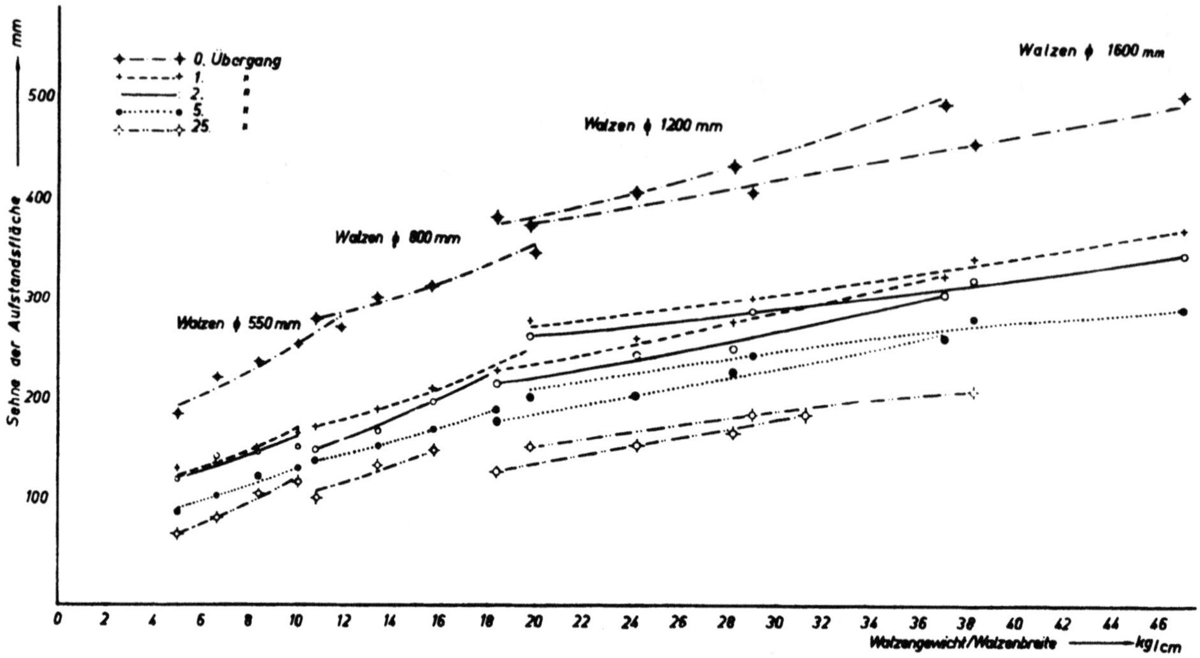

A b b i l d u n g 107

Glattwalzenversuche mit selbstfahrbarer Walze

Gemessene Sehne der Aufstandsfläche in Abhängigkeit vom Walzengewicht und Walzendurchmesser, Standzeit 10 sek

Walzengeschwindigkeit 1 km/h
Walzenbreite 600 mm
Versuchsboden: Mittelsand
Wassergehalt 4-5%
Schütthöhe 300 mm

Auf Grund des etwa konstanten Verhältnisses von

$$\frac{U}{Z_{Fs}} = 2 \qquad \text{und} \qquad Z_{Fs} = \frac{3}{8} Q \sqrt{\frac{2t}{R}}$$

läßt sich die auftretende Umfangskraft nach der Formel

$$U = 2 Z_{Fs} = \frac{6}{8} Q \sqrt{\frac{2t}{R}} = \frac{3}{4} Q \sqrt{\frac{2t}{R}}$$

für den vorliegenden Fall annähernd berechnen, wenn man die statische Eindrucktiefe t aus der Sehne der Aufstandsfläche (Abb.107) und dem Walzendurchmesser ermittelt. Somit ergibt sich die notwendige Antriebsleistung N

$$M_d = U \cdot R = 71620 \frac{N}{n} \quad \text{und hieraus} \quad N = \frac{U \cdot R \cdot n}{71620}$$

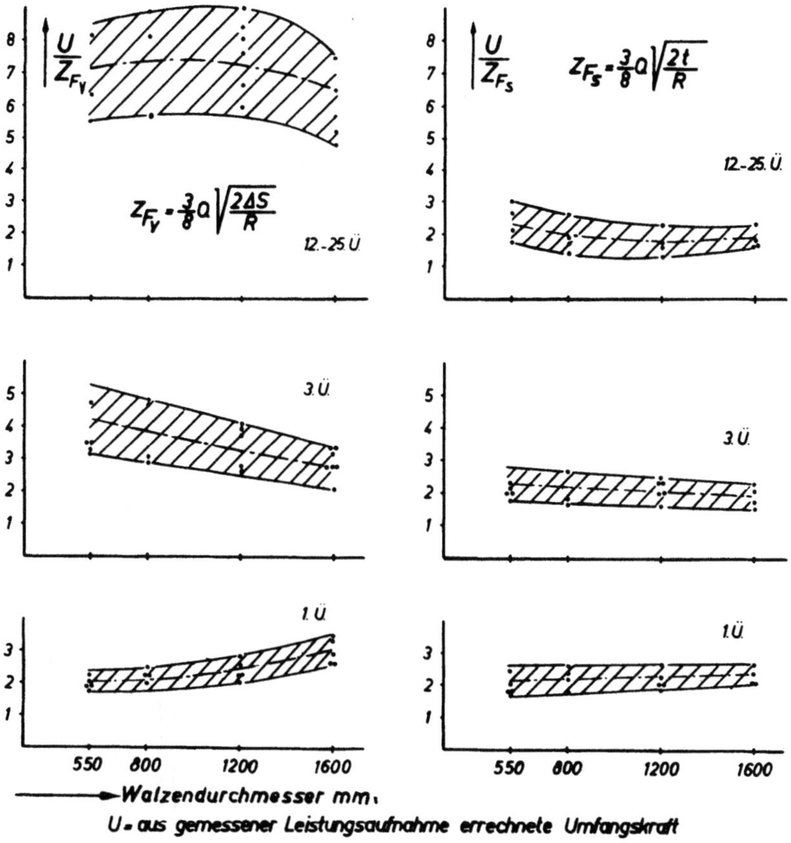

Abbildung 108

Glattwalzenversuche mit selbstfahrbarer Walze
Auftretende Fehlerbereiche für Umfangskräfte bei verschiedenen Berechnungsarten
Walzengeschwindigkeit 1 km/h
Walzenbreite 600 mm
Versuchsboden: Mittelsand
Schütthöhe 300 mm
Wassergehalt 4-5%

9.53 Bodendruck-Messungen

Auch bei den Versuchen mit der selbstfahrbaren Walze wurden verschiedentlich Bodendruckmessungen durchgeführt. Da die Oszillogramme gegenüber denjenigen, die bei den Versuchen mit der gezogenen Walze registriert wurden, keine Verschiedenheiten aufwiesen (s.Abb. 44) und die rechnerisch bestimmten Bodendrücke ebenfalls mit den gemessenen wie bei der gezogenen Walze annähernd übereinstimmen (s. 8.53), wird auf die Wiedergabe der Nachrechnung verzichtet.

9.54 Die Bodenverformungen

Selbstfahrbare Walzen verschieben den Boden in horizontaler Richtung bedeutend weniger als gezogene. Die Größe der Verschiebungen wird vom Walzengewicht und vom Walzendurchmesser in nur geringem Maße beeinflußt (Abb. 109 und 110). Bei hohem Walzengewicht und vor allem kleinem Walzendurchmesser verursacht die große Umfangskraft ein Abscheren der obersten Bodenschichten, somit ein Auflockern und schlechtes Verdichten des Bodens; eine schuppenartige, unebene Walzbahnoberfläche ist die Folge. Bei großen und zu schweren Walzen zeigt sich diese Erscheinung meist nach einigen Übergängen, wenn eine genügende Verkleinerung der Aufstandsfläche eingetreten ist.

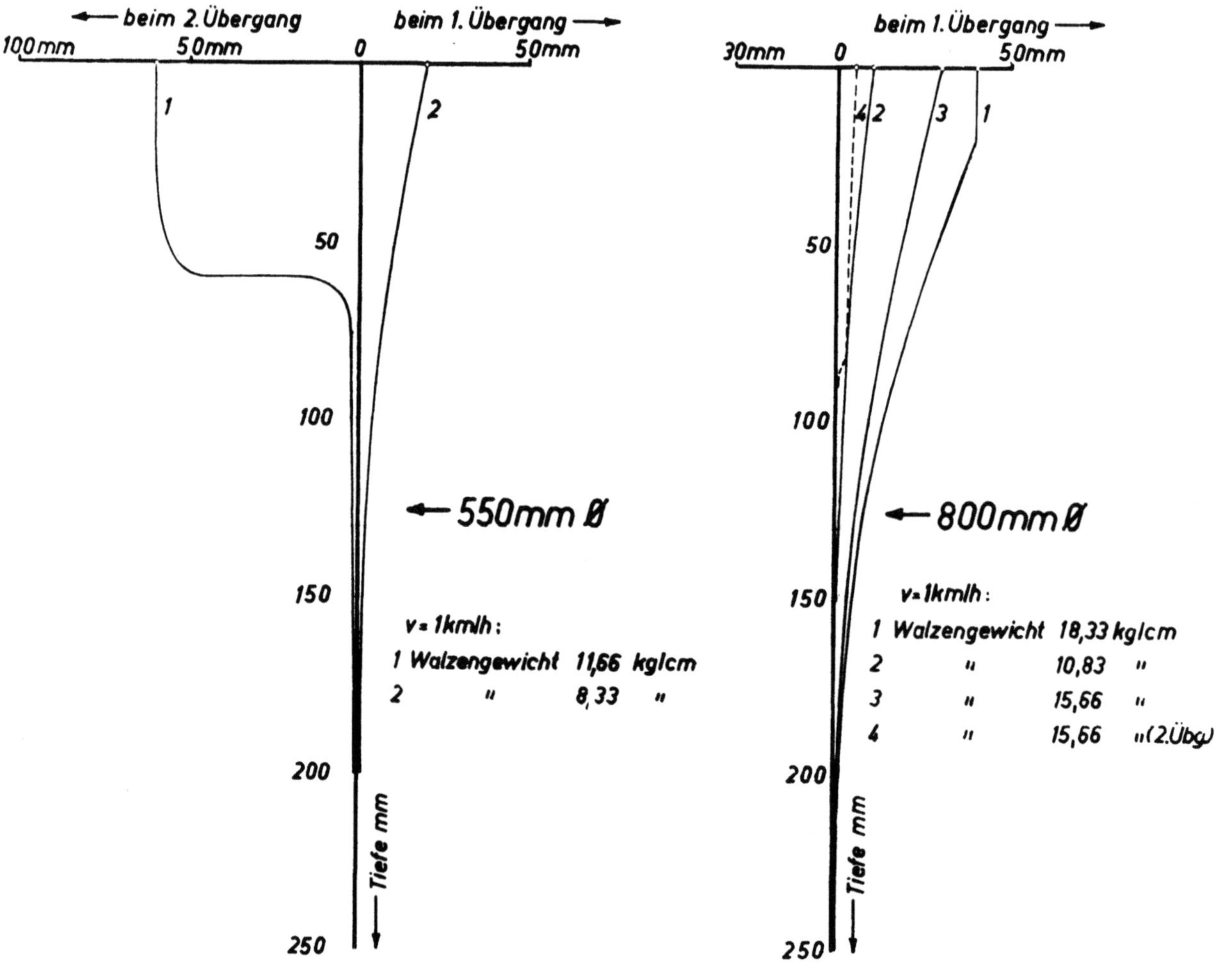

Abbildung 109

Glattwalzenversuche mit selbstfahrbarer Walze

Horizontale Verschiebung des Bodens (an der Walzkante)
Walzendurchmesser 550 und 800 mm, Walzenbreite 600 mm, Versuchsboden: Mittelsand, Schütthöhe 300 mm

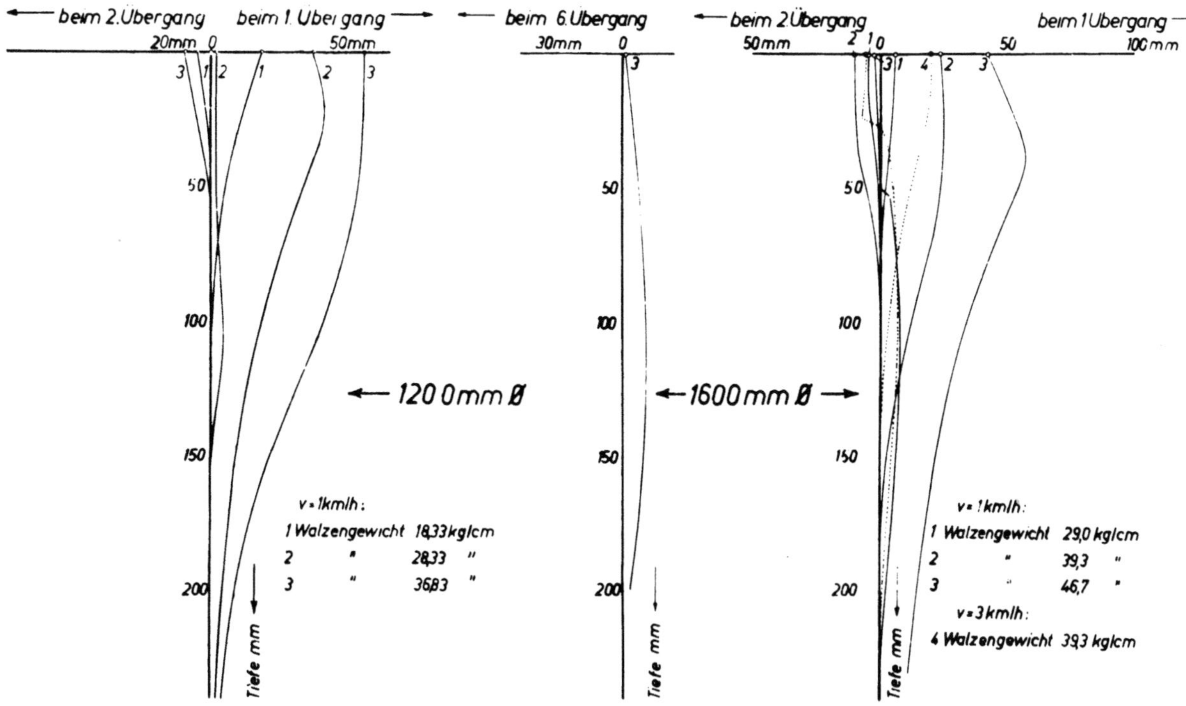

A b b i l d u n g 110

Glattwalzenversuche mit selbstfahrbarer Walze
Horizontale Verschiebung des Bodens (an der Walzkante)
Walzendurchmesser 1200 und 1600 mm
Walzenbreite 600 mm
Versuchsboden: Mittelsand
Schütthöhe 300 mm

9.55 Die Ebenheitsmessungen

Auch hier wurden aus der Vielzahl der zur Verfügung stehenden Höhenmessungen jeweils nur zwei oder drei von jeder Versuchsreihe ausgewählt. Auf Grund der aufgetragenen Höhenlinien läßt sich ein intervallmäßiges Auftreten von Unebenheiten nicht feststellen (Abb. 111). In Anbetracht des stark kohäsionslosen Bodens und der nicht vollkommen ebenen Anfangsoberfläche ist die erreichte Ebenheit bei den meisten Versuchen gut, obwohl meist wesentlich schwerere Walzen als bei den gezogenen Versuchen benutzt wurden. Wie groß die Ebenheitsunterschiede zwischen gezogenen und selbstfahrbaren Walzen bei annähernd gleichem Walzengewicht und demselben Durchmesser sein können (vor allem bei kleinem Walzendurchmesser), zeigt der Vergleich der Versuche 71 (Abb. 111) und 19 (Abb. 85). Die starken Unebenheiten, die die zu schwere gezogene Walze verursacht, ergeben sich, wie bereits erwähnt, dadurch, daß erhebliche Bodenmassen

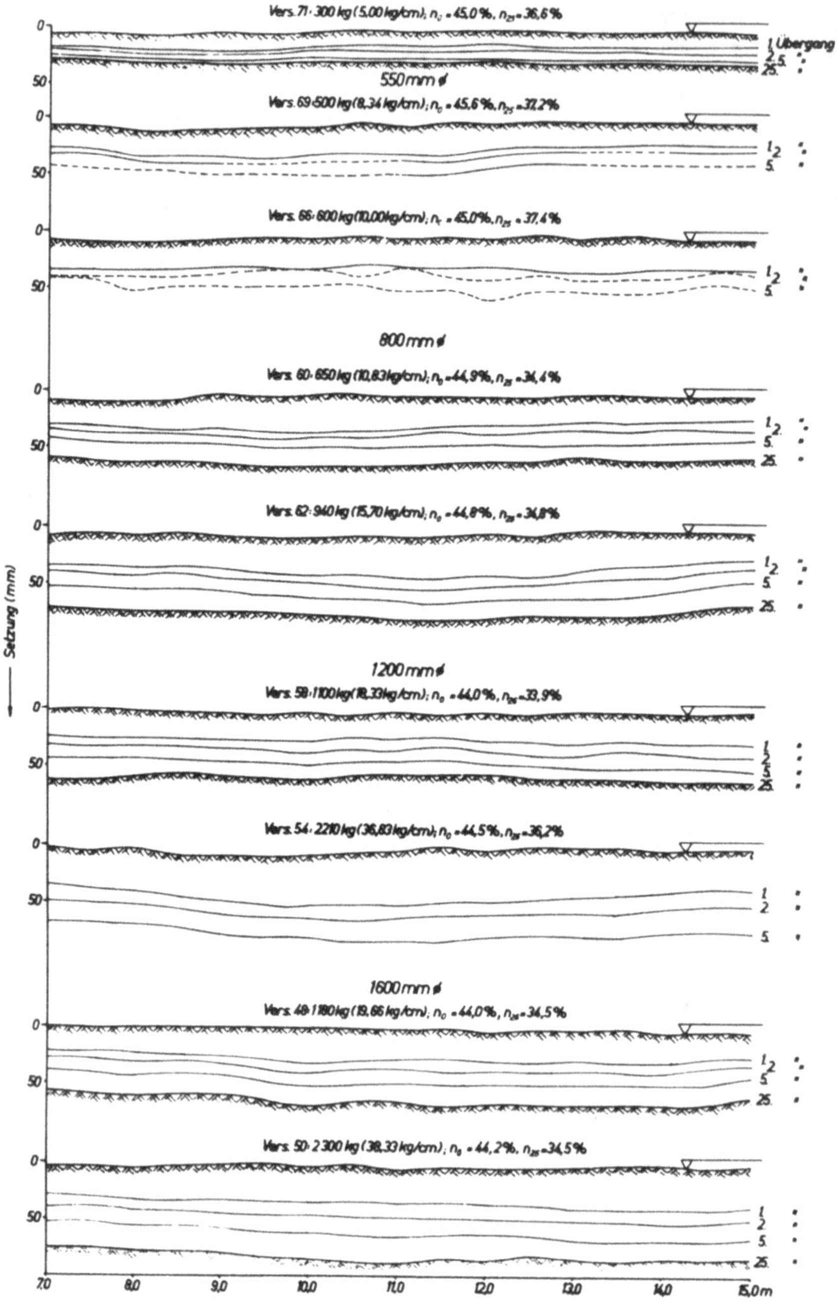

A b b i l d u n g 111

Glattwalzenversuche mit selbstfahrbarer Walze

Oberflächenebenheit auf einer 8-m-Meßstrecke nach verschiedenen Übergängen
Versuchsboden: Mittelsand, w = 4,0-5,0%, v = 1 km/h

verschoben und an den verschiedenen Stellen der Versuchsstrecke oder an den Kopfenden abgelagert wurden. Die gestrichelten Höhenlinien bei den Versuchen 66 und 69 (Abb.111) deuten eine schuppige Oberfläche an. Bei diesen Versuchen und auch beim 54. Versuch wurden deshalb auch nach weiter gefahrenen Übergängen keine Höhenmessungen mehr vorgenommen.

Die Auflockerung des Bodens bei einer zu schweren selbstfahrbaren Walze erkennt man an den unterschiedlichen Setzungen beim 66. Versuch.

9.56 Die Setzungsmessungen

In gleicher Weise wie unter 8.56 für die gezogene Walze wurden hier die Ergebnisse für die selbstfahrbare Walze zusammengestellt.

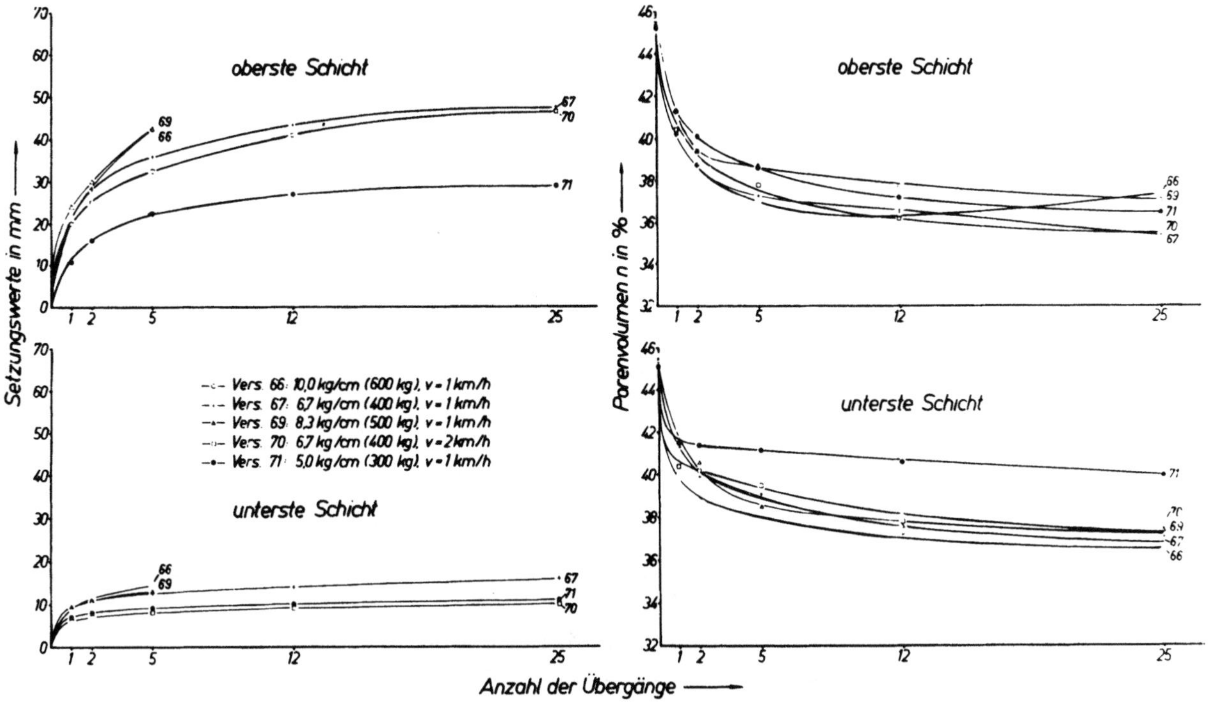

Abbildung 112

Versuche mit selbstfahrbarer Walze

Absolute Setzungswerte und Porenvolumina in Abhängigkeit von der Anzahl der Übergänge
Versuchsboden: Mittelsand
Walzendurchmesser 550 mm
Walzenbreite 600 mm
Versuche 66 - 71
Schütthöhe 300 mm

Die Abbildungen 112 und 113 zeigen für die kleinste und größte Walze die Setzungen und die Porenvolumina in Abhängigkeit von der Anzahl der Walzgänge, wobei sich erwartungsgemäß der gleiche kennzeichnende Kurvenverlauf wie bei der gezogenen Walze ergibt. Man erkennt auf beiden Abbildungen, daß mit der Erhöhung des Walzengewichtes die Setzungen zunehmen. Eine Übereinstimmung mit den Verdichtungswerten ergibt sich

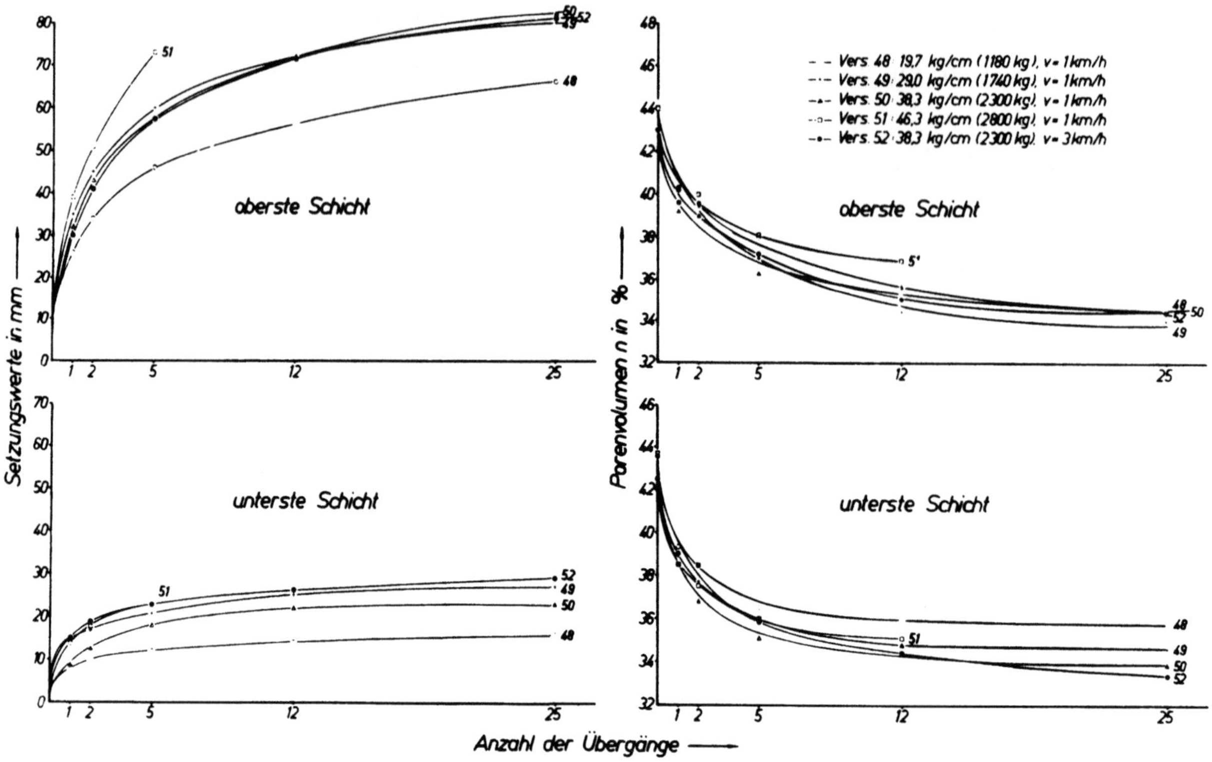

Abbildung 113

Versuche mit selbstfahrbarer Walze
Absolute Setzungswerte und Porenvolumina in Abhängigkeit von der Anzahl der Übergänge
Versuchsboden: Mittelsand
Walzendurchmesser 1600 mm
Walzenbreite 600 mm
Versuche 48 - 52
Schütthöhe 300 mm

ebenfalls auch nur bei den Versuchen (67, 70 und 71), bei denen das Walzengewicht unterhalb oder im Bereich der Grenzbelastung liegt.

Die verstärkte Scherflächenbildung mit der Erhöhung der Anzahl der Übergänge bei zu hohem Walzengewicht äußert sich im Verlauf des Porenvolumens (oberste Schicht) beim 66. und 51. Versuch.

Die Zusammenhänge zwischen der Setzung und der Verdichtung prägen sich in der unteren Schicht zwar nicht so klar aus, eine gewisse Übereinstimmung ist jedoch auch hier erkennbar.

Eine Geschwindigkeitsveränderung zwischen 1 und 3 km/h wirkt sich bei diesen Versuchsreihen weder nennenswert in den Setzungs- noch in den Verdichtungswerten aus.

Für einige Versuche wurden, ähnlich wie unter 8.56, die Setzungen nach bestimmten Walzgängen über den Ausgangstiefen aufgetragen (Abb. 114). Auf Grund der Kurvenneigungen gewinnt man ein ungefähres Bild über die Tiefenwirkung der einzelnen Walzen.

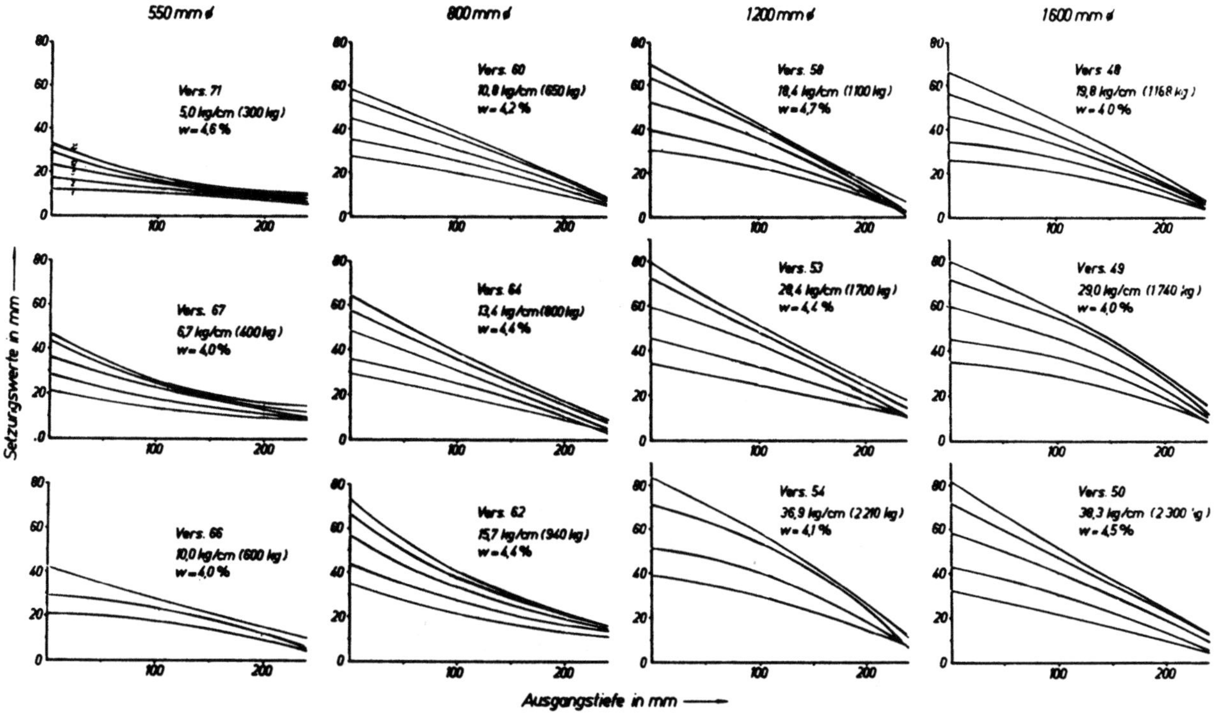

A b b i l d u n g 114

Versuche mit selbstfahrbarer Walze

Absolute Setzungswerte in Abhängigkeit der Ausgangstiefen für verschiedene Walzgänge bei Walzen mit 550, 800, 1200 und 1600 mm ⌀ mit verschiedenen Gewichten

Versuchsboden: Mittelsand
v = 1 km/h
w = 4,0-5,0%
Schütthöhe 300 mm

9.57 Der Einfluß der Anzahl der Übergänge

Wie bereits unter 9.56 erwähnt, nimmt bei der selbstfahrbaren Walze die Verdichtungszunahme mit der Erhöhung der Anzahl der Übergänge in der gleichen charakteristischen Weise wie bei der gezogenen Walze allmählich ab. Setzt man dabei wiederum die Gesamtabnahme des Porenvolumens nach 25 Übergängen für diejenigen Versuche, bei denen das Gewicht im Bereich der Grenzbelastung liegt, gleich 100%, so ergeben sich bei den ausgewerteten Versuchen verhältnismäßig übereinstimmende Ergebnisse.

So beträgt die Abnahme in der oberen Schicht jeweils nach dem 2., 5. und 10. Übergang bei den Versuchen mit 1600 mm Walzendurchmesser durchschnittlich 50, 70 und 90% und bei denjenigen mit 550 mm Walzendurchmesser 65, 80 und 90%. Die entsprechenden Werte für die untere Schicht betragen 60, 80 und 95% bei 1600 mm Walzendurchmesser und 65, 80 und 90% bei 550 mm Durchmesser. Die genannten Prozentzahlen liegen durchschnittlich um 5 bis 10% höher als bei der gezogenen Walze, was auf die größeren Walzengewichte zurückzuführen ist.

Eine 100%ige einfache Proctordichte (n = 34,4%) läßt sich auf der gesamten Schütthöhe nur mit den beiden großen Walzen nach etwa 25 Übergängen erreichen. Das Gewicht der 1200er Walze muß dabei etwa 1700 kg (28,5 kg/cm) und das der 1600er Walze etwa 2400 kg (40 kg/cm) betragen. Eine 95%ige einfache Proctordichte, wie sie für bestimmte Dammteile genügt, läßt sich nach etwa 3 Übergängen herstellen. Die beiden kleineren Walzen gestatten gleichfalls, wenn ihr Gewicht im Bereich der Grenzbelastung liegt, den letztgenannten Verdichtungsgrad nach etwa 10 (550er Walze) oder 4 Übergängen (800er Walze) zu erreichen.

10. Die Erkenntnisse aus den Versuchen mit gezogener und selbstfahrbarer Walze auf Mittelsand

1. Der erreichbare Verdichtungsgrad wird wesentlich von den horizontalen Bodenbewegungen, und diese werden wiederum vom Walzengewicht und vom Walzendurchmesser beeinflußt.
2. Bei gleichem Walzengewicht sind die horizontalen Bodenverschiebungen bei der gezogenen Walze größer als bei der selbstfahrbaren; und die Art der Bodenbewegung ist unterschiedlich.
3. Bis zu einer bestimmten Walzenbelastung, der Grenzbelastung, die für jeden Walzendurchmesser verschieden ist, nehmen die Verschiebungen vor allem bei der gezogenen Walze mit der Erhöhung des Walzengewichtes langsam und darüber hinaus schnell zu. Liegt das Gewicht unter oder im Bereich der Grenzbelastung, so beruhigen sich die Bewegungen mit fortschreitender Verdichtung, liegt es dagegen erheblich höher, so tritt auch bei vielen Walzgängen noch keine Beruhigung ein, da sich die oberen Bodenschichten infolge des starken Hin- und Herschiebens nicht weiter verdichten können.

4. Die Bodenbewegungen bei einer zu schweren Walze äußern sich bei der gezogenen in einer starken Staubildung vor der Walze und bei der selbstfahrbaren in einem Abscheren des Bodens hinter der Walze. Im erstgenannten Falle bilden sich an der Oberfläche vom 1. Walzgang an Querrisse, und bei der selbstfahrbaren Walze nach etwa 2-5 Übergängen wenn eine genügende Verkleinerung der Aufstandsfläche eingetreten ist und die Umfangs-(Scher-)Kraft den Scherwiderstand des Bodens überwindet, schuppenartige Scherflächen.

5. Die Verdichtungswirkung von gleich großen und gleich schweren gezogenen und selbstfahrbaren Walzen ist nur dann gleich, wenn das Walzengewicht $\leqq$ als die Grenzbelastung für die gezogene Walze ist. Bei größerem Gewicht ermöglicht die selbstfahrbare Walze infolge der 1,5 - 2mal höher liegenden Grenzbelastung eine bessere Verdichtung (Abb. 115 und 116). Die höhere Belastbarkeit der selbstfahrbaren

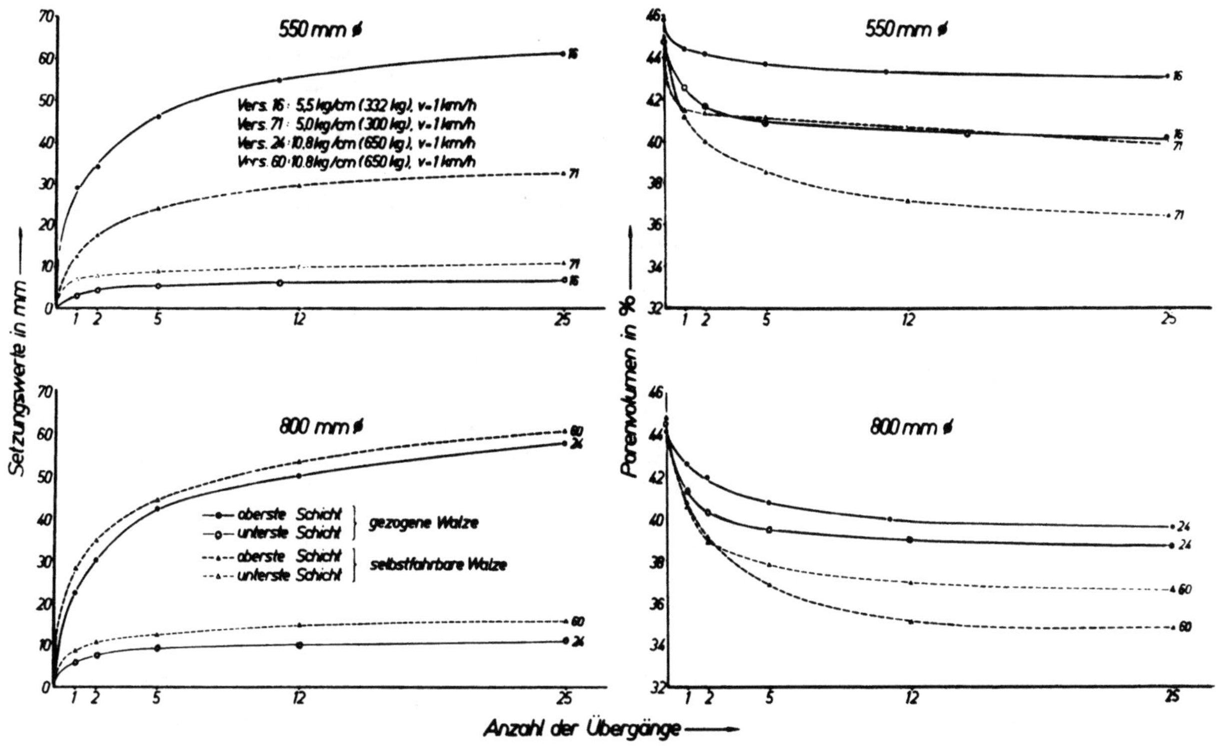

A b b i l d u n g 115

Versuche mit gezogener und selbstfahrbarer Walze

Absolute Setzungswerte und Porenvolumina in Abhängigkeit von der Antriebsart und der Anzahl Übergänge

Walzenbreite 600 mm, Versuchsboden: Mittelsand, w = 4,0-5,0%, Schütthöhe 300 mm

Walze wirkte sich vor allem bei 550, 800 und 1200 mm Walzendurchmesser in der Verdichtungswirkung günstig aus. Bei 1600 mm Durchmesser ergaben sich dagegen trotz unterschiedlichen Gewichtes keine wesentlichen Verdichtungsunterschiede.

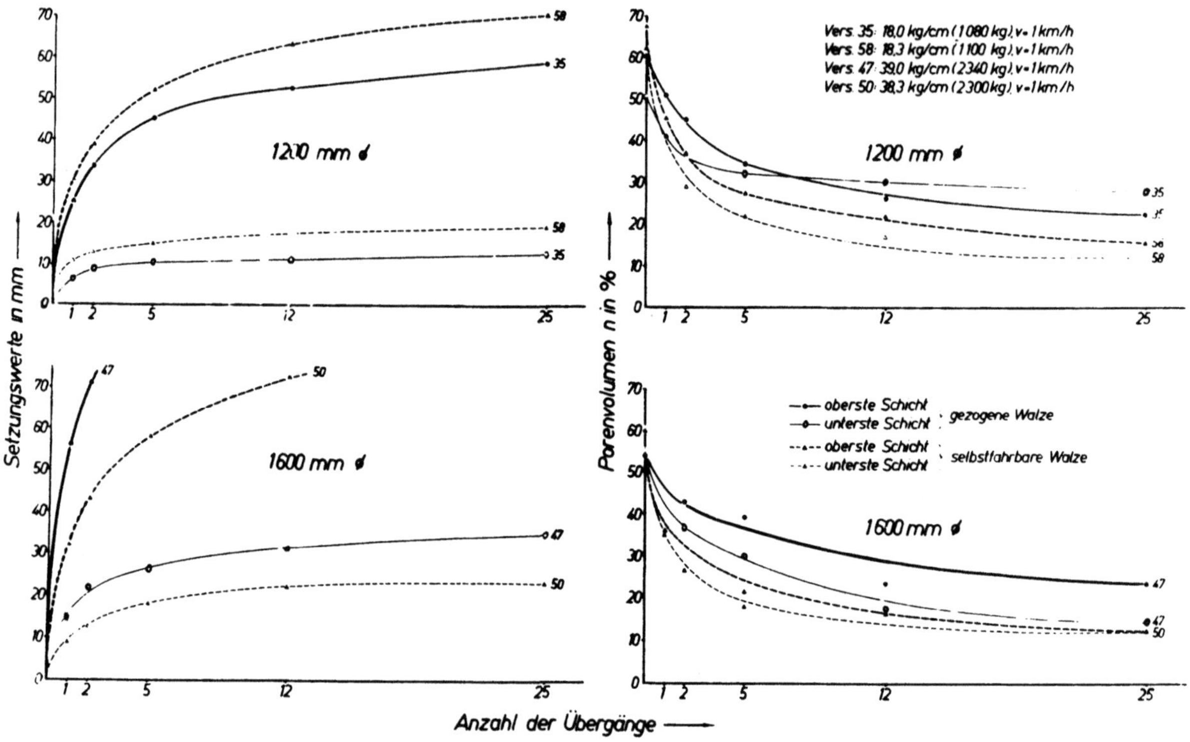

A b b i l d u n g 116

Versuche mit gezogener und selbstfahrbarer Walze
Absolute Setzungswerte und Porenvolumina in Abhängigkeit von der Antriebsart und der Anzahl Übergänge
Walzenbreite 600 mm
Versuchsboden: Mittelsand
w = 4,0-5,0%
Schütthöhe 300 mm

6. Bei der gezogenen Walze wirkt sich ein Abweichen von der Grenzbelastung in der Verdichtung wesentlich nachteiliger als bei selbstfahrbaren aus, und zwar um so ungünstiger, je kleiner der Walzendurchmesser ist.

7. Ein Walzendurchmesser von 550 mm ist für die Verdichtung von Sand weder bei gezogener noch bei selbstfahrbarer Walze angebracht, und ein Durchmesser von 800 mm sollte nur bei der selbstfahrbaren Walze Verwendung finden.

8. Eine annähernd 100%ige einfache Proctordichte läßt sich auf der gesamten 300 mm hohen Schüttung nur mit einer 1600 mm großen gezogenen oder mit einer 1200 oder 1600 mm großen selbstfahrbaren Walze nach etwa 25 Übergängen erreichen, wenn die Walzenbelastung etwa 30 kg/cm beträgt.

9. Werden kleinere und leichtere Walzen benutzt, ist die Schüttung entsprechend zu verringern.

10. Kennzeichnende Unterschiede in den Oszillogrammen der Bodendrücke zeichnen sich bei der gezogenen und der selbstfahrbaren Walze nicht ab (Abb. 44).

11. Die beste Verdichtung läßt sich erreichen, wenn die mittlere spezifische Bodenpressung in der Aufstandsfläche nach 25 Übergängen nicht wesentlich über dem Wert 2,0 kg/cm^2 bei 1600 mm Walzendurchmesser liegt (Abb. 117, Versuch 43). Amerikanische Angaben nennen für Schaffußwalzen zur Sandverdichtung als günstigen spezifischen Flächendruck 3,5 kg/cm^2 [37].

12. Die Ebenheit ist bis zur jeweiligen Grenzbelastung bei beiden Walzentypen gleich; bei größerem Gewicht verursacht die gezogene Walze, besonders wenn der Walzendurchmesser klein ist, durch Verschieben der Bodenschichten größere Unebenheiten.

13. Auf Grund von Setzungsmessungen ist eine Berechnung der Verdichtung nur möglich, wenn der Boden weder nach der Seite abgedrückt noch in Walzrichtung verschoben oder von der selbstfahrbaren Walze abgeschert wird. Falls jedoch Bodenbewegungen auftreten, ergeben die berechneten Werte eine zu gute Verdichtung an.

14. Die notwendige Überdeckung beträgt 130-150 mm.

15. Eine Geschwindigkeits-Veränderung im Bereich zwischen 1 und 3 km/h wirkt sich weder bei der gezogenen noch bei der selbstfahrbaren Walze in der Verdichtungswirkung aus.

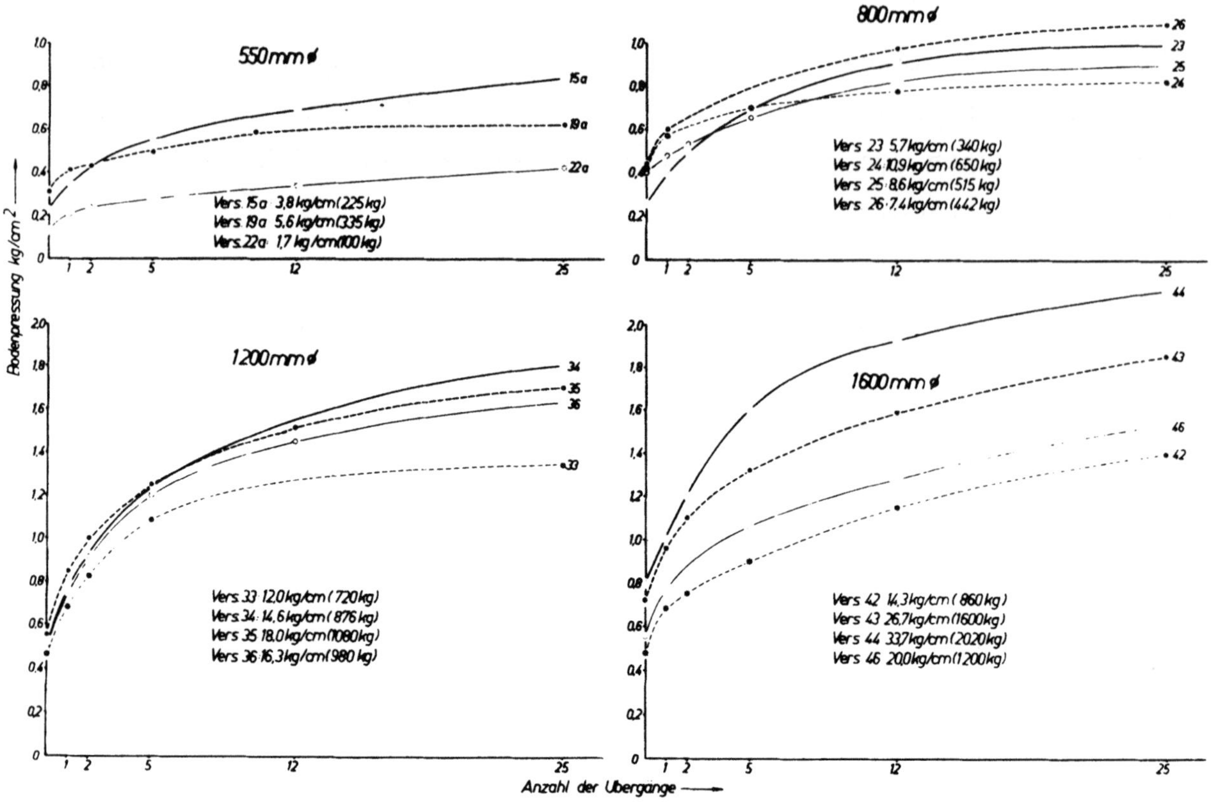

Abbildung 117

Glattwalzenversuche mit gezogener Walze
Mittlere spez. Bodenpressung beim Absenken der Walze im Stand (10 sek)
in Abhängigkeit von der Anzahl der Übergänge und dem Walzengewicht
Versuchsboden: Mittelsand
w = 4,0-5,0%
v = 1 km/h

16. Der Wassergehalt beeinflußt beim vorliegenden Sand die Verdichtung nicht wesentlich.

17. Infolge der höheren Belastbarkeit der selbstfahrbaren Walze läßt sich nach 2-10 Übergängen eine um durchschnittlich 5-10% schnellere prozentuale Abnahme des Porenvolumens gegenüber der gezogenen Walze erreichen, wenn man die Gesamtabnahme nach 25 Walzgängen gleich 100% setzt.

18. Stellt man die erforderliche Antriebsleistung für gezogene und für selbstfahrbare Walzen auf der Vergleichsbasis der jeweiligen Grenzbelastung der gezogenen Walze gegenüber (Abb. 118), so ergibt sich für alle 4 Walzendurchmesser eine 30-50% größere Antriebsleistung für die selbstfahrbare Walze. Wählt man dagegen als Vergleichsbasis das jeweils größte Versuchsgewicht der gezogenen Walze, so benötigen

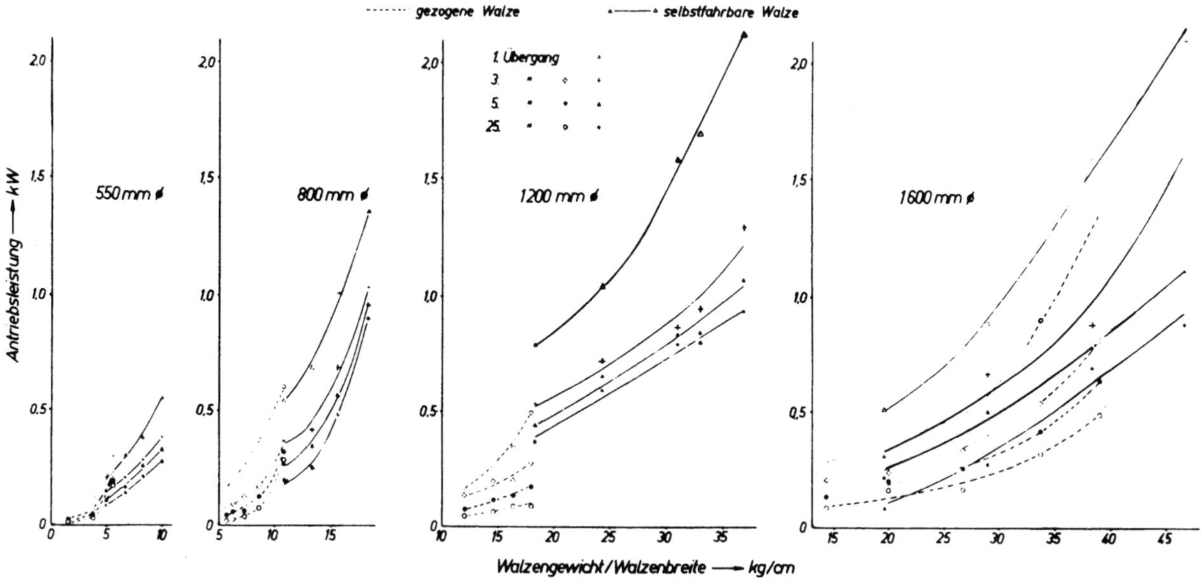

Abbildung 118

Versuche mit gezogener und selbstfahrbarer Walze
Erforderliche Antriebsleistung in Abhängigkeit vom Walzendurchmesser, Walzengewicht und von der Anzahl Übergänge
Walzenbreite 600 mm
v = 1 km/h
Versuchsboden: Mittelsand
Schütthöhe 300 mm
w = 4,0-5,0%

die beiden kleinen gezogenen Walzen (550 und 800 mm Durchmesser) eine höhere Antriebsleistung, da deren Zugkräfte bei der Erhöhung des Gewichtes über die Grenzbelastung hinaus durch den erheblichen Bodenstau besonders stark ansteigen ($N = Z \cdot v$).

Bei 1200 und 1600 mm Walzendurchmesser benötigt man jedoch auch bei dieser Vergleichsbasis für die selbstfahrbare Walze eine größere Antriebsleistung, da die Zugkräfte für diese Walzen nicht in dem Maße wie bei den kleinen Walzen ansteigen.

19. Setzt man die Abnahme der Zugkräfte nach 25 Übergängen gleich 100%, so beträgt die Abnahme nach dem 2., 5. und 10. Übergang
bei 550 mm Walzendurchmesser 68, 88 und 96%
bei 800 mm Walzendurchmesser 65, 84 und 91%
bei 1200 mm Walzendurchmesser 52, 82 und 95%
bei 1600 mm Walzendurchmesser 55, 83 und 94%.

Diese Werte liegen zwar durchschnittlich um 10-15% über denen, die sich bei der Verminderung des Porenanteils ergaben; der Zusammenhang zwischen der Verminderung der Zugkraft und des Porenvolumens ist jedoch klar zu erkennen (Abb. 119). Die stärkere prozentuale Abnahme nach dem 2.Übergang bei den kleinen Walzen erklärt sich dadurch, daß bei diesen Versuchen nur beim 1.Übergang in der losen Schüttung eine verhältnismäßig

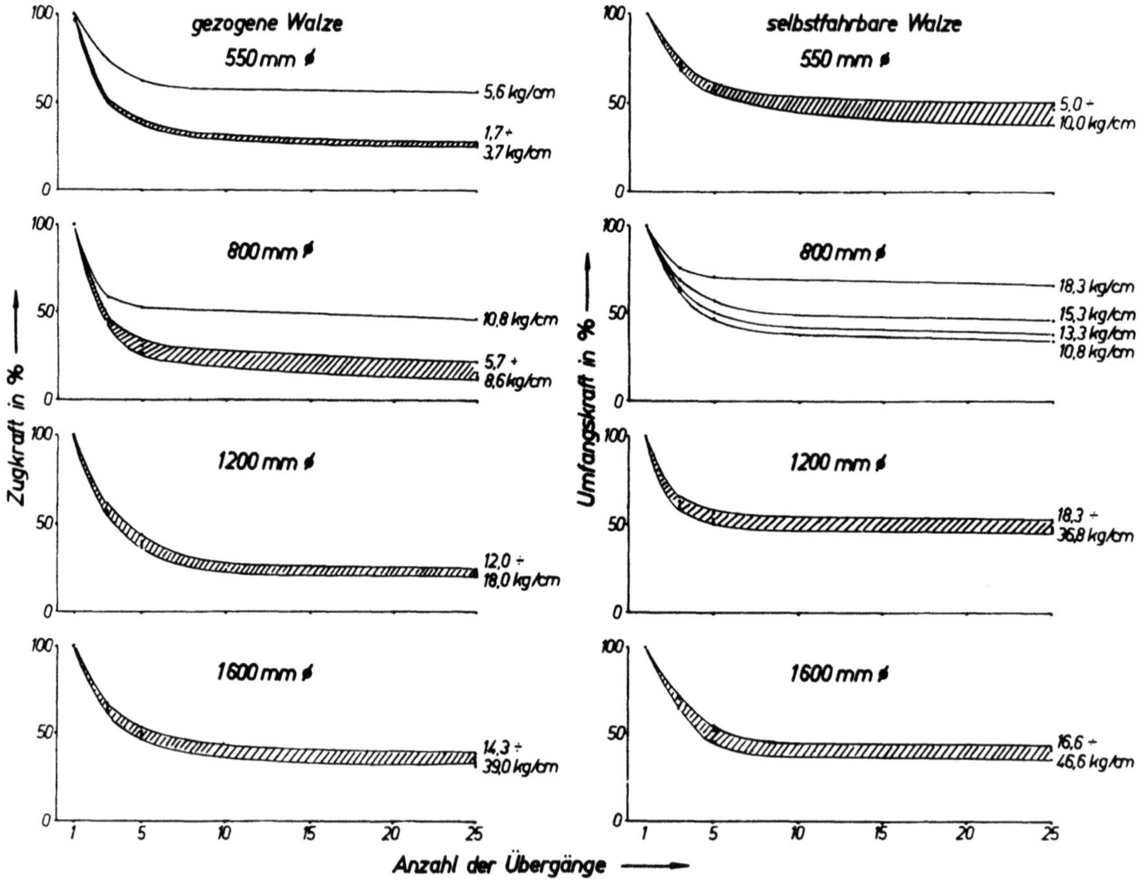

A b b i l d u n g 119

Versuche mit gezogener und selbstfahrbarer Walze

Prozentuale Abnahme der Zugkraft (Umfangkraft) in Abhängigkeit von der Anzahl Übergänge, vom Walzendurchmesser und vom Walzengewicht

Versuchsboden: Mittelsand

Schütthöhe 300 mm

w = 4,0-5,0%

v = 1 km/h

hohe Zugkraft gemessen wurde; während auf dem durch den 1.Walzgang verdichteten Boden die Zugkraft infolge der geringen Walzengewichte erheblich abnahm. Eine Ausnahme zeigt sich nur bei den Versuchen, die mit wesentlich über der Grenzbelastung liegendem Gewicht gefahren wurden.

Die prozentuale Abnahme der Umfangskräfte beträgt nach dem 2., 5. und 10. Übergang durchschnittlich bei den Versuchen mit

550 mm Walzendurchmesser 54, 75 und 92%
800 mm Walzendurchmesser 58, 80 und 95%
1200 mm Walzendurchmesser 74, 93 und 98%
1600 mm Walzendurchmesser 53, 90 und 97%.

Diese Werte lassen ebenfalls den Zusammenhang mit der Zunahme der Verdichtung erkennen.

11. Vergleichende Untersuchungen mit Rüttelgeräten auf Mittelsand 300 mm Schüttung

Neben den umfangreichen Untersuchungen mit statischen Glattwalzen konnte der Verfasser einige Rüttelgeräte auf dem vorliegenden Sand unter gleichen Voraussetzungen erproben. Ein Vergleich der Ergebnisse mit denen der statischen Walzen ist deshalb besonders aufschlußreich.

11.1 Die Versuche mit einer leichten Vibrationswalze

Eine selbstfahrbare Einrad-Rüttelwalze mit 570 mm Walzendurchmesser und 4,8 kg/cm Walzenbelastung lag mit ihrem Gewicht unterhalb der ermittelten Grenzbelastung, die für diesen Durchmesser etwa 7,5 kg/cm Walzenbreite beträgt. Es war somit die Voraussetzung gegeben, daß die Walze weder den Boden schieben noch abscheren würde, was für die Beurteilung der Verdichtungswirkung wichtig ist. Die Walze wurde bei 10 Versuchen mit Vibration (Rüttelfrequenz 75 Hz) und bei 2 weiteren statisch gefahren, wobei der Wassergehalt zwischen 4,8 und 11,7% verändert wurde und die Walzengeschwindigkeit 1,1 und 2,2 km/h betrug. Die mit der Rüttelwalze erzielte Verdichtung (Abb. 120) entspricht bei gleichen Voraussetzungen etwa der, die mit der selbstfahrbaren statischen Glattwalze bei 2-3mal größerer spezifischer Walzenbelastung und 800-1600 mm Walzendurchmesser zu erreichen ist (vgl. Vers.4 und 6 mit 37 und 39). Ein erkennbarer Einfluß des Wassergehaltes auf die Verdichtungswirkung zeigt sich nur bei den Versuchen 8 und 9, dagegen nicht bei den Versuchen 7 und 10, obwohl hier der Wassergehalt ebenfalls größer als 10% war. Worauf dies zurückzuführen ist, läßt sich auf Grund der wenigen Versuche und der streuenden Versuchsergebnisse nicht feststellen.

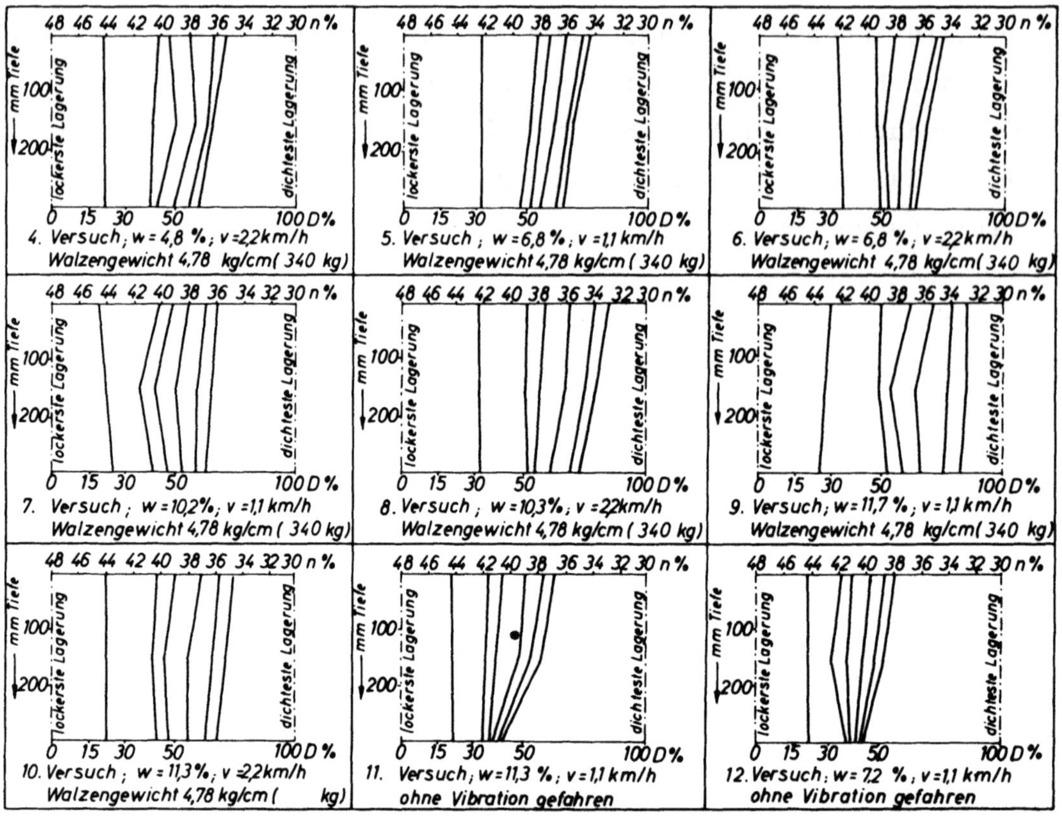

Abbildung 120

Versuche mit Einrad-Vibrationswalze
Walzendurchmesser 570 mm
Walzenbreite 711 mm
Versuchsboden: Mittelsand
Walzengewicht 4,78 kg/cm(340 kg)

Vergleicht man die entsprechenden Ergebnisse, die mit der Walze erzielt wurden, wenn diese mit und ohne Vibration gefahren wird, so zeigt sich deutlich, daß die Verdichtungswirkung mit Vibration vor allem nach der Tiefe wesentlich besser ist; denn es war durch einen Vibrationsübergang möglich, die gleiche Verdichtungswirkung in der unteren Schicht wie nach 25 statischen Übergängen zu erreichen. In der oberen Schicht treten die Unterschiede nicht so kraß hervor.

Da diese Versuche noch vor den statischen Walzuntersuchungen durchgeführt wurden, erfolgte die Beobachtung der Bodenbewegungen hinter der Plexiglasscheibe. Während die rüttelnde Walze knapp an der Scheibe vorbeifuhr, waren größere Bodenbewegungen nicht festzustellen (Abb. 121). Die selbstfahrbare Walze, die Reibung an der Scheibe und der gleichmäßige Kornaufbau dürften hierzu beigetragen haben.

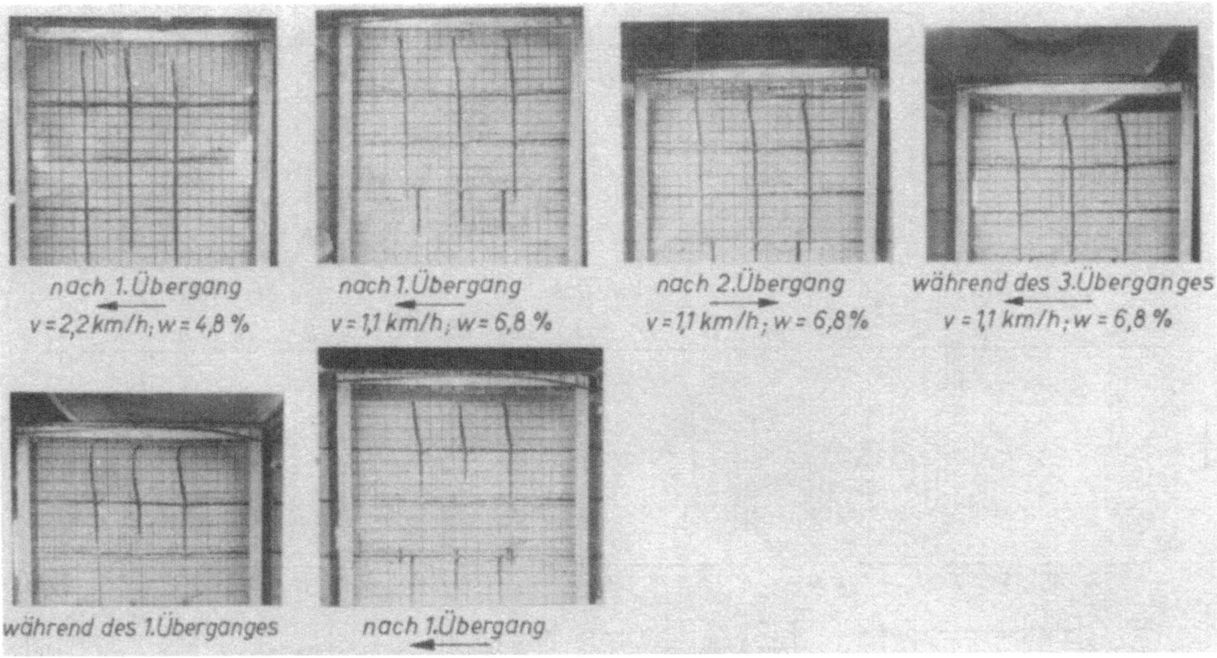

A b b i l d u n g 121

Versuche mit Einrad-Vibrationswalze

Horizontale Verschiebungen des Bodens
Walzendurchmesser 570 mm
Walzenbreite 710 mm
Walzengewicht 4,8kg/cm(340 kg)
Versuchsboden: Mittelsand
Schütthöhe 300 mm

11.2 Die Versuche mit einem schweren Plattenrüttler

Sie sollten zeigen, inwieweit sich die Verdichtungswirkung bei Mittelsand mit einem schweren Vibrationsgerät (1,6 t) gegenüber statischen Walzen erhöhen läßt und welche obere Grenze erreichbar ist. Bei 6 Versuchen mit jeweils 12 Übergängen wurde der Wassergehalt, die Frequenz (Schlagkraft) und die Vortriebsgeschwindigkeit verändert. Es zeigte sich (Abb. 122), daß auch der schwere Rüttler den Mittelsand nicht stärker verdichtet als die 1600er Glattwalze, deren Gewicht im Bereich der Grenzbelastung lag. Das kleinste erreichte Porenvolumen betrug etwa 34% und entspricht etwa der 100%igen einfachen Proctordichte. Die gleichmäßige Körnung des Sandes dürfte der Verdichtbarkeit eine Grenze setzen [38].

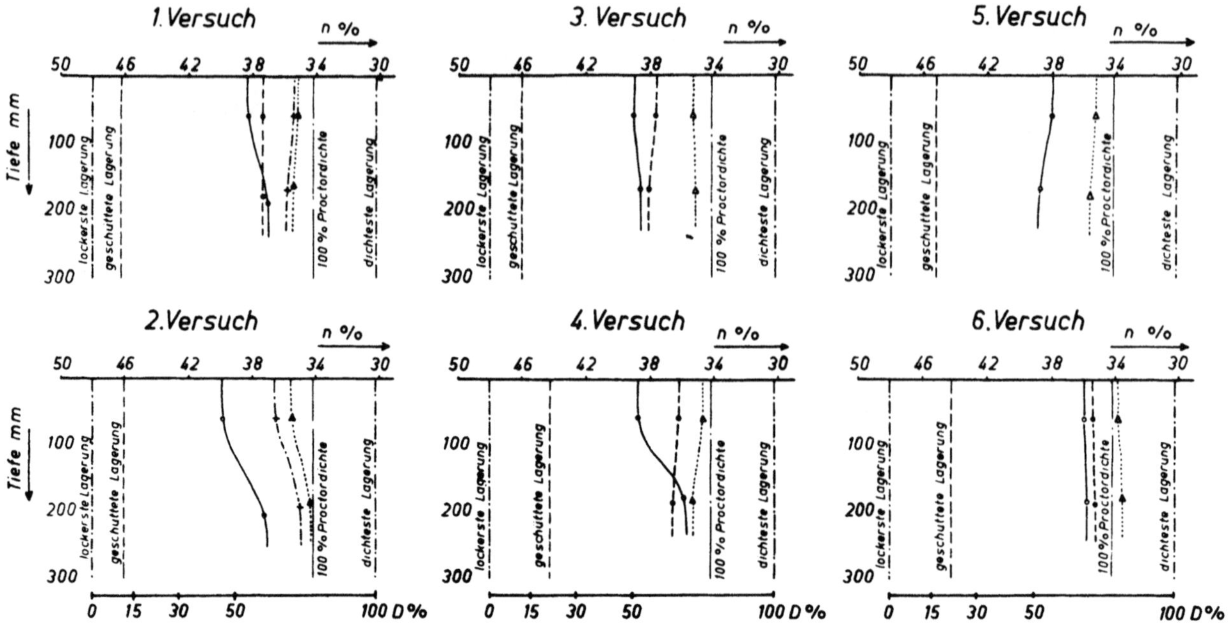

Vers.	Übergang	1	2	3-5	6-12
1	w %	4,5			
	v m/min	4,3	7,5	7,5	8,2
	f Hz	14,2	13,8	12,3	12,8
2	w %	4,5			
	v m/min.	2,4	3,4	5,4	6,3
	f Hz	13,1	12,6	12,9	12,1

Vers.	Übergang	1	2	3-5	6-12
3	w %	4,8			
	v m/min.	6,5	6,2	7,2	8,1
	f Hz	14,1	14,2	13,2	12,8
4	w %	7,3			
	v m/min	5,0	8,5	7,9	7,6
	f Hz	13,3	12,9	12,5	12,7

Vers.	Übergang	1	2	3-5	6-12
5	w %	7,0			
	v m/min.	6,8	7,5	6,8	6,8
	f Hz	11,8	12,0	11,7	11,6
6	w %	9,6			
	v m/min.	3,0	4,7	7,5	8,5
	f Hz	12,8	12,9	12,0	12,4

A b b i l d u n g 122

Rüttelverdichter
Versuchsboden: Sand
Schütthöhe 300 mm

12. Die Untersuchungen auf 850 mm hoher Sandschüttung

Sie bezweckten vor allem Aufschluß über die Verdichtungs- und Tiefenwirkung von statisch und dynamisch wirkenden Verdichtungsgeräten zu erhalten; die Durchführung der Versuche wurde bereits unter 7.11 näher erläutert.

12.1 Die Versuche mit einer Glattwalze

Als Versuchsgerät diente die Walze mit 1200 mm Durchmesser und 600 mm Breite als selbstfahrbare Walze mit einem Gewicht von 2300 kg (38,3 kg/cm) das absichtlich höher als die Grenzbelastung gewählt wurde, um eine möglichst große Tiefenwirkung zu erzielen. Vom Einsatz einer noch schwereren 1600 mm großen Walze mußte aus versuchstechnischen Gründen infolge der zu starken Überlastung des Antriebsaggregates abgesehen werden.

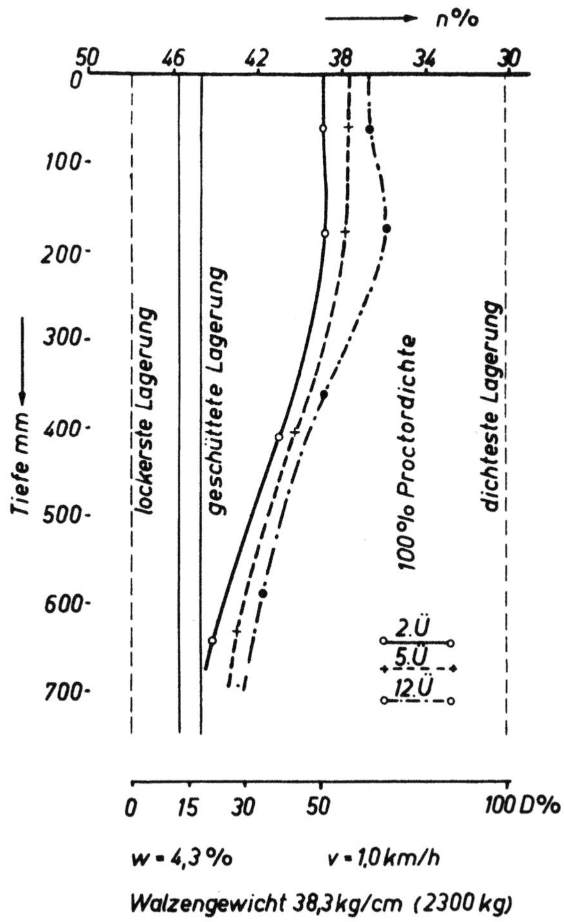

A b b i l d u n g 123

Glattwalzenversuche mit selbstfahrbarer Walze

Walzendurchmesser 1200 mm
Walzenbreite 600 mm
Versuchsboden: Mittelsand
Schütthöhe 850 mm

Auf der Abbildung 123 erkennt man, daß die Verdichtungswirkung in 250-300 mm Tiefe schnell abnimmt und in den tieferen Schichten nur noch eine lockere bis mittelfeste Lagerungsdichte erreicht wird. Die Schütthöhe sollte deshalb nicht größer als 30 cm gewählt werden.

Nach 12 Übergängen ergab sich in der oberen Schicht eine schlechtere Verdichtung als in etwa 180 mm Tiefe, da die zu schwere Walze den Boden nach mehreren Übergängen bereits wieder aufzulockern begann (s.10, Punkt 4).

Auf der 300 mm Schüttung traten bei annähernd gleichem Walzengewicht von 36,9 kg/cm (Versuch 54) die ersten Scherflächen früher, und zwar nach 2 Übergängen in Erscheinung. Die kleinere Aufstandsfläche, die etwa derjenigen nach dem 5. Übergang auf der 850 mm Schüttung entsprach, dürfte hierzu beigetragen haben.

Wollte man die oberen 300 mm der 850 mm hohen Schüttung gleich stark verdichten wie die 300 mm Schüttung, so wären hierzu mehr Übergänge erforderlich. Die gleiche Feststellung machten auch LEWIS und McLAREN [8]. Die Unterschiede in der größten erreichten Dichte waren zwischen beiden Schütthöhen jedoch gering.

Bei einer einheitlichen Walzenbreite von 600 mm betrug die Sehne der Aufstandsfläche bei der angeführten Walzenbelastung auf der 300/850 mm Schüttung

vor dem 1. Übergang	490/760 mm
nach dem 1. Übergang	320/350 mm
nach dem 2. Übergang	300/315 mm
nach dem 5. Übergang	260/295 mm.

Demnach ergaben sich wesentliche Unterschiede in der Größe der Aufstandsfläche nur vor dem 1. Übergang.

Die größere Antriebsleistung, die auf der 850 mm hohen Schüttung notwendig war, lag beim 1.Übergang um 150%, beim 3.Übergang um 40%, beim 4. um 30% und beim 6.Übergang um 22% über der, die auf der 300 mm Schüttung bei gleichem Walzengewicht und Walzendurchmesser gemessen wurde.

12.2 Die Versuche mit einer leichten Vibrationsplatte

Die Abbilfung 124 zeigt, daß die Verdichtungswirkung dieses Gerätes unterhalb 100 mm Tiefe schnell abnimmt; das Überschneiden der Kurven unterhalb 400 mm Tiefe ist auf Meßungenauigkeiten zurückzuführen; in dieser Tiefe nimmt die Verdichtung nach einem Übergang praktisch nicht mehr zu.

Der Vergleich der Ergebnisse, die mit der unter 12.1 angeführten Glattwalze und mit der Vibrationsplatte erzielt wurden, zeigt, daß trotz der geringen dynamischen Rüttelkraft die Platte nach dem 1.Übergang in den unteren Bodenschichten eine Dichte erreicht, die sich mit der

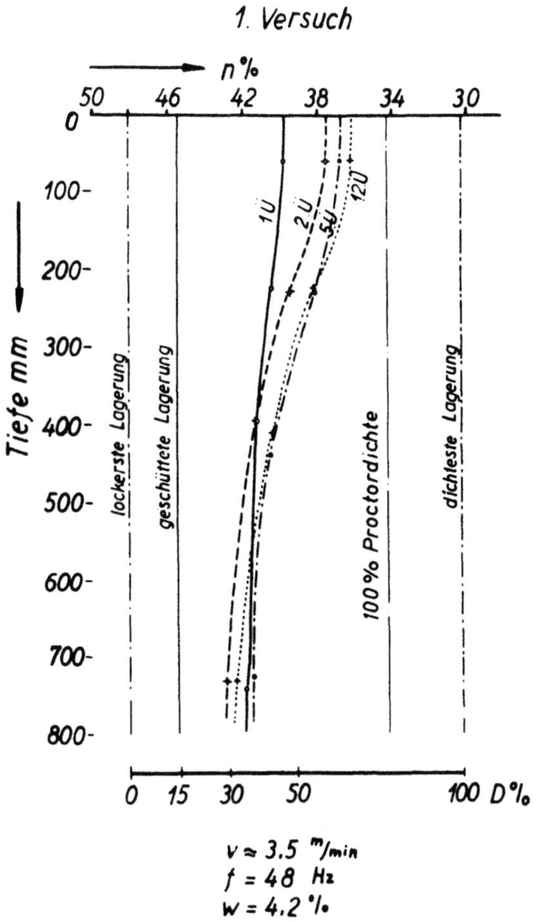

A b b i l d u n g 124

Vibrationsplatte A B G I Type AVO 600 x 600

Versuchsboden: Sand
Schütthöhe 850 mm

Glattwalze erst nach 5-12 Übergängen ergibt. Zwischen dem 2. und 5.Übergang ergeben sich bis zu etwa 450 mm Tiefe zwischen der Platte und der Walze keine wesentlichen Verdichtungsunterschiede. Nach 12 Übergängen zeichnet sich allerdings eine größere Tiefenwirkung der Walze ab.

Besonders bei den Versuchen mit Rüttelgeräten wurde wiederholt festgestellt, daß die auf Grund von Setzungsmessungen berechneten und die durch Probenentnahme festgestellten Porenvolumina in verschiedenen Schichten sich stärker voneinander unterscheiden. Während in der oberen Schicht meist eine gute Übereinstimmung festzustellen war, ergaben sich in 200-500 mm Tiefe stärkere Abweichungen. Ursprünglich wurde angenommen, daß entweder die Rüttelwirkung in bestimmten Schichten eine besonders starke Umlagerung von Grob- und Feinstkorn verursacht, oder daß sich die als Meßpegel dienenden Eisenplatten stärker setzten, als der sie umgebende Boden.

Um diese Annahme zu beweisen, wurde eine 80 cm hohe Versuchsschüttung aus rot, blau und schwarz gefärbten Sandschichten aufgebaut, die sich auf der Schwarz-Weiß-Aufnahme (Abb. 125) leider nicht farblich abzeichnen (von einem Einstreuen von Kohleschichten wurde infolge des unterschiedlichen spezifischen Gewichtes gegenüber Sand abgesehen).

Versuchsstand — gefärbte Bodenschichten mit eingelegten Messlatten — Seitliches Herausausdrücken des Bodens

A b b i l d u n g 125
Versuche mit Vibrationsplatte

Jede Schicht wurde mit Hilfe eines Rahmens planeben abgezogen und abwechselnd 1,5 mm starke Eisen- und Preßstoffplatten (80 mm□) an den Farbengrenzen aufgelegt. Ferner wurden 2 senkrechte Löcher, eins 10 cm vom Rand und das andere in der Mitte der Rüttler-Aufstandsfläche in einer senkrecht zur Bewegungsrichtung liegenden Ebene, eingestochen und mit gefärbtem Sand aufgefüllt. Auf die Schüttung wurde eine leichte, durch eine Kreisschwinger-Umwucht erregte Vibrationsplatte mit Hilfe eines Kranes aufgesetzt und bei behindertem Vortrieb 30 Sek. lang auf die Schüttung einwirken gelassen. Nach dem anschließenden Freilegen der gefärbten waagerechten und senkrechten Schichten sowie der Platten war festzustellen, daß sich die Farbengrenzen weiterhin scharfkantig abzeichneten und die gleichen Lagerstellen der Platten zu erkennen waren. Somit ergab sich weder ein Abwandern von Grobkorn noch eine unterschiedliche Setzung bei den verschieden schweren Platten, dagegen zeigte sich an dem verformten, vertikal am Rand der Aufstandsfläche eingebrachten Streifen, daß sich der Boden etwa auf halber Schütthöhe stärker nach der Seite herausdrückte als in der oberen Schicht, woraus sich zum Teil die aufgetretenen Unterschiede erklären. Der in der Mitte der Aufstandsfläche eingebrachte Streifen blieb genau in senkrechter Lage stehen.

12.3 Die Versuche mit einem schweren Plattenrüttler

Als Versuchsgerät diente ein 1,6 t schwerer Rüttelverdichter, wie er im Jahre 1954 serienmäßig hergestellt wurde. Bei mehreren Versuchen, die sich über je 12 Übergänge erstreckten, wurden die Exzenterstellung, die Vortriebsgeschwindigkeit, die Frequenz und der Wassergehalt verändert. Aus versuchs- und maschinentechnischen Gründen war es nicht möglich, jeweils einzelne Faktoren konstant zu halten und die anderen in bestimmten Grenzen zu ändern, da eine zwangsläufige gegenseitige Beeinflussung oft nicht zu verhindern war (Abb. 126). Infolgedessen treten

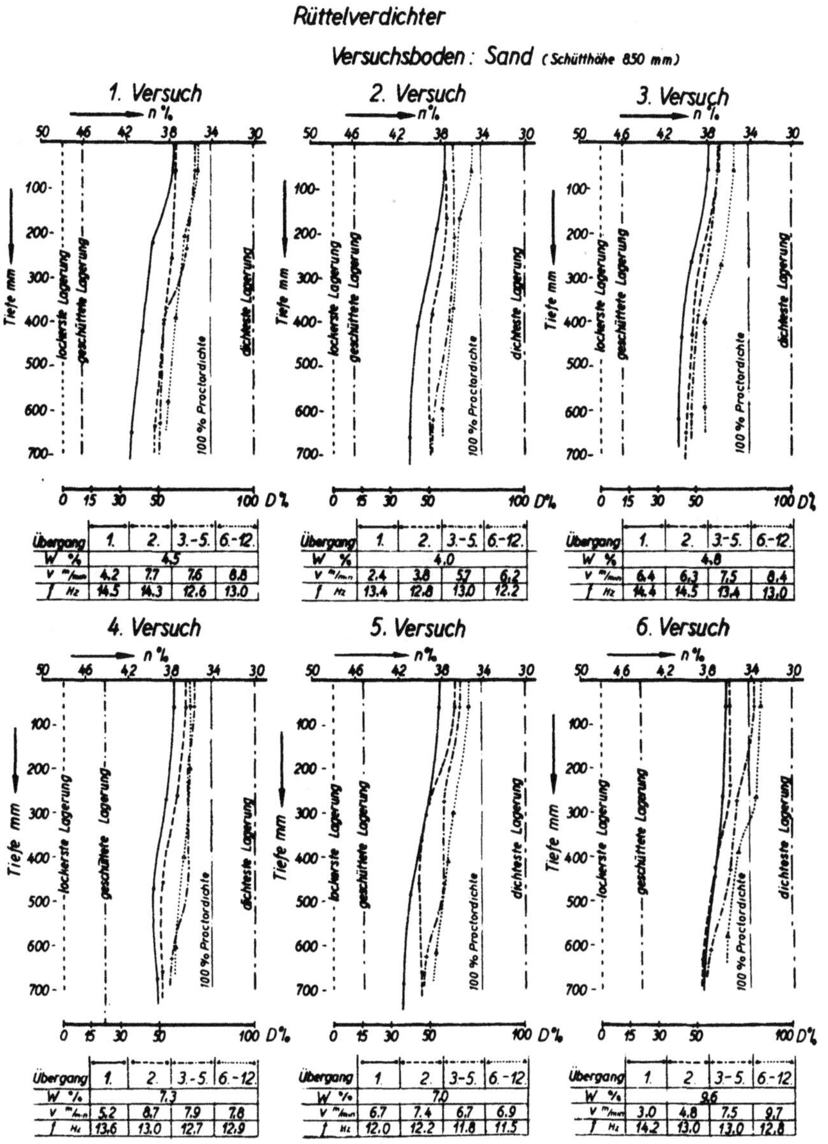

Abbildung 126
Rüttelverdichter

Versuchsboden: Sand
Schütthöhe 850 mm

die Einflüsse einzelner Faktoren in den Ergebnissen nicht deutlich in Erscheinung. Sämtliche Ergebnisse zeigen, daß der Rüttler bereits nach 1-2 Übergängen eine wesentlich gleichmäßigere Verdichtung nach der Tiefe ermöglicht als die Glattwalze oder die Vibrationsplatte nach 12 Übergängen. Die größere Tiefenwirkung des schweren Rüttlers ist somit unverkennbar.

Die Einzelergebnisse unterscheiden sich bei den Versuchen 1-5 nicht wesentlich voneinander, beim 6. Versuch, der mit besonders hohem Wassergehalt von 9,6% gefahren wurde, liegen sie jedoch bedeutend besser.

In 850, 650 und 500 mm Tiefe konnten unter dem Rüttler Bodendrücke von 0,5; 1,3 und 1,8 kg/cm^2 und unter der Walze von 0,05; 0,55 und 0,95 kg/cm^2 registriert werden.

12.4 Folgerungen aus den Vergleichsuntersuchungen

Die auf der 300 und 850 mm hohen Schüttung durchgeführten Vergleichs-Untersuchungen mit statisch und dynamisch wirkenden Verdichtungsgeräten brachten folgende Erkenntnisse:

1. Gleichmäßiger Sand läßt sich mit Rüttelgeräten nicht stärker verdichten als mit statischen Walzen, deren Gewicht und Durchmesser günstig aufeinander abgestimmt sind; die Tiefenwirkung von schweren Rüttlern ist jedoch erheblich größer.

2. Mit einer 150 kg schweren Vibrationsplatte läßt sich eine gute und gleichmäßige Verdichtung bei Sand bis zu 150 mm, mit einer schweren Glatt- (38,3 kg/cm) oder einer leichten Vibrationswalze (4,8 kg/cm) bis zu 300 mm und mit einem 1,6 t schweren Rüttler bis zu 700 mm Tiefe erreichen.

3. Eine 100%ige Proctordichte wurde mit der Glatt- und der Vibrationswalze und dem Rüttler nach 12 bzw. 25 Übergängen erzielt, allerdings nur auf 300 mm Tiefe. Die große Tiefenwirkung des Rüttlers läßt sich also nur dort ausnützen, wo nur eine 95%ige Proctordichte gefordert wird.

4. Um die oberen 300 mm einer 850 mm hohen Schüttung gleich gut wie eine 300 mm hohe Schüttung zu verdichten, sind etwa 30-50% mehr Übergänge erforderlich.

Versuchsbedingungen

für gezogene und selbstfahrbare Glattwalzenversuche

Bodenart: Schwach bindiger, sandiger Schluff, Schütthöhe ≈ 22 cm

Walzenbreite 600 mm

Walzen-Ø	gezogene Walze						selbstfahrbare Walze					
	Versuch	Walzengewicht		w	v	Anzahl der Übergänge	Versuch	Walzengewicht		w	v	Anzahl der Übergänge
mm	Nr.	kg/cm	kg	%	km/h		Nr.	kg/cm	kg	%	km/h	
1600	80	19,7	1180	$16 \pm 0,3$	1	25	72	19,7	1180	$16 \pm 0,3$	1	25
	81	31,7	1900	"	1	25	73	31,7	1900	"	1	25
	82	31,7	1900	"	2	25	74	41,7	2500	"	1	25
	83	41,7	2500	"	1	25	75	50,0	3000	"	1	25
	84	41,7	2500	"	2	25	76	41,7	2500	"	3	25
	85	49,3	2960	"	1	25	77	31,7	1900	"	3	25
	86	49,3	2960	"	2	25	78	50,0	3000	"	3	25
	87	59,7	3580	"	1	12	79	63,3	3800	"	1	25
1200	88	26,7	1600	"	1	25	96	33,3	2000	"	1	25
	89	33,3	2000	"	1	25	97	41,7	2500	"	1	25
	90	41,7	2500	"	1	25	98	41,7	2500	"	2	25
	91	41,7	2500	"	2	25	99	50,0	3000	"	1	25
	92	49,3	2960	"	1	25	100	50,0	3000	"	2	25
	93	49,3	2960	"	2	25	101	57,7	3460	"	2	25
	94	57,7	3460	"	1	25	102	57,7	3460	"	1	25
	95	33,3	2000	"	2	1	103	26,7	1600	"	1	25
800	110	20,5	1230	"	1	25	104	20,5	1230	"	1	25
	111	33,3	2000	"	1	25	105	33,3	2000	"	1	25
	112	41,7	2500	"	1	25	106	41,7	2500	"	1	25
	113	50,0	3000	"	1	25	107	50,0	3000	"	1	25
	114	33,3	2000	"	2	25	108	50,0	3000	"	2	25
550	116	16,7	1000	"	1	25	121	25,0	1500	"	1	25
	117	25,0	1500	"	1	25	122	33,3	2000	"	1	25
	118	33,3	2000	"	1	25	123	41,7	2500	"	1	25
	119	25,0	1500	"	2	25	124	48,0	2880	"	1	25
							125	25,0	1500	"	2	25
							126	25,0	1500	"	1	5
1200	128	50,0	3000	8,0	1	25	127	50,0	3000	9,5	1	25
	129	50,0	3000	11,2	1	25	130	50,0	3000	11,0	1	25
	132	50,0	3000	17,5	1	25	131	50,0	3000	17,6	1	25
	133	50,0	3000	13,7	1	25	134	50,0	3000	13,4	1	25

A b b i l d u n g 127

5. Nur bei hohem Wassergehalt von etwa 10% konnte die Verdichtungswirkung des Rüttlers gesteigert werden.

6. Ein Abwandern von Grob- und Feinteilchen in benachbarte Schichten war nicht festzustellen.

13. Die Untersuchungen mit gezogenen statischen Glattwalzen auf Schluff bei konstantem Wassergehalt

Der Ablauf der Untersuchungen ging in ähnlicher Weise wie auf Sandboden vonstatten, die Meß- und Prüfmethoden waren jedoch teilweise andere (s.4.582).

Bei den Hauptversuchen, die sich auf alle 4 Walzendurchmesser erstreckten, wurde der Wassergehalt konstant gehalten (16 ± 0,3%) und das Walzengewicht sowie die Walzengeschwindigkeit verändert (Abb. 127). In einer zusätzlichen Versuchsreihe mit gezogener und mit selbstfahrbarer Walze, die aus praktischen Überlegungen nach den Hauptversuchen durchgeführt wurde, da die laufende Veränderung des Wassergehaltes bei den Hauptversuchen infolge einschaltbarer Trockenzeiten wesentlich mehr Zeit erfordert hätte, konnte der Einfluß des Wassergehaltes geklärt werden.

Die Nachprüfung der erreichten Verdichtung erfolgte mit der Proctornadel entsprechend 4.582. Durch zusätzliche Entnahme von ungestörten Bodenproben neben den Nadeleindrücken bei einer Reihe von Versuchen und Übergängen wurde das Trockenraumgewicht bestimmt und in einer Eichkurve in Beziehung zu den Proctorwerten gebracht (Abb. 128).

Eine einfache und wirklichkeitsgetreue Umrechnung der Proctorwerte, die bei den meisten Versuchen nur allein ermittelt wurden, war somit gegeben. Eine mit Hilfe des Proctorversuches festgestellte Eichkurve hätte kein wahres Bild von der wirklich erreichten Verdichtung vermittelt, da die Einflüsse von Querrissen, Abblätterungen und der unterschiedlichen Verdichtungsarbeit nicht berücksichtigt worden wären.

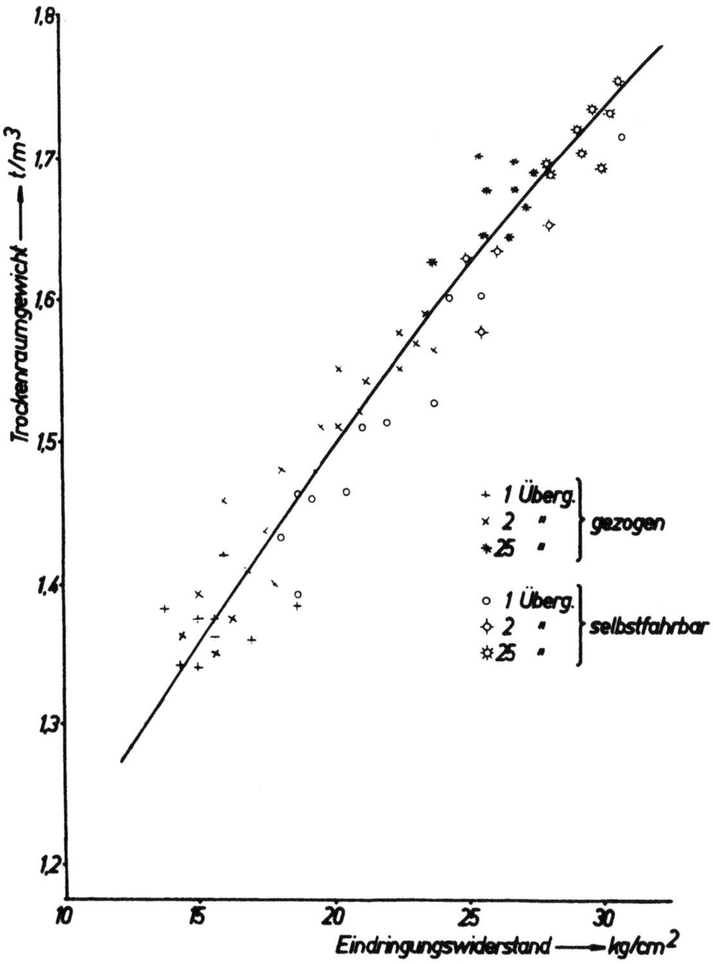

A b b i l d u n g 128

Eichkurve

(durch laufende Versuche in der Bahn festgestellt)
w=16±0,3%

13.1 Die Veränderung des Walzengewichtes

Da die Grenzbelastung nur durch ein systematisches Herantasten zu finden war, mußte eine mehr oder weniger starke Veränderung des Walzengewichtes bei jedem Walzendurchmesser vorgenommen werden. Die Walzengeschwindigkeit betrug hierbei stets 1 km/h.

13.11 Die Versuche mit 550 mm Walzendurchmesser

Der Verlauf des Eindringungs-Widerstandes nach der Tiefe bzw. die Neigung der Verdichtungslinien nach dem 2., 5., 12. und 25. Übergang (Abb. 129) lassen, wie bei Sand, das Über- oder Unterschreiten der Grenzbelastung erkennen.

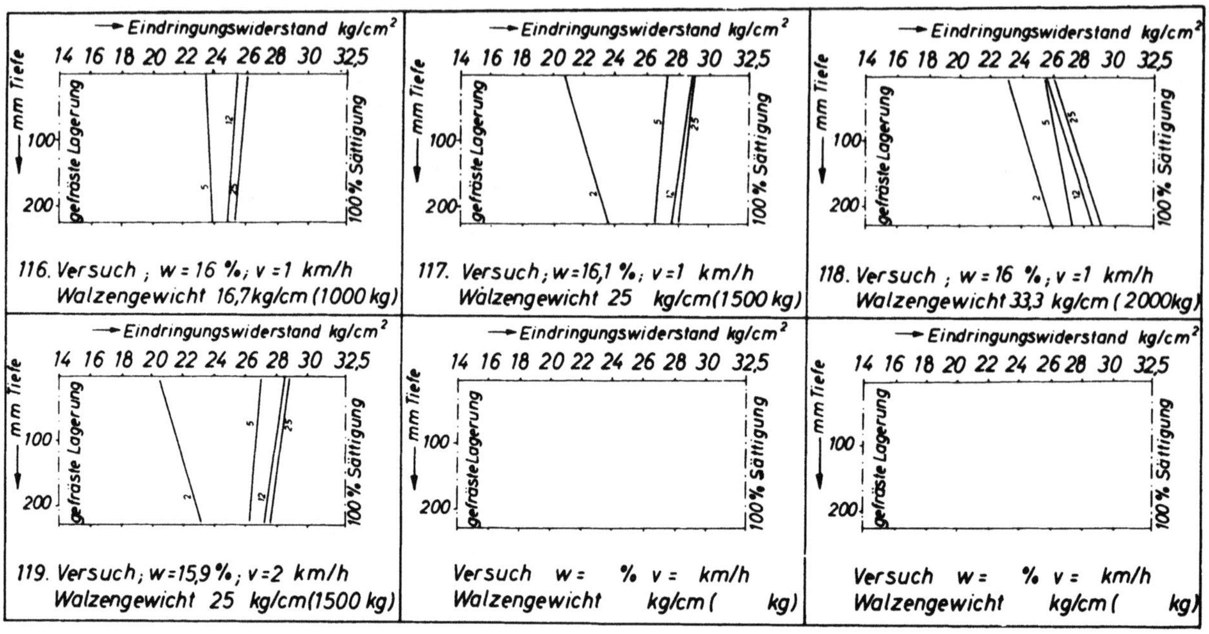

Abbildung 129

Glattwalzenversuche mit gezogener Walze

Walzendurchmesser 550 mm
Versuchsboden: schwach bindiger,
sandiger Schluff
Wassergehalt 16±0,3%
Schütthöhe 225 mm

Bei der vorliegenden Versuchsreihe zeigt sich bis zu 1500 kg (25 kg/cm) Walzengewicht eine steige Zunahme des Eindringungs-Wiederstandes auf der gesamten Tiefe. Bei einer weiteren Erhöhung auf 2000 kg (33,3 kg/cm) nimmt der Eindringungs-Widerstand nach dem 2. Übergang zwar auf der gesamten Tiefe noch zu, nach weiteren Übergängen in der oberen Schicht jedoch erheblich wieder ab. In der unteren Schicht erhöht sich dagegen die Dichte noch. Die Abnahme des Eindrigungs-Widerstandes bei zu hohem Gewicht verursacht hier nicht, wie bei Sand, horizontale Bodenverschiebungen (sie kommen bei diesem Boden mit großem Formänderungsvermögen nach mehr als 2 Übergängen meist zur Ruhe), sondern Querrisse und Aufblätterungen an der Walzbahn-Oberfläche.

Der Vorgang spielt sich bei allen 4 Versuchsreihen folgendermaßen ab:

Nach dem 1. Übergang hinterläßt die Walze in dem aufgefrästen Schluff je nach ihrem Gewicht verschieden starke Querrisse (Abb. 130), die voraussichtlich infolge von Grundbrüchen auftreten. Bei den Versuchen, bei denen sich zu breite Risse bildeten, war eine Prüfung der Verdichtung

A b b i l d u n g 130

Glattwalzenversuche mit gezogener Walze

Aussehen der Walzbahnoberfläche und Bildung von Querrissen

mit der Proctornadel nach dem 1. Übergang nicht möglich, da der Boden beim Eindrücken der Nadel nach den Rissen auswich. Die Prüfung mit der Proctornadel konnte also erst nach dem 2. Übergang vorgenommen werden, da die Risse durch den entgegengesetzt ausgeführten Walzgang zusammengedrückt wurden. War das Walzengweicht $\leqq$ als die Grenzbelastung, so verkleinerten sich die Risse mit jedem weiteren Übergang,bis sie fast verschwanden. Lag es jedoch über der Grenzbelastung, nahm die Stärke der Risse meist nur bis zum 3. oder 4. Übergang ab und bei weiteren Übergängen scherte der Boden infolge des angestiegenen Flächendruckes in der verkleinerten Aufstandsfläche erneut an der Oberfläche aus, und zwar um so stärker, je größer die Anzahl der Übergänge und das Walzengewicht waren. Das Entstehen der Querrisse und der Scherflächen, ihre Größe und Abstände, die bei den 4 Versuchsreihen nicht wesentlich voneinander abwichen, zeigen die Abbildungen 131 und 132.

Die je nach dem Walzengewicht bis zu etwa 100 mm Tiefe reichenden und in Abständen von 60-100 mm auftretenden Querrisse verliefen zur Oberfläche zu um so steiler und gerader, je größer, und desto flacher bzw. gebogener, je kleiner der Walzendurchmesser war (Abb. 130).

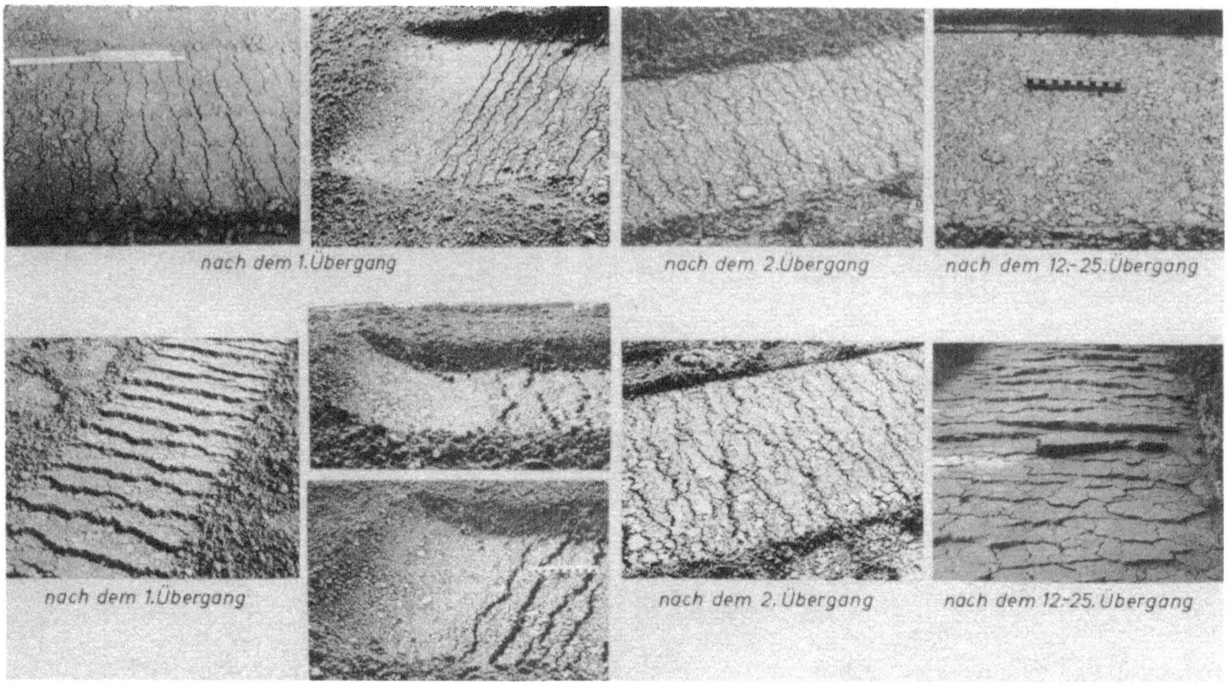

Abbildung 131

Glattwalzenversuche mit gezogener Walze

Aussehen der Walzbahnoberfläche und Bildung von Querrissen
Obere Bildreihe: Gewicht $\leq$ Grenzbelastung
Untere Bildreihe: Gewicht > Grenzbelastung

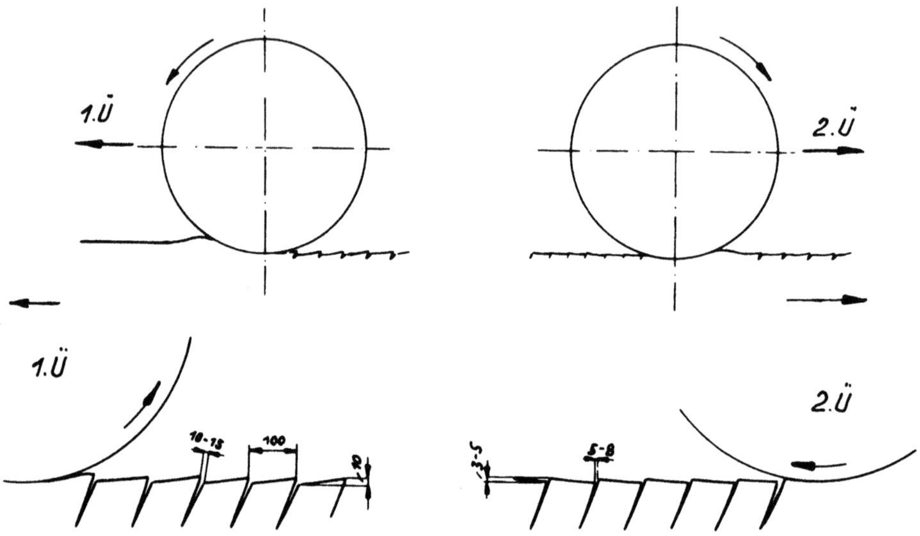

Abbildung 132

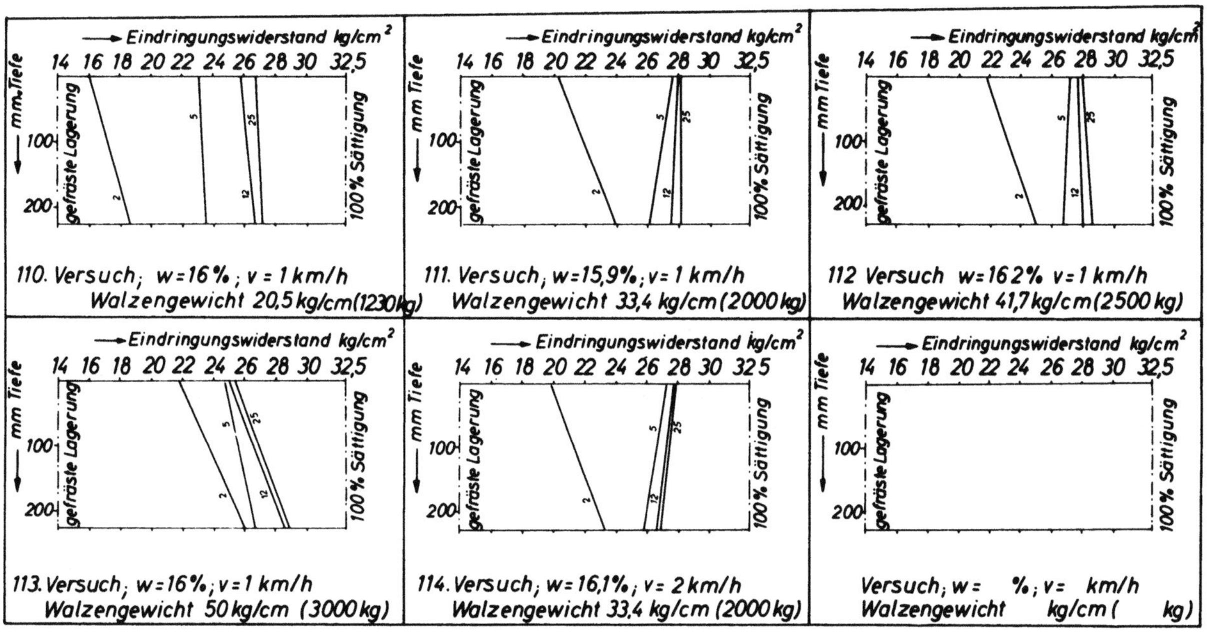

Abbildung 133

Glattwalzenversuche mit gezogener Walze

Walzendurchmesser 800 mm
Walzenbreite 600 mm
Versuchsboden: schwach bindiger, sandiger Schluff
Wassergehalt 16±0,3%
Schütthöhe 225 mm

13.12 Die Versuche mit 800 mm Walzendurchmesser

Bei der Veränderung des Walzengewichtes zwischen 1230 und 3000 kg (20,5 und 50,0 kg/cm) prägten sich die unter 13.11 angeführten Vorgänge wiederum deutlich aus. Aus der Neigung der Verdichtungslinien läßt sich wiederum deutlich der Bereich der Grenzbelastung erkennen (Abb. 133); so deutet der stärkere Abfall des Eindringungs-Widerstandes in der oberen Schicht bei 3000 kg Walzengewicht auf die Überschreitung der Grenzbelastung hin. In der unteren Schicht nimmt mit der Erhöhung des Gewichtes erwartungsgemäß die Dichte ständig zu.

Bei vielen Versuchen zeigt sich aus dem Verlauf des Eindringungs-Widerstandes nach dem 2. und 5. Übergang, daß sich die Verdichtung von unten nach oben aufbaut. Der vorliegende Schluff bildet also nicht beim 1. Übergang eine stark verdichtete Oberflächenkruste, wie sie sich vielfach bei schweren bindigen Böden ausbildet und durch ihre druckverteilende Wirkung die weitere Verdichtung nach der Tiefe erschwert oder verhindert.

13.13 Die Versuche mit 1200 mm Walzendurchmesser

Mit der stufenweisen Erhöhung des Walzengewichtes von 1600 auf 3460 kg (26,7 kg/cm auf 57,6 kg/cm) ergibt sich nur nach den ersten 2 Übergängen bei allen Versuchen ein ständiger Anstieg des Eindringungs-Widerstandes. Nach 5 Übergängen verursacht bereits wieder das zu hohe Walzengewicht von 3460 kg eine Abnahme der Dichte in der obersten Schicht, aus den unter 13.11 angeführten Gründen (Abb.134). Die Abbildung zeigt

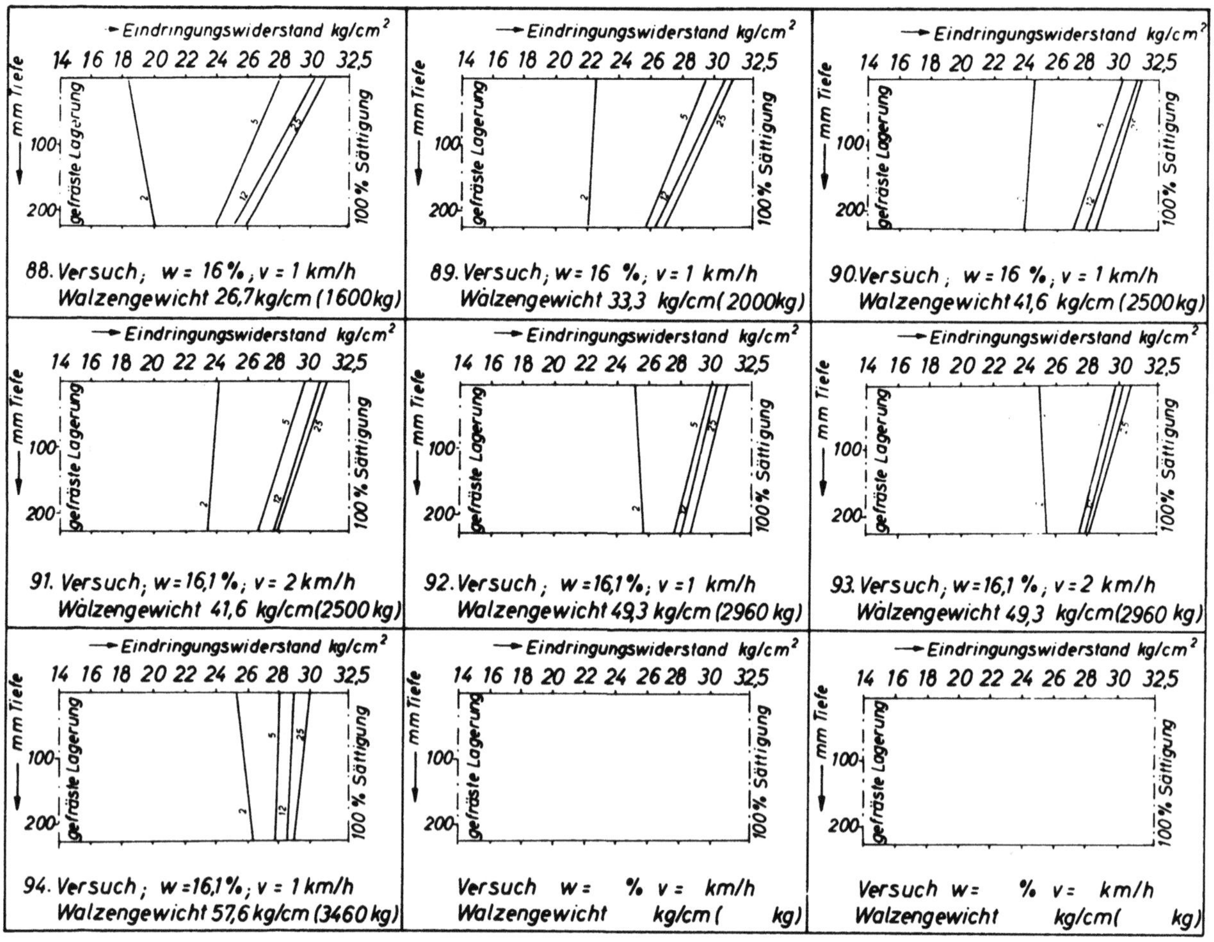

A b b i l d u n g 134

Glattwalzenversuche mit gezogener Walze

Walzendurchmesser 1200 mm, Walzenbreite 600 mm, Versuchsboden: schwach bindiger, sandiger Schluff, Wassergehalt 16±0,3%, Schütthöhe 225 mm

ferner, daß durch die annähernde Verdoppelung des Gewichtes von 1600 auf 2960 kg (Versuch 88 und 92) nach 12 oder 25 Übergängen keine Zunahme der Dichte in der oberen Schicht festzustellen ist. In der unteren Schicht steigt jedoch der Eindringungs-Widerstand bei allen Versuchen und Übergängen an.

13.14 Die Versuche mit 1600 mm Walzendurchmesser

Der stetige, allerdings nur geringe Anstieg des Eindringungs-Widerstandes in der oberen Schicht bei einer Gewichtserhöhung von 1180 auf 3580 kg (19,7 auf 59,7 kg/cm) läßt erkennen, daß die Grenzbelastung bei dieser Versuchsreihe demnach noch nicht erreicht ist (Abb. 135). Da sich der

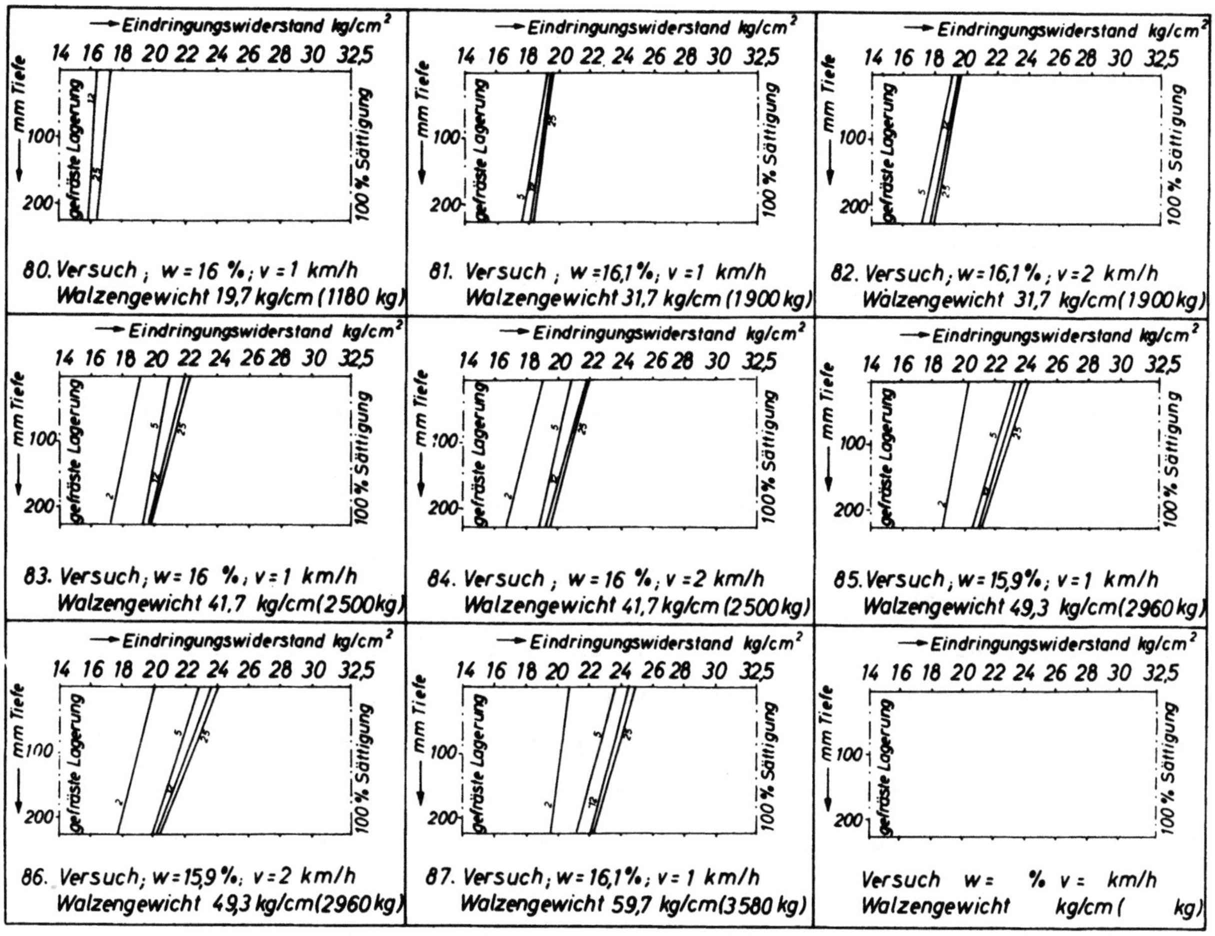

A b b i l d u n g 135

Glattwalzenversuche mit gezogener Walze

Walzendurchmesser 1600 mm, Walzenbreite 600 mm, Versuchsboden: schwach bindiger, sandiger Schluff, Wassergehalt 16±0,3%, Schütthöhe 225 mm

Boden jedoch bei etwa 60 kg/cm Walzenbelastung nach 12 Übergängen an der Oberfläche stark schuppenartig herausdrückte, ohne daß allerdings die Proctorwerte abnehmen, wird dieses Gewicht zweckmäßig als Grenzbelastung angesehen.

Da bei gleichem Gewicht die Aufstandsfläche der 1600er Walze größer ist als die der 1200er, wurden infolge der kleineren Bodendrücke bei der 1600er Versuchsreihe niedrigere Proctorwerte und somit eine geringere Dichte erreicht.

13.2 Die Veränderung der Walzengeschwindigkeit

Bei allen 4 Versuchsreihen zeigt der Vergleich der entsprechenden Versuche, die mit 1 und 2 km/h Walzengeschwindigkeit gefahren wurden, daß die vorgenommene Geschwindigkeits-Veränderung die Verdichtung nicht beeinflußte.

13.3 Die Zusammenfassung der Ergebnisse mit gezogenen Walzen auf Schluff bei gleichem Wassergehalt

13.31 Die Verdichtungsergebnisse

Auch für Schluff wurde das erreichte Trockenraumgewicht bei 1 km/h Walzengeschwindigkeit in Abhängigekit vom Walzendurchmesser, vom Walzengewicht und von der Anzahl der Übergänge wie bei Sand (s.8.51) aufgetragen, so daß die Einflüsse der genannten Faktoren auf die Verdichtung deutlich zu erkennen sind (Abb. 136 und 137). Die Ergebnisse für die obere Schicht zeigen, daß mit der Erhöhung des Walzengewichtes bei allen 4 Versuchsreihen nach den ersten 2 Übergängen das Trockenraumgewicht ansteigt. Nach dem 5. Übergang prägen sich jedoch im Kurvenverlauf für die 550er, 800er und 1200er Versuchsreihe (ähnlich wie bei Sand) mehr oder weniger deutlich Scheitelpunkte aus, die die betreffenden Grenzbelastungen für die 3 Walzendurchmesser erkennen lassen. Bei 550 mm Walzendurchmesser zeichnet sich erwartungsgemäß die Grenzbelastung wiederum am deutlichsten ab. Wie bereits unter 13.14 erwähnt, lassen die Verdichtungskurven für die Versuche mit 1600 mm Walzendurchmesser den Bereich der Grenzbelastung innerhalb der vorgenommenen Gewichtsveränderung nicht erkennen.

Die stärkste Verdichtung nach 5 und mehr Übergängen wurde in der oberen Schicht mit 1200 mm Walzendurchmesser erreicht. Wie man auf der Abbildung 138 erkennt, ergaben sich bei dieser Versuchsreihe auch die größten mittleren spezifischen Flächenpressungen in der Aufstandsfläche. Hier stehen augenscheinlich die Horizontalkräfte (Zugkräfte) und die Bodendrücke im günstigsten Verhältnis zueinander, so daß die größte Verdichtungsarbeit auf den Boden übertragen wird. Die Abbildung zeigt ferner, daß eine Ausdehnung des Walzenvorganges auf mehr als 5 Übergänge praktisch ohne Einfluß auf die Zunahme der Bodenpressung und somit der Verdichtung ist.

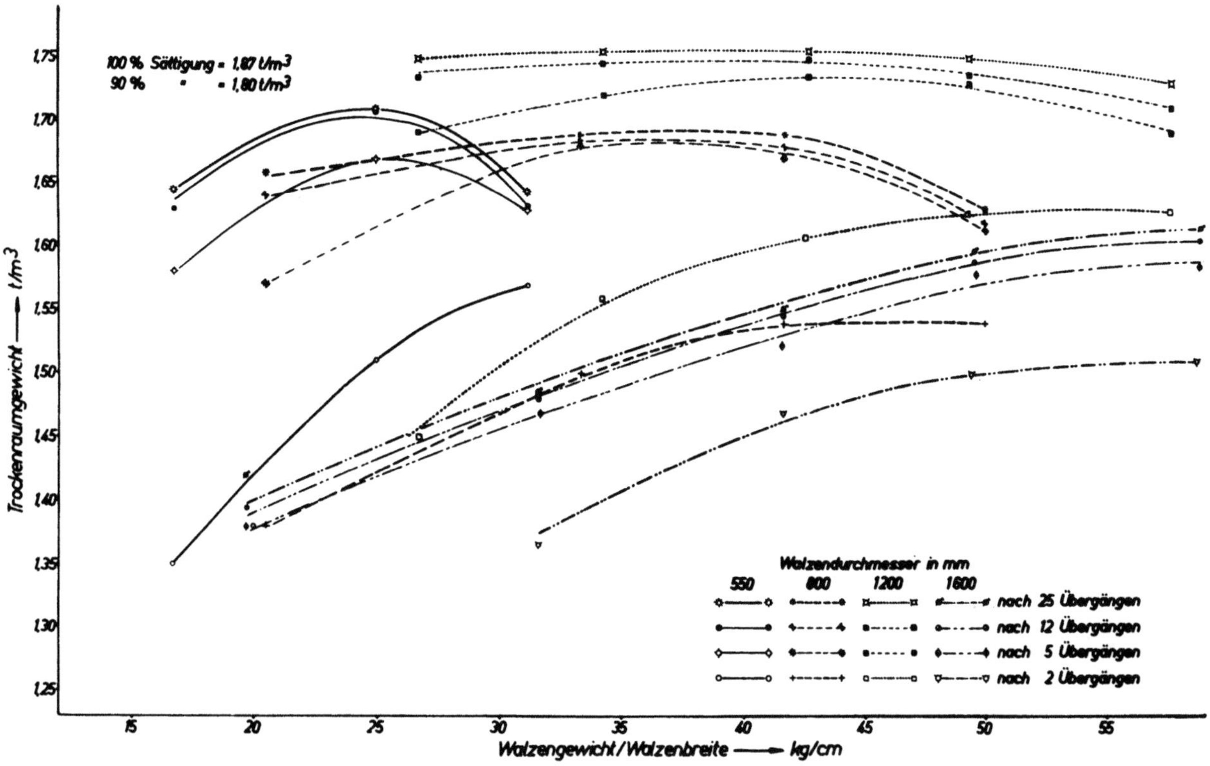

A b b i l d u n g 136

Glattwalzenversuche mit gezogener Walze

Einfluß des Walzengewichtes und Walzendurchmessers auf die Verdichtung der obersten Schicht

Walzenbreite 600 mm
v = 1 km/h
Versuchsboden: schwach bindiger, sandiger Schluff
Schütthöhe 225 mm
w=16±0,3%

Im Gegensatz zu den Kurven für die obere Schicht weisen diejenigen für die untere Schicht bei allen 4 Versuchsreihen eine steigende Tendenz mit zunehmendem Walzengewicht auf, und eine eindeutige Grenzbelastung zeichnet sich hier also nicht ab. Nach einigen Übergängen konnte trotz unterschiedlichem Walzengewicht bei den Versuchen mit 550, 800 und 1200 mm Durchmesser eine annähernd gleiche Dichte in der unteren Schicht erreicht werden. Bei der 1600er Versuchsreihe lag dagegen das erreichte Trockenraumgewicht wiederum wesentlich niedriger, was voraussichtlich auf die geringere Knetarbeit zurückzuführen ist.

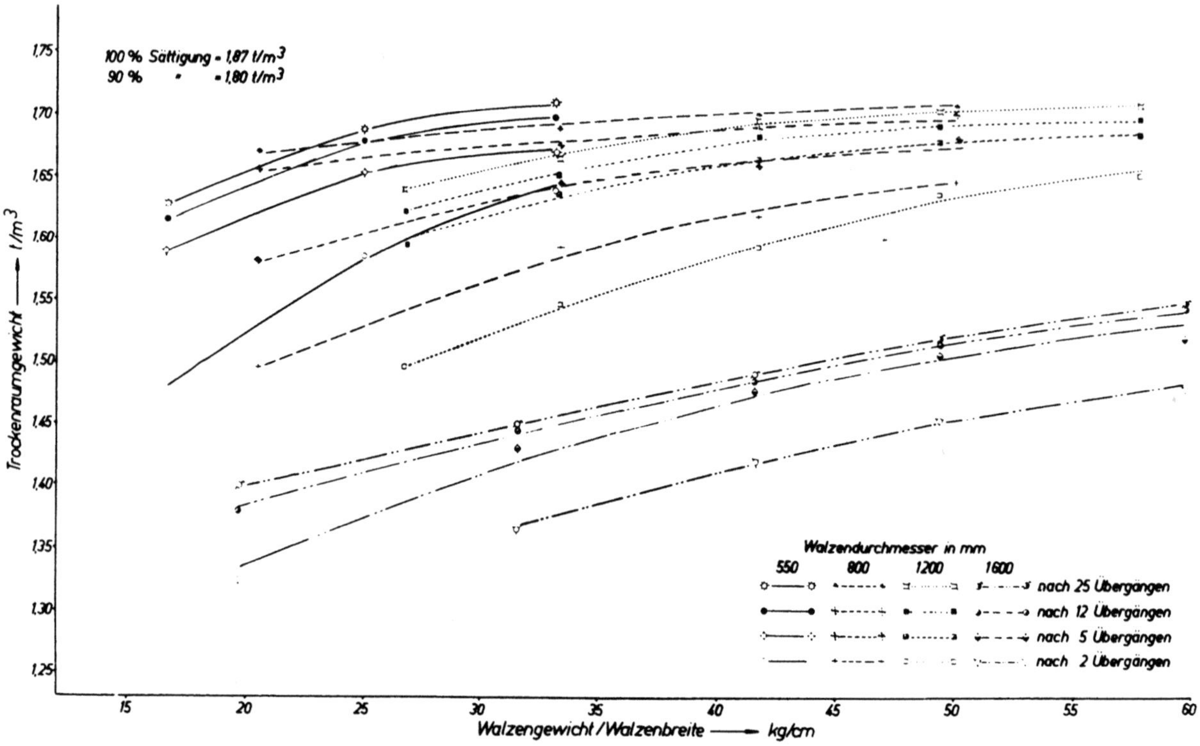

A b b i l d u n g 137

Glattwalzenversuche mit gezogener Walze

Einfluß des Walzengewichtes und Walzendurchmessers auf die Verdichtung der untersten Schicht

Walzenbreite 600 mm

v = 1 km/h

Versuchsboden: schwach bindiger, sandiger Schluff

Schütthöhe 225 mm

w=16±0,3%

13.32 Die Zugkraft-Meßergebnisse

Die bei 1 km/h Walzengeschwindigkeit und etwa 16% Wassergehalt gemessenen Zugkräfte wurden gleichfalls wie unter 8.52 für 1 m Walzenbreite umgerechnet und in Abhängigkeit vom Walzengewicht und vom Walzendurchmesser aufgetragen (Abb. 139 und 140). Die Ergebnisse zeigen, daß mit steigendem Walzengewicht die Zugkräfte um so schneller zunehmen, je kleiner die Walze ist, und daß die Zugkräfte bei gleichem Walzengewicht um so kleiner sind, je größer der Walzendurchmesser ist.

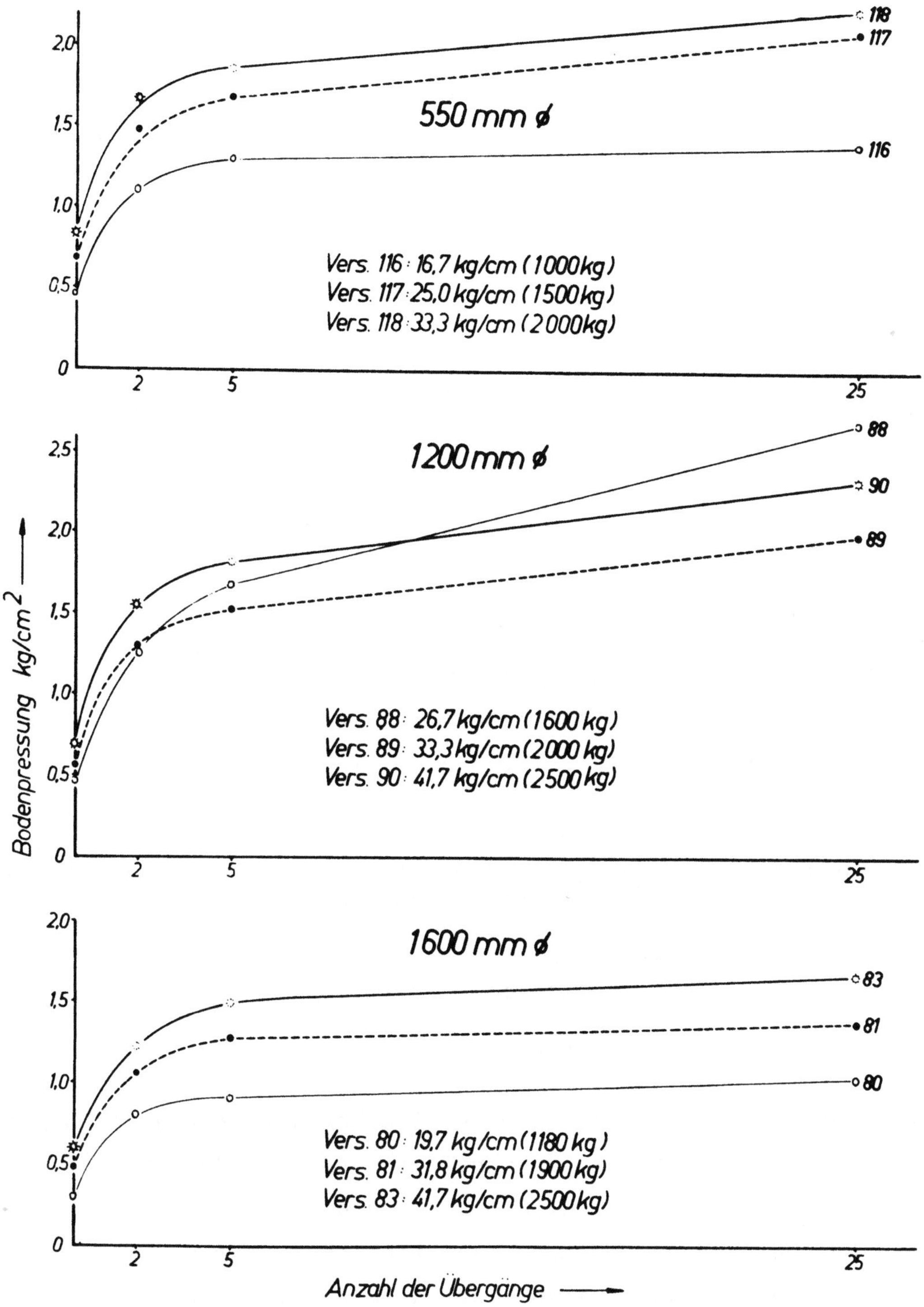

A b b i l d u n g 138

Glattwalzenversuche mit gezogener Walze

Mittlere spez. Bodenpressung beim Absenken der Walze im Stand (10 sek) in Abhängigkeit von der Anzahl der Übergänge und dem Walzengewicht Versuchsboden: schwach bindiger, sandiger Schluff, w = 16 ± 0,3%

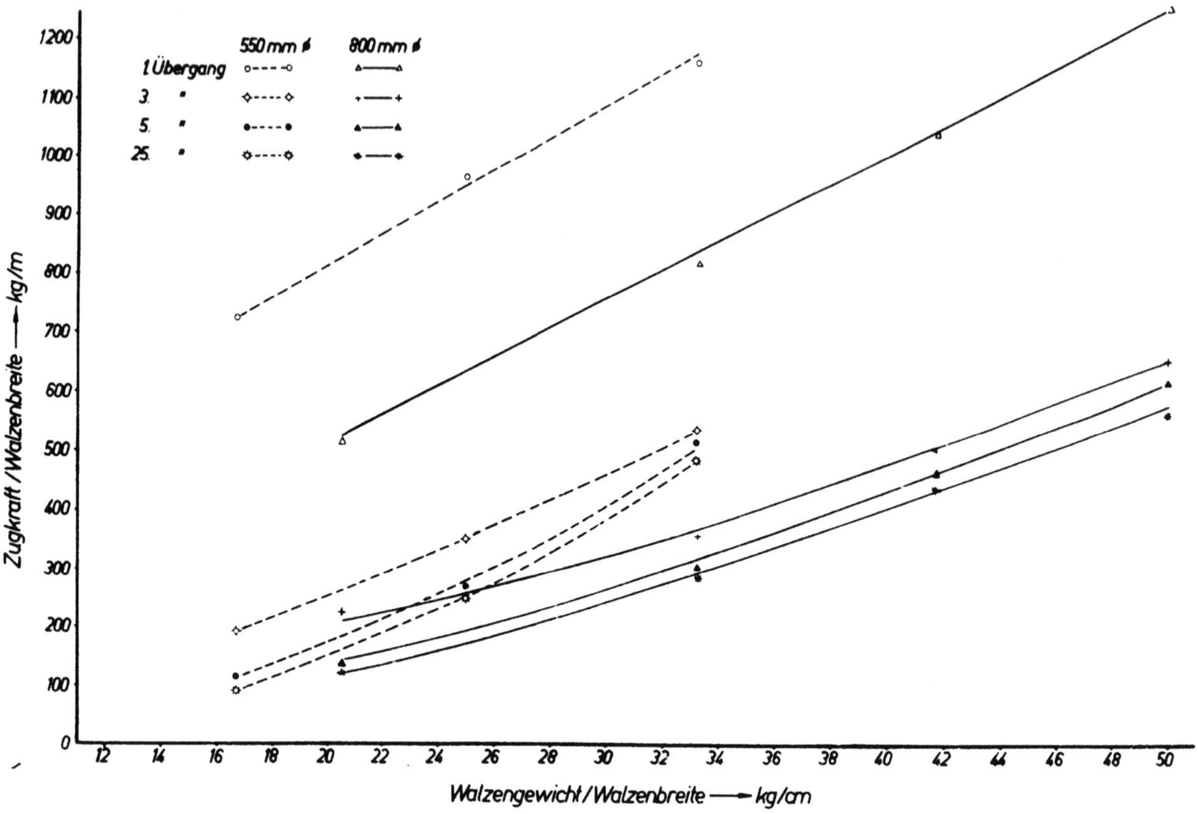

A b b i l d u n g 139

Versuche mit gezogener Walze
Gemessene Zugkraft in Abhängigkeit vom Walzendurchmesser, Walzengewicht und von der Anzahl Übergänge

Walzenbreite 600 mm
v = 1 km/h
Versuchsboden: schwach bindiger, sandiger Schluff
Schütthöhe 225 mm
w=16±0,3%

Eine Übereinstimmung im Verlauf der Verdichtungskurven und der Zugkräfte, die sich, wie bei Sand, in einem schnelleren Anstieg der Zugkräfte beim Überschreiten der Grenzbelastung äußern könnte, erkennt man bei Schluff nicht; das ist dadurch zu erklären, daß sich beim Überschreiten des Grenzgewichtes keine Stauwelle vor der Walze bildet; sondern daß sich die Grenzbelastung lediglich in einer starken Scherflächenbildung äußert, die jedoch keinen so erheblichen Zugkraftanstieg zur Folge hat, daß ein Knick im Kurvenverlauf entstehen würde. Die Abbildung 141 zeigt die Rollwiderstands-Beiwerte in Abhängigkeit vom Walzengewicht und vom Walzendurchmesser. Man erkennt, daß bei 800, 1200 und 1600 mm Walzendurchmesser der Rollwiderstand vom Walzengewicht weit geringer als bei der 550er Walze beeinflußt wird. Die gemessenen und die nach FÖPPL

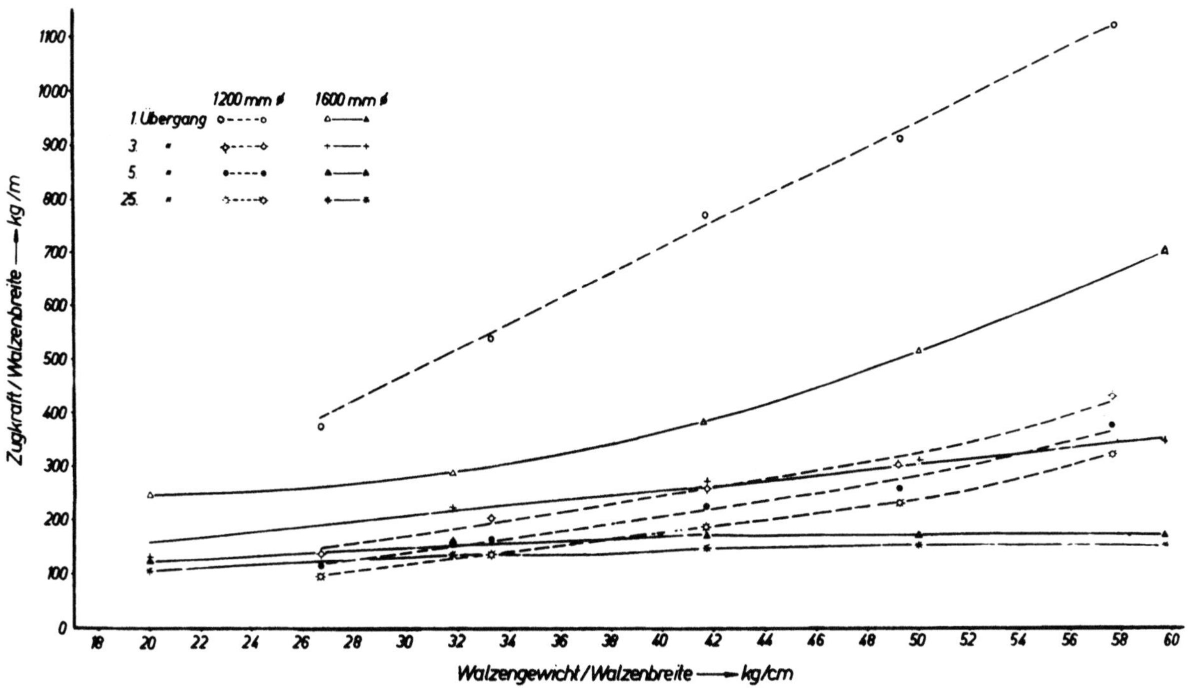

A b b i l d u n g 140

Versuche mit gezogener Walze

Gemessene Zugkraft in Abhängigkeit vom Walzendurchmesser, Walzengewicht und von der Anzahl Übergänge

Walzenbreite 600 mm
v = 1 km/h
Versuchsboden: schwach bindiger, sandiger Schluff
Schütthöhe 225 mm
w=16±0,3%

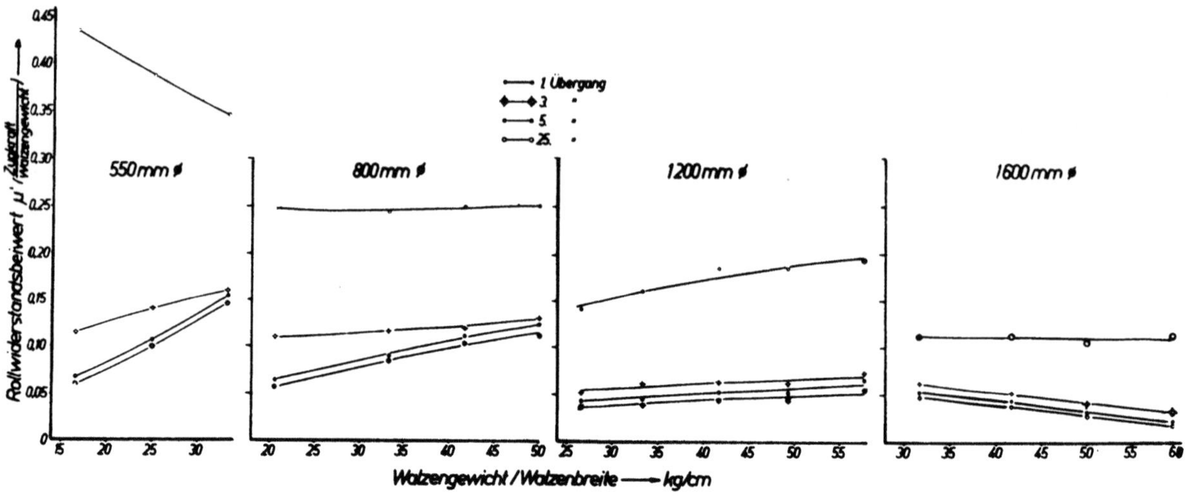

A b b i l d u n g 141

Versuche mit gezogener Walze

Rollwiderstandsbeiwert in Abhängigkeit vom Walzendurchmesser, Walzengewicht und von der Anzahl Übergänge
Walzenbreite 600 mm, v = 1 km/h, Versuchsboden: schwach bindiger, sandiger Schluff, Schütthöhe 225 mm, w=16±0,3%

berechneten Zugkräfte (s.S.52) wurden hier gleichfalls ins Verhältnis gesetzt, um die Fehlerbereiche festzustellen. Die Ergebnisse (Abb. 142) zeigen, daß bei Schluff die gemessenen und die aus der statischen Absenktiefe t berechneten Zugkräfte annähernd übereinstimmen. Die größten Abweichungen ergeben sich beim 1. Übergang; hier wurden bei der 550er Versuchsreihe etwa 30% zu kleine und bei der 1600er Versuchsreihe etwa 30% zu große Zugkräfte berechnet.

Setzt man die Oberflächensetzung Δs in die FÖPPEL'sche Zugkraft-Formel ein, so ergibt sich zwar beim 1. Übergang ebenfalls eine gute Übereinstimmung zwischen den gemessenen und den berechneten Werten,bei den höheren Walzgängen treten jedoch Abweichungen bis zu 600% auf. Zweckmäßig rechnet man also mit der Absenktiefe t, die aus der Sehne der Aufstandsfläche (Abb. 143) und dem Walzendurchmesser zu bestimmen ist.

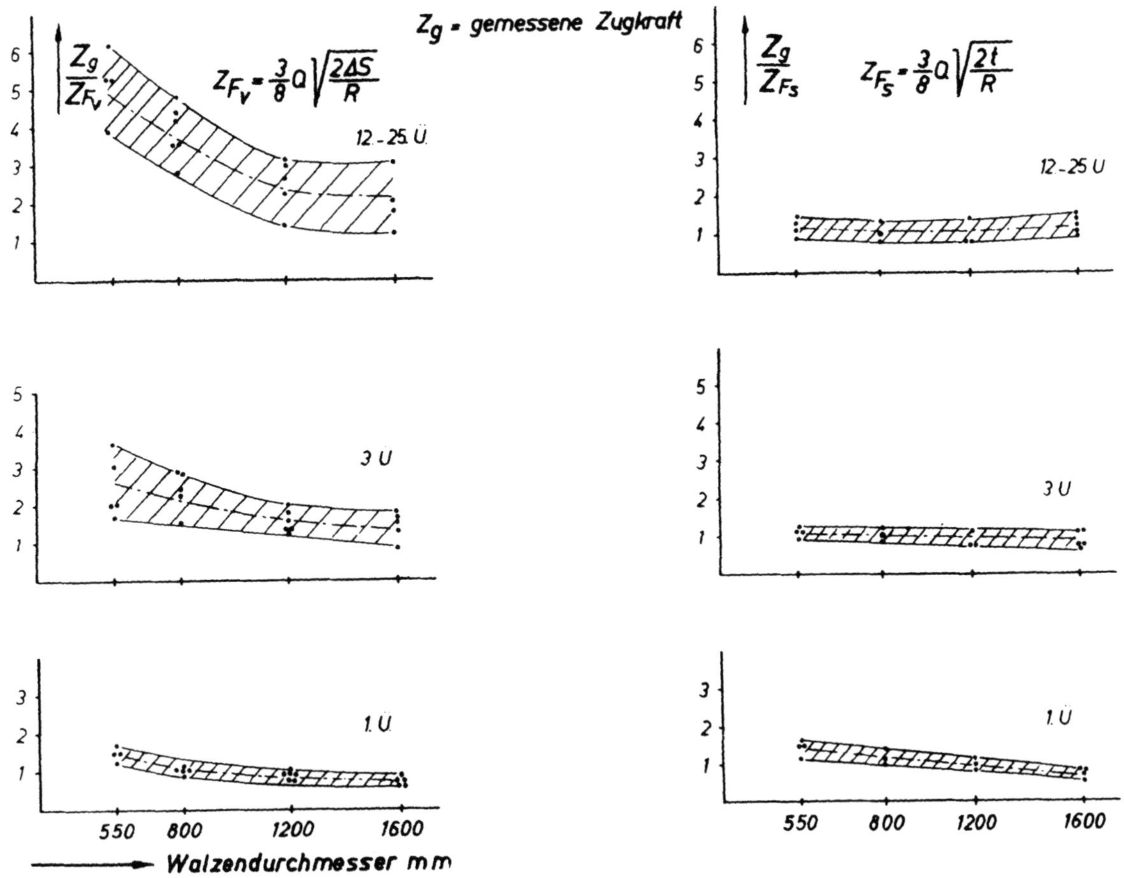

Abbildung 142

Glattwalzenversuche mit gezogener Walze

Auftretende Fehlerbereiche für Zugkräfte bei verschiedenen Berechnungsarten

Walzengeschwindigkeit 1 km/h
Walzenbreite 600 mm
Versuchsboden: schwach bindiger, sandiger Schluff
Schütthöhe 225 mm
Wassergehalt = 16±0,3%

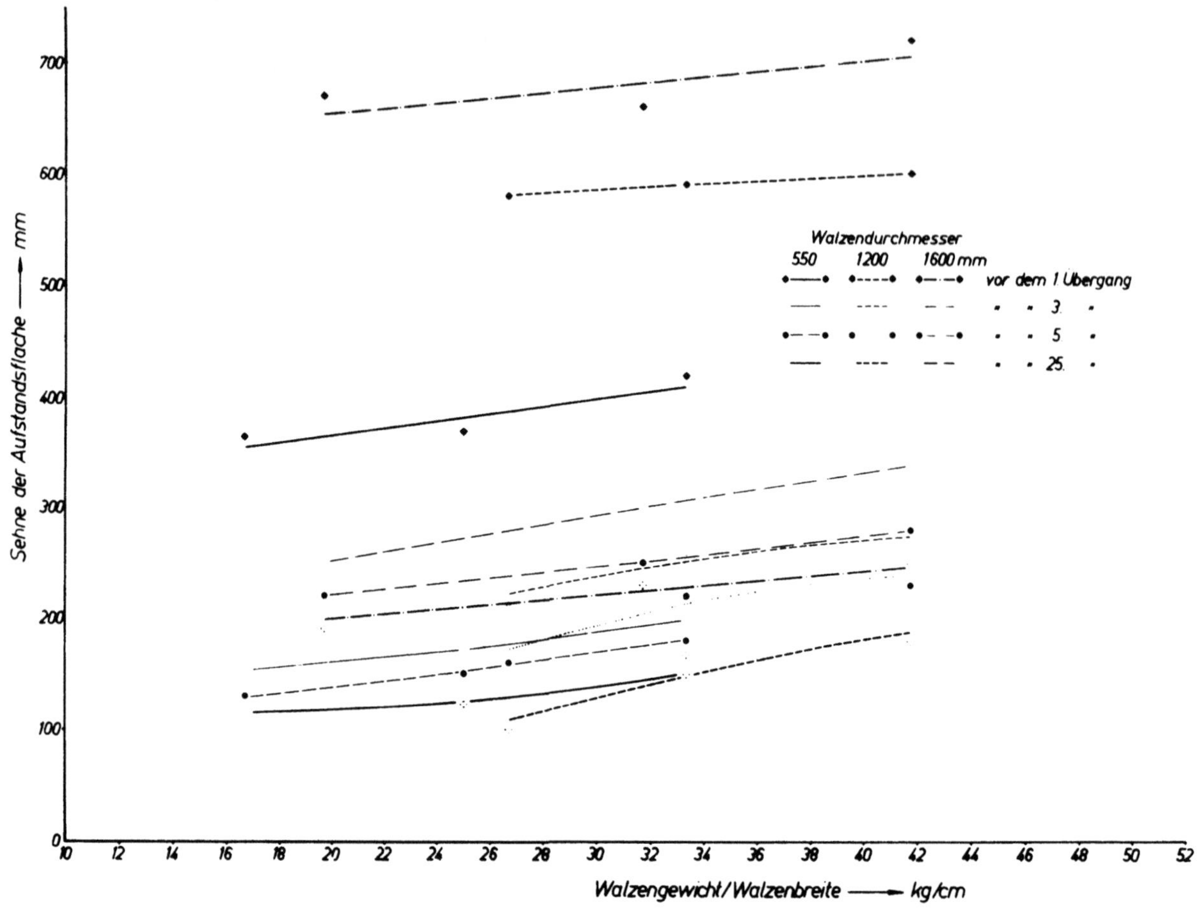

A b b i l d u n g 143

Glattwalzenversuche mit gezogener Walze

Gemessene Sehne der Aufstandsfläche in Abhängigkeit vom Walzengewicht und Walzendurchmesser, Standzeit 10 Sek
Walzenbreite 600 mm, v = 1 km/h, Versuchsboden: schwach bindiger, sandiger Schluff, Schütthöhe 225 mm, w=16±0,3%

13.33 Die Bodenverformungen

Die horizontalen Bodenverschiedungen wurden bei Schluff gleichfalls bei den meisten Versuchen in Fotos festgehalten, meist jedoch nur nach dem 1. und 2. Walzgang, da selbst bei schwerem Walzengewicht und kleinem Walzendurchmesser bei den höheren Übergängen nur noch geringe Verschiebungen auftraten; außerdem bereitete das senkrechte Einstechen des Schiebers in den stark verdichteten Boden erhebliche Schwierigkeiten. Die linken Bildhälften der Abbildungen 144 bis 147 zeigen eine Anzahl von Verschiebungen, die sich bei den 4 Versuchsreihen ergaben; sie sind nach steigendem Walzengewicht angeordnet. Bei gleichem Walzengewicht ergeben sich größere Unterschiede in den Verschiebungen bei den vier

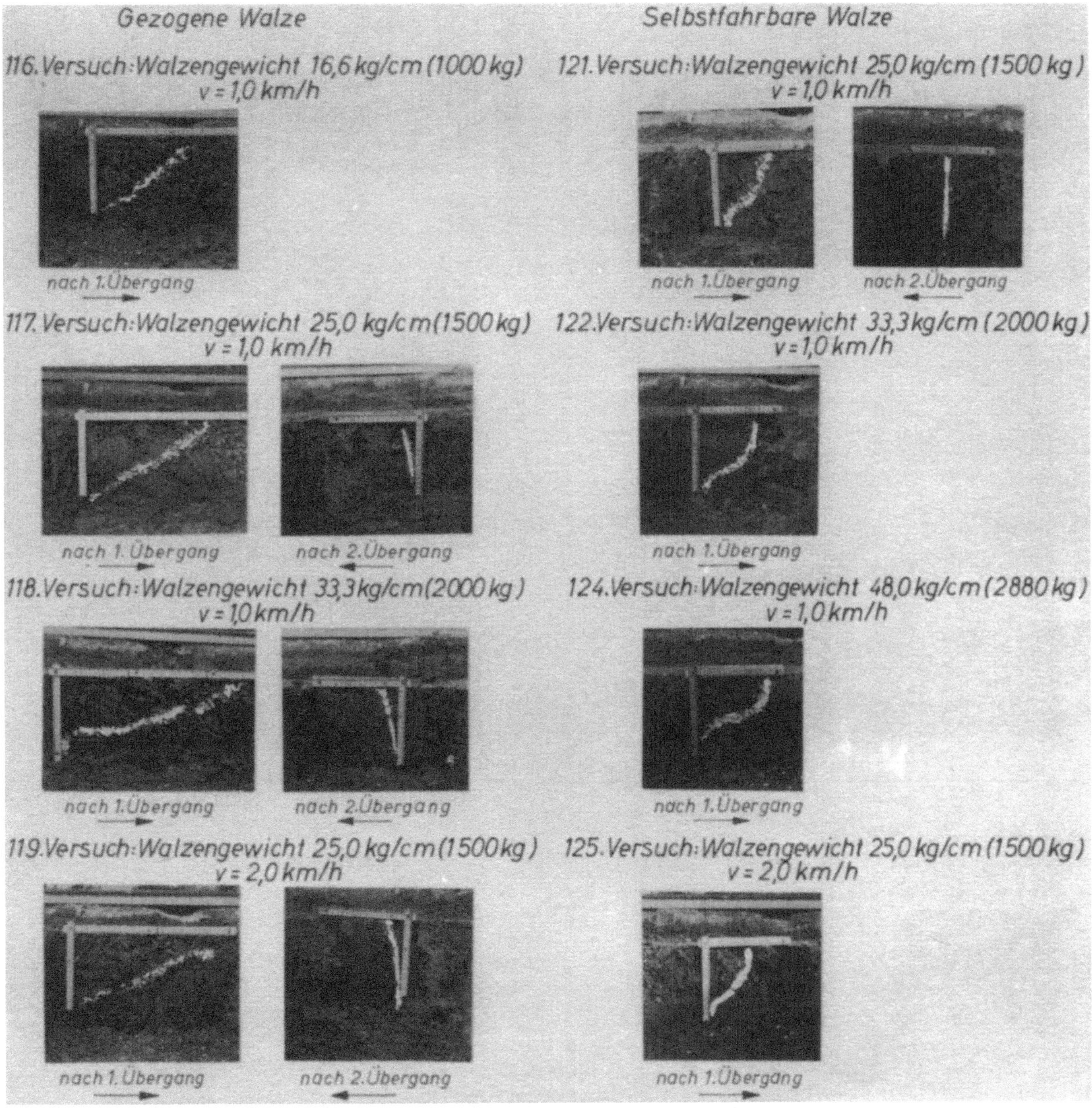

Abbildung 144

Versuche mit gezogener und selbstfahrbarer Walze

Walzendurchmesser 550 mm
Walzenbreite 600 mm
v = 1 km/h
Versuchsboden: schwach bindiger, sandiger Schluff
w = $16 \pm 0,3\%$
Schütthöhe 225 mm

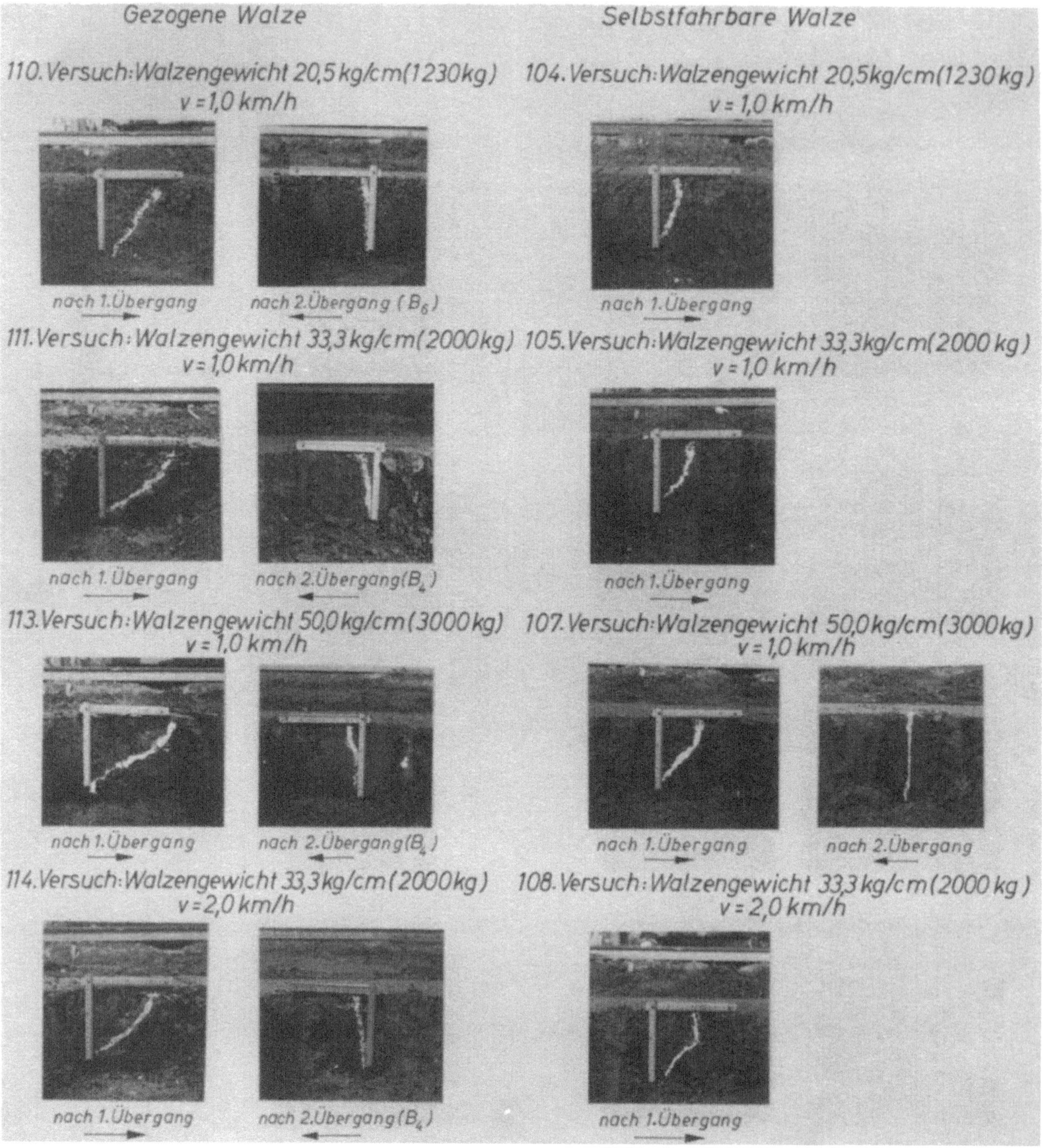

A b b i l d u n g 145

Versuche mit gezogener und selbstfahrbarer Walze

Walzendurchmesser 800 mm
Walzenbreite 600 mm
v = 1 km/h
Versuchsboden: schwach bindiger, sandiger Schluff
w = 16 ± 0,3%
Schütthöhe 225 mm

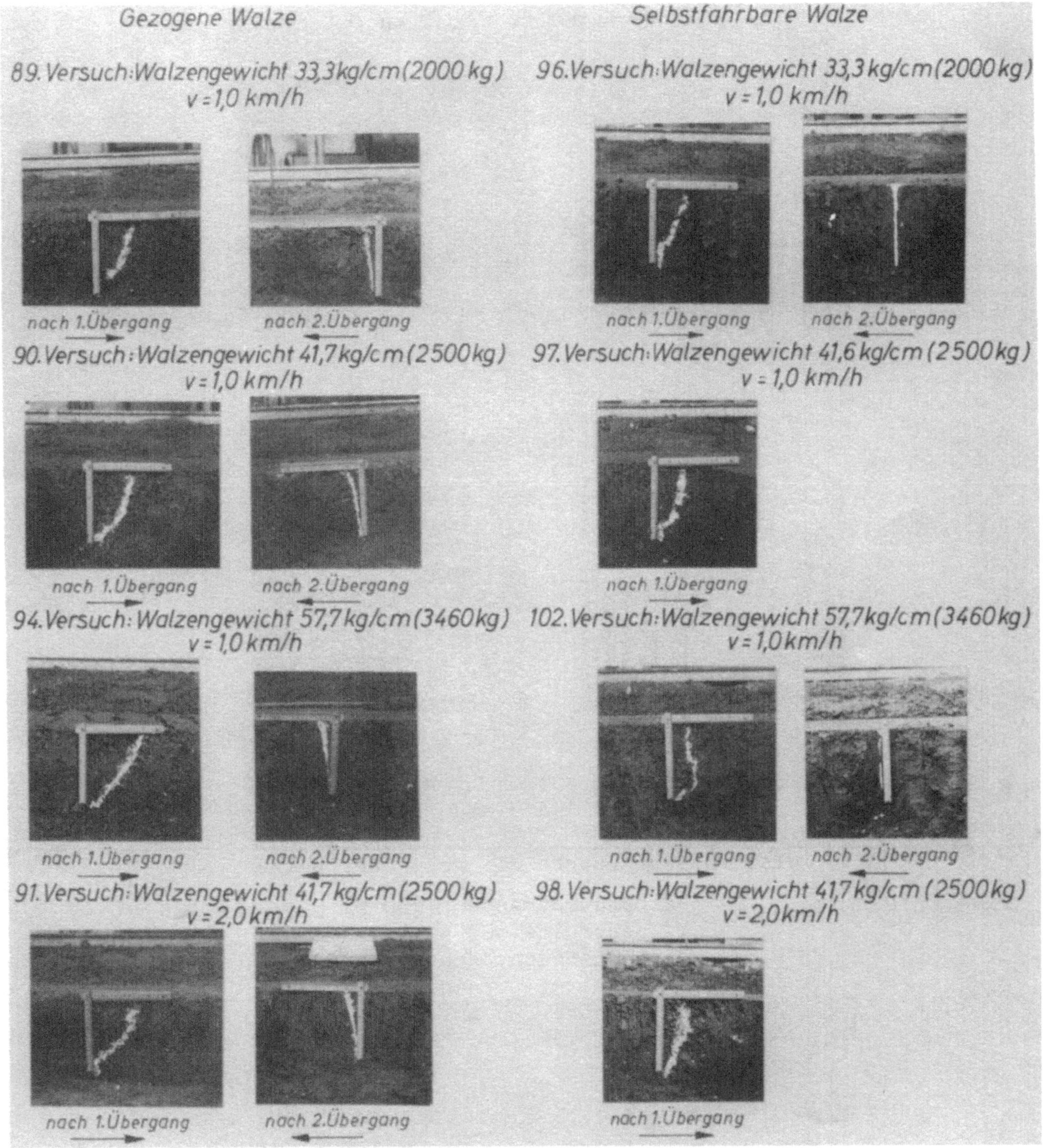

A b b i l d u n g 146

Versuche mit gezogener und selbstfahrbarer Walze

Walzendurchmesser 1200 mm
Walzenbreite 600 mm
v = 1 km/h
Versuchsboden: schwach bindiger, sandiger Schluff
w = 16±0,3%
Schütthöhe 225 mm

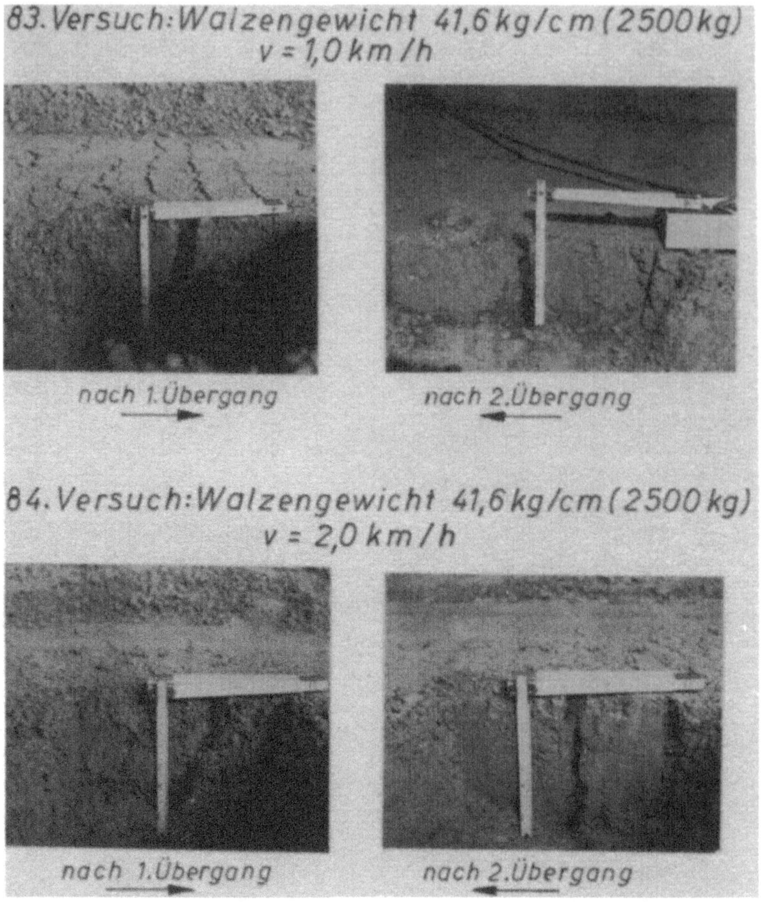

Abbildung 147

Glattwalzenversuche mit gezogener Walze

Walzendurchmesser 1600 mm
Walzenbreite 600 mm
Versuchsboden: schwach bindiger, sandiger Schluff
Schütthöhe 225 mm
w = 16±0,3%

Versuchsreihen nur beim 1.Übergang (vgl. Vers. 118, 111, 89 und 83). Man erkennt, daß die 550er Walze den Boden wesentlich stärker als die 3 größeren Walzen bewegt. Bereits nach dem 2.Übergang lassen sich nennenswerte Unterschiede nicht mehr feststellen, da der verdichtete Boden eine höhere Scherfestigkeit besitzt und somit den kleiner gewordenen Zugkräften genügend Widerstand entgegensetzen kann.

13.34 Die Ebenheitsmessungen

Die Oberflächen-Ebenheit auf der 8 m langen Meßstrecke wurde auch bei Schluff bei jedem Versuch durch Feststellen der Setzungen nach bestimmten Übergängen nachgeprüft. Die Nivellements, die sich bei 2000 und 3000 kg Walzengewicht bei den 4 Versuchsreihen ergaben, zeigen die Abbildungen 148 und 149.

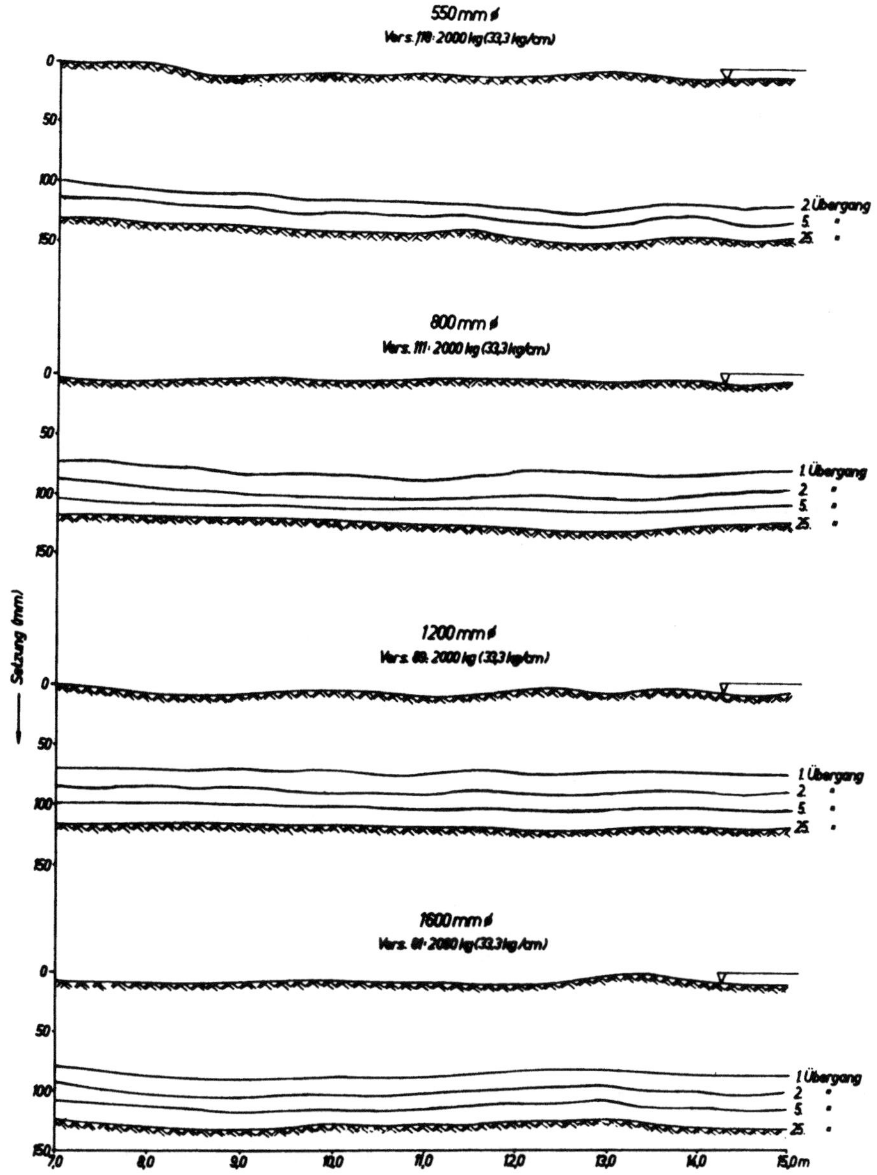

A b b i l d u n g 148

Glattwalzenversuche mit gezogener Walze

Oberflächenebenheit auf einer 8-m-Meßstrecke nach verschiedenen Übergängen

Versuchsboden: schwach bindiger, sandiger Schluff

w = 16 ± 0,3% v = 1 km/h

Ausgeprägte, periodisch auftretende Wellen, die von aufgeschobenem und überwalztem Boden herrühren könnten, sowie große Unterschiede in der Oberflächenebenheit waren bei den Versuchen nicht festzustellen.

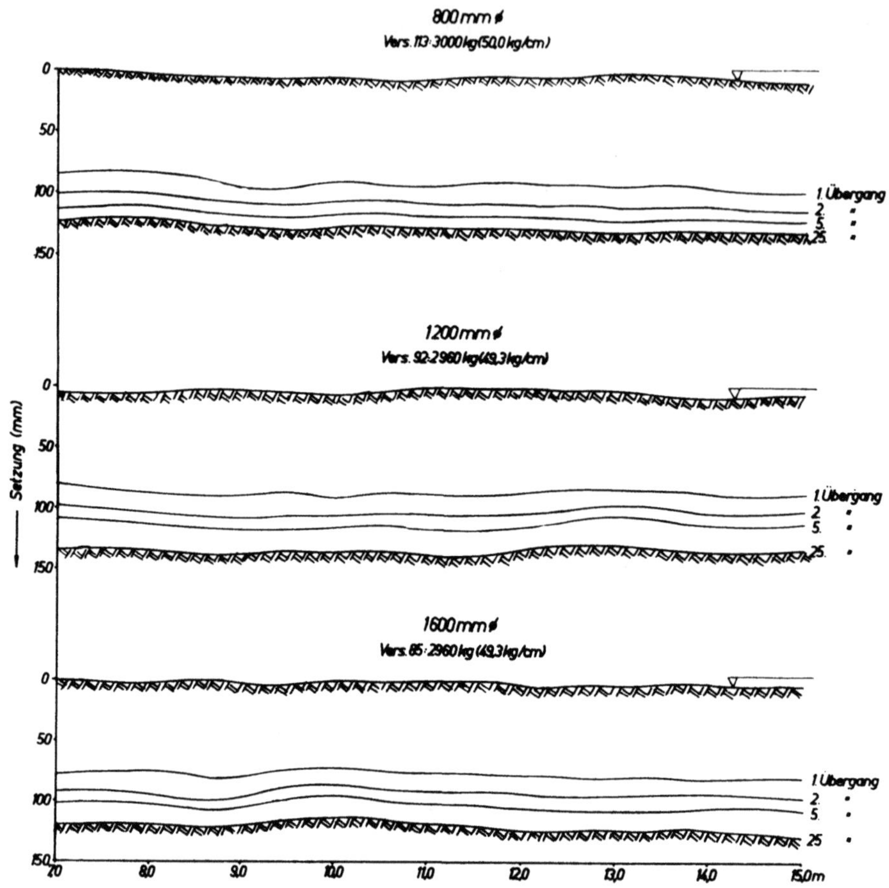

A b b i l d u n g 149

Glattwalzenversuche mit gezogener Walze
Oberflächenebenheit auf einer 8-m-Meßstrecke nach verschiedenen Übergängen
Versuchsboden: schwach bindiger, sandiger Schluff
w = 16+0,3%
v = 1 km/h

13.35 Die Setzungsmessungen

Infolge versuchstechnischer Schwierigkeiten beim Einlegen und Einmessen von Meßplatten und wegen der ohnehin nur geringen Schütthöhe wurde auf den Einbau von Platten verzichtet und nur die Oberflächenabsenkung nach bestimmten Übergängen festgestellt. Die aufgetretenen Setzungen sind in Abhängigkeit von der Anzahl der Übergänge, vom Walzengewicht und vom Walzendurchmesser für einige Versuche auf der Abbildung 150 aufgetragen.

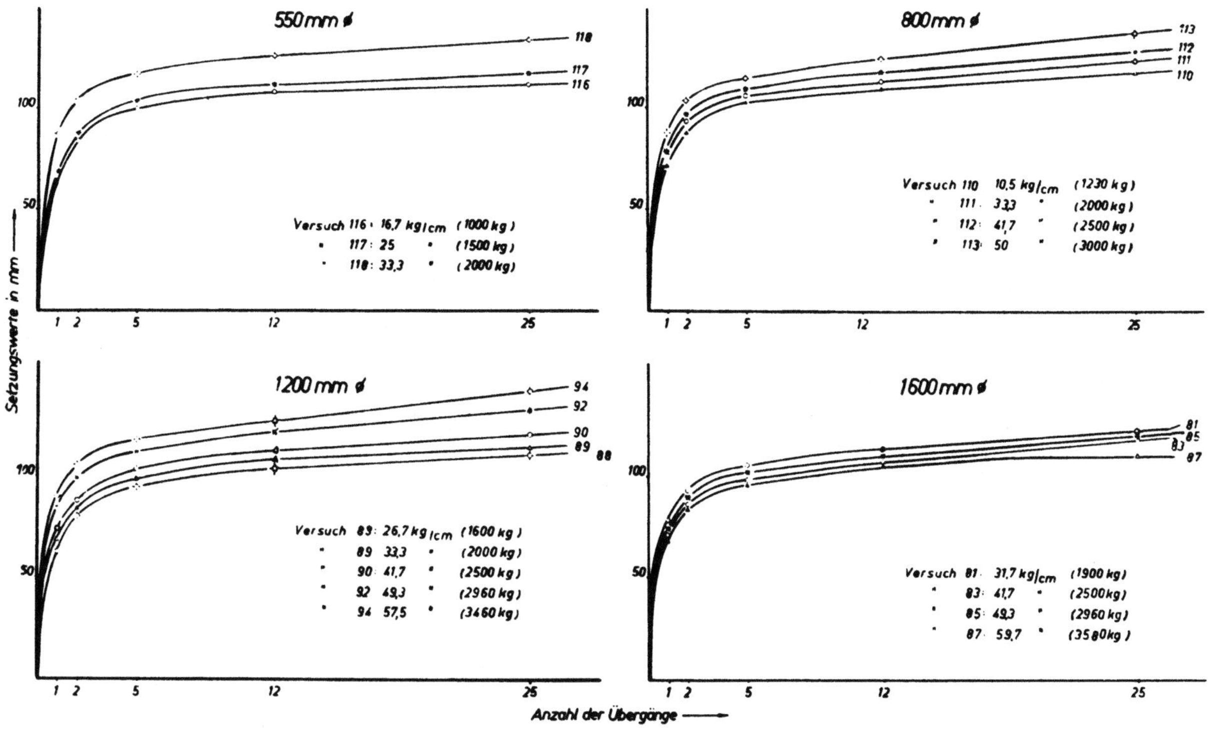

A b b i l d u n g 150

Glattwalzenversuche mit gezogener Walze

Absolute Setzungswerte der Oberfläche in Abhängigkeit von der Walzenbelastung und der Anzahl der Übergänge

Walzengeschwindigkeit 1 km/h
Walzenbreite 600 mm
Versuchsboden: schwach bindiger, sandiger Schluff
Wassergehalt 16±0,3%
Schütthöhe 225 mm

Die Kurven der 4 Versuchsreihen zeigen den gleichen charakteristischen Verlauf, nämlich besonders hohe anfängliche und langsam ausklingende Setzungswerte, wobei mit steigendem Walzengewicht die Werte zunehmen; Unregelmäßigkeiten zeigen sich lediglich bei der 1600er Versuchsreihe. Die 4 Kurvenscharen lassen erkennen, daß bei gleichem Walzengewicht die Setzungen um so größer sind, je kleiner der Walzendurchmesser ist, da sich mit ansteigendem Walzendurchmesser eine größere Aufstandsfläche, somit ein geringerer spezifischer Bodendruck und eine kleinere Eindringtiefe ergeben. Aus dem Verlauf sämtlicher Setzungskurven war festzustellen, daß nach dem 2., 5. und 10. Walzgang etwa 75, 86 und 92% der Setzung erreicht wurde, die sich nach 25 Übergängen ergab. Die drei genannten Prozentzahlen schwanken bei sämtlichen Versuchen nur sehr wenig.

13.36 Der Einfluß der Anzahl der Übergänge

Unter 8.57 wurde bereits darauf hingewiesen, den Verdichtungsvorgang aus wirtschaftlichen Überlegungen dann abzubrechen, wenn die aufgewendete Verdichtungsarbeit kaum noch eine wesentliche Verdichtungszunahme erbringt. Dies ist nach den vorliegenden Ergebnissen nach etwa 5-10 Übergängen der Fall, wobei der kleinere Wert für größeres und der höhere Wert für niedrigeres Walzengewicht gilt. Die Versuche mit 1200 mm Walzendurchmesser zeigten z.T., daß bei 16% Wassergehalt und hohem Walzengewicht (50 kg/cm) nach 5 Übergängen etwa 92% und nach 25 Übergängen 93,5% der einfachen Proctordichte in der oberen Schicht erreicht wurde. Hieraus erkennt man, wie wenig die weiteren 20 Übergänge zur Erhöhung der Verdichtung beitragen.

14. Die Untersuchungen mit selbstfahrbaren statischen Gleitwalzen auf Schluff bei konstantem Wassergehalt

Zur Nachprüfung der Verdichtung diente auch hier meist die Proctornadel; zusätzlich wurden jedoch ebenfalls, wie bei den Versuchen mit der gezogenen Walze, eine Reihe von ungestörten Bodenproben neben den Nadeleindrücken im Laufe der gesamten Versuchsdurchführung entnommen und die ermittelten Trockenraumgewichte zur weiteren Vervollständigung der Eichkurve (Abb. 128) benutzt.

14.1 Die Veränderung des Walzengewichtes

Der weitaus größte Teil der Versuche mit den selbstfahrbaren Walzen wurde gleichfalls mit 1 km/h Walzengeschwindigkeit gefahren und hierbei das Walzengewicht verändert (s.Abb. 127).

14.11 Die Versuche mit 550 mm Walzendurchmesser

Auch auf Schluff war es möglich, das Walzengewicht stärker (bis 48 kg/cm) als bei den Versuchen mit der gezogenen Walze zu erhöhen, ohne daß sich größere Bodenbewegungen ergaben oder der Eindringungs-Widerstand (Abb. 151) bereits wieder nennenswert abnahm.

Die Ergebnisse zeigen ferner, daß sich bei hohem Walzengewicht bereits nach 2 Übergängen fast der gleiche Eindringungs-Widerstand wie nach 25 Walzgängen ergibt (Vers. 123 und 124), während bei niedrigem Walzengewicht die Dichte noch erheblich ansteigt (Vers. 121 und 122).

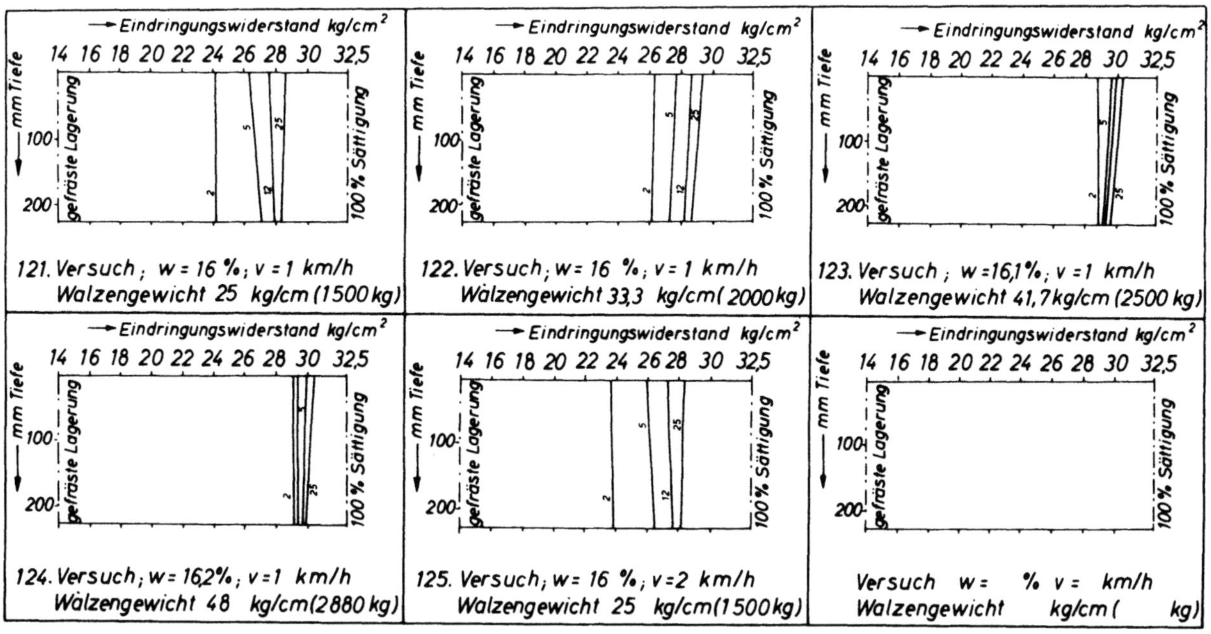

A b b i l d u n g 151

Glattwalzenversuche mit selbstfahrbarer Walze

Walzendurchmesser 550 mm
Walzenbreite 600 mm
Versuchsboden: schwach bindiger, sandiger Schluff
Wassergehalt 16±0,3%
Schütthöhe 225 mm

Im Gegensatz zu der gezogenen Walze, die besonders beim 1. Übergang starke Querrisse verursachte, zeigte sich bei der selbstfahrbaren Walze selbst bei erheblich größerem Gewicht eine glatte Oberfläche. Die nach hinten gerichtete Umfangskraft (Treibkraft) und der positive Schlupf verhinderten die Bildung von Rissen. Dünne Risse entstanden an den Rändern der Aufstandsfläche infolge von Verformungsspannungen bei Überschreiten der Kohäsion des Bodens. Sie traten je nach der Höhe des Walzengewichtes nach 4 bis 5 Übergängen in Erscheinung und bildeten sich infolge der konvexen Walzbahnoberfläche wabenförmig aus (Abb. 152). Durch den Schlupf der Walze, der etwa 7% betrug, wurden sie bei jedem weiteren Übergang in der Walzrichtung zusammengedrückt, wobei sich die Bahnoberfläche zunehmend glättete (Abb. 153). Bei einigen Versuchen wurde der Schlupf bestimmt, indem ein Farbstreifen am Bandagenmantel parallel zur Welle aufgebracht wurde, der sich beim Abrollen der Walze auf der Walzbahnoberfläche abzeichnete.

A b b i l d u n g 152

A b b i l d u n g 153

Aus dem schlupflosen Weg $s_o = \pi \cdot D = \pi \cdot 550 = 1730$ mm und der Entfernung s zwischen zwei abgezeichneten Farbstreifen, die etwa 1610-1615mm betrug, konnte die Größe des Schlupfes, der keine konstante Größe ist, sondern von der Bodenart, dem Wassergehalt, der erreichten Verdichtung und dem Gewicht/Walzendurchmesser abhängt, für den vorliegenden Fall nach der Formel

$$\sigma = \frac{s_o - s}{s_o} \cdot 100\% = \frac{1730-1610}{1730} = 7\%$$

berechnet werden.

Leider gelang es nicht, die Tiefe der dünnen Risse durch Ausgießen mit Kalkbrei und durch Abstechen festzustellen.

14.12 Die Versuche mit 800, 1200 und 1600 mm Walzendurchmesser

Bei diesen 3 Versuchsreihen konnten die gleichen Beobachtungen wie bei den Versuchen mit 550 mm Walzendurchmesser gemacht werden, so daß sich hier eine besondere Erwähnung erübrigt. Die Abbildungen 154 bis 156 zeigen, daß bei den vorliegenden Versuchsreihen ebenfalls keine Abnahme des Eindringungswiderstandes bei hohem Walzengewicht festzustellen ist. Auch hier erreicht man mit großem Walzengewicht nach 2 Übergängen fast den gleichen Eindringungs-Widerstand wie nach 25 Walzgängen. In Übereinstimmung mit den Ergebnissen für die gezogene Walze wurden auch hier bei 1600 mm Walzendurchmesser wesentlich niedrigere Verdichtungswerte erzielt. Die geringere Knetarbeit, die große Aufstandsfläche (Abb. 157) und die dadurch bedingte kleinere spezifische Flächenpressung (Abb.158) haben dazu beigetragen.

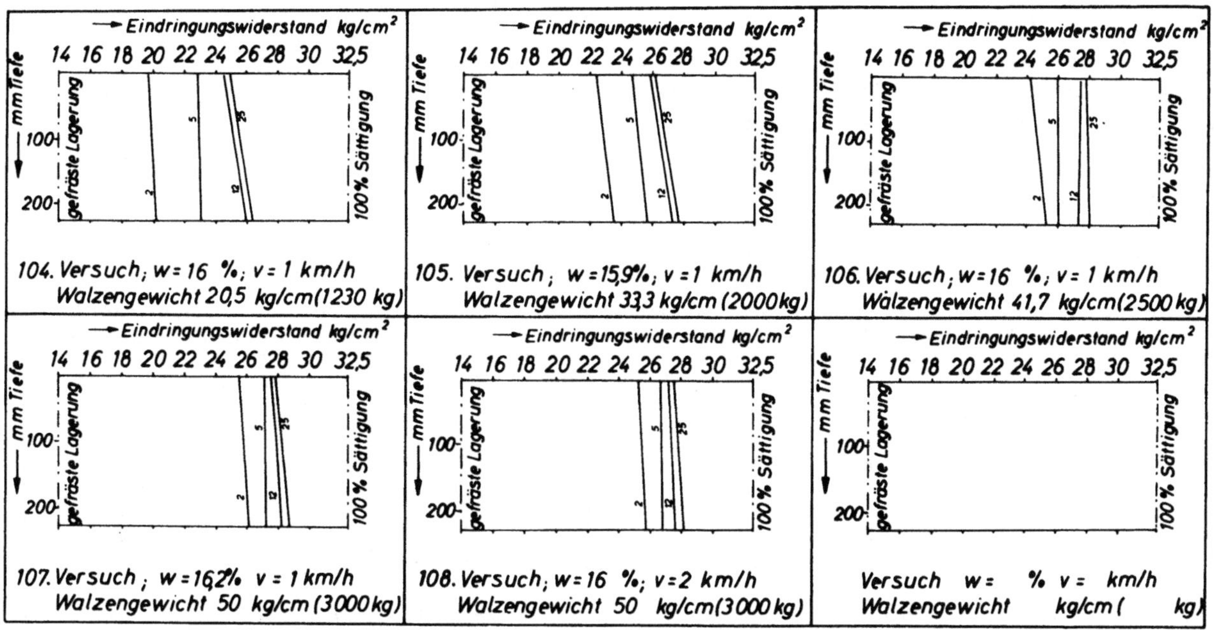

A b b i l d u n g 154

Glattwalzenversuche mit selbstfahrbarer Walze

Walzendurchmesser 800 mm
Walzenbreite 600 mm
Versuchsboden: schwach bindiger, sandiger Schluff
Wassergehalt 16±0,3%
Schütthöhe 225 mm

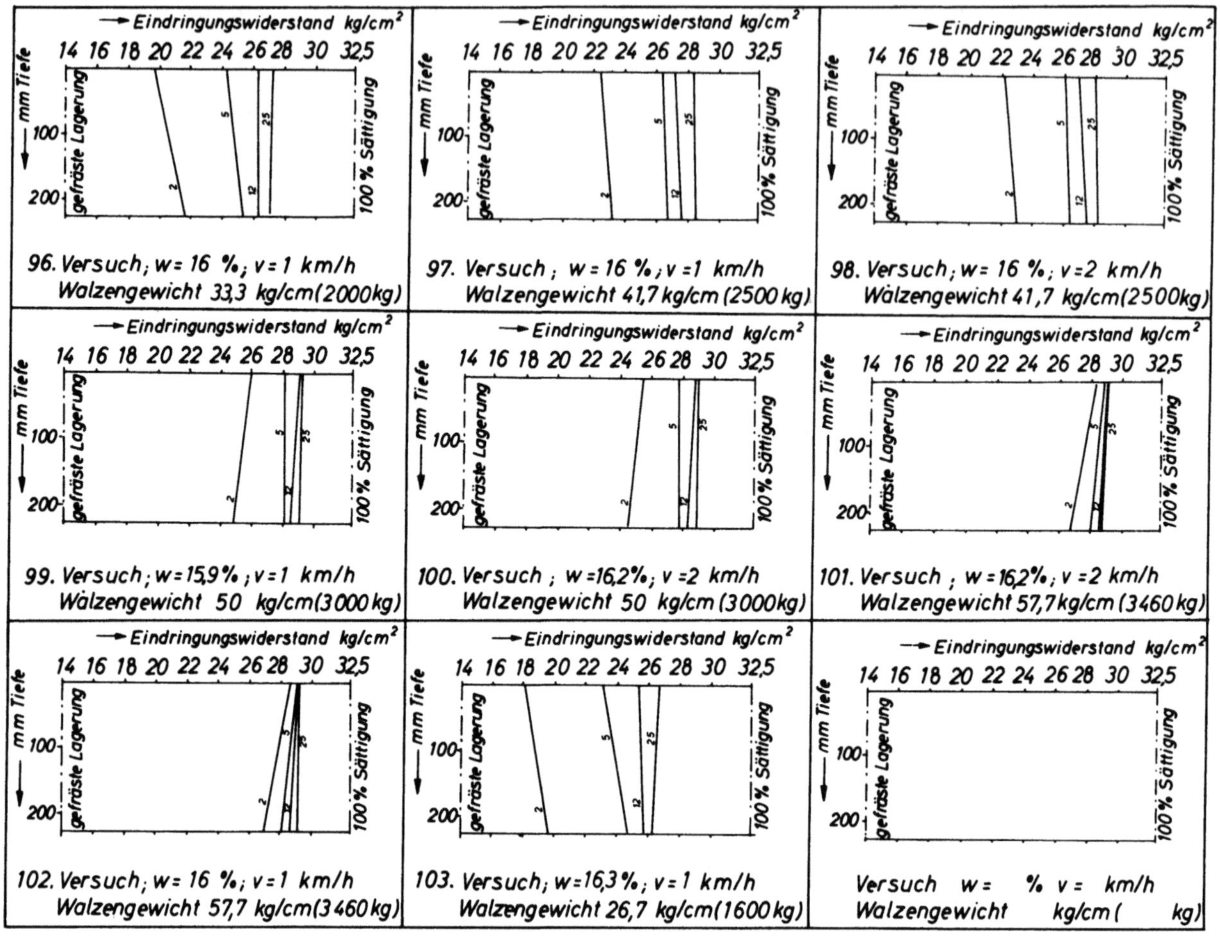

Abbildung 155

Glattwalzenversuche mit selbstfahrbarer Walze

Walzendurchmesser 1200 mm
Walzenbreite 600 mm
Versuchsboden: schwach bindiger, sandiger Schluff
Wassergehalt 16+0,3%
Schütthöhe 225 mm

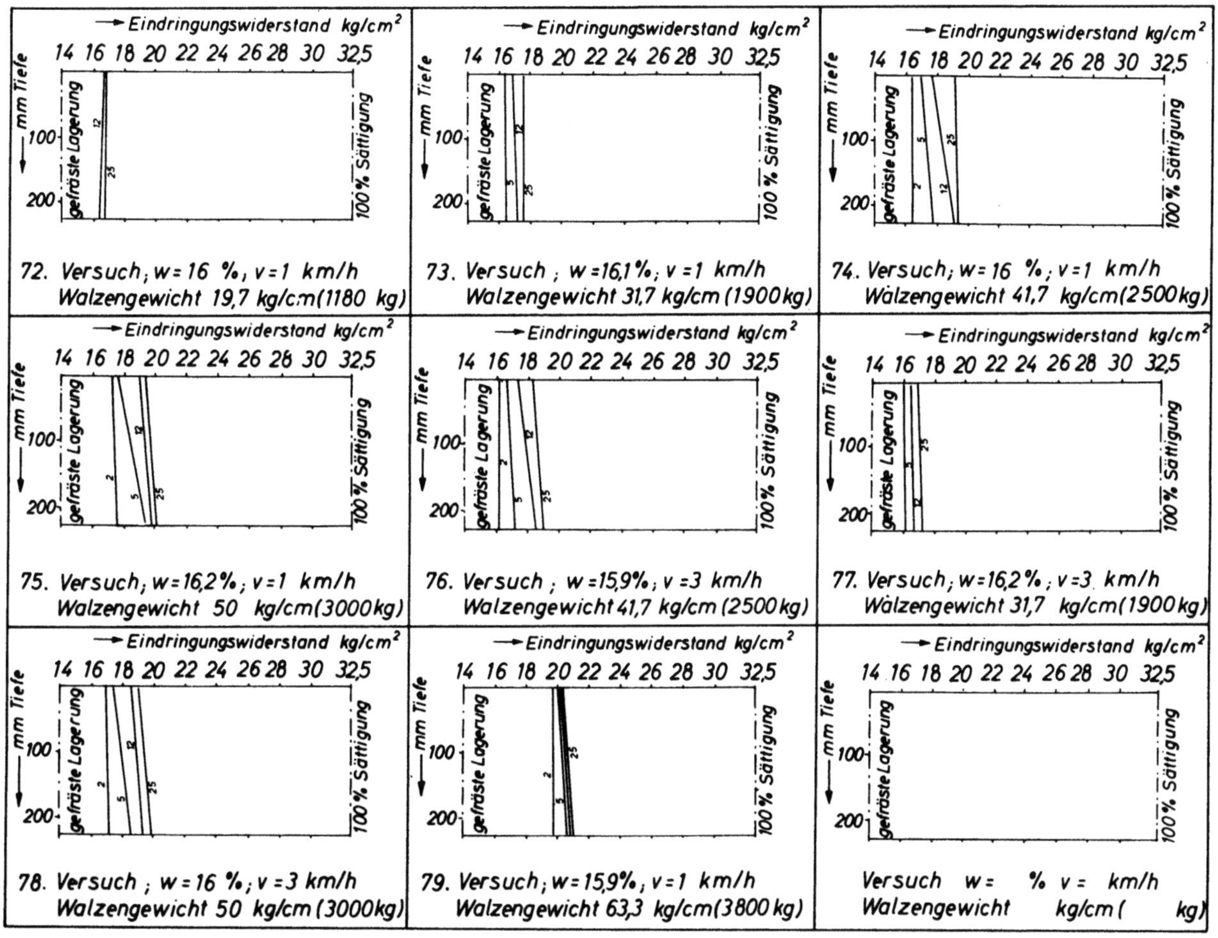

Abbildung 156

Glattwalzenversuche mit selbstfahrbarer Walze

Walzendurchmesser 1600 mm
Walzenbreite 600 mm
Versuchsboden: schwach bindiger, sandiger Schluff
Wassergehalt 16±0,3%
Schütthöhe 225 mm

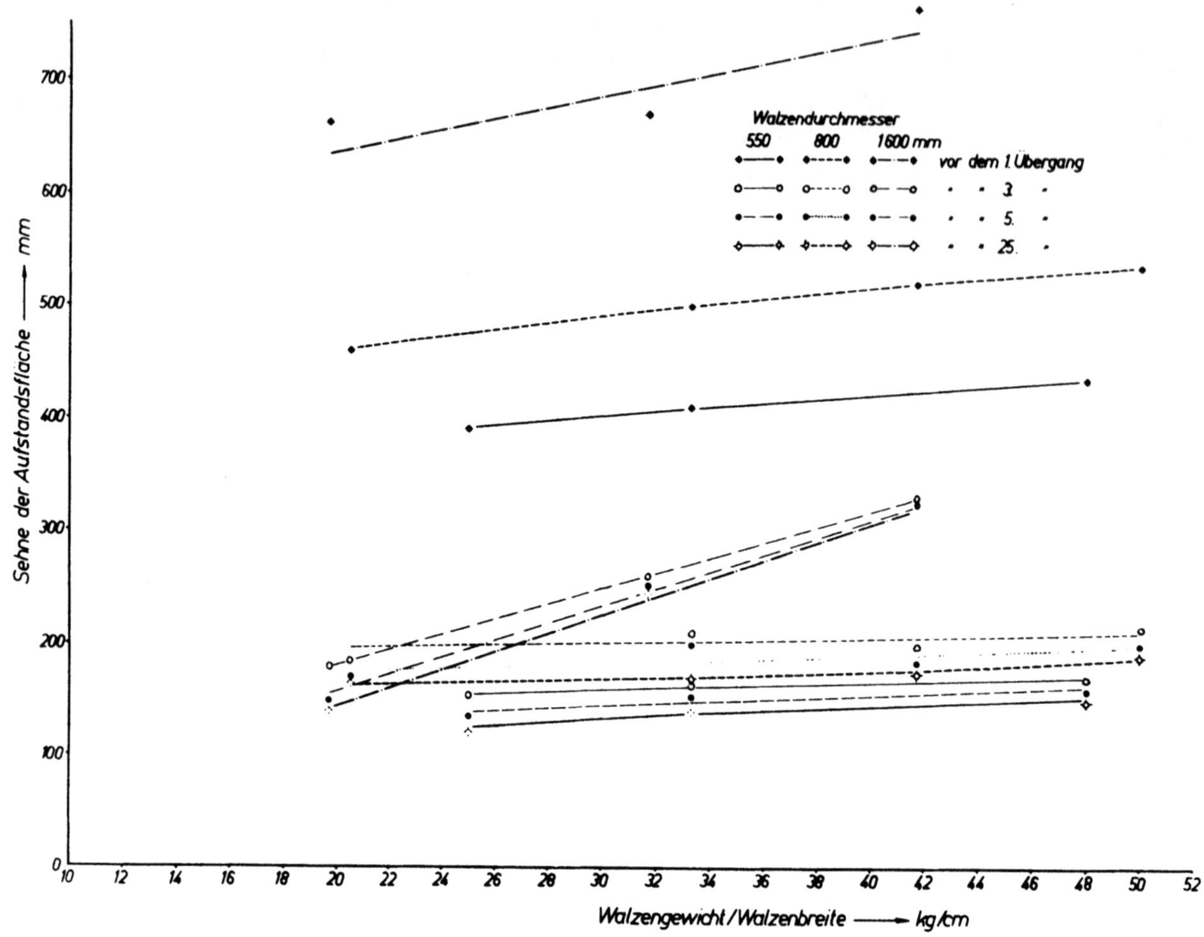

A b b i l d u n g 157

Glattwalzenversuche mit selbstfahrbarer Walze

Gemessene Sehne der Aufstandsfläche in Abhängigkeit vom Walzengewicht und Walzendurchmesser, Standzeit 10 sek

Walzenbreite 600 mm

v = 1 km/h

Versuchsboden: schwach bindiger, sandiger Schluff

Schütthöhe 225 mm

w = 16±0,3%

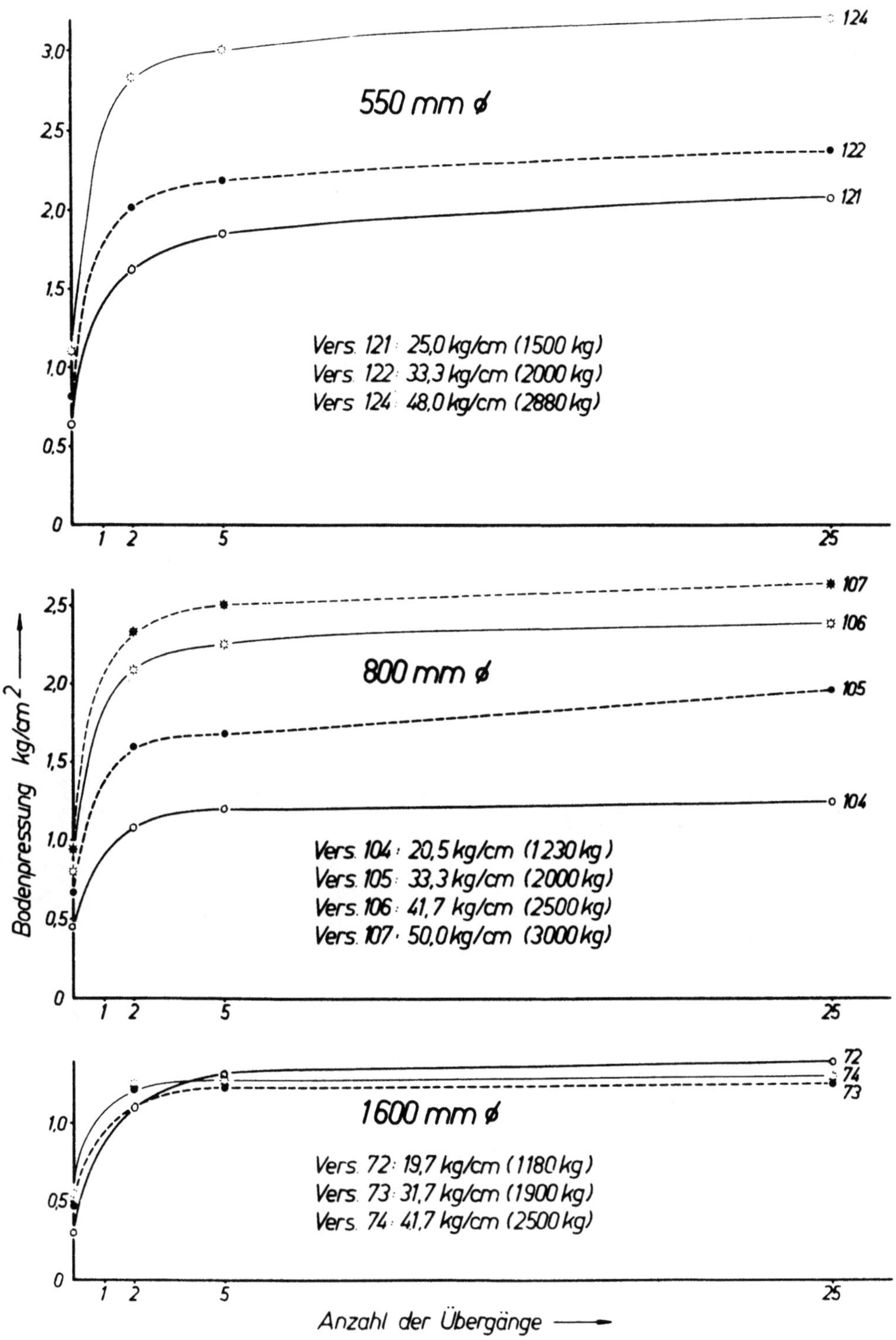

A b b i l d u n g 158

Glattwalzenversuche mit selbstfahrbarer Walze

Mittlere spez. Bodenpressung beim Absenken der Walze im Stand (10 sek) in Abhängigkeit von der Anzahl der Übergänge und dem Walzengewicht
Versuchsboden: schwach bindiger, sandiger Schluff, w = 16 ± 0,3%

14.2 Die Veränderung der Walzengeschwindigkeit

Vergleicht man die Proctorwerte der Versuche, die mit gleichem Walzengewicht bei 1 und 3 km/h Geschwindigkeit gefahren wurden (Abb. 151 und 154-156), so zeigt sich, daß selbst bei der 3-fachen Geschwindigkeit keine nennenswerten Verdichtungs-Unterschiede auftreten.

14.3 Die Größe der notwendigen Überdeckung bei Schluff

Auch hier wurde, wie bei Sand (s.8.4), eine gefärbte Schicht in etwa 120 mm Tiefe parallel zum Planum eingebracht, die nach dem 1. und 5. Übergang mit der 550er Walze (Gewicht 25 kg/cm) wieder freigelegt wurde, um die Verformungen festzustellen (Abb. 159).

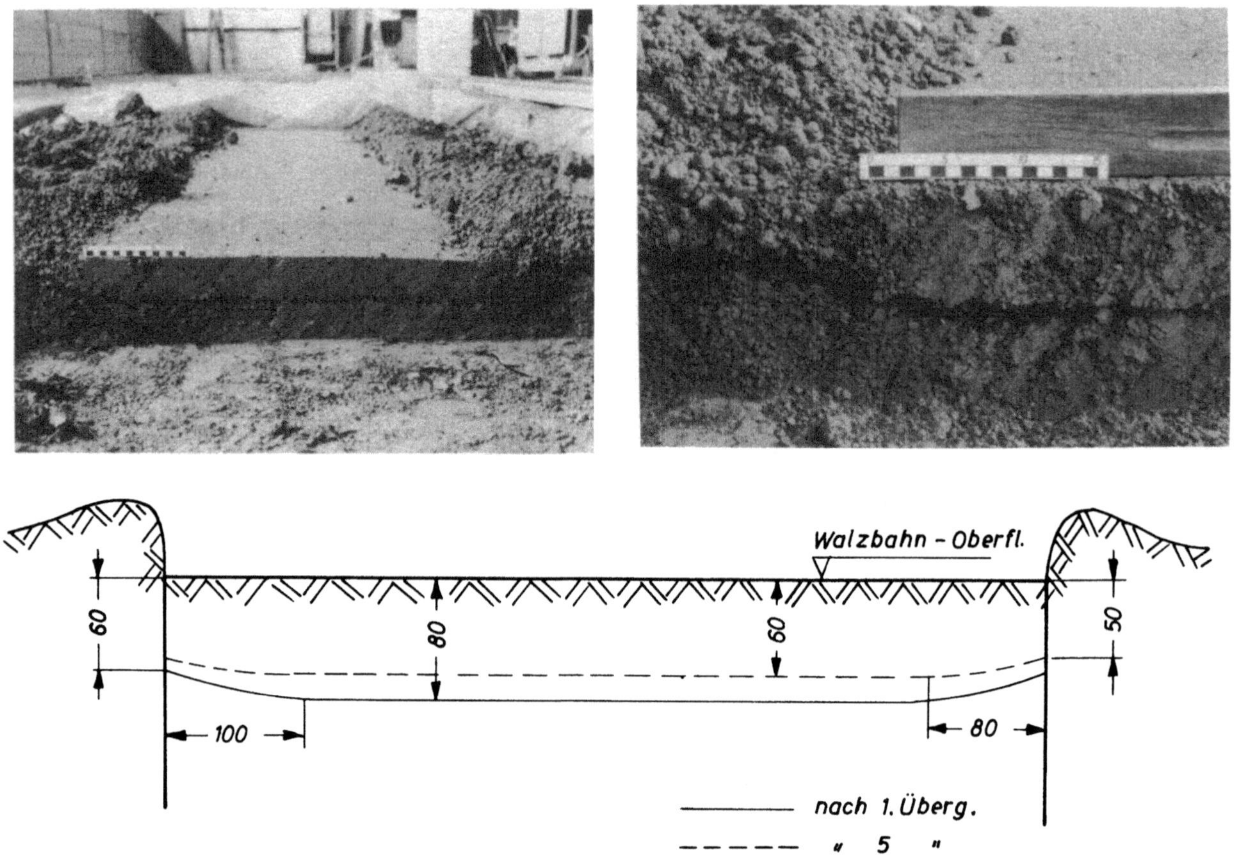

A b b i l d u n g 159

Notwendige Überdeckung bei Schluff

Man erkennt, daß die Schicht nicht über die gesamte Walzbreite parallel zur Walzbahn-Oberfläche, sondern gegen die Walzstreifenränder nach oben verläuft. Eine Überdeckung von etwa 120 - 130 mm ist demnach erforderlich.

14.4 Die Zusammenfassung der Ergebnisse mit selbstfahrbarer Walze auf Schluff bei konstantem Wassergehalt

14.41 Die Verdichtungsergebnisse

Der Verlauf des Trockenraumgewichtes in Abhängigkeit vom Walzengewicht, vom Walzendurchmesser und der Anzahl der Übergänge läßt für die selbstfahrbare Walze und die obere Schicht keine ausgeprägten Scheitelpunkte, wie bei den Versuchen mit der gezogenen Walze, erkennen (Abb. 160).

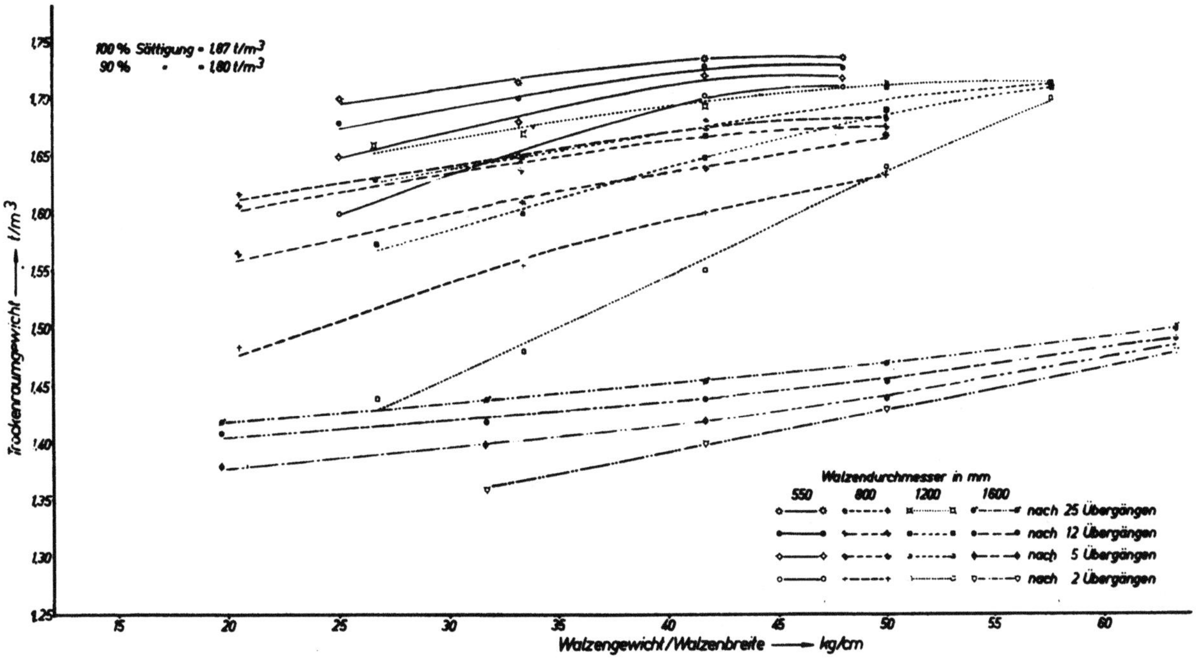

A b b i l d u n g 160

Glattwalzenversuche mit selbstfahrbarer Walze

Einfluß des Walzengewichtes und Walzendurchmessers auf die Verdichtung der obersten Schicht

Walzenbreite 600 mm

v = 1 km/h

Versuchsboden: schwach bindiger, sandiger Schluff

Schütthöhe 225 mm

w = 16±0,3%

Die Kurven für die höheren Übergänge gehen zwar bei den Versuchen mit 550, 800 und 1200 mm Walzendurchmesser bei einer Walzenbelastung von über 40 kg/cm fast in horizontale über, ohne daß sich jedoch ein Abfall des Trockengewichtes im Bereich der vorgenommenen Gewichtsveränderung deutlich abzuzeichnen beginnt. Bei den Versuchen mit 1600 mm Walzendurchmesser steigt das Trockenraumgewicht mit der Erhöhung der Walzenbelastung zwar stetig an, es liegt jedoch gegenüber den anderen Versuchsreihen, ebenfalls wie bei der gezogenen Walze wesentlich niedriger.

Die bereits früher getroffene Feststellung, daß vor allem die nach hinten gerichtete Umfangskraft die Bildung von Querrissen und das Ausscheren des Bodens erschwert oder verhindert und die höhere Belastbarkeit der selbstfahrbaren Walze gegenüber der gezogenen ermöglicht, wird durch die vorliegenden Ergebnisse bestätigt, denn sie zeigten, daß bei gleichem Walzengewicht der Boden nur bei der 1600er Versuchsreihe, bei der die Umfangskräfte am kleinsten waren, schuppenartig an der Oberfläche ausbrach. Bei den kleinen Walzen verhinderten dagegen die wesentlich größeren Umfangskräfte, die bei gleichem Walzengewicht auftraten, die Bildung von Scherflächen. Die erreichten Trockenraumgewichte liegen deshalb wesentlich höher. Wie die Ergebnisse zeigen, konnte die beste Verdichtung in der oberen und unteren Schicht (Abb. 161) mit 550 mm Walzendurchmesser erzielt werden, was auf die bessere Knetwirkung der kleinen Walze zurückzuführen sein dürfte.

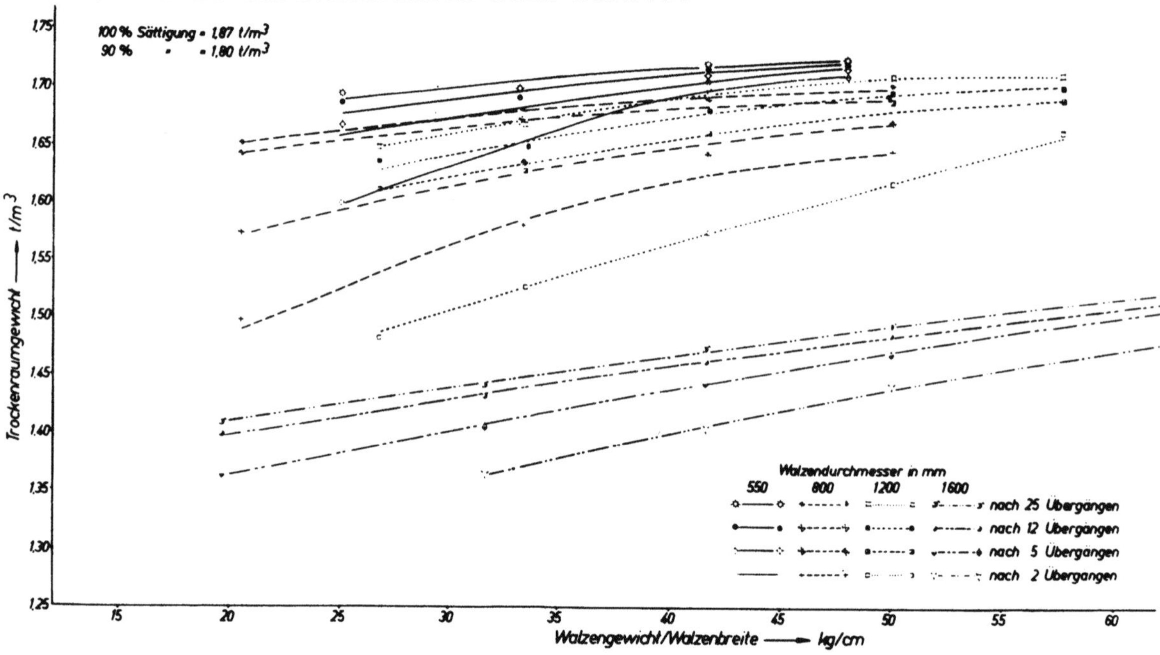

A b b i l d u n g 161

Glattwalzenversuche mit selbstfahrbarer Walze

Einfluß des Walzengewichtes und Walzendurchmessers auf die Verdichtung der <u>untersten</u> Schicht

Walzenbreite 600 mm, v = 1 km/h
Versuchsboden: schwach bindiger, sandiger Schluff
Schütthöhe 225 mm; w = 16±0,3%

14.42 Die Größe der auftretenden Umfangskräfte

Die aus der registrierten Leistungsaufnahme nach 4.54 ermittelten und auf 1 m Walzenbreite bezogenen Umfangskräfte sind in Abhängigkeit vom Walzengewicht und von der Anzahl der Übergänge auf den Abbildungen 162 und 163 aufgetragen und man erkennt, daß die Umfangskräfte mit steigender Walzenbelastung verhältnismäßig stetig bei den einzelnen Versuchsreihen und Übergängen zunehmen. Bei 800, 1200 und 1600 mm Walzendurchmesser beträgt die Umfangskraft bei gleichem Walzengewicht durchschnittlich nur etwa 80, 60 und 35% derjenigen, die sich bei 550 mm Walzendurchmesser ergibt.

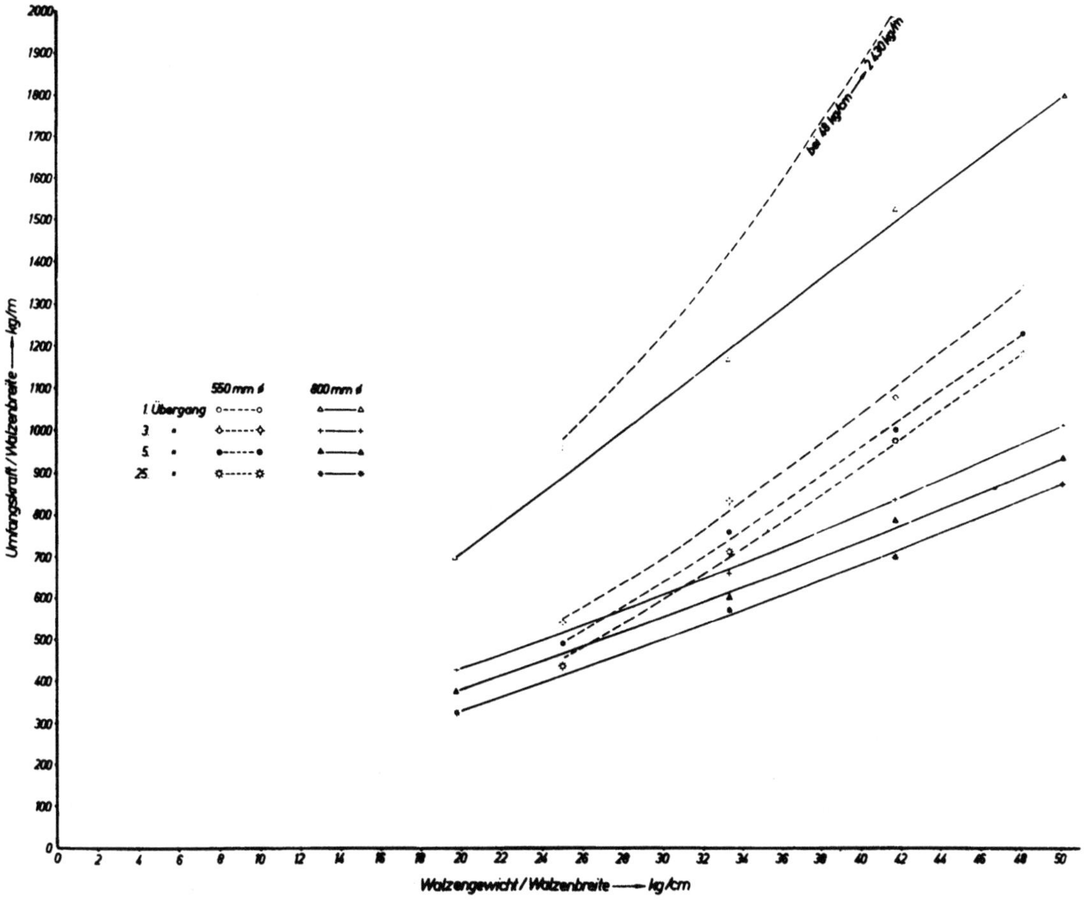

Abbildung 162

Versuche mit selbstfahrbarer Walze
Gemessene Umfangskraft in Abhängigkeit vom Walzendurchmesser, Walzengewicht und von der Anzahl Übergänge
Walzenbreite 600 mm
v = 1 km/h
Versuchsboden: schwach bindiger, sandiger Schluff
Schütthöhe 225 mm, w = 16±0,3%

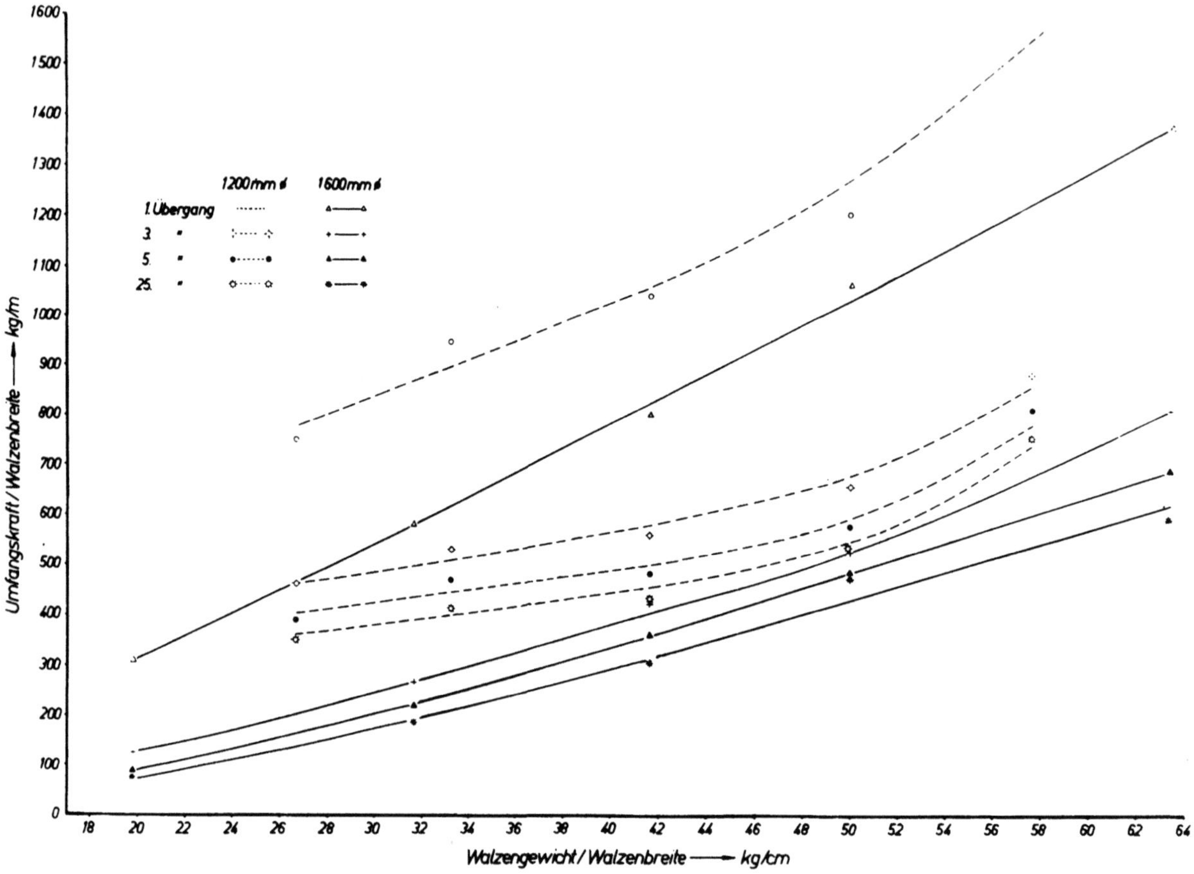

A b b i l d u n g 163

Versuche mit selbstfahrbarer Walze

Gemessene Umfangskraft in Abhängigkeit vom Walzendurchmesser, Walzengewicht und von der Anzahl Übergänge

Walzenbreite 600 mm, v = 1 km/h, Versuchsboden: schwach bindiger, sandiger Schluff, Schütthöhe 225 mm, w = 16±0,3%

Die Abnahme des Rollwiderstands-Beiwertes mit größer werdendem Walzendurchmesser veranschaulicht die Abbildung 164. Vergleicht man die festgestellten Umfangs- (Abb. 162 und 163) mit den gemessenen Zugkräften (Abb. 139 und 140) so zeigt sich, daß erstere infolge der höheren Verformungsarbeit, die von der selbstfahrbaren Walze geleistet wird, durchschnittlich 1,5 bis 2mal größer sind. Eine verhältnismäßig gute Übereinstimmung zwischen den gemessenen Umfangs- und den nach FÖPPL berechneten Kräften ergibt sich nach den zwei Berechnungsarten (t und Δs) nur beim 1. Übergang mit den 800, 1200 und 1600 mm großen Walzen (Abb. 165) und bei den höheren Übergängen bei der 1600er Versuchsreihe, hier allerdings

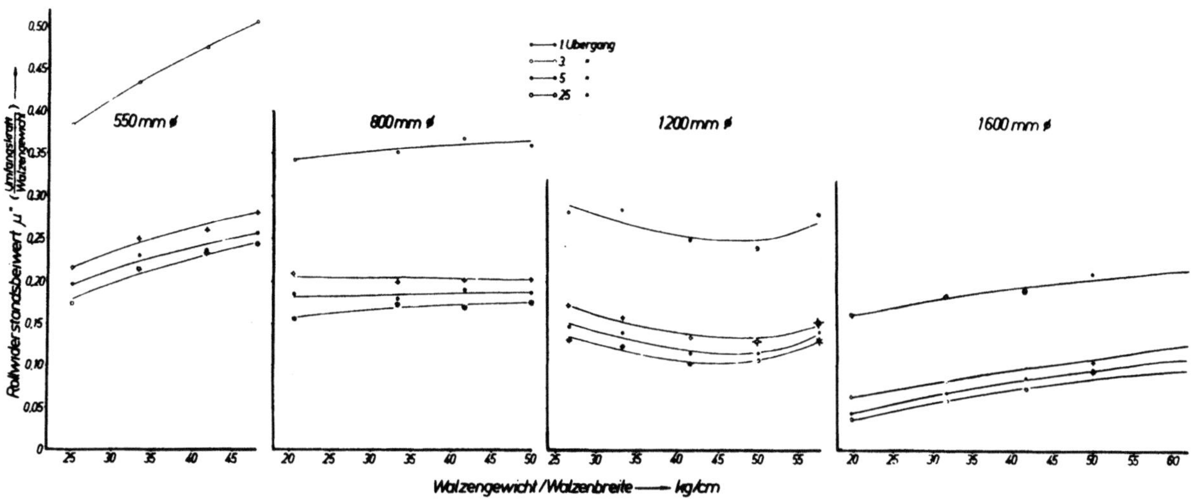

A b b i l d u n g   164

Versuche mit selbstfahrbarer Walze

Rollwiderstandsbeiwert in Abhängigkeit vom Walzendurchmesser, Walzengewicht und von der Anzahl Übergänge

Walzenbreite 600 mm
v = 1 km/h
Versuchsboden: schwach bindiger, sandiger Schluff
w = 16±0,3%
Schütthöhe 225 mm

nur wenn die statische Absenktiefe t eingesetzt wird. In allen anderen Fällen ist die berechnete Kraft gegenüber der wirklich auftretenden zu klein. Aus den bereits früher angeführten Gründen sind die Unterschiede hierbei wesentlich größer, wenn die Oberflächenabsenkung Δ s in die Formel eingeführt wird.

Die auftretenden Umfangskräfte lassen sich nach der FÖPPEL'schen Zugkraftformel somit nur durch Einführung eines Korrekturfaktors berechnen, dessen jeweilige Größe der Mittelwert des Verhältnisses $\frac{U}{Z_{F_s}} = K$ darstellt (Abb. 165).

$$U = \frac{3}{8} K Q \sqrt{\frac{2t}{R}}$$

Die statische Absenktiefe t war auch hier aus der gemessenen Sehne der Aufstandsfläche (Abb. 166) genau zu bestimmen.

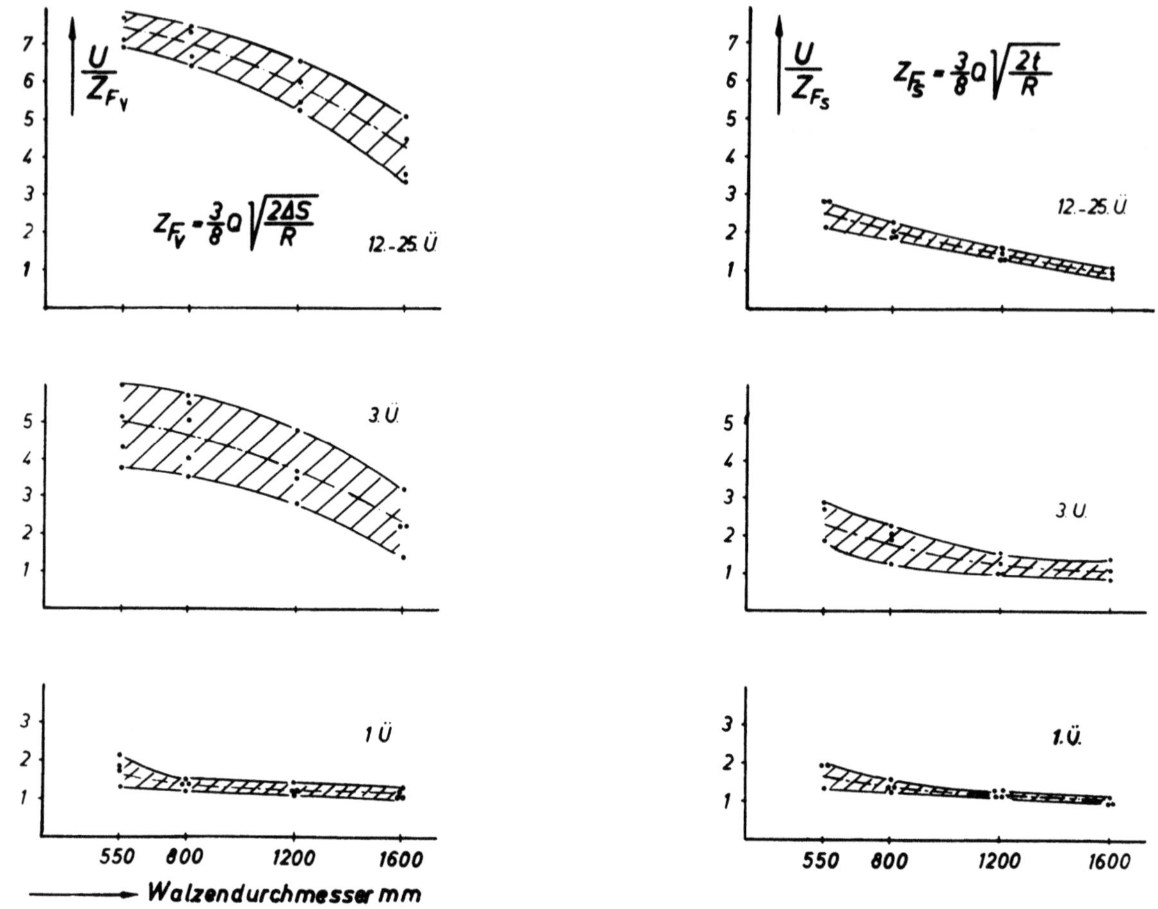

U = aus gemessener Leistungsaufnahme errechnete Umfangskraft

A b b i l d u n g 165

Glattwalzenversuche mit selbstfahrbarer Walze

Auftretende Fehlerbereiche für Umfangskräfte bei verschiedenen Berechnungsarten

Walzengeschwindigkeit 1 km/h
Walzenbreite 600 mm
Versuchsboden: schwach bindiger, sandiger Schluff
Schütthöhe 225 mm
Wassergehalt = 16 ± 0,3%

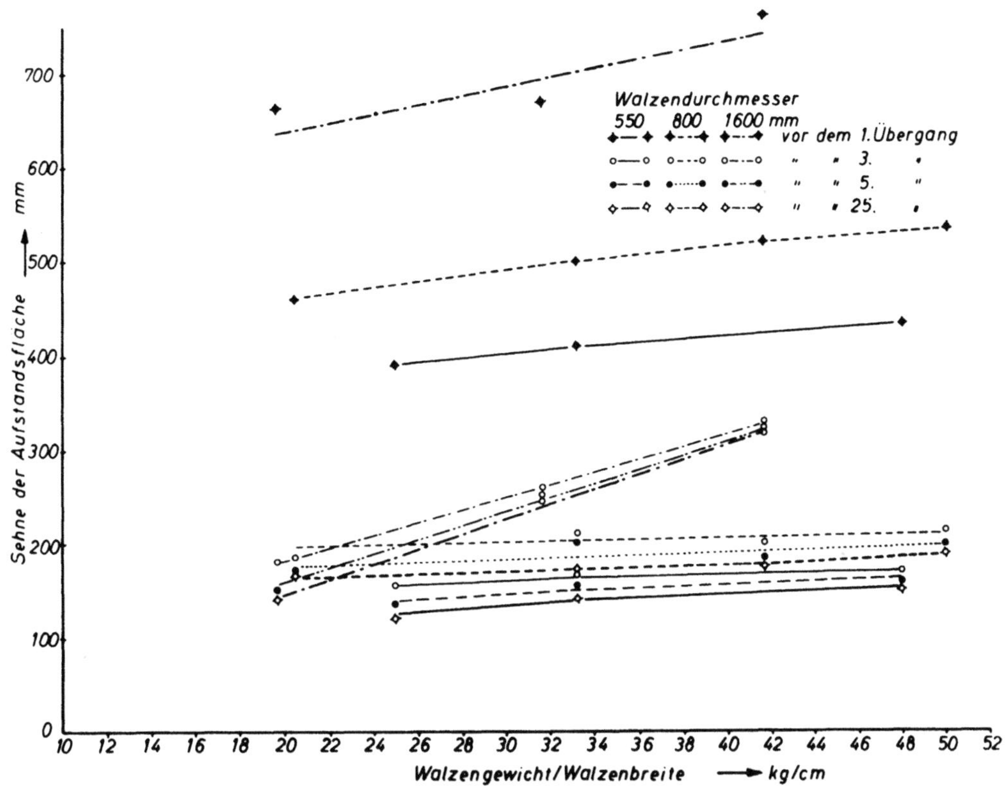

A b b i l d u n g 166

Glattwalzenversuche mit selbstfahrbarer Walze

Gemessene Sehne der Aufstandsfläche in Abhängigkeit vom Walzengewicht und Walzendurchmesser, Standzeit 10 sek

Walzenbreite 600 mm

v = 1 km/h

Versuchsboden: schwach bindiger, sandiger Schluff

Schütthöhe 225 mm

w = 16±0,3%

14.43 Die Größe der auftretenden Bodendrücke

Da der Schluff nur in etwa 25 cm Höhe in der Versuchsbahn lagerte, wurden nur in 2 Tiefen (≈ 110 und 220 mm) Meßdosen eingebaut, um bei einem Teil der Versuche die Drücke zu registrieren (Abb. 167). Der Druck-An- und -Abstieg in den Oszillogrammen läßt, abgesehen vom 1. Übergang mit der gezogenen Walze eine klare Symmetrie (vgl. Abb. 167) erkennen. Der flacher verlaufende Druckanstieg beim genannten Übergang erklärt sich dadurch, daß die gezogene, verhältnismäßig schwere Walze den locker aufgefrästen Schluff (s.Abb. 145, 116.Vers.) mit den beiden eingelegten Dosen in Fahrtrichtung verschob, während sich vom 2. Übergang an die Lage der Dosen in horizontaler Richtung beim Überrollen nicht mehr

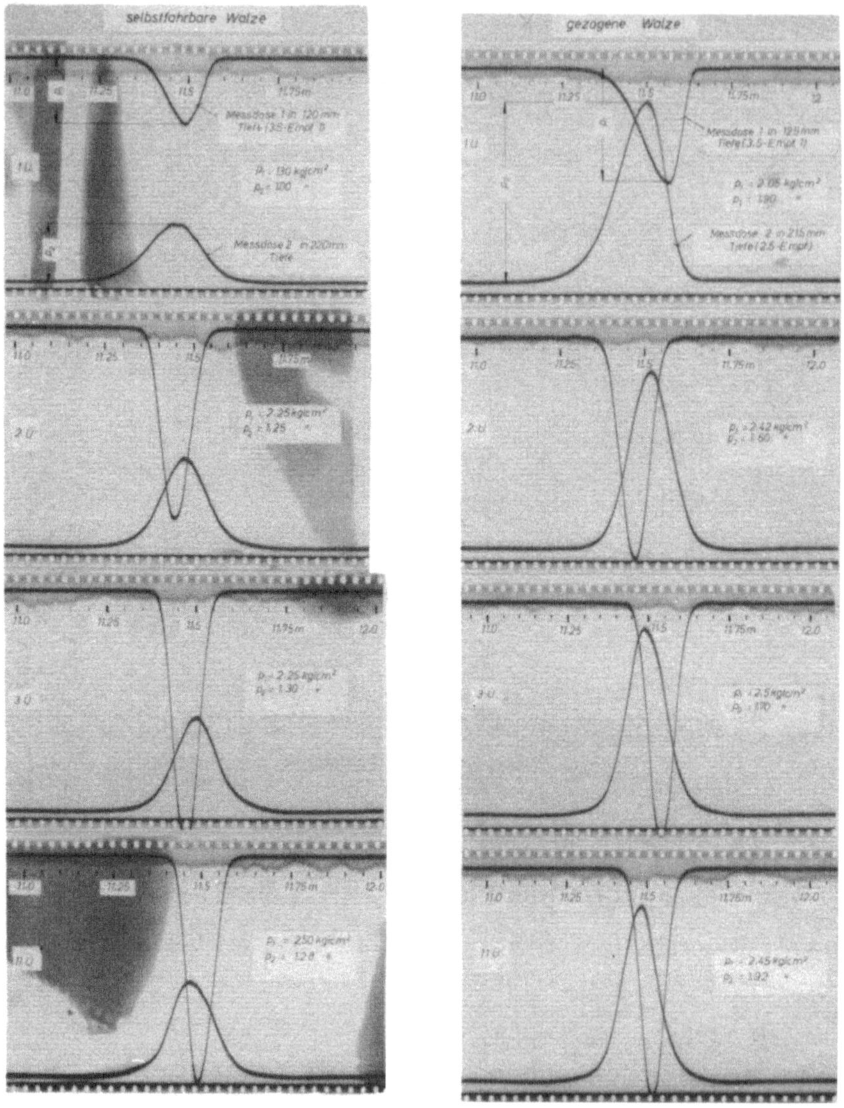

A b b i l d u n g 167

Größe und Verlauf der Bodendrücke in 2 Meßtiefen beim Überwalzen

Oszillogramme vom 1., 2., 3. und 11. Übergang
Walzendurchmesser 800 mm
Walzenbreite 600 mm
Walzengewicht 1230 kg (20,5 kg/cm)
Versuchsboden: schwach bindiger, sandiger Schluff
w = 16±0,3%

veränderte. Die bei gleichem Walzengewicht und -Durchmesser etwas größeren gemessenen Drücke unter der gezogenen Walze vor allem beim 1.Übergang (Abb. 165) sind gleichfalls auf die stärkere Bodenbewegung beim gezogenen Walzversuch zurückzuführen, so daß die Abstände zwischen den Meßdosen und der darüberrollenden Walze voraussichtlich kleiner als beim Übergang mit der selbstfahrbaren Walze waren, die den Boden kaum nennenswert verschob. Bei den folgenden Übergängen ergaben sich zwischen den Meßwerten der zwei Antriebsarten nur geringe Unterschiede. Die Abbildung 168, in der die registrierten Bodendrücke in Abhängigkeit vom Walzengewicht und vom Walzendurchmesser aufgetragen sind, vermitteln ein Bild von der Größe der bei den Versuchen aufgetretenen Druckspannungen im Boden.

Bei einigen Versuchen wurden auch die Bodendrücke auf Grund der unter 5.3 angeführten Formeln rechnerisch ermittelt und mit den registrierten Druckspannungen verglichen.

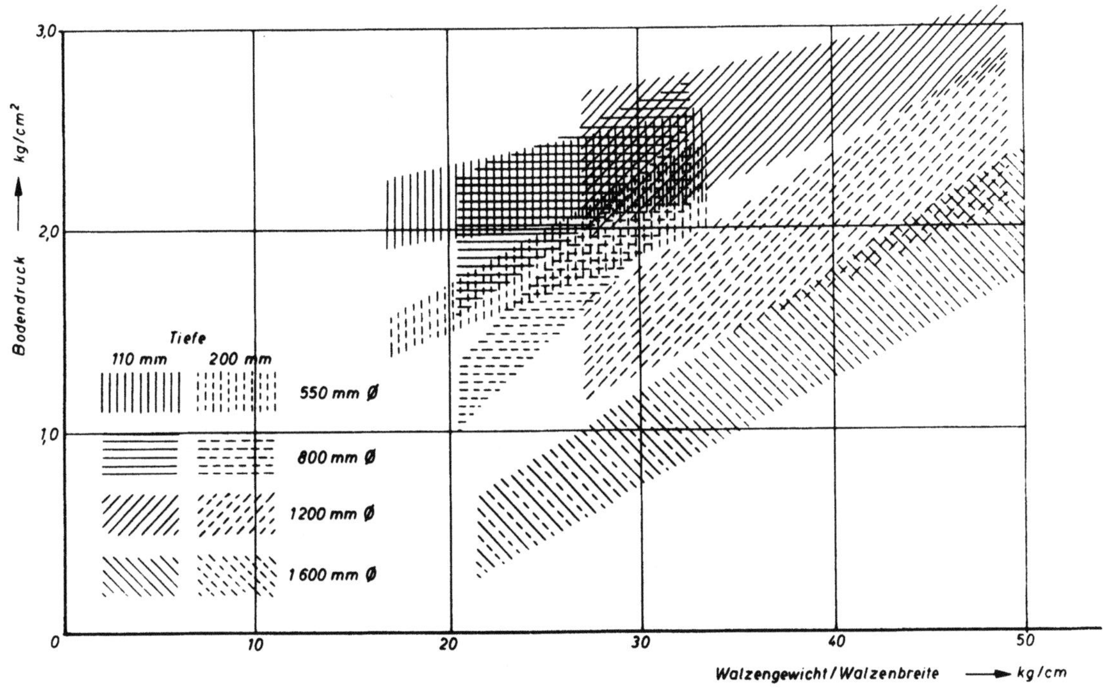

A b b i l d u n g 168

Glattwalzenversuche mit gezogener und selbstfahrbarer Walze

Bodendruck in Abhängigkeit vom Walzengewicht und vom Walzendurchmesser

Walzenbreite 600 mm
v = 1 km/h
Versuchsboden: schwach bindiger, sandiger Schluff
Schütthöhe 225 mm
w = 16±0,3%

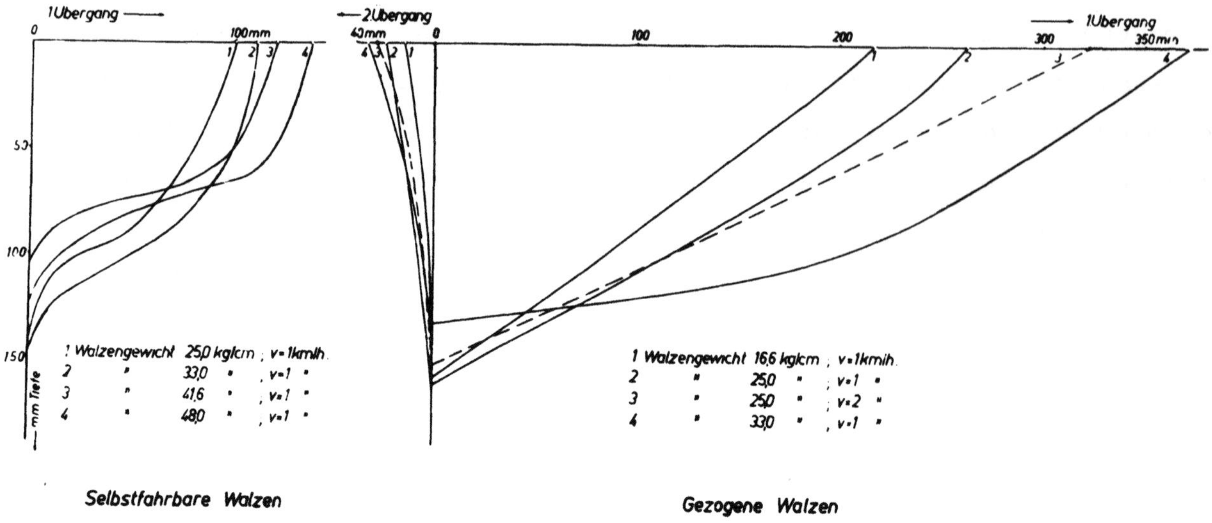

A b b i l d u n g 169

Glattwalzenversuche mit selbstfahrbarer und gezogener Walze

Horizontale Verschiebung des Bodens (an der Walzkante)
Walzendurchmesser 550 mm, Walzenbreite 600 mm, Versuchsboden: schwach bindiger, sandiger Schluff, Schütthöhe 225 mm, Wassergehalt = 16±0,3%

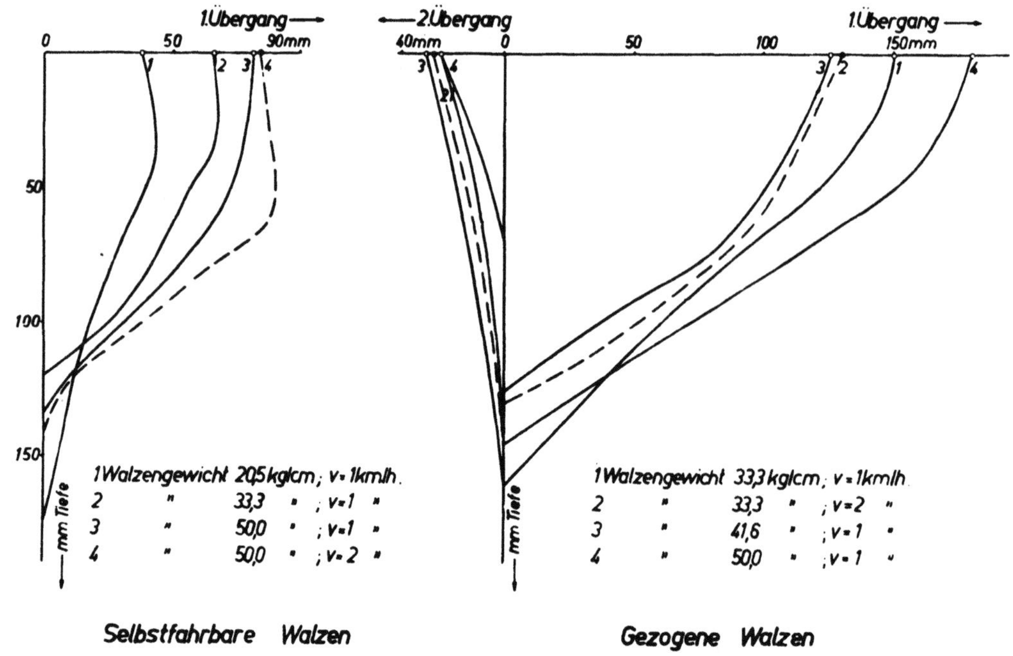

A b b i l d u n g 170

Glattwalzenversuche mit selbstfahrbarer und gezogener Walze

Horizontale Verschiebung des Bodens (an der Walzkante)
Walzendurchmesser 800 mm, Walzenbreite 600 mm, Versuchsboden: schwach bindiger, sandiger Schluff, Schütthöhe 225 mm, Wassergehalt = 16±0,3%

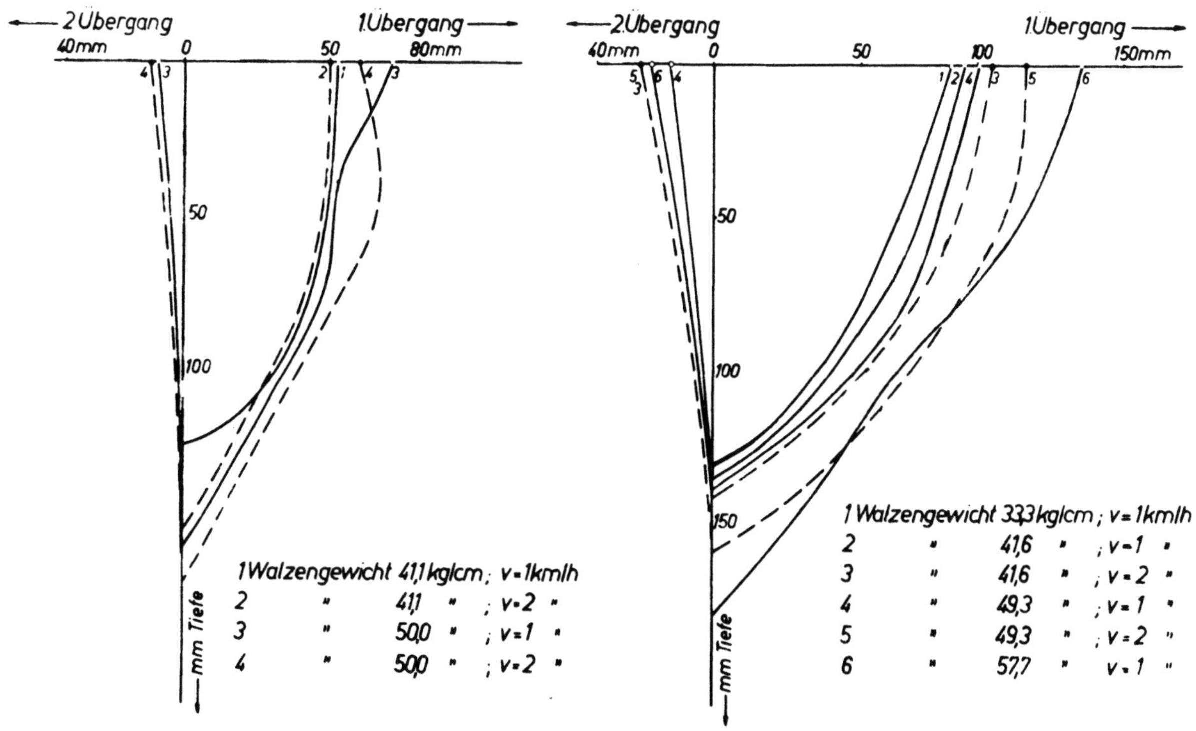

Selbstfahrbare Walzen *Gezogene Walzen*

A b b i l d u n g 171

Glattwalzenversuche mit selbstfahrbarer und gezogener Walze

Horizontale Verschiebung des Bodens (an der Walzkante)

Walzendurchmesser 1200 mm
Walzenbreite 600 mm
Versuchsboden: schwach bindiger, sandiger Schluff
Schütthöhe 225 mm
Wassergehalt = 16±0,3%

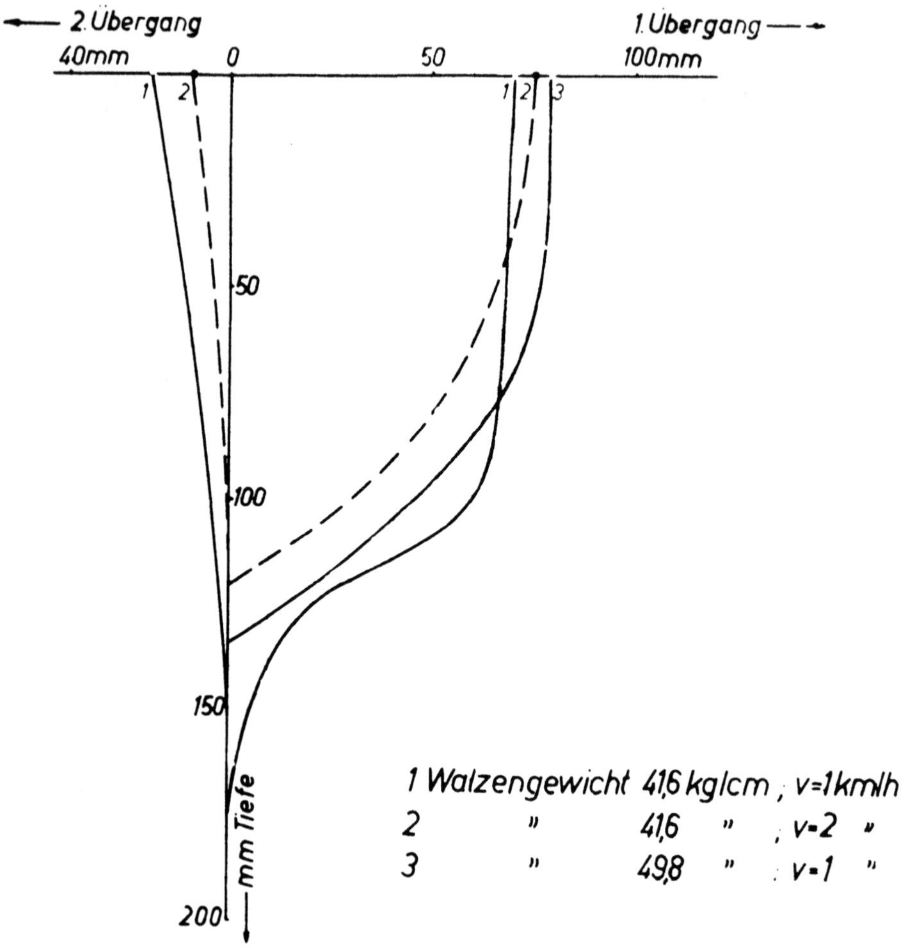

A b b i l d u n g 172

Glattwalzenversuche mit selbstfahrbarer und gezogener Walze

Horizontale Verschiebung des Bodens (an der Walzkante)

Walzendurchmesser 1600 mm
Walzenbreite 600 mm
Versuchsboden: schwach bindiger, sandiger Schluff
Schütthöhe 225 mm
Wassergehalt= $16 \pm 0,3\%$

Die geringsten Unterschiede zwischen den berechneten und gemessenen lotrechten Normalspannungen σ_z ergaben sich bei der Wahl eines Konzentrationsfaktors von $\nu = 5$, so daß für die Berechnung von σ_z die Formel

$$\sigma_z = \frac{8}{3\pi} \cdot \frac{\bar{q}}{r} \cos^5\vartheta$$

benutzt wurde.

Der maximale Streubereich lag innerhalb ± 15%. Die berechneten Werte stimmen also auch bei Schluff verhältnismäßig gut mit den registrierten überein.

14.44 Die Bodenverformungen

Die Bodenverschiebungen, die sich bei den Versuchen mit gezogener und mit selbstfahrbarer Walze ergaben, wurden zwar bereits in Fotos gezeigt, eine bessere Übersicht und einen genaueren Größenvergleich ermöglichen jedoch die Abbildungen 169 bis 172. Erwartungsgemäß zeigen sich größere Unterschiede nur im locker gefrästen Schluff, also nach dem 1. Übergang. Der Boden wurde hierbei bereits derart verfestigt, daß sich infolge der stark angestiegenen Scherfestigkeit keine nennenswerten Unterschiede mehr ausbildeten. Bei den Versuchen mit der selbstfahrbaren Walze waren die Verschiebungen beim 2. Übergang meist so gering, daß von der Einzeichnung abgesehen wurde.

Auf Grund der Verschiebungen, die sich beim 1. Walzgang zeigten, erkennt man deutlich, daß neben dem Gewicht vor allem der Walzendurchmesser und die Antriebsart ihre Größe beeinflussen.

14.45 Die Ebenheits-Messungen

Die Höhenlinien nach bestimmten Übergängen auf der 8 m langen Meßstrecke zeigen bei den 4 Versuchsreihen und 2 Walzenbelastungen weder ausgeprägte periodisch auftretende Wellen noch größere Unebenheiten (Abb. 173 und 174). Der verhältnismäßig gleichmäßige Setzungsverlauf nach dem 1. Übergang bei den 4 Versuchsreihen zeigt, daß weder die kleine noch die große Walze Boden aufstaute, überrollte oder nach hinten schuppenartig abscherte.

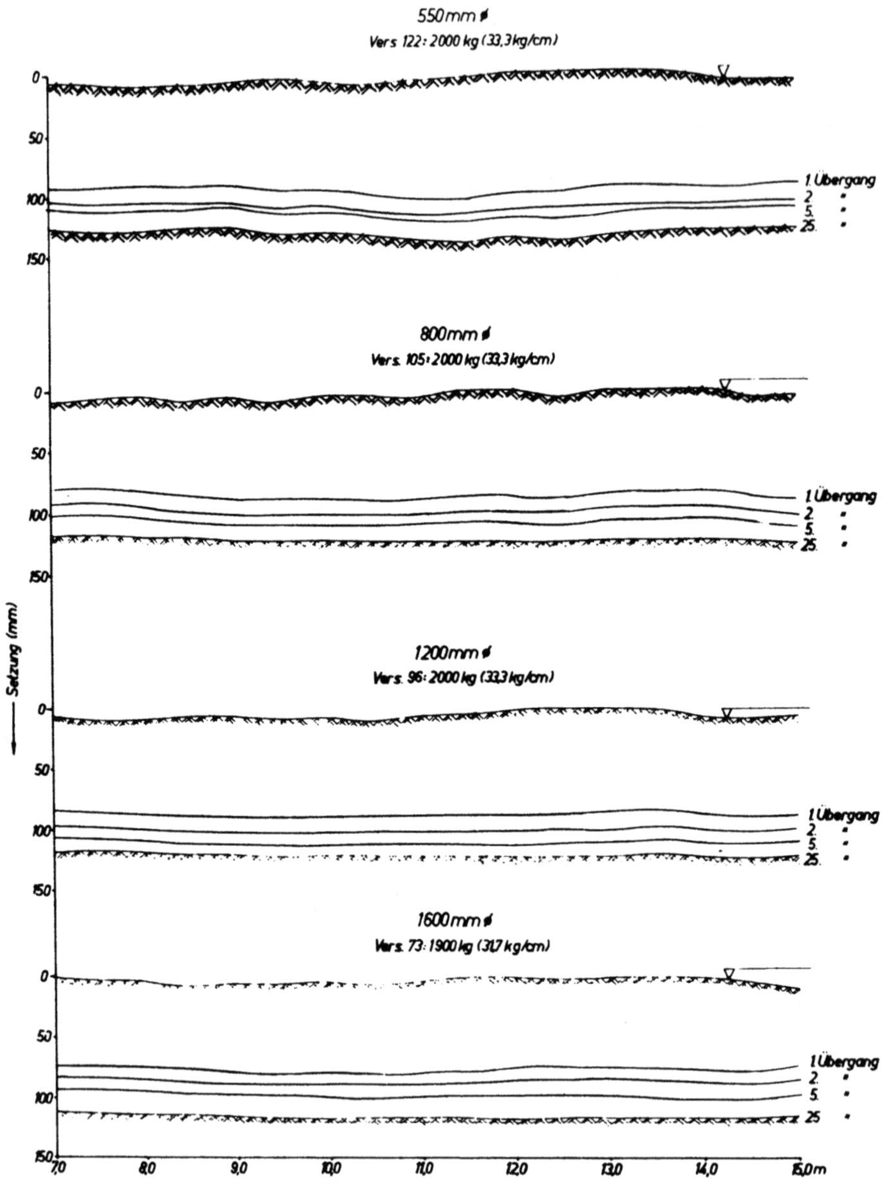

A b b i l d u n g 173

Glattwalzenversuche mit selbstfahrbarer Walze
Oberflächenebenheit auf einer 8-m-Meßstrecke nach verschiedenen Übergängen
Versuchsboden: schwach bindiger, sandiger Schluff

w = 16±0,3%

v = 1 km/h

Die geringen Unebenheiten der Walzbahn-Oberfläche, die infolge des stark unterschiedlichen Längen- und Höhenmaßstabes stärker hervortreten, ergeben sich vor allem dadurch, daß es auch mit Hilfe der verfahrbaren Richtlatte nicht möglich war, ein vollkommen ebenes Anfangsplanum herzustellen.

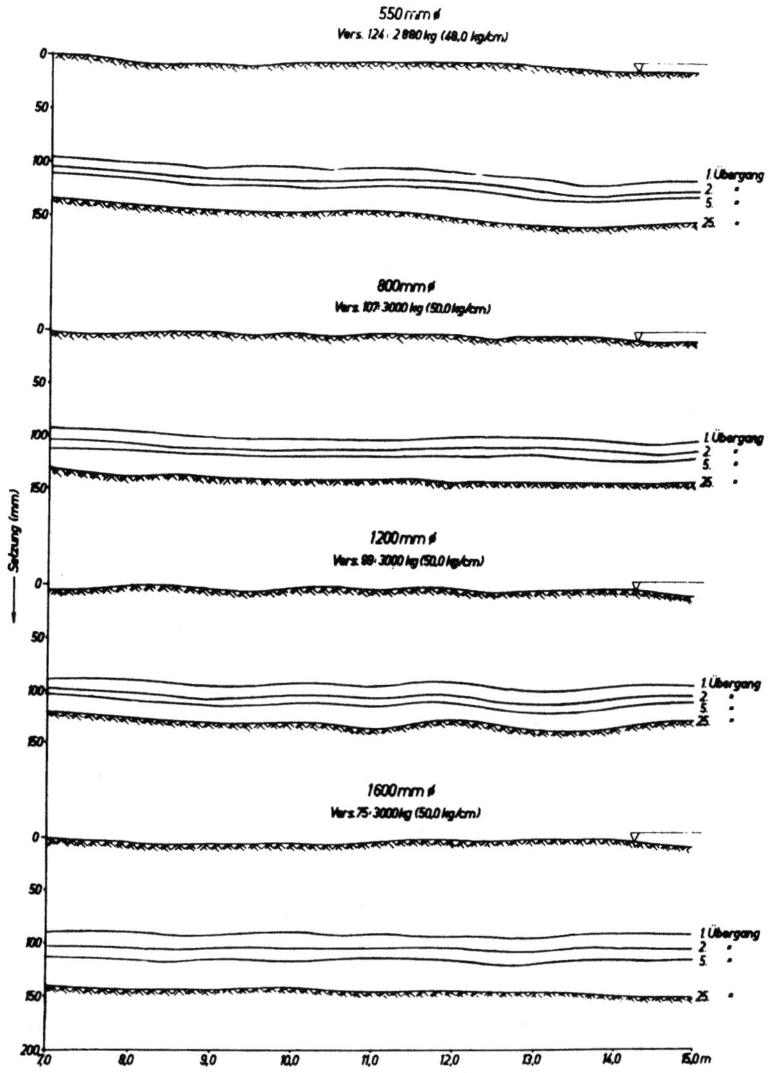

A b b i l d u n g 174

Glattwalzenversuche mit selbstfahrbarer Walze

Oberflächenebenheit auf einer 8-m-Meßstrecke nach verschiedenen Übergängen

Versuchsboden: schwach bindiger,
sandiger Schluff

w = 16+0,3%
v = 1 km/h

14.46 Die Setzungsmessungen

Die in Abhängigkeit von der Anzahl der Übergänge aufgetragenen Oberflächen-Setzungen, die mit steigendem Walzengewicht zunehmen, zeigen den gleichen charakteristischen Verlauf, der sich auch bei den Versuchen mit der gezogenen Walze ergab (s.12.36). Bei gleichem Walzengewicht sind die Setzungen um so größer, je kleiner der Walzendurchmesser ist; die Unterschiede sind jedoch nur gering (Abb. 175).

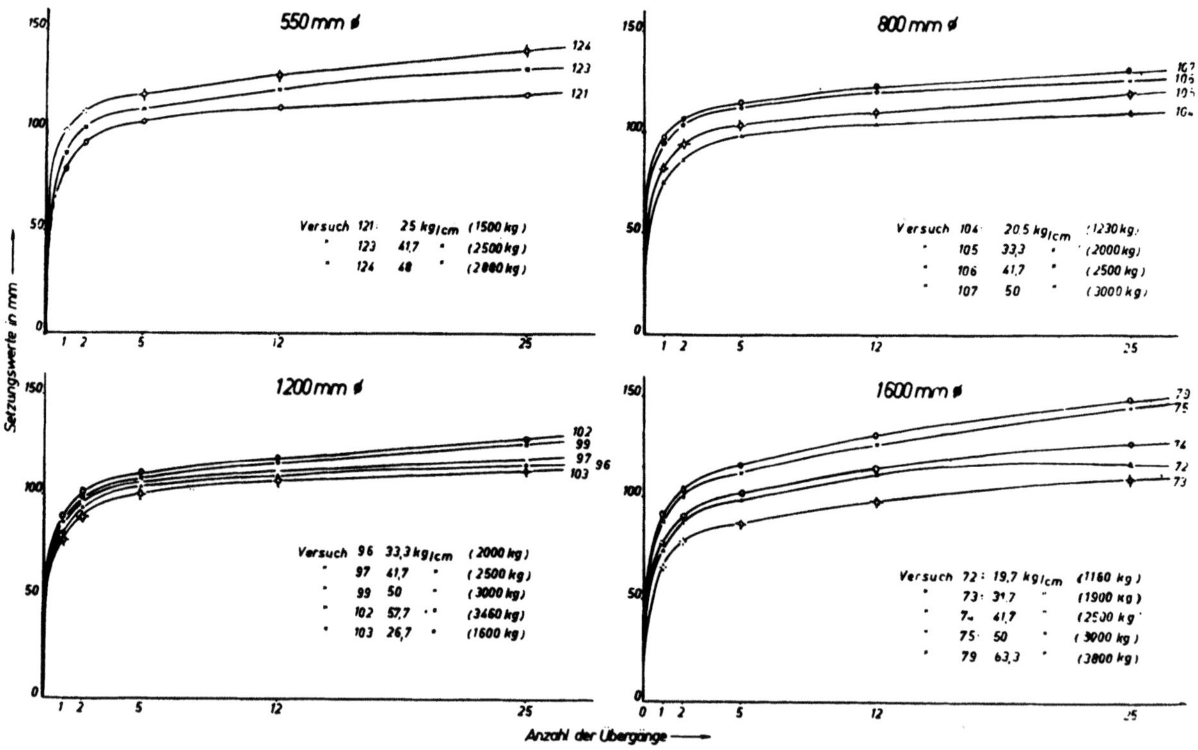

A b b i l d u n g 175

Glattwalzenversuche mit selbstfahrbarer Walze

Absolute Setzungswerte der Oberfläche in Abhängigkeit von der Walzenbelastung und der Anzahl der Übergänge

Walzengeschwindigkeit 1 km/h
Walzenbreite 600 mm
Versuchsboden: schwach bindiger, sandiger Schluff
Wassergehalt = 16+0,3%
Schütthöhe 225 mm

Im Mittel erreicht man bei allen 4 Versuchsreihen nach 2, 5 und 10 Walzgängen etwa 76, 85 und 91% derjenigen Setzung, die sich nach 25 Übergängen ergibt; diese Prozentzahlen wurden auch bei den Versuchen mit der gezogenen Walze ermittelt.

14.47 Der Einfluß der Anzahl der Übergänge

Für die Versuche mit der selbstfahrbaren Walze gelten die unter 12.37 erwähnten Ausführungen.

15. Vergleichende Versuche auf Schluff mit gezogener und mit selbstfahrbarer Glattwalze bei Veränderung des Wassergehaltes

Um den Einfluß des Wassergehaltes auf die Verdichtungswirkung, die Zug- und Umfangskräfte, die Bodenverformungen, die Setzungen und die Ebenheit festzustellen, wurden ergänzende Versuche mit einer 3000 kg (50 kg/cm) schweren gezogenen und einer gleichschweren selbstfahrbaren Walze mit 1 km/h Walzengeschwindigkeit gefahren und der Wassergehalt zwischen 7 - 18% verändert.

15.1 Die Verdichtungsergebnisse

Das ausschließlich mit dem Ausstech-Zylinder festgestellte Trockenraum-Gewicht wurde in Abhängigkeit vom Wassergehalt für bestimmte Übergänge aufgetragen (Abb.176). Die Verdichtungskurven zeigen den gleichen charakteristischen Verlauf wie die Proctor-Kurve, der tiefere Verlauf besagt jedoch, daß die aufgewendete Walzarbeit kleiner war als die aufgebrachte Verdichtungsarbeit beim Proctorversuch. Man erkennt ferner, daß mit größer werdender Walzarbeit (mehr Übergänge) der optimale Wassergehalt (Scheitelpunkt der Kurve) abnimmt, was mit den Erkenntnissen der Proctorversuche übereinstimmt; er beträgt nach einem Übergang etwa 16% und nach 25 Übergängen etwa 13,5%. Nach der gleichen Anzahl von Übergängen ergeben sich bei den Versuchen mit der gezogenen und der selbstfahrbaren Walze geringe Unterschiede im Trockenraumgewicht. So wurde mit der selbstfahrbaren Walze nach 1 Übergang (vor allem bei höherem Wassergehalt) eine etwas größere Dichte und mit der gezogenen Walze nach mehreren Übergängen ein etwas höheres Trockenraumgewicht erreicht. Nach 2 Übergängen bewirkt bis zum optimalen Wassergehalt die gezogene und darüber die selbstfahrbare Walze eine etwas bessere Verdichtung.

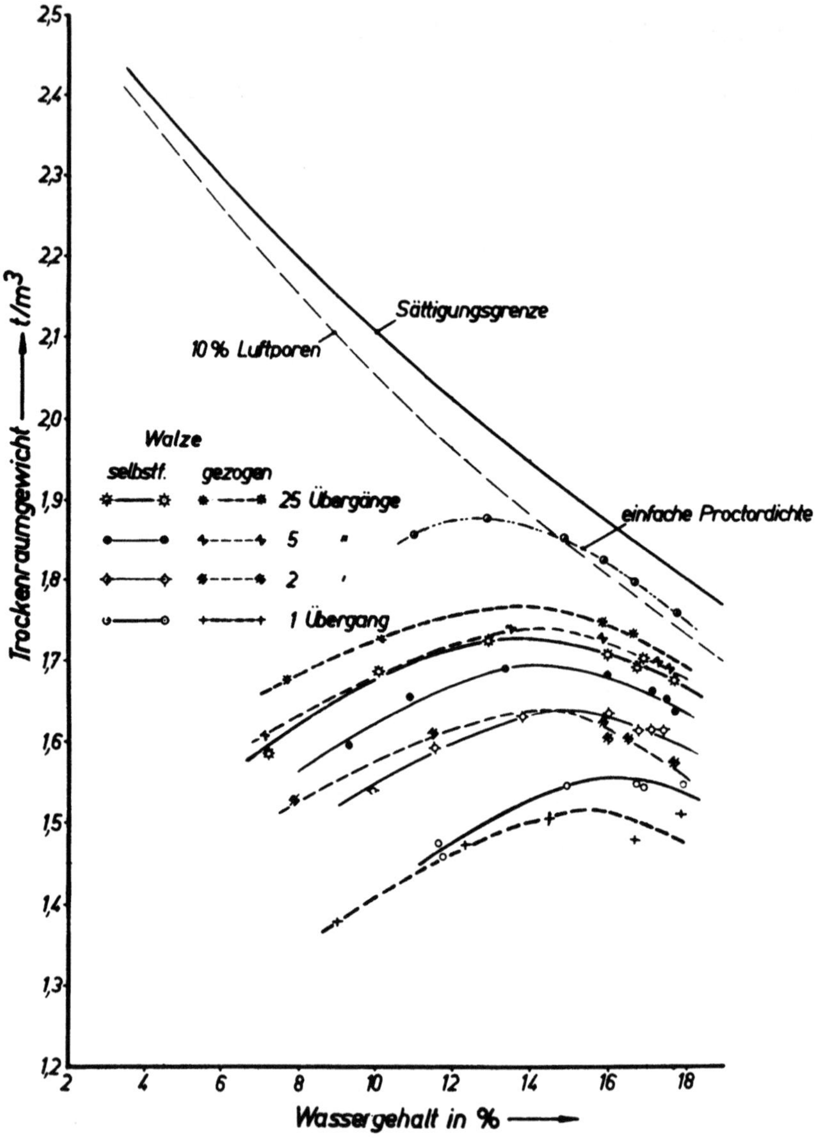

A b b i l d u n g 176

Abhängigkeit des Trockenraumgewichtes (obere Schicht) vom Wassergehalt und von der Anzahl Übergänge bei gezogener und selbstfahrbarer Glattwalze

Versuchsboden: schwach bindiger, sandiger Schluff
Schütthöhe 225 mm
v = 1 km/h
Walzengewicht 3000 kg (50,0 kg/cm)
Walzendurchmesser 1200 mm
Walzenbreite 600 mm

15.2 Die Größe der Zug- und Umfangskräfte

Bis zu etwa 15% Wassergehalt nehmen die Zug- und Umfangskräfte langsam und darüber hinaus schneller zu (Abb. 177), da bei plastisch werdendem Boden die Einsenktiefe rasch ansteigt.

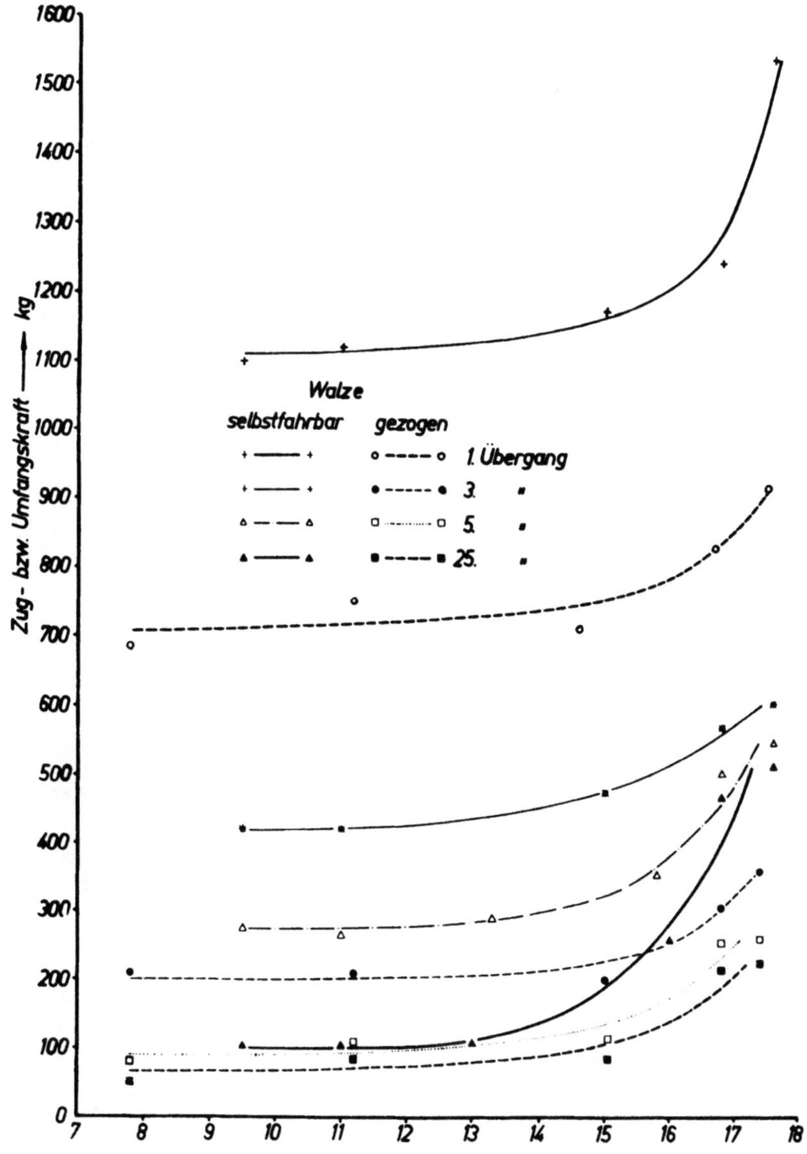

A b b i l d u n g 177

Zug- bzw. Umfangskraft bei gezogener und selbstfahrbarer Walze in Abhängigkeit vom Wassergehalt

Walzendurchmesser 1200 mm
Walzengewicht 3000 kg (50 kg/cm)
Walzenbreite 600 mm
v = 1 km/h
Versuchsboden: schwach bindiger, sandiger Schluff
Schütthöhe 225 mm

Die Versuche erbrachten gleichfalls, daß die Umfangskräfte stets höher als die Zugkräfte liegen, und zwar beim 1. Übergang um etwa 30-70%, beim 3. Übergang um 100% und bei den höheren Übergängen sogar bis zu 200%.

15.3 Die Bodenverformungen

Die horizontalen Verschiebungen des Bodens sind bei der gezogenen Walze stets größer als bei der selbstfahrbaren (Abb. 178). Besonders der

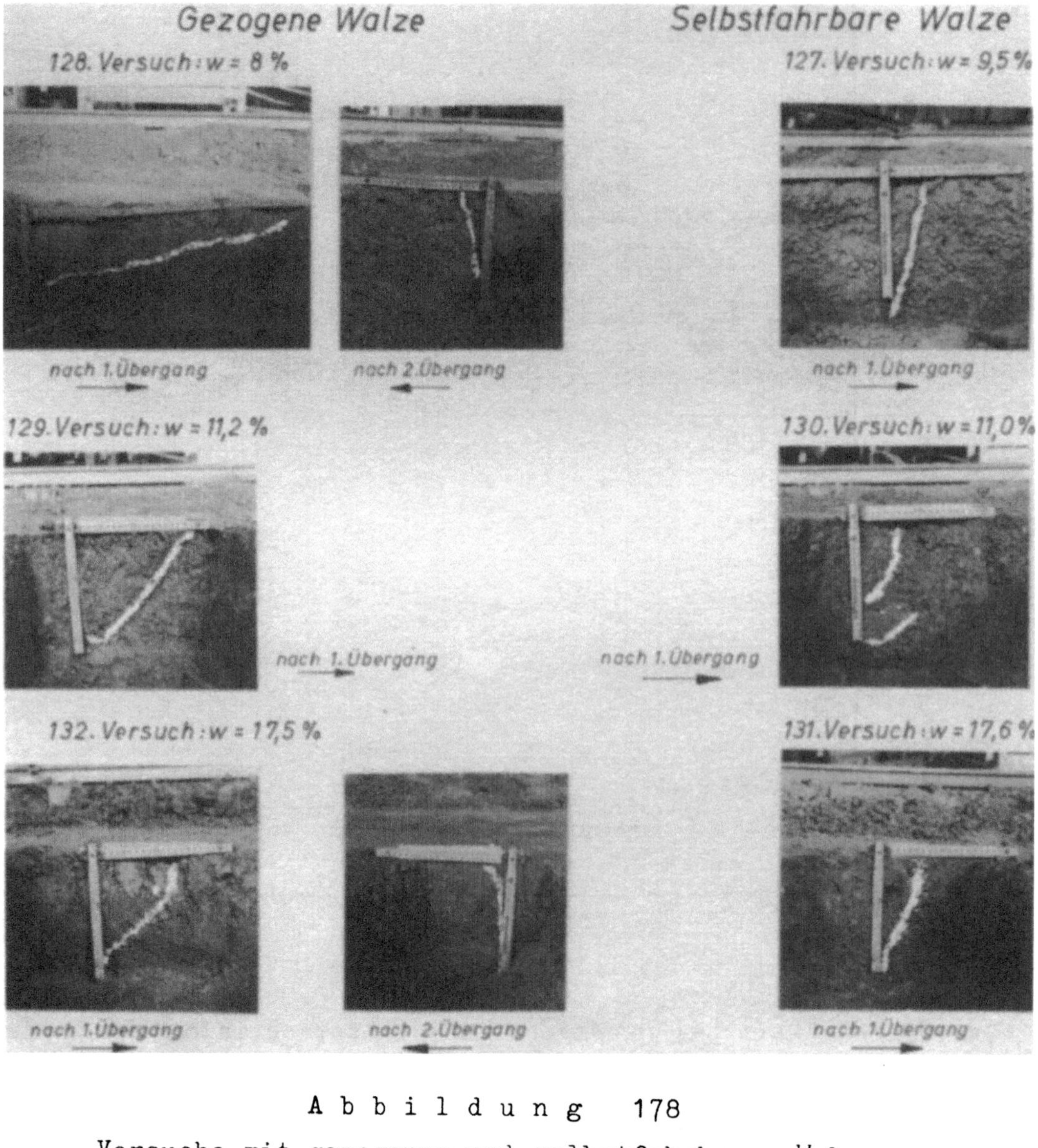

Abbildung 178

Versuche mit gezogener und selbstfahrbarer Walze

Einfluß des Wassergehaltes auf die Bodenverformung
Walzendurchmesser 1200 mm, Walzenbreite 600 mm, v = 1 km/h, Walzengewicht 50 kg/cm (3000 kg), Schütthöhe 225 mm, Versuchsboden: schwach bindiger, sandiger Schluff

trockene, krümelige und von der Fräse aufgelockerte Schluff w = 8%, der einem kohäsionslosen Boden gleicht, wurde von der gezogenen Walze beim 1. Übergang bis zu 52 cm verschoben. Bei 11 und 17% Wassergehalt sind die maximalen horizontalen Verschiebungen mit 20 und 13 cm wesentlich geringer.

Beim 2. Übergang zeigen sich zwar beim trockenen Boden vor allem nach der Tiefe etwas größere Verschiebungen als beim nasseren Schluff, die Unterschiede sind jedoch gering.

Wie die rechte Bildseite (Abb. 178) wiedergibt, verursacht die selbstfahrbare Walze wesentlich geringere Verschiebungen. Eine interessante Erscheinung zeigte sich beim 130. Versuch (11% Wassergehalt) beim 1.Übergang, wo die selbstfahrbare Walze den Boden erst vor- und anschließend entgegen der Walzrichtung nach hinten schob, wobei sich in etwa 12 cm Tiefe eine Scherebene bildete. Warum diese Erscheinung nicht auch bei trocknerem Boden auftrat, ist unverständlich; es läßt sich nur dadurch erklären, daß die wahrscheinlich weiter vorgedrückte Schicht auf der gesamten Höhe zurückgeschoben wurde. Nach 1 Übergang mit der gezogenen Walze zeigten sich stets starke Querrisse; ihr Abstand war desto kleiner, je trockener der Boden war. Er betrug durchschnittlich bei 8% Wassergehalt 3-6 cm, bei 11% 4-8 cm, bei 16% 7-9cm und bei 17,5% 7-11 cm.

Bei den Versuchen mit der selbstfahrbaren Walze bildeten sich Querrisse nur im trockenen Schluff beim 1. Übergang; der Abstand lag bei 9,5% Wassergehalt zwischen 1,5 und 4 cm und bei 11% zwischen 3,5 und 4,5 cm.

15.4 Die Setzungs- und Ebenheitsmessungen

Die durchschnittliche Oberflächen-Absenkung auf einer 8 m langen Meßstrecke betrug nach 2 und 25 Übergängen mit der 1200er Walze bei einer Walzenbelastung von 50 kg/cm:

Antrieb	w%	Setzung mm nach 2 Ü.	Setzung mm nach 25 Ü.	Antrieb	w%	Setzung mm nach 2 Ü.	Setzung mm nach 25 Ü.
gezogen	8	81	106	selbstfahrbar	9,5	59	74
"	11	77	100	" "	11	75	93
"	16	99	131	" "	16	99	125
"	17,5	105	123	" "	17,5	101	131

Bei den Versuchen mit der gezogenen Walze ergaben sich demnach bei 8% Wassergehalt wesentlich größere Setzungen als bei den Versuchen mit der selbstfahrbaren Walze; im ersteren Falle handelt es sich jedoch nicht um reine Setzungen, sondern um ein teilweises Abschieben des Bodens. Mit zunehmendem Wassergehalt nehmen die Setzungen zu, was zum Teil davon herrührt, daß sich der plastischere Boden seitlich stärker aus dem Walzstreifen herausdrückt, so daß sich infolgedessen auch die Bahnoberfläche balliger als beim trockenen Boden ausbildet. Bei höherem Wassergehalt sind die Setzungsunterschiede zwischen gezogenen und selbstfahrbaren Walzen unwesentlich.

Die Ebenheits-Messungen ließen ebenfalls keine stark abweichenden Unebenheiten auf trockenem und nassem Boden bei den 2 Antriebsarten erkennen. Eine Wellenbildung war weder auf sehr feuchtem (17,5%) noch auf sehr trockenem Boden festzustellen. Die Größe der Bodenunebenheiten bewegte sich in den gleichen Grenzen wie auf den Abbildungen 149 und 174.

15.5 Die Zunahme der Zug- und Umfangskräfte auf höherer Schüttung

Aus der FÖPPL'schen Zugkraft-Formel

$$Z = \frac{3}{8} Q \sqrt{\frac{2t}{R}}$$

erkennt man, daß bei größerer Einsenktiefe die Zugkräfte zunehmen. Da die Größe der Einsenktiefe außer vom Walzengewicht und -durchmesser auch von der Schütthöhe beeinflußt wird, war es naheliegend, festzustellen, in welchem Maße die Aufstandsfläche und damit die Einsenktiefe t auf höherer Schüttung ansteigt.

A b b i l d u n g 179

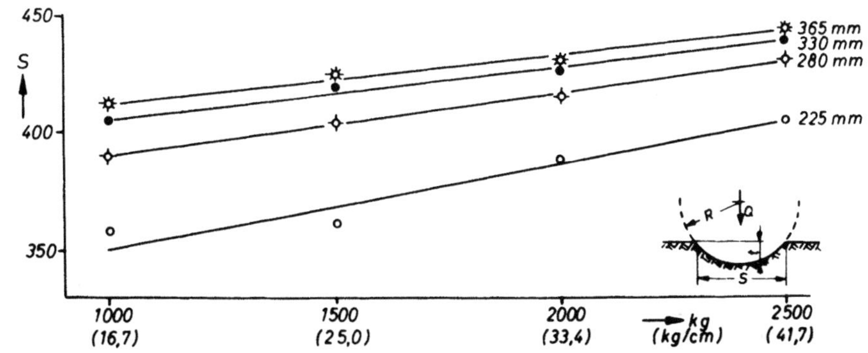

Abhängigkeit der Sehne der Aufstandsfläche vom Walzengewicht und der Schütthöhe
Versuchsboden: schwach bindiger, sandiger Schluff, w = 16 + 0,3%, Walzendurchmesser 1200 mm, Walzenbreite 600 mm, Walze im Stand vor dem 1.Übergang 10 Sek. abgesenkt

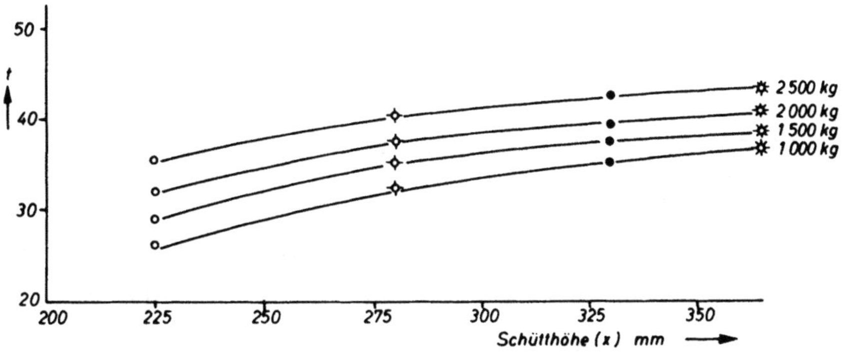

Abhängigkeit der Eindrucktiefe (Absenkung) von der Schütthöhe und vom Walzengewicht

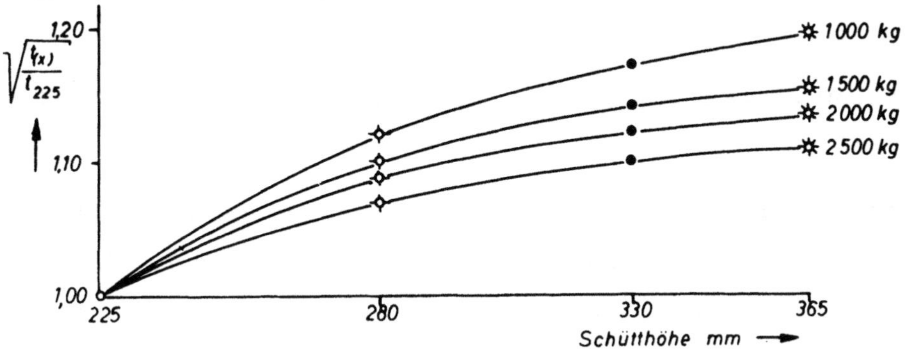

Abhängigkeit des Vergrößerungsfaktors von der Schütthöhe und vom Walzengewicht

A b b i l d u n g 180

Der aufgefräste Schluff wurde hierzu 280, 330 und 365 mm hoch aufgeschüttet und darauf die Walze mit 1200 mm Durchmesser und 4 verschiedenen Gewichten 10 Sekunden lang im Stand abgesenkt (Abb. 179). Für 225 mm Schütthöhe war die Aufstandsfläche aus den Hauptversuchen bekannt. Die

Zunahme der Sehne der Aufstandsfläche und damit der Einsenktiefe mit steigendem Walzengewicht und mit zunehmender Schütthöhe zeigen die obere und mittlere Kurvenschar in der Abbildung 180.

Um die Zug- oder Umfangskräfte zu berechnen, die für eine höhere Schüttung als 225 mm notwendig sind, muß man die FÖPPEL'sche Formel außer mit den bei den Hauptversuchen festgestellten Korrekturfaktoren noch mit dem Vergrößerungsfaktor

$$\sqrt{=\frac{t_x}{t_{225}}}$$

(Abb. 178) multiplizieren, um die für den 1.Übergang auf dem lockeren Boden erforderlichen Zug- oder Umfangskräfte zu erhalten.

16. Die Erkenntnisse aus den Versuchen mit gezogenen und mit selbstfahrbaren Walzen auf Schluff

1. Nur im locker gefrästen Schluff treten größere, von Zug- oder Umfangskräften herrührende Bodenverschiebungen (beim 1. Übergang) auf; sie sind bei der gezogenen Walze wesentlich größer als bei der selbstfahrbaren und bei gleichem Walzengewicht und gleicher Walzengeschwindigkeit desto stärker, je kleiner der Walzendurchmesser und je trokkener der Schluff ist.

2. Die Bodenbewegungen zeigen sich im Schluff bei den zwei Antriebsarten nicht so ausgeprägt wie bei Mittelsand.

3. Nach einem Übergang besitzt der Schluff bereits eine so hohe Scherfestigkeit, daß größere horizontale Bodenbewegungen bei weiteren Walzgängen, welche die Verdichtung wie bei Sand wesentlich beeinflussen, nicht mehr auftreten.

4. Zu einer wesentlichen Verminderung des Trockenraumgewichtes tragen jedoch Querrisse bei, die sich in der oberen Schicht je nach dem Walzengewicht mehr oder weniger stark ausbilden.

5. Die gezogene Walze verursacht bereits beim 1. Übergang im lockeren Schluff unabhängig vom Wassergehalt starke Querrisse. Wenn das Walzengewicht gleich oder kleiner als die Grenzbelastung ist, drücken sich die Risse bei den nachfolgenden Übergängen allmählich zu;

ist es jedoch größer, verkleinern sich die Risse nur bis etwa zum 5. Übergang, und sobald die Flächenpressung der Walze in der sich verkleinernden Aufstandsfläche gegenüber dem Scherwiderstand des Bodens zu groß wird, bricht dieser erneut in Erdkeilen hinter der Walze aus.

6. Infolge der nach hinten gerichteten Umfangskraft (positiver Schlupf), die die Reibung in den Gleitflächen des Erdkeils erhöht und ein Ausbrechen des Bodens an der Oberfläche verhindert, bilden sich bei der selbstfahrbaren Walze beim 1.Übergang keine derartigen Querrisse (ausgenommen in sehr trockenem Boden). Die Umfangskraft erschwert auch bei den weiteren Übergängen den Bodenausbruch. Die Untersuchungen bestätigen diese Erkenntnis, da sie zeigten, daß bei den Versuchen mit kleinem Walzendurchmesser und dementsprechend größeren Umfangskräften auch bei hoher Walzenbelastung keine Ausbrüche auftraten, während bei den Versuchen mit 1600 mm Walzendurchmesser infolge der kleieneren Umfangskraft der Boden an der Oberfläche ausbrach. Das schollenartige Ausscheren des Bodens bei hoher Walzenbelastung begann, sobald die spezifische Flächenpressung in der sich verkleinernden Aufstandsfläche gegenüber dem Scherwiderstand des Bodens zu groß wurde, was meist zwischen dem 5. und 10.Übergang eintrat, und verstärkte sich mit jedem weiteren Übergang.

7. Sowohl bei der gezogenen als auch bei der selbstfahrbaren Walze bilden sich bei den Anfangs-Walzgängen an den Rändern der Aufstandsfläche (Abb. 152) infolge der starken plastischen Verformung an den Knickstellen dünne Querrisse in der Walzbahnoberfläche aus. Mit fortschreitender Verdichtung und sich ballig ausbildender Walzbahn (je nach dem Walzengewicht nach etwa 8-10 Übergängen) zeichnen sich die Risse wabenförmig ab. Während sie bei der gezogenen Walze bis zum 25. Übergang in etwa der gleichen Form und Stärke erhalten bleiben, verschmälern sich die Risse und die Waben bei der selbstfahrbaren Walze infolge der entgegen der Walzrichtung wirkenden Umfangskraft mit den weiteren Übergängen (Abb. 153), wobei sich bei größeren Schluff die Oberfläche glättet.

8. Scheitelpunkte in den Verdichtungskurven der oberen Schicht, welche die Grenzbelastungen kennzeichnen, zeigen sich nur bei den Versuchen mit der gezogenen Walze nach 5 und mehr Übergängen, da bei über der Grenzlast liegendem Walzengewicht dann erneut wieder stärkere Querriß-Bildung und somit eine Abnahme der Dichte eintritt (s.Pkt.5).

9. Für die selbstfahrbare Walze gestatten die Verdichtungskurven keine eindeutige Festlegung der jeweiligen Grenzbelastung, da sich im Bereich der vorgenommenen Gewichtsveränderungen noch keine Abnahme der Verdichtung zeigte.

10. Bei Schluff macht sich die Abhängigkeit des Trockenraumgewichtes von der Walzbelastung und vom Walzendurchmesser wesentlich geringer als bei Sand bemerkbar, am stärksten zeigte sie sich bei der kleinsten gezogenen Walze (550 mm Durchmesser).

11. Bei gleichem Walzengewicht und -durchmesser war die Verdichtungswirkung von gezogenen und selbstfahrbaren Walzen unterhalb 10 cm Tiefe annähernd gleich und in den oberen 10 cm der Schüttung unterschiedlich. Mit der selbstfahrbaren Walze ergab sich meist nach 2-3 Übergängen eine höhere Dichte, da sich keine Querrisse bildeten, und mit der gezogenen Walze nach 5 und mehr Übergängen, sofern die Grenzbelastung nicht überschritten wurde.

12. Während sich bei den Versuchen mit 550, 800 und 1200 mm großen gezogenen und selbstfahrbaren Walzen bei gleichem Gewicht nach 5 und mehr Übergängen keine wesentlichen Verdichtungsunterschiede ergaben, lag das Trockenraumgewicht bei den Versuchen mit der 1600er Walze bei beiden Antriebsarten erheblich niedriger. Als Gründe sind die große Aufstandsfläche und die geringere Knetwirkung der großen Walze anzuführen.
Die stärkste Verdichtung konnte bei den Versuchen mit der 1200 mm großen gezogenen und der 550 mm großen selbstfahrbaren Walze erreicht werden. Im erstgenannten Falle betrug der mittlere Druck in der Aufstandsfläche beim 1. Übergang etwa 1,3 kg/cm^2 und nach dem 5. Übergang etwa 1,8 kg/cm^2. Die entsprechenden Werte für die selbstfahrbare 550er Walze betrugen 2,5 kg/cm^2 und 3,0 kg/cm^2.

13. Die selbstfahrbare Walze ermöglichte bei gleichem Gewicht nach 2 Übergängen eine um so bessere Verdichtung, je kleiner ihr Walzendurchmesser war. Die stärkere Durchknetung des Bodens (ähnlich wie bei Schaffuß- und Gummiradwalzen) durch die kleinere Walze dürfte hierfür mitbestimmend gewesen sein. Nach 5 Übergängen erkennt man keine derartigen Zusammenhänge mehr und für die gezogene Walze läßt sich von vornherein keine ähnliche Abhängigkeit zwischen dem Walzendurchmesser und der Verdichtungswirkung ersehen.

14. Walzen mit einem Durchmesser unter 600 mm sollten nur selbstfahrbar verwendet werden.

15. Die während der Überfahrt unter der gezogenen und der selbstfahrbaren Walze registrierten Bodendrücke zeigen keine Unterschiede. Wählt man einen Konzentrationsfaktor von $\nu = 5$, so ergeben sich zwischen den gemessenen und den berechneten Bodendrücken nur durchschnittliche Unterschiede von $\pm$ 15%.

16. Bei einem Einau-Wassergehalt von etwa 16%, der etwa 3% über dem optimalen der einfachen Proctordichte liegt, wurde in den oberen 10 cm der Schüttung ein maximales Trockenraumgewicht von 93%, und beim günstigsten Wassergehalt von 94% der einfachen Proctordichte erzielt; die entsprechenden Werte in der unteren Schicht betrugen 92 bzw. 93%. Die nach den TVE vorgeschriebenen 95% konnten somit in keinem Falle erzielt werden. Voraussichtlich liessen sich jedoch bessere Ergebnisse erzielen, wenn nicht in gleicher Spur, sondern flächenmäßig gewalzt worden wäre, da sich der Boden nicht so stark seitlich weggedrückt hätte.

17. Eine Veränderung der Walzengeschwindigkeit zwischen 1 und 3 km/h erbrachte nur geringe Verdichtungs-Unterschiede, die im Bereich der Meßungenauigkeit lagen.

18. Beim untersuchten Schluff wirkte sich eine Veränderung des Wassergehaltes in der Verdichtungswirkung wesentlich stärker wie bei Mittelsand aus (s. Abb. 176).

19. Im Bereich der vorgenommenen Gewichtsveränderungen zeigen sich zwischen gezogenen und selbstfahrbaren und verschieden großen Walzen keine wesentlichen Unterschiede in der Oberflächen-Ebenheit.

20. Die Überdeckung soll mindestens 130 mm betragen.

21. Bei gezogenen und bei selbstfahrbaren Walzen ergaben sich bei gleichem Gewicht, gleichem Durchmesser und gleichem Wassergehalt nur geringe Setzungsunterschiede (Abb. 181). Die Setzungen waren bei gleich schweren Walzen desto größer, je kleiner der Walzendurchmesser war. Aus den Setzungsmessungen ließ sich jedoch keine eindeutige Aussage über die erreichte Verdichtung ableiten, da diese auch noch von Querrissen beeinflußt wird.
Die Oberflächensetzung betrug unabhängig vom Walzendurchmesser und vom Walzengewicht nach 2, 5 und 25 Übergängen etwa 75, 85 und 92% derjenigen Setzung, die nach 25 Übergängen erreicht wurde.

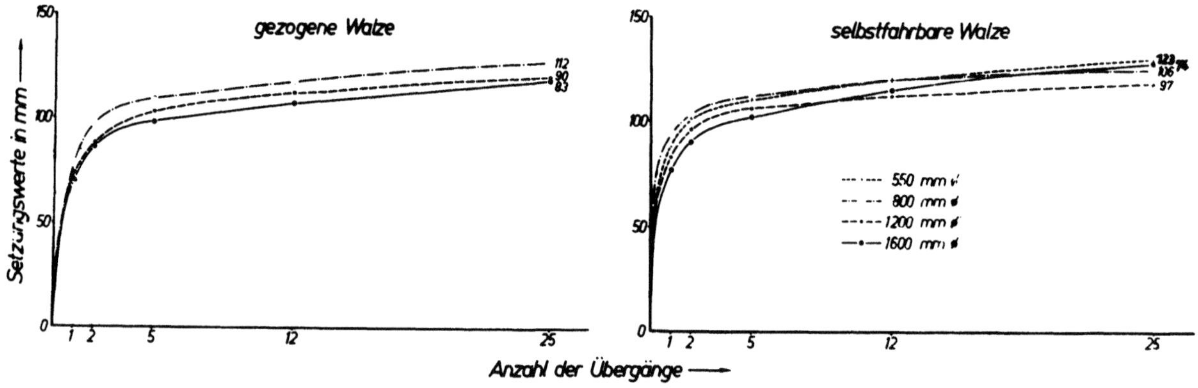

A b b i l d u n g 181

Glattwalzenversuche mit selbstfahrbarer und gezogener Walze
Absolute Setzungswerte der Oberfläche in Abhängigkeit vom Walzendurchmesser und von der Anzahl Übergänge
Versuchsboden: schwach bindiger, sandiger Schluff
Wassergehalt = 16 ± 0,3%
Schütthöhe 225 mm
Walzenbreite 600 mm
Walzengeschwindigkeit 1 km/h
Walzengewicht 2500 kg

22. Im Bereich der vorgenommenen Gewichtsveränderungen erforderte die selbstfahrbare Walze stets höhere Antriebsleistungen, die beim 1. Übergang bei 550 und 800 mm Walzendurchmesser je nach der Walzenbelastung bis zu 50% und bei 1200 und 1600 mm Walzendurchmesser bis zu 100% höher als bei den gezogenen Walzen lagen (Abb. 182 und 183).

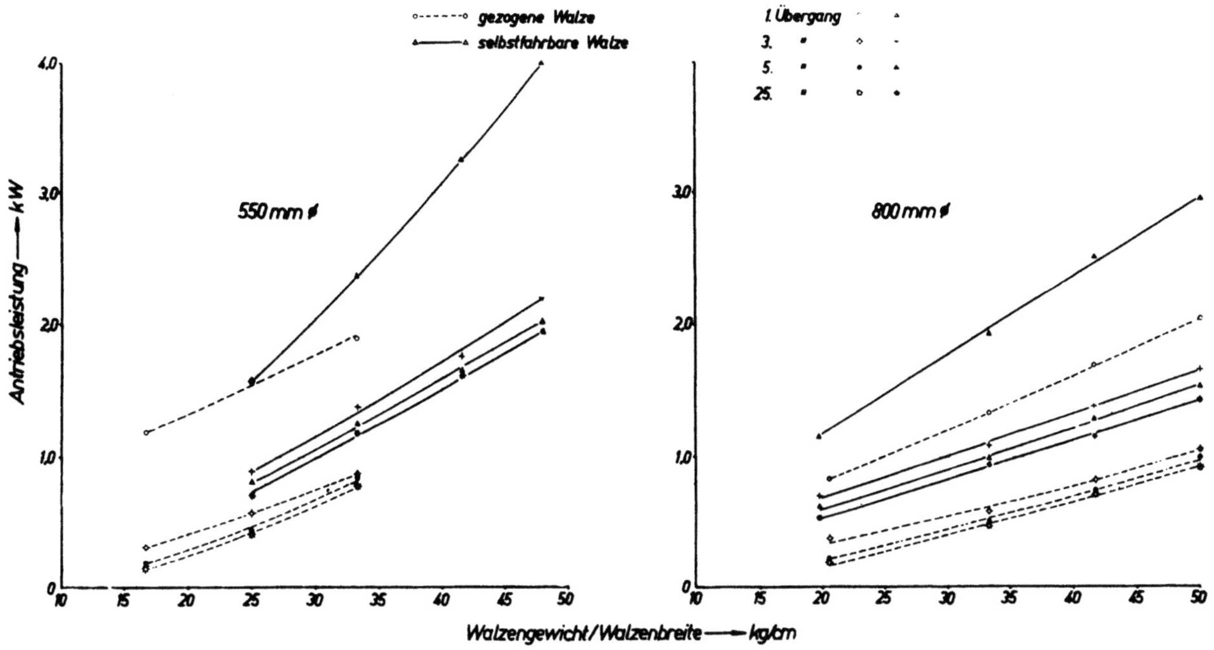

A b b i l d u n g 182

Versuche mit gezogener und selbstfahrbarer Walze
Erforderliche Antriebsleistung in Abhängigkeit vom Walzendurchmesser, Walzengewicht und von der Anzahl Übergänge
Walzenbreite 600 mm
v = 1 km/h
Versuchsboden: schwach bindiger, sandiger Schluff
Schütthöhe 225 mm
w = 16 ± 0,3%

Für die höheren Übergänge waren für die selbstfahrbare Walze mit 1200 mm und 1600 mm Durchmesser sogar bis zu 250% größere Antriebsleistungen erforderlich.

23. Die prozentuale Abnahme der Zugkraft in Abhängigkeit von der Anzahl der Übergänge streut bei 550 und 800 mm Walzendurchmesser bei Veränderung des Walzengewichtes wesentlich mehr als die prozentuale Abnahme der Umfangskraft (Abb. 184); bei den zwei größeren Walzen sind hinsichtlich der Breite der Streubereiche keine nennenswerten Unterschiede festzustellen.
Die prozentuale Abnahme der Zugkraft bei den Versuchen mit 550, 800 und 1200 mm Walzendurchmesser ist größer als die prozentuale Abnahme der Umfangskraft bei den entsprechenden Versuchen mit der selbstfahrbaren Walze. Nach 5 Übergängen nimmt weder die Zug- noch die Umfangskraft wesentlich ab.

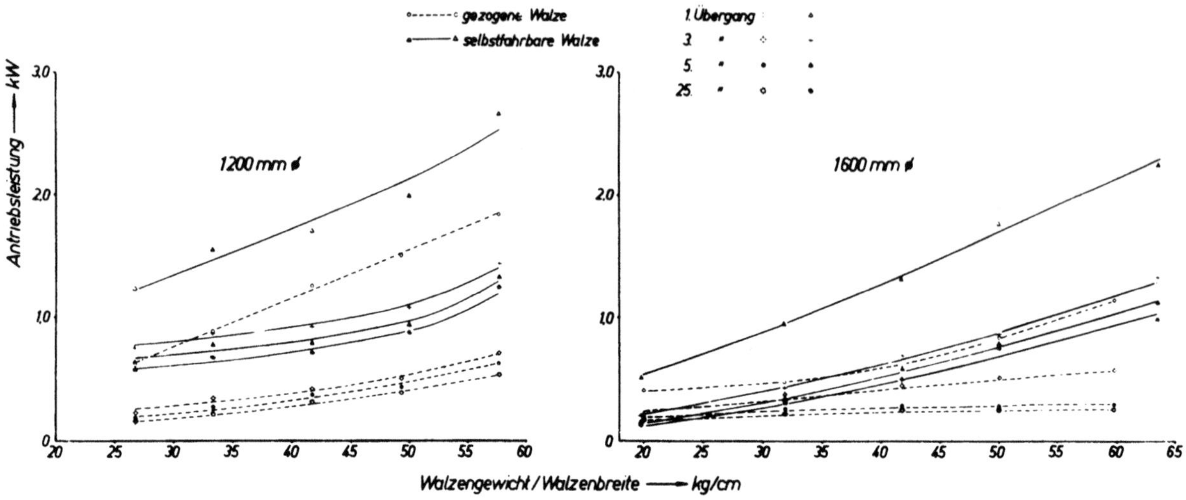

A b b i l d u n g 183

Versuche mit gezogener und selbstfahrbarer Walze
Erforderliche Antriebsleistung in Abhängigkeit vom Walzendurchmesser, Walzengewicht und von der Anzahl Übergänge
Walzenbreite 600 mm
v = 1 km/h
Versuchsboden: schwach bindiger, sandiger Schluff
Schütthöhe 225 mm
w = 16 ± 0,3%

17. Die Verdichtung von Schluff mit schweren Plattenrüttlern

Die Gelegenheit, zwei schwere Rüttler mit 1,65 und 2,25 t Gewicht und je einer 1 m^2 großen Bodenplatte auf den gleichen Schluff zu untersuchen, nutzte der Verfasser, um die Verdichtungswirkung dieser Geräte auf schwach bindigem Boden festzustellen und mit der Walzverdichtung zu vergleichen.

Die beiden Rüttler unterschieden sich dadurch, daß der eine einen 600 kg schwereren, gegen die Grundplatte abgefederten Motoraufbau besaß und wesentlich größere Schlagkräfte in Verbindung mit höheren Rüttelfrequenzen aufzubringen gestattete. Der Boden wurde ebenfalls mit der Bungartz-Fräse gelockert und für die Versuche 32 cm hoch geschüttet. Beide Geräte wurden mit möglichst hoher Rüttelfrequenz und günstig befundener Vortriebs-Geschwindigkeit gefahren.

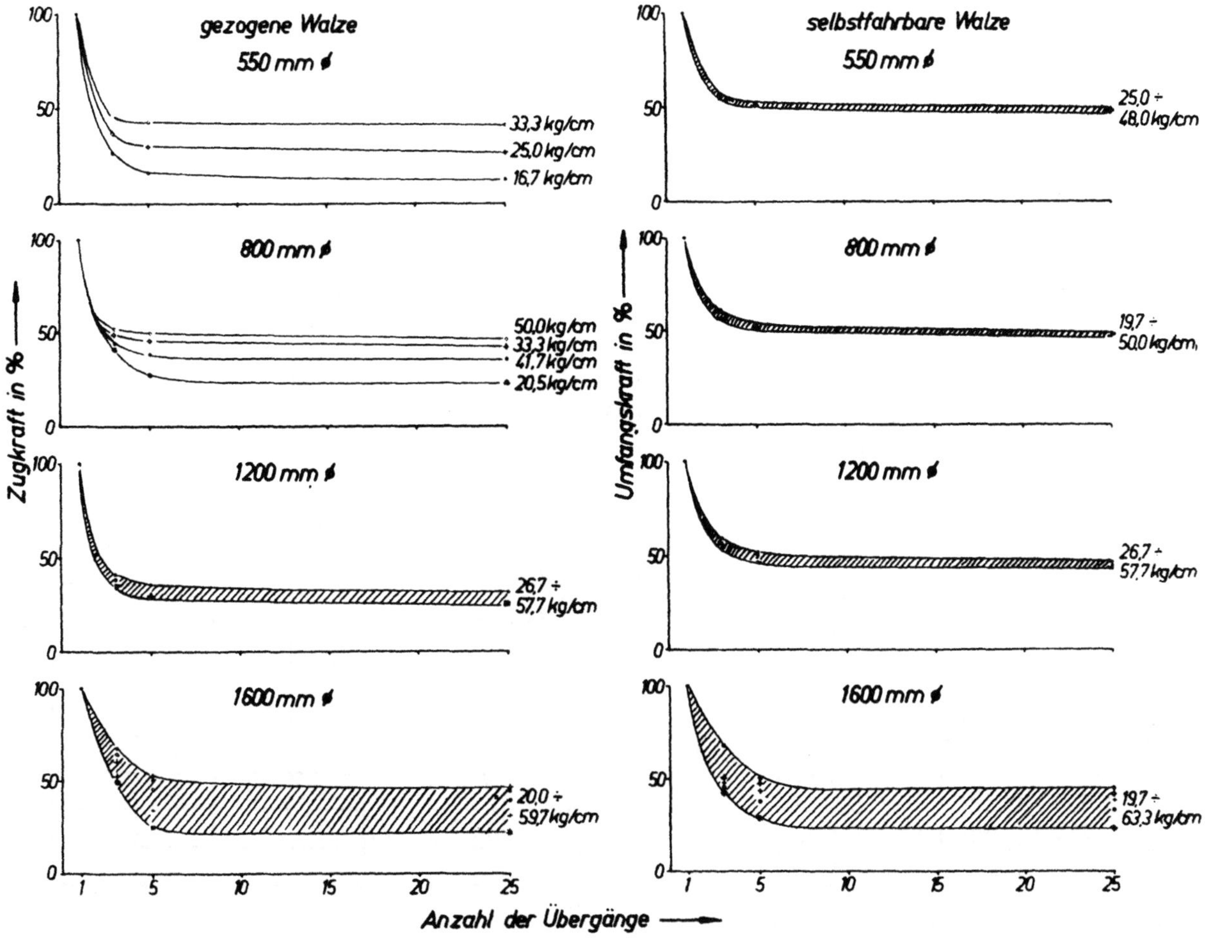

A b b i l d u n g 184

Versuche mit gezogener und selbstfahrbarer Walze

Prozentuale Abnahme der Zugkraft (Umfangskraft) in Abhängigkeit von der Anzahl Übergänge vom Walzendurchmesser und vom Walzengewicht

Versuchsboden: schwach bindiger, sandiger Schluff

Schütthöhe 225 mm

w = 16 ± 0,3%

v = 1 km/h

Verdichtungsversuche mit Plattenrüttlern Versuchsboden: leicht bindiger, sandiger Schluff, Schütthöhe 320 mm																
		Frequenz Hz		Fliehkraft kg Vertikal-komp.		Horizont-komp.		v m/min		Schwingungsweite der Bodenplatte mm					erreichte Dichte i.% gegenüber 10 t Glattw. (45 kg/cm)	
Versuchsgerät	Übergang	Einzelwert	Mittelwert	Einzelwert	Mittelwert	Einzelwert	Mittelwert	Einzelwert	Mittelwert	vorn	hinten	Wassergehalt %	Trockenraumgewicht t/m³	% der einfachen Proctordichte	gezogene W 1200 ∅	Selbstfahrb. W 550 ∅
2,25 t	1	19,5	15,6	8700	5500	4750	2870	8,7	7,7	5,5	8,0	15,9	1,51	80	112	102
	2	17,0		6250		3500		9,1		6,0			1,55	82	96	91
	3	18,8		7100		3650		7,0		7,5	7,0		-	-	-	-
	4	11,0		2700		1200		6,8		7,5	9,0		-	-	-	-
	5	11,5		2900		1250		6,9		6,5	8,0		1,59	85	93	92
1,65 t	1	11,5	10,6	2250	1950	600	452	6,0	4,6	8,0	10,0	15,7	1,44	76	107	98
	2	10,7		1950		500		6,0		6,0	8,0		1,49	79	92	87
	3	10,3		1850		400		3,8		5,0	4,0		-	-	-	-
	4	10,3		1850		380		3,7		5,0	5,0		-	-	-	-
	5	10,3		1850		380		3,5		3,0	5,0		1,51	80	87	88

Abbildung 185

Die Versuchsbedingungen und die Ergebnisse sind in der Tabelle (Abb.185) zusammengestellt. Der Vergleich der Trockenraumgewichte mit den bei den Walzenverdichtungsversuchen erreichten Maximalwerten (gezogene 1200 mm und selbstfahrbare 550 mm Walze) zeigt, daß die Dichte in der oberen Schicht nach einem Übergang beim Rüttler- und nach zwei oder fünf Übergängen beim Walz-Versuch größer war.

Beim Vergleich der Ergebnisse muß man jedoch berücksichtigen, daß die Verdichtungsarbeit des Rüttlers größer ist als die der Walze und somit der günstigste Wassergehalt bei der Rüttelverdichtung um etwa 3% tiefer liegen dürfte, so daß sich der Versuchswassergehalt von ≈ 16% beim Rüttler ungünstiger als bei der Walze auswirkte.

Die großen Horizontalkräfte des schweren Rüttlers verursachten an der Oberfläche in Abständen von 7-10 cm Querrisse, beim leichteren Rüttler zeigten sich dagegen infolge der weit geringeren Horizontalkräfte keine.

18. Die Untersuchungen auf Kiessand

Wie unter 2.3 bereits angeführt, diente dieser Boden vor allem zur Erprobung von Rüttelgeräten. Zur besseren Beurteilung der dynamischen Verdichtung wurden jedoch auch Versuche mit statischen Glattwalzen auf Kiessand gefahren und die bei den zwei Verdichtungsarten erzielten Ergebnisse gegenübergestellt.

Aus praktischen Überlegungen und aus versuchstechnischen Gründen betrug der Wassergehalt stets etwa 4-5% (Erdfeuchte).

18.11 Die Versuche mit statischen Glattwalzen auf Kiessand

Zwei Versuche mit selbstfahrbaren Walzen auf 300 und 850 mm hoher Schüttung, die sich über 5 bzw. 12 Übergänge erstreckten, dienten zur Feststellung der Verdichtungs- und Tiefenwirkung. Hiervon wurde ein Versuch mit der 1200 mm großen und 600 mm breiten Versuchswalze mit einer Walzenbelastung von 60 kg/cm (Gewicht 3600 kg) gefahren, und für den 2. Versuch stand eine 1,65 t (18,4 kg/cm) schwere Vibrationswalze mit 750 mm Durchmesser und 900 mm Walzenbreite zur Verfügung, die ohne Vibration, also rein statisch, zum Einsatz kam. Die Walzengeschwindigkeit betrug bei den 2 Versuchen etwa 1 km/h und der Wassergehalt 4,2 bis 4,3%.

Da die schwere Versuchswalze auf der 850 mm hohen, locker eingebrachten Kiessand-Schüttung zu stark einsank, wurde der Boden, um Schäden am Antriebsaggregat zu vermeiden, durch 5 Übergänge mit etwa halber Walzenbelastung (33 kg/cm) vorverdichtet und anschließend mit voll aufgebrachter Walzenbelastung (60 kg/cm) 5 Walzgänge gefahren, wobei nach 1, 2 und 5 Übergängen Schürfgruben angelegt und das Trockenraumgewicht auf der gesamten Tiefe festgestellt wurde.

Beim Einsatz der statisch gefahrenen Vibrationswalze war infolge der weit geringeren spezifischen Walzenbelastung ein Vorverdichten des Bodens trotz des kleineren Walzendurchmessers nicht erforderlich; dieser Versuch erstreckte sich über 12 Walzgänge. Der Verlauf der Verdichtungskurven (Abb. 186) läßt die mehr oder weniger schnelle Abnahme des Trockenraumgewichtes nach der Tiefe und somit die nur geringe Tiefenwirkung der Walzen bei beiden Versuchen erkennen.

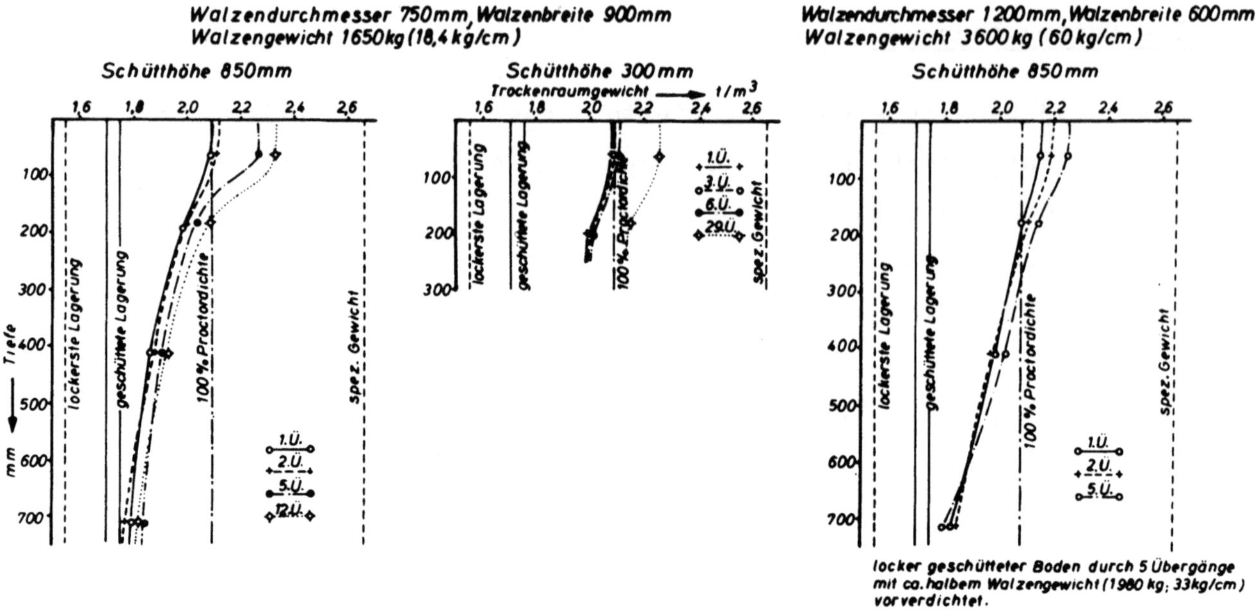

A b b i l d u n g 186

Versuche mit selbstfahrbarer Walze

Versuchsboden: Kiessand
w = 4,2 - 4,3%
v = 1 km/h

Infolge des kleinen Durchmessers und der sich nach mehreren Übergängen ergebenden schmalen Walzenaufstandsfläche bewirkte die leichtere Walze infolge der hohen spezifischen Flächenpressung in den oberen 10 cm der Schüttung zwar eine starke Verdichtung, die jedoch nach der Tiefe wesentlich rascher als bei der schweren Walze abnimmt. Man erkennt ferner, daß beim Versuch mit der leichten Walze aus dem erwähnten Grunde die Verdichtung nach dem 2. Übergang nennenswert nur noch in den oberen 15 cm ansteigt. In 700 mm Tiefe ist das Trockenraumgewicht bei beiden Versuchen gleich, da die Verdichtungswirkung der schweren Walze auch nicht so tief reicht.

Die in der 300 mm hohen Schüttung erreichte Dichte unterscheidet sich kaum von derjenigen, die in den obersten 300 mm der 850 mm Schüttung ermittelt wurde. Die beim Versuch mit der leichten Walze in verschiedenen Tiefen gemessenen Setzungen sind in Abhängigkeit von der Anzahl der Übergänge auf der linken Bildseite der Abbildung 187 aufgetragen; der hieraus abgeleitete Setzungsverlauf nach der Tiefe auf der rechten Bildhälfte strebt einem Festpunkt zu, der in etwa 800 mm Tiefe auf der Höhe des gewachsenen Bodens liegt.

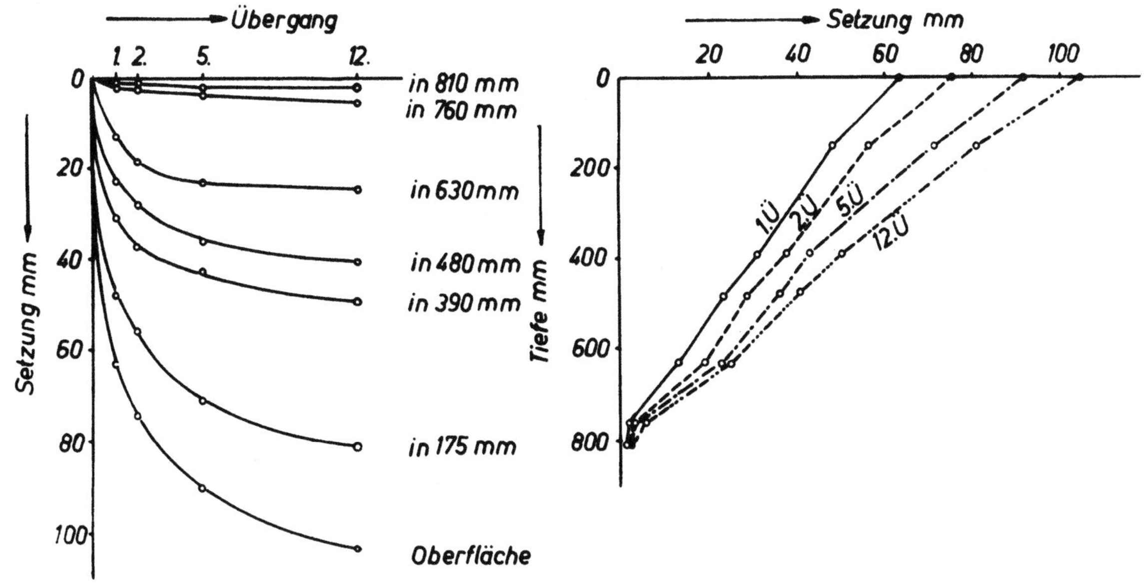

A b b i l d u n g 187

Versuche mit selbstfahrbarer Walze

Walzendurchmesser 750 mm
Walzenbreite 900 mm
Walzengewicht 1650 kg (18,4 kg/cm)
Versuchsboden: Kiessand
Schütthöhe 850 mm
w = 4,2 - 4,3%
v = 1 km/h

Die 1,65 t schwere Walze verursachte beim 1. statischen Überlauf in 100 mm Tiefe einen Bodendruck von etwa 1 kg/cm^2 und beim 2. von 1,3 kg/cm^2. Die entsprechenden Werte in 480 mm Tiefe betrugen 0,6 und 0,8 kg/cm^2.

18.2 Die Untersuchungen mit Rüttelgeräten auf Kiessand

18.21 Die Versuche mit Vibrationswalzen

Der dynamische Einsatz der unter 18.1 erwähnten 1,65 t schweren Einrad-Vibrationswalze auf dem gleichen Kiessand erbrachte interessante Ergebnisse. Der Einbau eines weitgehend regelbaren Elektromotors an Stelle des Dieselmotors ermöglichte, die Rüttelfrequenz der Walze in weiten Grenzen stufenlos zu verändern und die Leistungsaufnahme für den Fahr- und Vibrationsantrieb mit Hilfe eines registrierenden Wattmeters festzustellen.

Bei 6 Versuchen, die sich über je 25 Walzgänge erstreckten und bei denen die Frequenz stufenweise zwischen 23 und 50 Hz verändert wurde, zeigte sich ein deutlicher Frequenzeinfluß auf die Verdichtungswirkung (Abb.188). Der Wassergehalt und die Walzengeschwindigkeit waren bei den einzelnen Versuchen nicht wesentlich unterschiedlich.

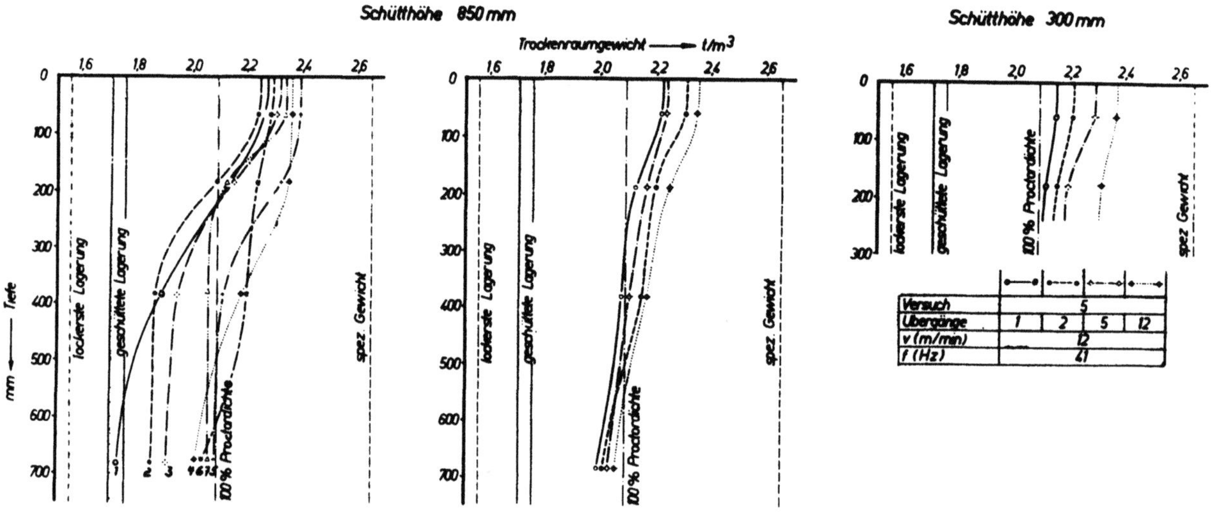

Versuch	1	2	3	4	5	6	7
Übergänge	25						
v (m/min)	15	15	12	12	12	12	20
f (Hz)	23	27	29,5	37	41	50	48

Versuch	5			
Übergänge	1	2	5	12
v (m/min)	12			
f (Hz)	41			

Versuch	5			
Übergänge	1	2	5	12
v (m/min)	12			
f (Hz)	41			

A b b i l d u n g 188

Versuche mit Einrad-Vibrationswalze

Walzendurchmesser 750 mm
Walzenbreite 900 mm
Walzengewicht 1650 kg (18,4 kg/cm)
Versuchsboden: Kiessand
w = 4,3 - 5,7%

Die Erhöhung der Frequenz von 23 auf 30 Hz wirkte sich vor allem unterhalb 400 mm Tiefe in einer Zunahme der Dichte aus. Bei einer weiteren Steigerung der Frequenz auf 37 Hz ergab sich auf der gesamten Schüttung eine wesentlich bessere Verdichtung; die nochmalige Erhöhung der Frequenz auf 50 Hz erbrachte dagegen, wie der Verlauf der Verdichtungskurven der Versuche 4, 5 und 6 zeigt, keine weitere eindeutig in

Erscheinung tretende Zunahme des Trockenraumgewichtes. Eine bestimmte, besonders günstige Rüttelfrequenz im Bereich zwischen 37 und 50 Hz läßt sich nicht angeben.

Bei einer Erhöhung der Walzengeschwindigkeit von 12 auf 20 m/min und einer günstigen Rüttelfrequenz von 48 Hz verringerte sich die Verdichtungswirkung vor allem zwischen 200 und 400 mm Tiefe; worauf dies zurückzuführen ist, läßt sich auf Grund eines Versuches nicht sagen.

Die Verdichtungszunahme nach einzelnen Walzgängen bei einer Rüttelfrequenz von 41 Hz ist in dem mittleren Bild der Abbildung 188 zu ersehen. Die Ergebnisse zeigen, daß bereits nach einem Vibrationsübergang eine wesentlich bessere Verdichtung vor allem in der Tiefe erreicht werden konnte als nach 5 Übergängen mit der wesentlich schwereren statischen Walze (vgl. Abb. 186 rechte Bildseite). Der Vergleich der Trockenraumgewichte, die mit der Walze bei statischen und dynamischen Einsatz erzielt wurden (Abb. 186 und 188), veranschaulicht die wesentlich größere Tiefenwirkung der Vibrationswalze in günstig abgestuften kohäsionslosen Bodenarten noch deutlicher.

Wie die Ergebnisse ferner zeigen, konnte bei einer Rüttelfrequenz von 41 Hz bereits nach einem Übergang auf 300 mm und nach 5 Übergängen auf 500 mm Tiefe eine 100%ige und in den oberen 200 mm der Schüttung eine noch erheblich größere Proctordichte erzielt werden. Würde der Kiessand bei günstigem Wassergehalt eingebaut, der beim einfachen Proctorversuch 9-10% beträgt (Abb. 22) und für die Rüttelverdichtung entsprechend der höheren Verdichtungsenergie der Rüttelwalze um 1-2% niedriger, also bei etwa 8% liegen dürfte, so wären noch bessere Verdichtungs-Ergebnisse zu erreichen.

Auf der 300 mm Schüttung ergaben sich auch bei Kiessand keine wesentlichen Unterschiede im Trockenraumgewicht gegenüber den oberen 300 mm der 850 mm hohen Schüttung.

Bei den Versuchen, die mit Frequenzen von 37-50 Hz gefahren wurden, erfolgte vor der Einschaltung der Vibration ein Vorverdichten des Bodens durch 2 statische Walzgänge, um ein Festfahren der Walze zu verhindern.

Die statischen und dynamischen Bodendrücke, die in 4 Tiefen bei den einzelnen Versuchen gemessen wurden, sind aus der Zahlentafel (Abb.189) ersichtlich. Die sich verändernde Walzenaufstandsfläche und das verschieden zur Wirkung kommende Antriebsmoment der Walze trugen dazu bei, daß sich Unterschiede in den Bodendruck-Meßwerten bei den einzelnen Übergängen innerhalb eines Versuches zeigten.

Während sich bei der Vorwärtsfahrt der Walze (Fahrtrichtung I) infolge des Antriebes ein größerer Gewichtsanteil auf das Stützrad verlagerte, was sich in einem stärkeren Nachdrücken desselben in der Walzspur und in kleineren Bodendrücken bei den ungeraden Übergängen unter der Walze äußerte, trat bei Fahrtrichtung II eine teilweise Entlastung des Stützrades ein, so daß mehrmals größere Bodendrücke unter der Walze registriert wurden. Die Entlastung des Stützrades war bei großem Rollwiderstand oft so stark, daß der Bedienungsmann die Deichsel sogar herunterdrücken mußte, um das Abheben des Stützrades vom Boden zu verhindern. Den charakteristischen Verlauf der Bodendrücke während der statischen und dynamischen Überfahrt der Walze über die Meßdosen zeigen die Oszillogramme (Abb. 190).

Versuche mit Einrad-Vibrationswalze
Walzendurchmesser 750 mm, Versuchsboden: Kiessand
Schütthöhe 850 mm, w = 4-5 %, v=16m/min

Fahrt	Übergänge	Walzenbelastung kg/cm	dyn. Vertikalkraft / Walzenbreite kg/cm	Rüttelfrequenz Hz	max. Bodendrücke kg/cm² (statisch, dyn.) 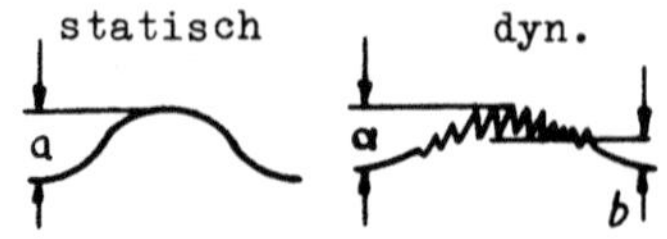 in 100 mm Tiefe	in 480 mm Tiefe	in 680 mm Tiefe	in 870 mm Tiefe
stat.	1	18,3	-	-	1,00	0,80	0,15	0,06
	2				1,30	0,60	0,16	0,05
dynamisch	1	|	26,4	23	2,65/1,65	1,10/0,45	0,18/0,03	0,06/-
	5				-	0,95/0,35	0,18/0,08	0,08/0,04
	25				-	1,20/0,70	0,17/0,07	0,09/0,02
	1	|	21,4	27	1,90/0,60	1,25/0,35	-	-
	2				1,55/0,45	1,10/0,40	-	-
	5				1,90/0,70	1,03/0,25	-	-
	25				1,85/0,65	0,90/0,20	-	-
	1	|	19,0	29,5	1,40/0,50	1,10/0,17	0,50/0,15	-
	5				1,60/0,10	1,20/0,30	0,50/0,10	-
	25				1,55/0,20	1,30/0,20	0,50/0,15	-
	1	|	14,7	37	2,10/0,45	1,05/-	0,95/-	0,16/-
	2				2,05/0,40	0,75/-	0,64/-	0,17/0,03
	5				-	1,16/-	0,95/-	0,13/-
	25				2,70/0,30	1,02/-	1,17/0,20	0,13/-
	1	|	13,1	41	1,80/0,50	0,91/-	0,53/-	0,18/-
	2				1,90/0,40	0,95/-	0,57/-	0,20/-
	5				2,40/0,40	1,00/-	0,54/-	0,20/-
	25				2,30/0,30	0,95/-	0,40/-	0,20/-
	1	|	11,8	50	1,75/0,40	0,90/-	0,32/-	-
	2				1,90/-	1,10/-	0,40/-	-
	5				1,47/0,30	1,06/-	0,37/-	-
	25				-	0,80/-	0,34/-	-

A b b i l d u n g 189

Um die Größe der dynamischen Kräfte, die die Walze auf den Boden überträgt, festzustellen, wurde die Walzenbandage auf einer elektrischen Druckmeßdose abgestützt, die in einem Rost, der auf der Kiessandschüttung lagerte, eingebaut war.

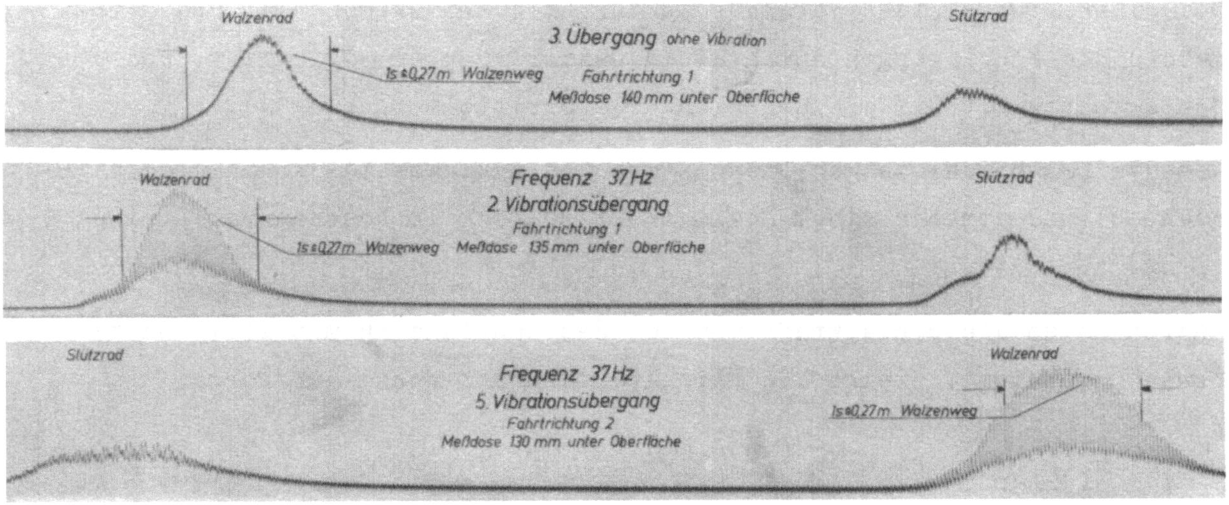

A b b i l d u n g 190

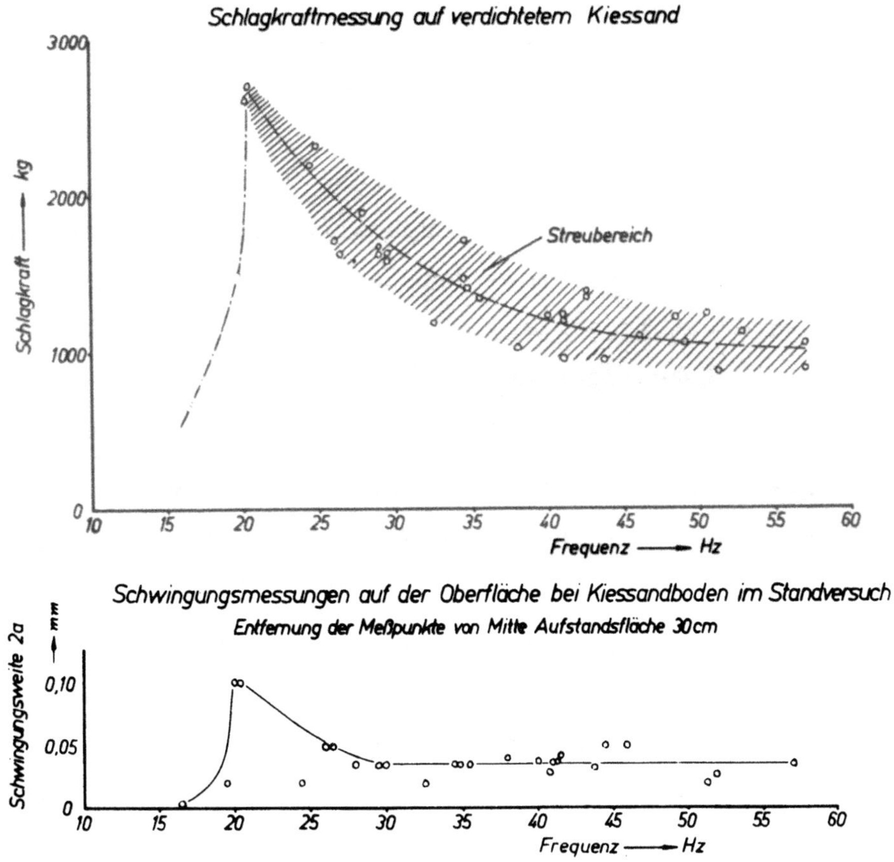

A b b i l d u n g 191

Versuche mit Einrad-Vibrationswalze

Walzendurchmesser 750 mm
Walzenbreite 900 mm
Walzengewicht 1650 kg (18,4 kg/cm)
Versuchsboden: Kiessand
Schütthöhe 300 mm
w = 4,0-5,0%

Bei einer stufenweisen Veränderung der Frequenz zwischen 16 und 57 Hz wurden die Schwingungen durch einen Oszillographen registriert und die Schlagkräfte mit Hilfe einer Eichkurve ermittelt (Abb. 191).

Wie die Ergebnisse zeigen, nehmen die Schlagkräfte bei Abnahme der Frequenz zu und streben einem Maximalwert zu, der im Resonanzfall (etwa 20 Hz) auftritt.

Während also die Schlagkraft von der Resonanzlage an mit steigender Frequenz abnimmt, steigt die Fliehkraft entsprechend der Formel

$$C = m \cdot r \cdot \omega^2$$

an. Bei der untersuchten Walze beträgt die berechnete Fliehkraft für eine Rüttelfrequenz von 40 Hz 2600 kg und für 57 Hz 5200 kg. Die mittlere gemessene Schlagkraft betrug bei diesen Frequenzen dagegen nur 1200 und 1000 kg. Diese Gegenüberstellung zeigt, daß man auf Grund der Größe der Fliehkräfte noch nichts über die zur Wirkung kommenden Schlagkräfte aussagen kann. Wie die vorliegenden Versuchsergebnisse zeigen, läßt sich jedoch auch bei Kenntnis der Größe der Schlagkräfte noch nichts Eindeutiges über die Verdichtungswirkung aussagen, da sich die besten Verdichtungsergebnisse nicht bei den hohen Schlagkräften, sondern vielmehr bei den höheren Frequenzen und den kleineren Schwingweiten ergaben.

Vornehmlich bestätigen die Versuche somit die Theorie von TSCHEBOTARIOFF [13], die besagt, daß die Verdichtungswirkung unter dynamischen Verdichtungsgeräten vor allem durch die hohe Lastwechselzahl bedingt ist.

Die Gegenüberstellung der bei statischer und bei dynamischer Fahrt der Walze auf 300 und 850 mm hoher Schüttung festgestellten und in Abhängigkeit von der Anzahl der Übergänge aufgetragenen Setzungen der Oberfläche und der 170 - 190 mm tief eingelegten Meßplatten (Abb. 192) läßt deutlich die wesentlich größeren Werte bei der dynamischen Verdichtung und den erneut starken Anstieg der Setzungen bei Einschaltung der Vibration erkennen, obwohl bereits der Boden durch 4 statische Walzgänge vorverdichtet war.

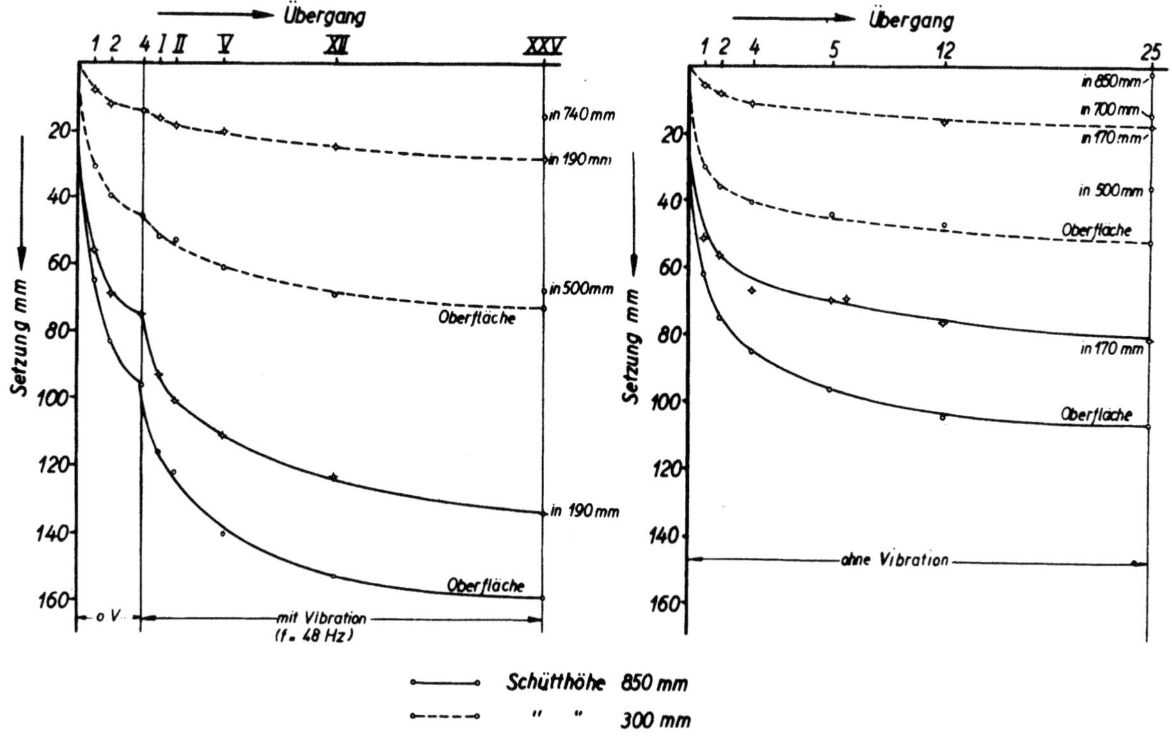

A b b i l d u n g 192

Versuche mit Vibrations- und statischer Walze

Walzendurchmesser 750 mm
Walzenbreite 900 mm
Walzengewicht 1650 kg (18,4 kg/cm)
Versuchsboden: Kiessand
Schütthöhe 850 bzw. 300 mm
w = 4,0-5,0%
v = 1 km/h

Der Leistungsbedarf, der für den Fahr- und den Vibrationsantrieb der Walze bei verschiedenen Frequenzen auf Kiessand notwendig war, ist aus der Abbildung 193 zu ersehen. Man erkennt, daß für den Vibrationsantrieb eine wesentlich größere Antriebsleistung als für den Fahrantrieb erforderlich ist.

Die besprochenen Vibrationswalzen-Versuche bezweckten u.a., den Einfluß der Frequenz auf die Verdichtung zu klären. Nicht befriedigend bei den Versuchen war jedoch der Umstand, daß die Vibrationswalze keine Frequenzverstellung und gleichzeitige Konstanthaltung der Schwingweite durch eine veränderbare Unwuchtmasse ermöglichte, so daß der alleinige Frequenzeinfluß nicht abzugrenzen war und infolgedessen sich auch nichts Eindeutiges aussagen läßt, ob die unterschiedlichen Verdichtungswerte

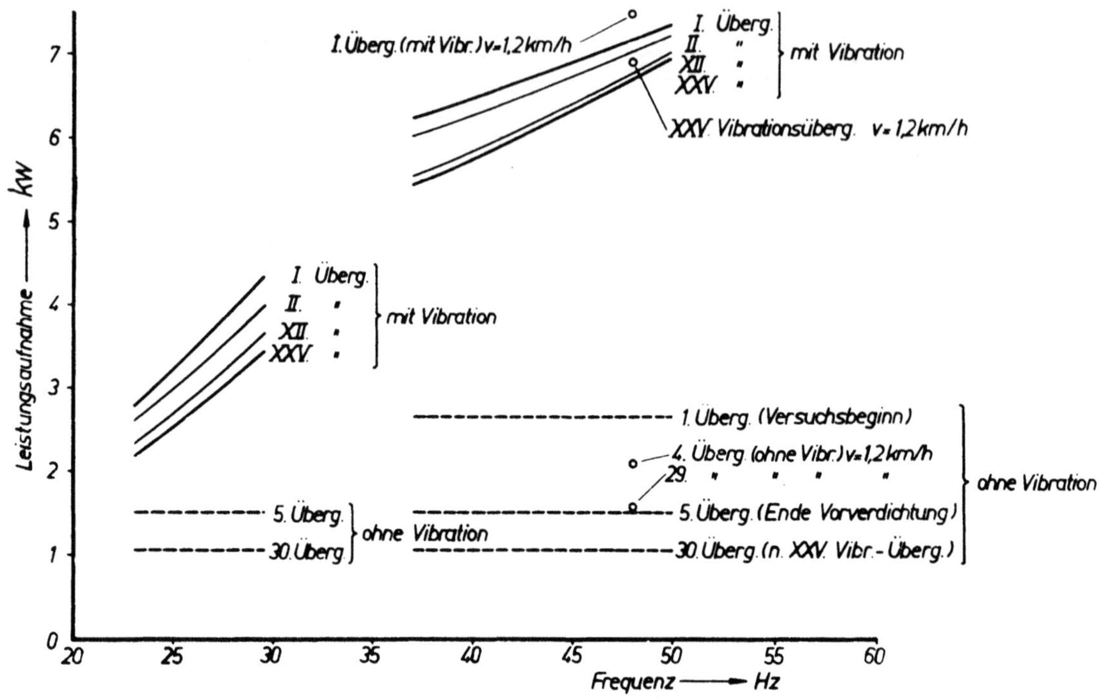

A b b i l d u n g 193

Versuche mit Einrad-Vibrationswalze

Leistungsmessungen für Fahr- und Vibrationsantrieb
Walzendurchmesser 750 mm
Walzenbreite 900 mm
Walzengewicht 1650 kg (18,4 kg/cm)
Versuchsboden: Kiessand
Schütthöhe 850 mm
w = 4,0-5,0%
v = 0,72 km/h

in erster Linie von den verschiedenen Frequenzen oder den verschiedenen Schwingungsamplituden beeinflußt wurden. Es muß deshalb weiteren Untersuchungen vorbehalten bleiben, in dieser Richtung Versuche mit einem speziell hierfür geschaffenen Versuchsgerät durchzuführen, da die derzeit auf dem Markt befindlichen Vibrationswalzen beide Verstellmöglichkeiten gleichzeitig nicht besitzen.

Bei weiteren Versuchen mit einer 3,2 t schweren Tandem-Vibrationswalze wurde untersucht, inwieweit die Verdichtungswirkung durch eine Veränderung der Unwuchtkraft beeinflußt wird, wenn die Frequenz 50 Hz und die Fahrgeschwindigkeit (1,7 km/h) gleich bleiben. Die gemessenen Schwingungsweiten an der Rüttelbandage betrugen bei den 4 Unwuchteinstellungen 2,2; 1,5; 0,8 und 0,4 mm. Mit kleiner werdender Unwuchtkraft verringern sich somit die Schwingungsausschläge und infolge der gleichbleibenden Frequenz auch die Schlagkräfte. Interessanterweise erbrachten nicht die größten, sondern die kleinen Schwingungsausschläge die besten Verdichtungsergebnisse (Abb. 194); so wurde die beste Verdichtung mit den Einstellungen 1/4 und 1/3 und die schlechteste mit der Einstellung 1/2

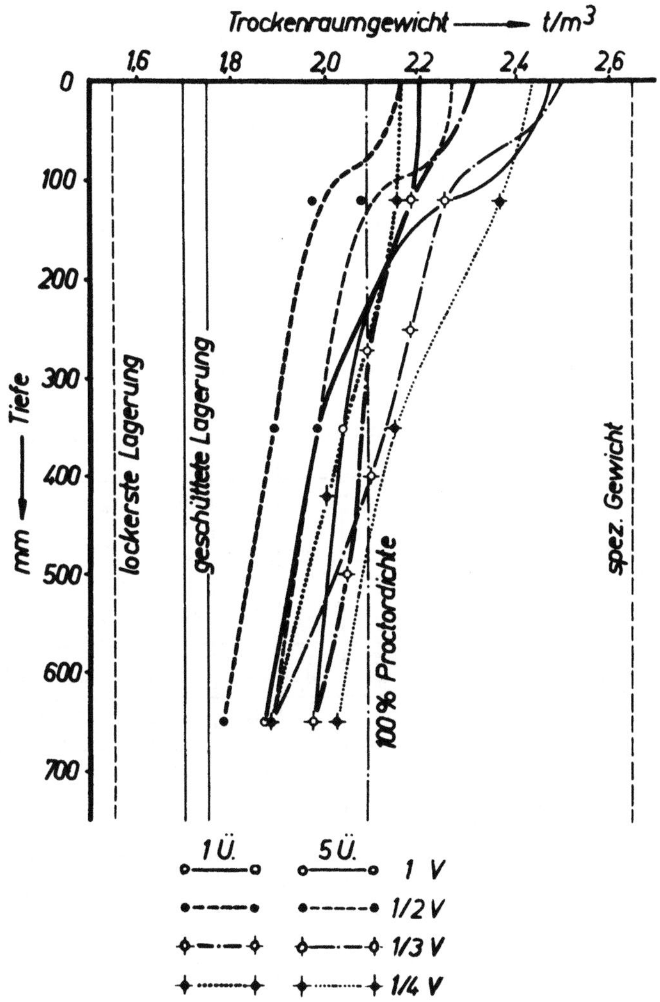

A b b i l d u n g 194

Versuche mit Vibrationswalzen
Versuchsboden: Kiessand, Schütthöhe 850 mm, w = 4,0-5,0%, 3,2 t Tandem-Vibrationswalze, v = 1,7 km/h, f = 50 Hz

erzielt. Da die Verdichtungswerte der Einstellung 1 dazwischen liegen, ergibt sich eine Unstetigkeit, deren Deutung die wenigen Versuche jedoch nicht ermöglichen. Weitere Versuche sind notwendig, um diese Zusammenhänge eindeutig zu klären und festzustellen, inwieweit die bislang gefundenen Ergebnisse auch für andere Bodenarten und Materialien Gültigkeit haben.

Die in verschiedenen Tiefen gemessenen Bodendrücke (Zahlentafel Abb.195) bei den 4 Unwuchtstellungen, die nicht sehr erheblich voneinander abweichen, lassen eine stete Übereinstimmung mit der Größe der Fliehkraft-Vertikalkomponente und der Verdichtungswirkung nicht immer erkennen. Der unhomogene Boden und die sich stark verändernde Aufstandsfläche dürften die Bodendruck-Meßergebnisse beeinflußt haben. Der Streubereich der Einzelwerte der Bodendrücke, die in gleichen Tiefen bei den 2 durchgeführten Vibrations-Walzenversuchen gemessen wurden, ist in Anbetracht der verschiedenen Fehlerquellen und der beeinflussenden Faktoren mit Abweichungen von ± 20% von den angegebenen Mittelwerten gering.

Versuche mit Vibrationswalzen (Bodendruckmessungen) Versuchsboden: Kiessand, w = 4-5%, Schütthöhe 850 mm															
Fahrt		statisch		dynamisch								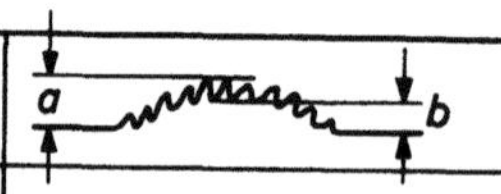			
Übergang		1		1				2				5			
Walzenbelastung Einstellung		Walzenbelast. kg/cm		Einstellung				Einstellung				Einstellung			
		Vord.-W	Hint.-W	1	2	3	4	1	2	3	4	1	2	3	4
Walzenbelastung kg/cm		15,0	16,3	-	-	-	-	-	-	-	-	-	-	-	-
Fliehkraft-Vertikalkomp. kg/cm		-	-	42,7	21,3	14,2	10,7	42,7	21,3	14,2	10,7	42,7	21,3	14,2	10,7
maximale Bodendrücke in kg/cm^2	Tiefe in mm 380	0,76	0,85	0,90/0,57	1,25/-	1,05/0,81	0,85/0,75	0,88/0,55	-	-	-	0,92/0,56	1,60/0,60	1,25/0,88	-
	490	0,44	0,60	>0,56/-	0,90/0,40	-	-	>0,56/-	-	0,56/-	0,41/0,32	>0,56/-	0,56/0,25	0,56/-	0,45/0,32
	610	0,07	0,08	0,25/0,07	-	-	-	0,12/0,07	0,22/0,08	0,08/-	0,10/-	0,13/0,07	0,22/0,08	0,08/0,05	0,10/0,08
	860	0,12	0,14	0,20/0,15	0,30/0,22	0,14/0,10	0,13/-	0,27/0,16	-	-	-	0,30/0,16	0,30/0,22	0,14/0,08	-
Schwingungsweite der Rüttelbandage	mm	—		2,2	1,5	0,8	0,5	2,2	1,5	0,8	0,5	2,2	1,5	0,8	0,5

A b b i l d u n g 195

Daß trotz voraussichtlich kleinerer Schlagkräfte unter der zuerst besprochenen Walze meist höhere Bodendrücke als unter der schweren Walze registriert wurden, dürfte z.T. auf die kleinere Aufstandsfläche zurückzuführen sein, die sich infolge des kleineren Walzendurchmessers (750 gegen 1000 mm) ergibt.

18.22 Die Versuche mit einem Plattenrüttler auf Kiessand

Der Verfasser hatte auch Gelegenheit, einen schweren Plattenrüttler mit einer 1 m^2 großen Bodenplatte, der in 3 Entwicklungsstufen in den Jahren 1955/56 als Versuchsgerät zur Verfügung stand, auf dem gleichen Kiessand zu untersuchen.

Neben der Größe der erreichbaren Verdichtung in Abhängigkeit von der Anzahl der Übergänge und der Tiefenwirkung wurden die Bodendrücke und die Schwingungsweiten der Bodenplatte ermittelt. Die Beurteilung der gefundenen Ergebnisse unter Berücksichtigung einzelner die Verdichtung beeinflussender Faktoren wird auch bei diesen Versuchen dadurch erschwert, daß eine alleinige Änderung eines Faktors, z.B. der Frequenz, nicht möglich war, ohne daß nicht gleichzeitig eine zwangsweise Änderung anderer Faktoren, z.B. der Vortriebsgeschwindigkeit oder der Schlagkraft, damit verbunden war.

Die zwei Rüttler der 1. und 2. Entwicklungsstufe unterschieden sich nur im Gewicht; so wog die 1. Type 1,6 t und die 2.Ausführungsform 1,65 t. Der Gewichtsunterschied lag in der schwingenden Masse und ergab sich durch die stärkere Bodenplatte. Im Gegensatz hierzu besitzt der neueste Rüttler mit 2,25 t Gewicht keine eingebaute Automatik wie die beiden Vorgängertypen, welche die Rüttelfrequenz und damit die Fliehkräfte auf eine bestimmte Höhe begrenzte, um starke Resonanzschwingungen des Aufbaues zu verhindern. Den Gewichtsunterschied von 600 kg erbringen seitlich am Rahmen befestigte Ballastplatten, so daß die schwerere nicht erregte Gegenmasse des Rüttlers weit höhere Rüttelfrequenzen zuläßt, ohne daß der Aufbau in starke Resonanzschwingungen kommt.

Die Durchführung der Versuche erfolgte gleichfalls in der Institutshalle auf 300 und 850 mm hoch geschüttetem Kiessand. Um gute Vergleichsmöglichkeiten zu erhalten, wurde bei den Versuchen bei gleicher Versuchsdurchführung derselbe Wassergehalt von 4-5% wie bei den Versuchen mit Vibrationswalzen gewählt. Die beim 1. Übergang etwa 60 cm neben der Mauerkante vorgelegte Spur wurde auch bei den weiteren Übergängen eingehalten.

Die Versuche mit dem 1,6 t Rüttler zeigten, daß bereits eine geringe Frequenzänderung von 1 Hz im Bereich der günstigen Rüttelfrequenz die Verdichtungsergebnisse wesentlich beeinflußt. Die günstige Rüttlerfrequenz (je nach dem Verdichtungsgrad der Schüttung etwa 12 und 13 Hz) lag an der Grenze der Frequenz, bei der der Rüttler-Aufbau in starke Resonanzschwingungen kam. Die Wirkung der geringen Frequenzverminderung um etwa 1 Hz konnte auch nicht durch ein Herabsetzen der Geschwindigkeit von 8 auf 5 m/min ausgeglichen werden, was auf die starke Abnahme der Schwingungsweite von 7,3 auf 3,7 mm und damit der Schlagkraft zurückzuführen sein dürfte. Bei den Versuchen mit der Vibrationswalze wirkte sich dagegen eine gleichgroße prozentuale Frequenzminderung um etwa 7% im normalen Regelbereich der Walze (40-57 Hz) kaum in der Verdichtungswirkung aus, weil sich hierbei die Schwingungsweite und die Schlagkraft nur wenig änderten (s. Abb. 191). In der 300 mm hohen Schüttung ergab sich unter gleichen Versuchsbedingungen derselbe Verdichtungsgrad wie in den oberen 300 mm der 850 mm hohen Schüttung.

Bei kleiner Schütthöhe ist es zweckmäßig, mit größerer Vortriebsgeschwindigkeit zu fahren, die resultierende Fliehkraft also flacher gegen die Verdichtungsoberfläche anzustellen und die vertikale Schlagkraftkomponente zu verkleinern, um ein Auflockern der oberen Schicht bei zu langsamem Vortrieb zu verhindern. Die vergleichenden Versuche mit den beiden schwereren Rüttlern waren weniger umfangreich.

Die mit den 3 Rüttlern nach 1, 2 und 5 Übergängen erreichten Trockenraumgewichte wurden in Abhängigkeit von der Tiefe aufgetragen und auf der Abbildung 196 gegenübergestellt.

Der Vergleich der Ergebnisse, die mit den beiden leichten Rüttlern erzielt wurden, zeigen, daß die Verdichtungswirkung des 1,65 t Rüttlers trotz kleinerer Vortriebsgeschwindigkeit und annähernd gleich hohen rechnerischen Schlagkräften nach 5 Übergängen in der oberen Schicht schlechter als die des leichteren Rüttlers war, was auf die niedrigere Rüttelfrequenz und den langsameren Vortrieb, der das Auflockern der oberen Schicht verstärkt, zurückzuführen ist.

Die Versuche mit dem 2,25 t Rüttler wurden gleichfalls mit größtmöglicher Frequenz gefahren und die Richtung der resultierenden Fliehkraft einmal steiler und einmal flacher gegen die Horizontalebene eingestellt. Im ersten Falle bewirkten die höheren Schlagkräfte vor allem unterhalb 400 mm Tiefe eine stärkere Verdichtung.

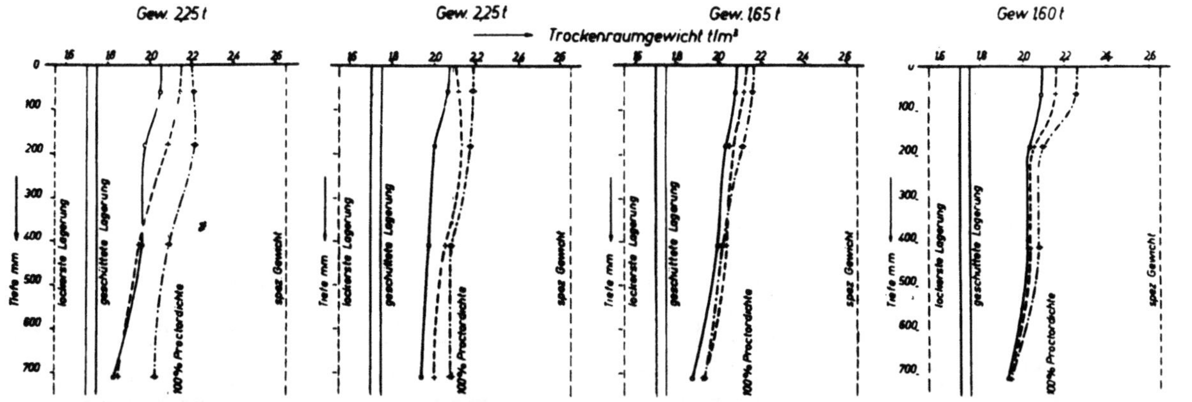

Übergang	1	2	3 - 5	1 - 5
W %	4,8			4,6
V m/min	7,5	8,1	9,4	9,6
f Hz	14,0	17,5	17,1	16,5
Schlagkraft kg	4400	6800	6080	5880
mittl. Schwingungsweite 2a mm	7,5	10	9	8,5

Übergang	1	2	3 - 5	1 - 5
W %	4,6			4,6
V m/min	8,6	12,0	13,0	12,3
f Hz	18,5	18,0	18,5	18,4
Schlagkraft kg	7000	6750	7200	7070
mittl. Schwingungsweite 2a mm	5	6	5,1	5,3

Übergang	1	2	3 - 5	1 - 5
W %	4,4			4,4
V m/min	6,5	6,1	6,0	6,1
f Hz	12,0	11,5	11,8	11,7
Schlagkraft kg	2400	2250	2300	2310
mittl. Schwingungsweite 2a mm	7,0	8,8	6,5	7,0

Übergang	1	2	3 - 5	1 - 5
W %	4,6			4,6
V m/min	9,0	11,0	10,0	10,0
f Hz	12,4	12,7	12,6	12,5
Schlagkraft kg	2300	2425	2355	2355
mittl. Schwingungsweite 2a mm	9,0	8,7	8,4	8,4

1, 2, 5

A b b i l d u n g 196•

Rüttelverdichter

Versuchsboden: Kiessand
Schütthöhe 850 mm

Leider war es beim Versuch mit flach eingestellter Fliehkraftrichtung auf der kurzen Anlaufstrecke nicht möglich, den Rüttler voll auszufahren und auf die maximale Drehzahl zu bringen, so daß sich bei den geringeren Frequenzen (s.1.Übergang) trotz der flacher eingestellten Neigungsrichtung der resultierenden Fliehkraft kleinere Vortriebsgeschwindigkeiten ergaben.

Vergleicht man die Unwuchtkräfte und die dynamischen Bodendrücke (Zahlentafel Abb. 197), so zeigt sich, daß die Zunahme der Bodendrücke nicht so erheblich ist, wie es die stark unterschiedlichen Unwuchtkräfte vermuten lassen.

Besonders beim 1. Übergang prägen sich die Größenunterschiede infolge der stark wechselnden Aufstandsfläche nur wenig aus. Der Vergleich der Unwuchtkräfte und der Verdichtungsergebnisse läßt ferner erkennen, welche große Steigerung der Fliehkräfte notwendig ist, um eine größere Tiefenwirkung zu erreichen.

Übergang			1.			2.				5.			
Rüttlergewicht t			2,25	2,25	1,65		2,25	2,25	1,65		2,25	2,25	1,65
Flieh-kraft kg	Vertikal-komp.		4400	7000	2400		6800	6750	2250		6150	8000	2250
	Horizontal-komp.		2150	4400	700		3500	4300	700		3550	5100	700
maximale dynamische Bodendrücke in kg/cm²	Tiefe in mm	360	1,40	1,44	1,10	Tiefe in mm 310	1,52	1,61	1,07	Tiefe in mm 300	1,50	1,72	1,10
		460	0,86	1,08	0,85	380	0,86	1,00	0,85	370	0,80	1,10	0,83
		600	0,65	0,82	0,60	520	0,76	0,80	0,65	510	0,68	0,85	0,62
		850	0,49	0,70	0,44	700	0,55	0,59	0,42	670	0,59	0,73	0,41

A b b i l d u n g 197

18.3 Die Folgerungen aus den Versuchen auf Kiessand

1. Die Vorteile der Vibrations-Verdichtung, die größere Tiefen- und intensivere Verdichtungswirkung gegenüber statisch wirkenden Verdichtungsgeräten treten bei kohäsionslosen Böden mit größerem Ungleichförmigkeitsgrad besonders deutlich in Erscheinung. So erstreckte sich die 100%ige Proctordichte bei 2 Übergängen mit einer 12 t (60 kg/cm) schweren statischen Walze auf 20 cm und mit einer 1,6 t (18,4 kg/cm) schweren Vibrationswalze bei annähernd gleicher Geschwindigkeit auf 40 cm Tiefe. Nach 5 Übergängen betrugen die entsprechenden Werte 25 und 50 cm.

2. Auf Grund der Versuche mit Vibrationswalzen ergibt sich, daß nicht unbedingt die größte Schlagkraft die beste Verdichtung erbringt, sondern daß die Rüttel-Frequenz und die Schwingungsweite die Verdichtungswirkung wesentlich beeinflussen. Bei konstanter Rüttelfrequenz (50 Hz) konnten bei kleineren Schwingungsweiten und geringeren Schlagkräften bessere Verdichtungsergebnisse erzielt werden als bei größeren Schwingungsweiten und höheren Schlagkräften. Ferner wurde z.B. mit einer doppelt so hohen Schlagkraft (2400 kg) und einer halb so großen Frequenz (23 Hz) eine schlechtere Verdichtung erzielt als mit einer doppelt so hohen Rüttelfrequenz (40-50 Hz) und einer halb so großen Schlagkraft (1200 kg). Die größere Schwingungsweite in der Nähe der Resonanzfrequenz der Vibrationswalze (20 Hz) hat sich also ungünstig ausgewirkt.

3. Kleinere Schwingungsweiten und höhere Rüttelfrequenzen in Verbindung mit größeren Schlagkräften sind demnach bei Vibrationswalzen auf Grund der unter 2. angeführten Ergebnisse anzustreben.

4. In Anbetracht der günstigen walztechnischen Vorzüge ist zwar ein möglichst großer Walzendurchmesser wünschenswert, bei der Wahl ist jedoch zu berücksichtigen, daß größere Durchmesser auch ungleich höhere Unwuchtkräfte erfordern, um etwa gleiche spezifische Schlagkräfte wie mit kleineren Walzen zu erreichen; als obere Grenzwerte für den Walzendurchmesser werden etwa 1200 mm empfohlen.

5. Der 2,25 t-Plattenrüttler ermöglichte unterhalb 50 cm Tiefe und die Vibrationswalze (trotz höherer Geschwindigkeit) in den oberen 50 cm eine bessere Verdichtung.

6. Die günstigen Rüttelfrequenzen lagen beim Plattenrüttler wesentlich tiefer (12-18 Hz) als bei der Vibrationswalze.

   Da sich der Rüttelverdichter im Gegensatz zur Rüttelwalze vom Boden abhebt, betragen die Schwingungs-Ausschläge oft das 3-20fache.

19. Die Untersuchungen mit Rüttelgeräten auf Splitt und Schotter

Diese Versuche wurden gleichfalls wie die bereits besprochenen Versuche mit Rüttelgeräten im Auftrage von Firmen durchgeführt. Infolge des begrenzten Versuchsumfanges konnten die Geräte in erster Linie somit nur auf ihre maximale Leistungsfähigkeit erprobt, der Einfluß der einzelnen Faktoren jedoch nicht systematisch untersucht werden. Obwohl in gewissem Sinne hierdurch nur Einzelergebnisse gewonnen wurden, vermitteln diese jedoch ebenfalls interessante Erkenntnisse, die Bausteine und richtungweisend für weitere Untersuchungen sein können.

19.1 Die Versuche auf Splitt

Durch vergleichende Untersuchungen mit 2 Tandem-Vibrationswalzen, die sich bei gleicher Konstruktionsgestaltung nur in der Masse des Schwingungserregers und in der Gegengewichtsmasse unterscheiden, sollte festgestellt werden, inwieweit sich durch diese Verschiedenheiten die Verdichtungswirkung, die Größe der Schwingungsweite und die dynamischen Bodendrücke verändern. Um vor allem die Verdichtungsunterschiede besonders deutlich in Erscheinung treten zu lassen, wurde als Versuchsmaterial ein Basalt-Splitt mit einem spezifischen Gewicht von 2,98 g/cm^3 gewählt, der in einer für die Rüttelverdichtung günstigen Kornverteilung (Abb.198) zusammengesetzt und in einer Höhe von 300 mm auf einen verdichteten Untergrund geschüttet wurde. Die Masse des Schwingungserregers wog bei der

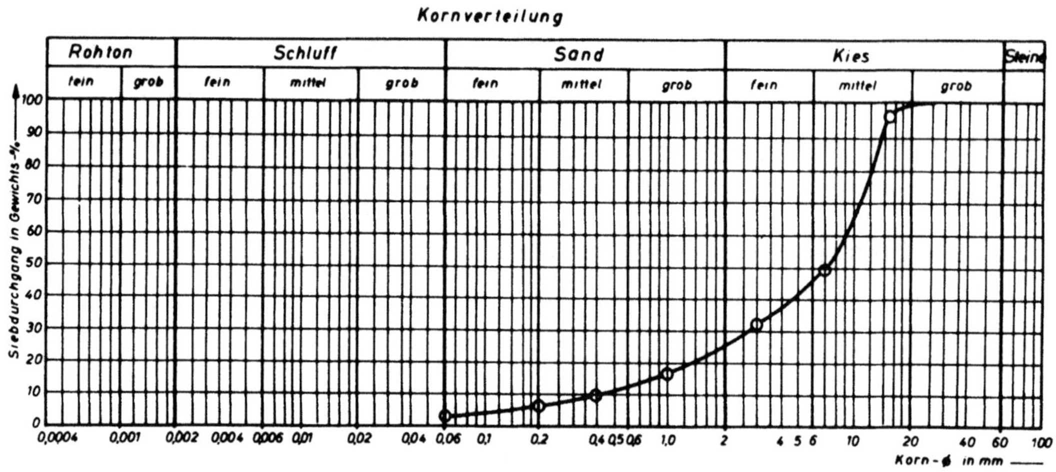

A b b i l d u n g 198

Kornverteilung

einen Type 40 kg und bei der anderen 60 kg, und das Gewicht der entsprechenden Gegengewichtsmasse betrug 1310 und 1630 kg; der Schwingungserreger erzeugte gerichtete Schwingungen.

Bei jedem Versuch wurde die Walze zweimal statisch und viermal vibrierend mit einer Frequenz von 52 Hz in der gleichen Spur über die Schüttung gefahren und bei den einzelnen Übergängen die Schwingungsweite und die Bodendrücke registriert und nach dem 2. statischen und dem 1., 2. und 4. Vibrationsübergang die Oberflächensetzung und das Trockenraumgewicht mit Hilfe der Sandersatz-Methode festgestellt.

Wie die Ergebnisse in der Zahlentafel (Abb. 199) erkennen lassen, zeigt sich die stärkere Verdichtungswirkung des schwereren Schwingers erst nach 4 Vibrationsübergängen deutlicher im erreichten Trockenraumgewicht. Die erzielte Lagerungsdichte von über eins besagt, daß der Splitt ebenso wie der Kiessand durch die Vibrationseinwirkung stärker als beim üblichen Laboratoriumsversuch durch Einschlämmen verdichtet wurde. Da der Setzungsverlauf nach 4 Vibrationsübergängen noch kein Ausklingen der Setzungswerte erkennen ließ, dürften weitere Walzgänge noch eine wesentliche Verdichtungszunahme erbringen.

Versuche mit Vibrationswalzen Basalt-Splitt, w = 4-5%, Schütthöhe 300 mm, v = 20 m/min															
Verdichtungsgerät	Fahrt	Übergänge	Walzenbelastung kg/cm Vorderwalze	Walzenbelastung kg/cm Treibwalze	dyn. Vertikalkraft kg/cm Walzenbreite	Rüttelfrequenz Hz	Schwingungsweite der Rüttelbandage mm	Trockenraumgewicht t/m³	Lagerungsdichte	max. Bodendrücke Vorderwalze kg/cm² in 170 mm Tiefe a	in 270 mm Tiefe a	in 700 mm Tiefe a	max. Bodendrücke Treibwalze kg/cm² in 170 mm Tiefe a/b	in 270 mm Tiefe a/b	in 700 mm Tiefe a/b
2,16 t-Vibrationswalze	statisch	1	9,45	14,6	—	—	-	-	-	0,90	0,20	-	1,75/-	0,50/-	-
		2						2,08	0,68	1,35	0,30	-	2,00/-	0,55/-	-
	dynamisch	1	—	—	18,8	52	0,65	2,14	0,81	1,50	0,40	-	2,20/1,15	0,80/0,35	-
		2						2,15	0,83	-	0,35	-	2,80/1,30	1,05/0,45	-
		3						-	-	1,50	0,40	-	2,70/1,35	0,90/0,35	-
		4						2,20	0,94	1,50	0,35	0,06	2,95/1,70	1,20/0,53	0,19/0,02
2,48 t - Vibrationswalze mit verstärktem Schwinger	statisch	1	9,45	18,1	—	—	—	-	-	0,90	0,25	-	2,41/-	0,75/-	-
		2						2,09	0,71	1,20	0,40	-	2,75/-	0,90/-	-
	dynamisch	1	—	—	30,8	52	0,70	2,15	0,85	1,25	0,40	-	2,95/1,90	1,15/0,55	-
		2						2,17	0,89	-	0,35	-	3,40/2,70	1,50/0,90	-
		3						-	-	1,40	0,30	-	3,20/2,45	1,05/0,30	-
		4						2,27	1,11	1,85	-	0,10	3,35/2,65	1,40/0,55	0,22/0,08

A b b i l d u n g 199

In den Schwingungsweiten ergaben sich keine Unterschiede, dagegen jedoch in den Bodendrücken bis zu einer Meßtiefe von 28 cm. In Anbetracht der verhältnismäßig starken (50%) Erhöhung der Schwingermasse und der sich hierbei ergebenden rechnerischen Schlagkraft-Vergrößerung erscheint die Zunahme der Bodendrücke als gering (Abb. 200); die gleiche Feststellung konnte bereits bei den Versuchen mit den Plattenrüttlern gemacht werden (Abb. 197).

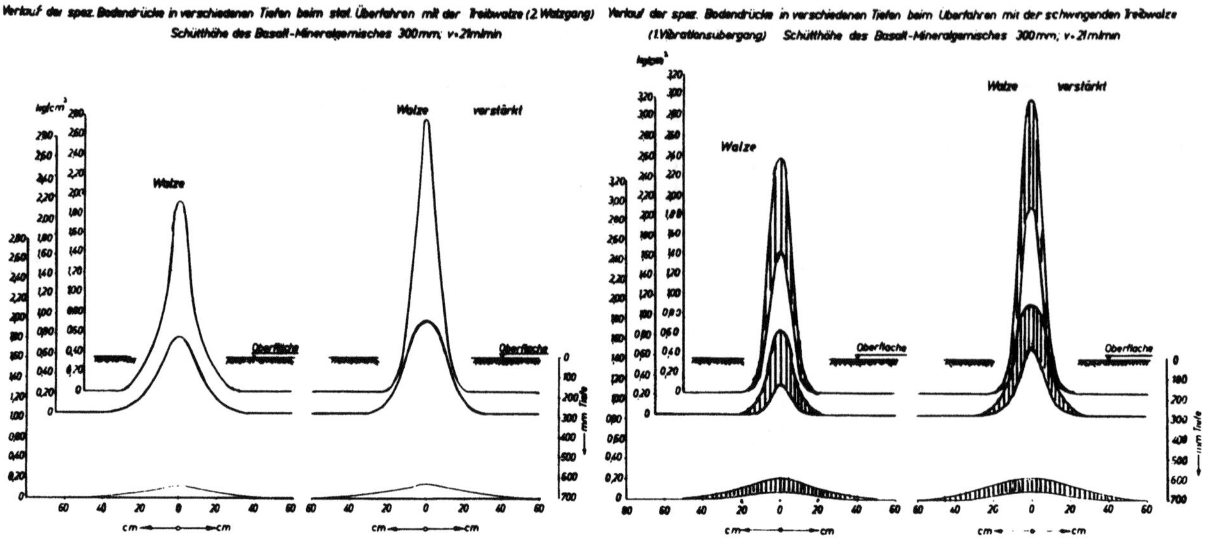

A b b i l d u n g 200

Versuche mit Vibrationswalzen

19.2 Die Versuche auf Schotter

Für die Herstellung eines tragfähigen Unterbaues, dem als druckverteilende Schicht im Hinblick auf die stark angestiegenen Verkehrslasten eine besondere Bedeutung im neuzeitlichen Straßenbau zukommt, setzten sich in letzter Zeit neben der starren Beton-Bauweise die Bodenvermörtelung und die flexiblen aus Schotter oder anderen Mineralgemischen aufgebauten Tragschichten immer stärker durch. Vor allem dem Unterbau aus Schotter, der in Amerika seit längerer Zeit mit Erfolg ausgeführt wird [39], schenkt man auch in Deutschland seit einigen Jahren besondere Beachtung und entwickelte leistungsfähige Vibrationsgeräte, die sich für die Schotterverdichtung am besten eignen, da hier gleichfalls kohäsionslose Massen zu verdichten und einzurütteln sind.

Der Verfasser hatte infolgedessen in den letzten 2 Jahren des öfteren Gelegenheit, neu entwickelte Rüttelgeräte auf Schotter zu erproben. Über die Ergebnisse einzelner Untersuchungen soll im nachfolgenden kurz berichtet werden.

Der Schotter wird für die Herstellung von Tragschichten je nach der zu erwartenden Verkehrsbeanspruchung der Straße in Stärken von 25 bis 45 cm meist mit Hilfe von Schotterverteilern verlegt und anschließend mit Vibrationsgeräten in einen engen Kornverband gebracht; in die noch verbleibenden Hohlräume wird nachfolgend Sand oder Brechsand so lange eingerüttelt, bis sich eine Raumkonstanz ergibt. Das Füllkorn wird in mehreren Arbeitsgängen nach und nach in dünnen Schichten mit Hilfe von Splittverteilern aufgebracht, um ein genügend starkes Anschlagen des Schotters durch die schwingende Bandage oder die Stampfplatte des Rüttlers zu erreichen und eine zu starke Dämpfung auszuschalten [40]. In Amerika wird die notwendige Feingutmenge meist in drei Arbeitsgängen mit 50% + 25% + 25% Aufgabe verteilt. Das Einrütteln des Schotters kann sowohl mit Rüttelwalzen als auch mit Plattenrüttlern erfolgen.

19.21 Die Versuche mit Rüttelwalzen

Auf 300 mm hoch geschüttetem Basalt-Schotter (Abb.201 a und b) wurden mehrere Vibrationswalzen mit stark unterschiedlichem Gewicht und verschiedener Konstruktion erprobt. Hierbei galt es vor allem, die Größe des Trockenraumgewichtes der verdichteten und verfüllten Schotter-Tragschicht, den Resthohlraumgehalt, die Oberflächensetzung, den Verformungsmodul (M_E-Wert) und die Bodendrücke festzustellen. Der Schotter wurde auf verdichtetem Untergrund ausgelegt, um beeinflussende Setzungen auszuschalten. Als Füllgut stand für einige Versuche Kalkstein-Brechsand 0/3 mit einem spezifischen Gewicht von 2,70-2,75 g/cm^3 und für andere Versuche Basalt-Brechsand 0/5 mit einem spezifischen Gewicht von 2,90 g/cm^3 zur Verfügung (Abb. 201 c und d).

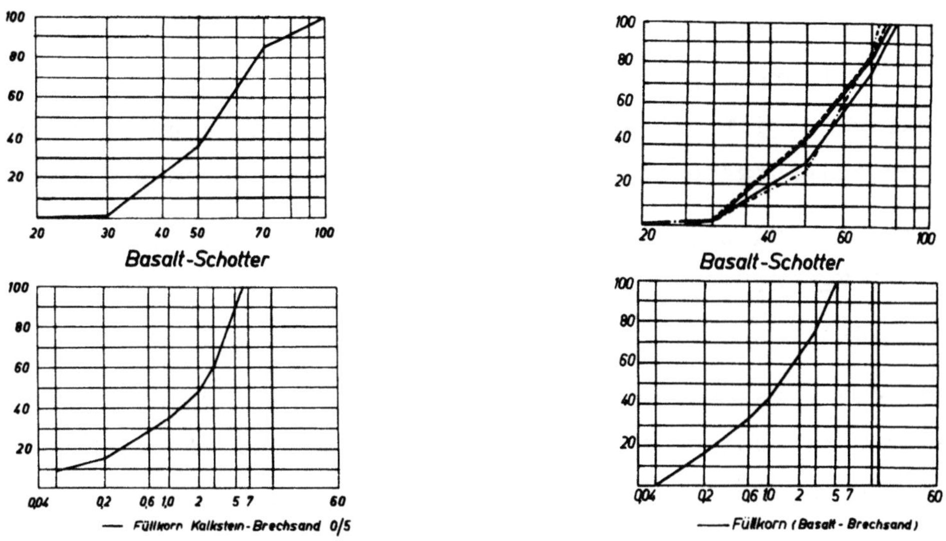

A b b i l d u n g 201 a - d

Kornverteilung

Bei Untersuchungen mit einer 2,3 und einer 3,2 t Tandem-Vibrationswalze auf der Instituts-Versuchsbahn wurden bei konstanter Rüttelfrequenz von 50 Hz und gleicher Vortriebsgeschwindigkeit von 1,7 km/h 3 Versuche mit der schweren und 1 Versuch mit der leichten Walze gefahren und bei den 3 erstgenannten Versuchen die Unwuchtstellung und die Art der Füllkornaufgabe verändert.

Der mit Gabeln ausgelegte Schotter wurde bei allen 4 Versuchen zunächst durch 2 statische und 3 Vibrationsübergänge mit dem jeweils zur Erprobung eingesetzten Gerät verdichtet und anschließend in die noch verbleibenden Hohlräume Kalkstein-Brechsand eingerüttelt.

Folgende Versuchsbedingungen lagen bei den einzelnen Versuchen zugrunde:

1. Versuch: 2,3 t Walzengewicht, maximale Unwuchteinstellung, Brechsandaufgabe in 4 Teilen (50, 15, 20 und 15%) und Einrütteln der ersten drei Teilmengen durch je einen Vibrationsübergang und der restlichen 15% durch zwei Vibrationsübergänge.

2. Versuch: 3,2 t Walze, maximale Unwuchteinstellung, Brechsand wurde in geringer Stärke solange aufgestreut und eingerüttelt, bis kein Einrieseln mehr festzustellen, die Raumkonstanz also erreicht war, was sich nach 22 Vibrationsübergängen ergab.

3. Versuch: 3,2 t Walze, maximale Unwuchteinstellung, die bei Versuch 2 festgestellte Brechsandmenge wurde in 3 Teilen (50 + 25 + 25%) aufgebracht und die Anzahl der Vibrationsübergänge auf insgesamt 5 vermindert, wobei je ein Übergang nach der 1. und 2. und die übrigen 3 Walzgänge nach der 3. Füllkornaufgabe ausgeführt wurden. Hierbei sollte geklärt werden, inwieweit sich die Verminderung der Walzgänge und die nur dreimalige Brechsand-Aufgabe in den Verdichtungsergebnissen auswirkt.

4. Versuch: 3,2 t Walze, halbe Unwuchteinstellung, Aufgabe des Füllkorns wie bei Versuch 2, Raumkonstanz trat bereits nach 15 Vibrationsübergängen ein.

Um eine bessere Verspannung der oberen Schicht zu erreichen, wurde der verfüllte Schotter bei allen 4 Versuchen zum Schluß statisch abgewalzt und von der hergestellten Tragschicht die Oberflächensetzung, das Trockenraumgewicht (nach der Sandersatz-Methode mit dem großen Meßuhrzylinder s.4.584) und der Verformungsmodul durch Lastplattenversuche mit dem Schweiter "VSS-Gerät" bei Verwendung der 200 cm² großen Lastplatte (15,96 cm ∅) ermittelt. Zur Feststellung der Schwingungsweite der Rüttelbandage diente ein Askania-Tastschwingungs-Schreiber.

Auf Grund der ermittelten Trockenraumgewichte, der Resthohlräume und der Verformungsmoduli (Tab. Abb.202) ergab sich erwartungsgemäß die stärkste Verdichtung beim 2. Versuch. Im Verhältnis hierzu wurden jedoch auch beim 3. Versuch trotz der starken Verminderung der Vibrationsübergänge und der nur 3maligen Füllkornaufgabe gute Ergebnisse erzielt.

Verdichtungsversuche mit Rüttelwalzen
Basalt-Schotter 45/65/100 Füllkorn Kalkstein-Brechsand 0/5, Schütthöhe 300 mm

Material	Verdichtungsgerät	Versuch	Verdichtungsvorgang	Frequenz/Einstellung	Vertikalkomp. der Fliehkraft kg/cm	Geschwindigkeit m/min	Schwingungsweite mm	Trockenraumgewicht t/m³	Resthohlraum-Gehalt %	Gewichtsmäßiger Brechsandanteil %	Plattendruckversuch mit 200 cm² Platte: M_E-Werte kg/cm² +) Erstbelastung	M_E-Werte Wiederbelastung	E-Werte Erstbelastung	E-Werte Wiederbelastung	bleibende Setzung mm	Oberflächensetzung des Schotters mm	Flächenleistung m²/h	Walzenbelastung kg/cm V / H
Basalt-Schotter 45/65/100 mit Kalkstein - Brechsand 0/5 verfüllt	leichte Vibr.-Walze H ∅ 800 mm 16 kg/cm Walzenbreite	1	Schotter durch 2 statische Übergänge angedrückt, anschließend durch 3 Vibrationsgänge festgelegt und nachfolgend Füllkorn eingerüttelt durch 5 Rüttelübergänge	50 Hz/maximal	28,0	28,3	0,5	(2,17)1) (2,52)2) 2,30	18,2	22,0	(244) (274) 259	(985) (1050) 1018	(183) (206) 194	(738) (787) 763	4,52	40	122	9,6 15,9
	schwere Vibrationswalze H ∅ 1000 mm 16-19 kg/cm Walzenbreite	2	22 Rüttelübergänge und 1 statischer Walzgang nach dem Einrütteln des Füllkorns	50 Hz/maximal	42,70	28,3	1,8	(2,54)1) (2,41)2) 2,49	15,0	23,6	(673) (618) 645	(2098) (1940) 2019	(505) (464) 484	(1570) (1456) 1515	(1,72) (1,63) 1,68	38	45	15,0 16,3
		3	5 Rüttelübergänge und 1 statischer Walzgang nach dem Einrütteln des Füllkorns	50 Hz/maximal	42,70	28,3	1,8	(2,25)1) (2,49)2) 2,38	18,4	22,8	(527) (670) 598	(1360) (1470) 1415	(396) (503) 448	(1210) (1104) 1061	(2,50) (1,70) 2,10	37	130	15,0 16,3
		4	15 Rüttelübergänge und 1 statischer Walzgang nach dem Einrütteln des Füllkorns	50 Hz/2	21,30	28,3	1,3	(2,52)1) (2,22)2) 2,44	17,0	21,3	(310) (366) 338	(1600) (1114) 1357	(233) (274) 254	(1200) (836) 1017	(3,92) (3,40) 3,66	42	66	15,0 16,3

V = Vorderbandage
H = Hinterbandage

( )-Werte = Einzelwerte
1) größter Wert, 2) kleinster Wert

+) Sollwert nach Schweizer Normen...... 1000 kg/cm²

$M_E = \frac{\Delta p}{\Delta s} \cdot D \qquad E = \frac{\Delta p}{\Delta s} \cdot 1{,}5r$

D = 15,96 cm

A b b i l d u n g 202

Daß sich keine größeren Unterschiede in den Ergebnissen zwischen dem 2. und 3. Versuch ergaben kann davon herrühren, daß der Schotter infolge allzuvieler Übergänge beim 2.Versuch bereits wieder gelockert wurde, so daß die maximale Verdichtung nicht mehr vorlag, oder die Dämpfung bei starker Füllkornaufgabe nicht in der angenommenen Weise den Einrüttlungsprozeß beeinflußte.

Um die Größe der evtl. Auflockerung bei zu vielen Vibrationsübergängen festzustellen und zu klären, inwieweit feuchteres Füllkorn den Einrüttlungsvorgang erschwert, wenn es einmal in dünnen und einmal in dicken Schichten aufgestreut wird, wären weitere Versuche empfehlenswert.
Bei kleineren Schlagkräften (4.Versuch) wurde eine schlechte Verspannung erreicht, die sich in dem wesentlich niedrigeren Verformungsmodul und den größeren bleibenden Setzungen äußert. Der Widerspruch, der sich zwischen dem verhältnismäßig hohen Trockenraumgewicht und den niedrigeren M_E-Werten ergibt, ist bei diesem Versuch unerklärlich und läßt sich auch nicht durch die unterschiedlichen Untergrund-Verhältnisse der beiden Versuchsfeld-Hälften (s.Abb. 203) begründen, denn bei Annahme eines Druckverteilungswinkels von 60° in der Schotterschicht würde bei der während des Plattendruckversuches aufgebrachten maximalen Belastung von 8 kg/cm^2 nur ein Druck von etwa 1 kg/cm^2 auf den Untergrund wirken, so daß die sehr geringe Setzung des Untergrundes, die sich hierbei ergibt, den Drucksetzungsverlauf der Schottertragschicht nicht beeinflußte.

Das kleinste Trockenraumgewicht in Verbindung mit der geringsten Hohlraumverminderung und den niedrigsten M_E-Werten ergab sich beim Versuch mit der leichten Walze. Infolge der geringeren Schlagkraft und der wenigen Vibrationsübergänge wurden die Hohlräume ungenügend aufgefüllt, wie der verhältnismäßig hohe Resthohlraumgehalt von 22% erkennen läßt. Auch das geringere statische Gewicht der Walze dürfte ebenfalls dazu beigetragen haben, daß die oberste Schotterschicht beim statischen Abwalzen am Schluß des Versuches nicht in dem gleichen Maße verspannt wurde, wie es bei den übrigen 3 Versuchen mit der schweren Walze der Fall war. Die größeren bleibenden Setzungen gegenüber dem 2. und 3. Versuch weisen auf die schlechtere Verspannung hin.

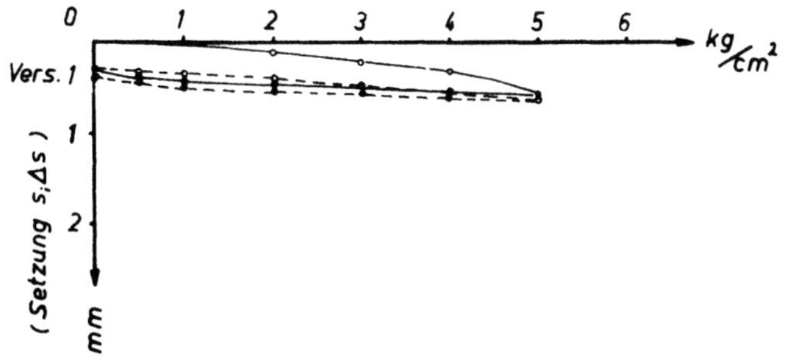

Versuchsfeldhälfte 2:

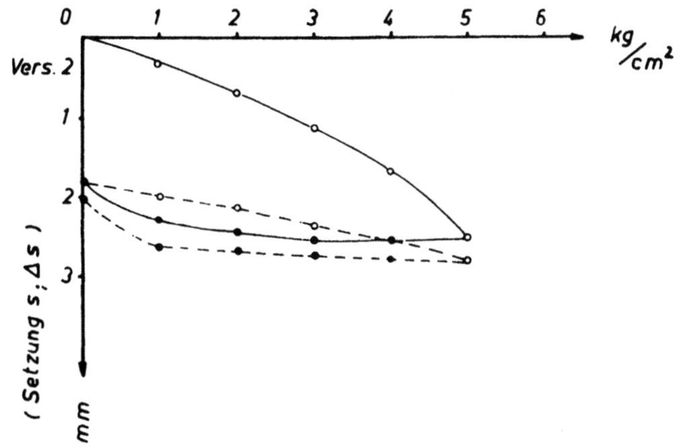

A b b i l d u n g 203

Plattendruckversuche auf Kiessandbettung
(mit 200cm^2-Platte)

Die bei den 4 Versuchen erreichten M_E-Werte liegen zwar über dem in den Schweizer Normen geforderten Sollwert von 1000 kg/cm^2 für die obere Tragschicht, wenn man bei ihrer Berechnung die Neigung der Wiederbelastungs-Kurve für den Gesamtbereich von 0-8 kg/cm^2 einsetzt, sie sind jedoch bei keinem Versuch als besonders gut zu bezeichnen.
Die 4 Versuche vermitteln folgende Erkenntnisse:

1. Den erreichbaren Verdichtungsgrad beeinflussen die Schlagkraft, die Anzahl der Vibrationsübergänge und der Verspannungsgrad in der obersten Schotterschicht.

2. Bei größeren Schlagkräften benötigt man zum Einrütteln des Füllkorns weniger Übergänge und erreicht eine bessere Hohlraum-Auffüllung als mit niedrigen Schlagkräften und mehr Übergängen.

3. Der erreichbare Auffüllungsgrad wird von der Art der Füllkornaufgabe (in dünnen oder dicken Schichten) unerheblich beeinflußt, sofern das Füllmaterial trocken und die Schlagkräfte genügend groß sind.

Die stärkste Verdichtung und die größten M_E-Werte erreicht man zwar, wenn man das Füllkorn nach und nach bis zum Erreichen der Raumkonstanz in kleinen Teilmengen aufbringt und laufend rüttelt; aus wirtschaftlichen Gründen empfiehlt sich jedoch, nur etwa 5-8 Vibrationsübergänge auszuführen und das Füllkorn in 3-4 Teilen aufzubringen (anfangs etwa 50%), da sich bei dieser Arbeitsweise keine wesentlich schlechteren Ergebnisse ergeben.

4. Da der Verspannungsgrad in der obersten Schicht die M_E-Werte stark beeinflußt, kommt dem Festlegen des obersten Schottergerüstes, zweckmäßig durch 1 bis 2 statische Walzgänge, eine besondere Bedeutung zu.

Bei außerhalb des Instituts durchgeführten Untersuchungen wurde eine 2 und eine 4,2 t Vibrationswalze und ein 1,65 t schwerer Plattenrüttler auf Basalt-Schotter mit gleicher Kornzusammensetzung (Abb. 201 b) und demselben spezifischen Gewicht erprobt. Bei diesen Versuchen, die in ähnlicher Weise wie die soeben besprochenen durchgeführt wurden, diente jedoch als Füllmaterial ein Basalt-Brechsand 0/5 (Abb. 201 d) mit einem spezifischen Gewicht von 2,90 g/cm^3. Der gleichfalls 30 cm hoch, von Hand ausgelegte Schotter, der hier auf einer verdichteten Brechsand-Schicht lagerte, wurde zunächst durch einen statischen Übergang mit der 2 t (14,5 kg/cm) Walze auf Oberflächengleiche angedrückt und die Oberflächenhöhe eingemessen und anschließend der Schotter durch 2 Vibrationsübergänge mit dem jeweils zum Einsatz gelangenden Vibrationsgerät bei der größtmöglichen Frequenz eingerüttelt. Nach diesen Arbeitsgängen wurde das Füllkorn ähnlich wie bei dem vorhin besprochenen 2.Versuch in kleinen Mengen aufgestreut und eingerüttelt, bis kein Einrieseln mehr festzustellen war und anschließend die oberste Schicht durch 2 statische Walzgänge besser verspannt.

Zur Feststellung des Trockenraumgewichtes, der M_E-Werte und der Schwingungsausschläge standen die gleichen bereits erwähnten Geräte zur Verfügung. 3-5 cm unter der Planumshöhe des Untergrundes eingebaute und mit Brechsand abgedeckte Druckmeßdosen ermöglichten in Verbindung mit einem Oszillographen die Registrierung der Bodendrücke nach dem beendeten Einrütteln des Füllkorns während einer statischen Überfahrt der Walze und eines zusätzlichen Lastplattenversuches, bei dem der Lastplattenstempel genau über der Druckmeßdose aufgebaut war.

Verdichtungsversuche mit Rüttelgeräten

Basaltschotter 45/65/100, Brechsand 0/5 als Füllkorn, Schütthöhe 300 mm

Material	Verdichtungsgerät	Verdichtungsvorgang	Frequenz Hz	v m/min	mm Schwingungsbreite	Trockenraumgewicht t/m^3	Resthohlraum %	Gewichtsmäßiger Brechsandanteil %	Plattendruckversuch mit 200 cm^2 Platte: M_E-Werte (kg/cm^2) Erstbelastung	M_E-Werte Wiederbelastung	E-Werte (kg/cm^2) Erstbelastung	E-Werte Wiederbelastung	bleibende Setzung mm	Oberflächensetzung des Schotters mm	Vertikalkomponente der Fliehkraft	Flächenleistung m^2/h	Walzenbelastung kg/cm V / H	Mittelwerte der gemessenen Bodendrücke auf der Planumshöhe des Untergrundes während der Überfahrt der Walze kg/cm^2: statisch V	statisch H	dynamisch V	dynamisch H
Basaltschotter 45/65/100 mit Basalt-Brechsand 0/5 verfüllt und verdichtet mit	leichte Vibr.-Walze H ∅ 750 mm 14,5 kg/cm Walzenbr.	unverfüllter Schotter durch 4 stat. Walzgänge mit 2 t-Walze u. 5 Rüttelübergänge festgelegt und anschließend Füllkorn nach und nach aufgebracht und solange gerüttelt, bis Raumkonstant. erreicht anschließend 1-2 stat. Übergänge	57	25,0	0,8	(2,24)[1] (1,97)[2] 2,10	28,1	16,3	(600) (1000) 830	(2660) (3200) 2930	(450) (750) 645	(2000) (2400) 2200	(2,8) (2,1) 2,45	26	22,2 kg/cm	30	8,5 14,5	0,67	0,69	0,49	1,18
	schwere Vibr.-Walze H ∅ 1000 mm 23,5 kg/cm Walzenbr.	unverfüllter Schotter durch 4 stat. Walzgänge mit 2 t-Walze u. 4 Rüttelübergänge festgelegt und anschließend Füllkorn nach und nach aufgebracht und solange gerüttelt, bis Raumkonstant. erreicht anschließend 1-2 stat. Übergänge	45	13,3	1,5	(2,55)[1] (2,42)[2] 2,52	13,8	26,6	(890) (1000) 945	(4000) (3200) 3600	(668) (750) 710	(3000) (562) 2700	(2,4) (2,1) 2,25	35	43,6 kg/cm	54	14,5 23,5	0,84	0,95	1,1	>1,3
	1,65 t Plattenrüttl. 1000 x 1600 mm Pl.	unverfüllter Schotter durch 4 stat. Walzgänge mit 2 t-Walze u.3 Rüttelübergänge festgelegt und anschließend Füllkorn nach und nach aufgebracht und solange gerüttelt, bis Raumkonstant. erreicht -	12 - 13	5 - 8	4,1	(2,52)[1] (2,21)[2] 2,42	17,1	22,3	(1230) (890) 1060	(2000) (1520) 1760	(920) 795	1320	(2,1) (2,3) 2,20	26	2700 kg	64	-	-	-	-	-

V = Vorderbandage ( ) Klammerwerte = Einzelwerte $M_E = \frac{\Delta p}{\Delta s} \cdot D$ $E = \frac{\Delta p}{\Delta s} \cdot 1{,}5r$

H = Hinter(Rüttel-)bandage [1] größter Wert, [2] kleinster Wert $D = 15{,}96$ cm

Trockenraumgewicht des unverfüllten mit Gabeln ausgelegten Schotters = 1,45 t/m^3

Hohlraumgehalt 50,3%

A b b i l d u n g 204

Die Versuchsbedingungen und die erzielten Ergebnisse sind aus der Tabelle (Abb. 204) ersichtlich. Demnach ergab sich beim Versuch mit der schweren Vibrationswalze das größte Trockenraumgewicht und die stärkste Verminderung der Hohlräume auf minimal 13,8% bei gleichzeitig höchstem gewichtsmäßigen Füllkornanteil von 26,6%. Mit dem Plattenrüttler ließ sich dagegen der Resthohlraumgehalt nur auf 17,2% und mit der leichten Vibrationswalze nur auf 28,1% vermindern, wobei das Trockenraumgewicht wesentlich abnahm. Der geringe gewichtsmäßige Füllkornanteil von 16,3%, der sich beim Versuch mit der leichten Walze ergab und der etwa 10% unter dem Wert lag, der mit der schweren Walze erreicht wurde, läßt eine unvollständige Auffüllung der Hohlräume oder eine geringe Verdichtung der Füllkornmasse vermuten.

Die schwere Walze verursachte die größte Oberflächensetzung, der Plattenrüttler und die leichte Walze gleichgroße Werte. Daß sich trotz des höheren Trockenraumgewichtes beim Rüttlerversuch keine stärkeren Setzungen als beim Versuch mit der 2 t Walze ergaben, erklärt sich aus der durch die Sprungbewegung des Rüttlers aufgelockerten obersten Schotterschicht, die durch keine zusätzlichen statischen Walzgänge stärker verspannt wurde. Infolgedessen traten bei diesem Versuch auch die niedrigsten M_E-Werte auf, die trotzdem jedoch noch wesentlich über dem in den Schweizer Normen geforderten Sollwert liegen.

Obwohl bei den erwähnten Versuchen der Untergrund der beiden Versuchsfeldhälften stärkere Unterschiede in den M_E-Werten aufwies, ergab sich hierdurch keine Beeinflussung der Ergebnisse der Schottertragschicht.

Beim Abdrücken des etwa 25 cm starken verfüllten Schotters mit dem Druckstempel des VSS-Gerätes wurden auf dem Planum des Untergrundes die aus der Abbildung 205 ersichtlichen Bodendrücke registriert. Man erkennt, daß sich mit wachsender Auflast der prozentuale auf die Meßdose übertragene Druckanteil verringert, da sich bei wachsender Auflast die Verspannung in der Schotterpackung vergrößert und der Druckverteilungswinkel somit abnimmt.

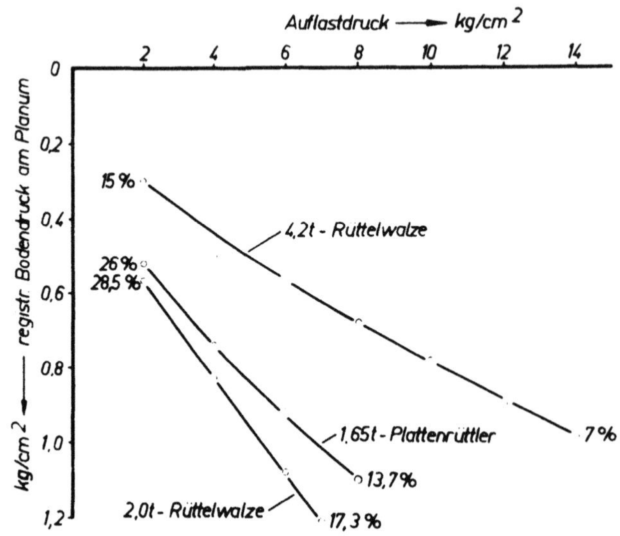

A b b i l d u n g 205

Schotterverdichtung mit Vibrationsgeräten

Bodendruckmessungen unter splittverfülltem Schotterunterbau
Schütthöhe 300 mm, Druck mit 200 cm² Lastplatte aufgebracht

Der kleinste prozentuale Druckanteil wurde infolge der starken Verspannung und Verdichtung beim Versuch mit der schweren, und der größte beim Versuch mit der leichten Walze registriert. Trotz der guten Verdichtung im mittleren und unteren Teil der Schüttung beim Versuch mit dem Plattenrüttler beeinflußte die lockere Deckschicht den Verformungsmodul doch dermaßen stark, daß sich keine wesentlich besseren Werte als beim Versuch mit der leichten Walze ergaben. Da beim Laststempel-Versuch (Abb.41) auf dem Untergrundplanum Drücke registriert wurden, die zwischen 7 und 28% der auf den verfüllten Schotter aufgebrachten Druckspannungen betragen, ergibt sich bei der Annahme einer kegelförmigen Druckausbreitung ein Druckverteilungswinkel von etwa 50-75° und nicht wie vielfach angenommen von $< 45^{\circ}$.

Bei weiteren Druckmessungen wurde die schwere Vibrationswalze auf der verfüllten Schotter-Tragschicht statisch gefahren und bei jedem in gleicher Richtung ausgeführten Übergang jeweils um 20 cm näher an eine außerhalb des Walzstreifens auf dem Untergrund-Planum liegende Meßdose herangerückt. Auch bei diesen Versuchen trat der steile Druckverlauf in der Schotter-Tragschicht in Erscheinung, da die Meßdose den Druck der vorbeifahrenden Walze erstmals in 20 cm Entfernung registrierte, was einem Druckverteilungswinkel von etwa 50° entspricht.

Die erwähnten Versuche zeigen gleichfalls, daß die erreichbare Verdichtung und der Verformungsmodul in erster Linie von der Größe der spezifischen Schlagkräfte und dem Grad der Oberflächenverspannung beeinflußt werden. Besonders nach dem Einsatz von Plattenrüttlern, jedoch auch bei der Auflastrüttlung mit Vibrationswalzen empfiehlt sich deswegen nach dem Einrütteln des Füllkorns ein nachträgliches Andrücken und Verspannen des obersten Schotters. Ist die Rüttelwalze selbst genügend schwer, so läßt sich dieser Arbeitsgang gleichzeitig mit ihr ausführen. Hierbei ist ein möglichst großer Walzendurchmesser erwünscht, um die Umfangs- und Zugkräfte, die die Schotteroberfläche abscherend beanspruchen, klein zu halten, so daß sich der Schotter gut verspannen kann.

Bei Untersuchungen mit einem Mehrplattenrüttler, der in Verbindung mit einer schweren Glattwalze zur Schotterverdichtung eingesetzt war, wurde festgestellt, in welchem Maße sich die Verdichtung erhöht, wenn der eingerüttelte unverfüllte Schotter durch zusätzliche statische Übergänge verspannt wird, und ferner geklärt, welche Hohlraumverminderung sich maximal durch anschließende Feinkorn-Einrüttlung erreichen läßt. Für die Tragschicht wurde ein Riesenschotter aus Muschelkalk mit einem spezifischen Gewicht von γ = 2,70 g/cm^3 und einer Kornverteilung entsprechend Abbildung 206 verwendet, der in einer Stärke von 20-25 cm mit Hilfe von Planierraupen ausgelegt wurde.

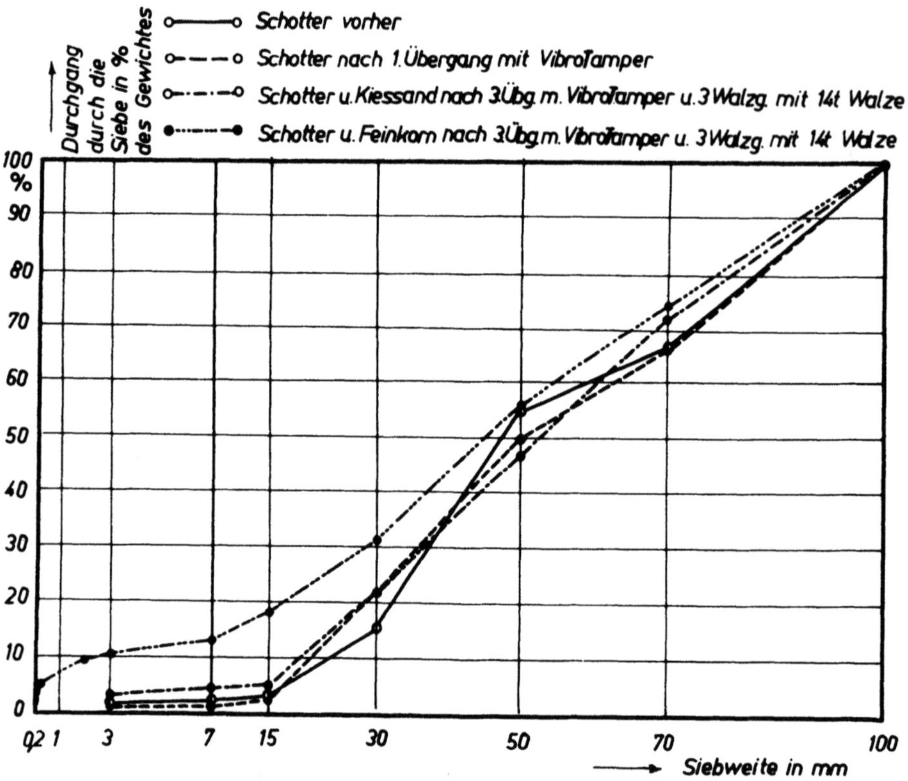

A b b i l d u n g 206

Nach bestimmten Arbeitsgängen ergaben sich die nachfolgend angeführten Verdichtungsergebnisse:

1. Trockenraumgewicht des locker in eine Würfelform mit 30 cm Kantenlänge eingeschütteten Schotters . . . . 1,49 t/m^3
   Hohlraumanteil $\left(1 - \frac{1,49}{2,70}\right) \cdot 100$ . . . . 44,8 %

2. Trockenraumgewicht des dicht in die Würfelform eingeschichteten Schotters . . . . 1,86 t/m^3
   Hohlraumanteil $\left(1 - \frac{1,86}{2,70}\right) \cdot 100$ . . . . 31,2 %

3. Trockenraumgewicht des locker ausgelegten Schotters in der Versuchsstrecke . . . . . . 1,51 t/m^3
   Hohlraumanteil $\left(1 - \frac{1,51}{2,70}\right) \cdot 100$ . . . . 44,2 %

4. Trockenraumgewicht des unverfüllten Schotters nach 1 Rüttelübergang . . . . 1,69 t/m^3
Hohlraumanteil $(1 - \frac{1,69}{2,70}) \cdot 100$ . . . . 37,4 %

5. Trockenraumgewicht des unverfüllten Schotters nach 3 Rüttelübergängen . . . . 1,76 t/m^3
Hohlraumanteil $(1 - \frac{1,76}{2,70}) \cdot 100$ . . . . 34,8 %

6. Trockenraumgewicht des unverfüllten Schotters nach 3 Rüttelübergängen und 3 statischen Walzgängen mit einer 14 t Glattwalze . . . . 2,15 t/m^3
Hohlraumanteil $(1 - \frac{2,15}{2,70}) \cdot 100$ . . . . 20,5 %

7. Trockenraumgewicht des verfüllten Schotters (Feinsand durch 2 Rüttelübergänge eingerüttelt) . . . . 2,33 t/m^3
Resthohlraumanteil $(1 - \frac{2,33}{2,70}) \cdot 100$ . . . . 13,8 %

Setzt man den Hohlraumgehalt des ausgelegten Schotters, der 44,2% betrug, gleich 100%, so verminderten sich die Hohlräume nach 3 Rüttelübergängen um 22%, nach 3 weiteren statischen Walzgängen um 55% und nach dem Einrütteln des Feinkorns um 69%. Hierbei ist die starke Verdichtungszunahme auffallend, die die statische Walze trotz der vorhergehenden Rüttlung erbrachte. Sie ergibt sich im wesentlichen aus der besseren Verspannung der oberen, durch die Sprungrüttlung aufgelockerten Schotterschicht, wobei das Verspannen durch Aufstreuen von Keilschotter begünstigt wurde. Bei nicht so grobstückigem Schotter dürfte ein größerer Hohlraum-Verminderungsanteil auf die Rüttelverdichtung entfallen.

Versuche, die zur Zeit im Institut durchgeführt werden [41], sollen klären, inwieweit sich durch eine Frequenz-, Amplituden- und Auflaständerung eine bessere Oberflächenverdichtung erreichen läßt.

Der nach dem Einrütteln des Füllkorns erreichte Resthohlraumgehalt von 13,8% liegt im Rahmen der besten Ergebnisse, die zur Zeit mit Rüttelgeräten erzielt wurden. Diese günstige Verdichtung war jedoch nur durch das Zusammenwirken des Rüttlers und der Walze möglich, da der Rüttler den Schotter festlegt und so erst den Einsatz der schweren statischen Walze zuließ; ein sofortiges Befahren des geschütteten Schotters mit der Walze hätte ein Hin- und Herschieben, Absplittern und Zermalmen des oberen Schottergerüstes zur Folge gehabt. Die Kornverteilungskurven (s.Abb. 206) zeigen, daß beim geschilderten Arbeitsvorgang keine Feinkornzunahme eintrat.

Die starken Schwingungsausschläge der Plattenvibratoren, die bei 34 Hz (5,5 - 6 mm) betrugen, konnten an einem im Schotter eingeschlagenen Hartholzpflock 2 m vom Rüttler entfernt bereits nicht mehr mit einem Tastschwingungsschreiber registriert werden. In 1 m Entfernung betrug die am Holzpflock gemessene Doppelamplitude im Mittel 0,15 mm, in 50 cm Entfernung 0,25 mm und in 20 cm Entfernung 0,50 mm. Die Tatsache, daß die Bodenschwingungen in 2 m Entfernung mit dem Körper noch deutlich zu verspüren, jedoch nicht mehr zu messen waren, zeigt, wie wesentlich stärker man die Schwingungen gefühlsmäßig wahrnimmt und daraus u.U. falsche Schlüsse auf die Verdichtungswirkung zieht.

Auf der Planumshöhe des Kiessand-Untergrundes, also in etwa 20 cm Tiefe unter der verdichteten Schotteroberfläche, wurden unter dem Rüttelschuh maximale dynamische Bodendrücke von 1,3 kg/cm^2 und 100 cm Tiefe von 0,25 kg/cm^2 gemessen; die Aufschlagfläche der Platte betrug etwa 60x30 cm und die vertikale Fliehkraftkomponente eines jeden Rüttelschuhes 3600 kg; zwei gegenläufige Unwuchten erzeugten bei einer Frequenz von 35 Hz gerichtete Schwingungen. Da infolge des grobstückigen Schotters, der wechselnden Aufstandsfläche und der stark unterschiedlichen Sprungbewegung keine gleichmäßige Druckübertragung beim Übergang des Rüttlers über die eingelegten Meßdosen gegeben war, schwankten die gemessenen Bodendrücke etwa um $\pm$ 25%.

19.3 Die Folgerungen aus den Untersuchungen auf Schotter

1. Ein standfester hohlraumarmer Schotterunterbau läßt sich am zweckmäßigsten und schnellsten mit Vibrationsgeräten herstellen, wobei zunächst der Schotter und anschließend das Füllkorn eingerüttelt wird. Für beide Arbeitsgänge eignen sich sowohl Vibrationswalzen als auch Plattenrüttler mit genügend großer Rüttelkraft.

2. Da die Plattenrüttler infolge ihrer Sprungbewegung die obere Schotterschicht wesentlich stärker als Vibrationswalzen lockern, besteht nach ihrem Einsatz eine größere Notwendigkeit zum zusätlichen Verspannen der oberen Schotterlage.

3. Durch die bessere Verspannung der oberen Schotterlage, am zweckmäßigsten mit schweren Glattwalzen, lassen sich die M_E-Werte bei annähernd gleichem Trockenraumgewicht bis zu 100% erhöhen.

4. Die stärkste Hohlraumverminderung auf 13,8%, die sich bei dem verwendeten Kalk- und Basalt-Schotter nach dem Einrütteln von Füllkorn ergab, konnte einmal durch den alleinigen Einsatz einer schweren Vibrationswalze und ferner durch das Zusammenwirken eines Plattenrüttlers und einer 14 t Glattwalze erzielt werden.
Der genannte Prozentsatz ist als sehr gering zu bezeichnen, er liegt im Rahmen der besten Ergebnisse, die dem Verfasser von anderen Forschungsstellen bekannt sind.

5. Aus wirtschaftlichen Gründen empfiehlt es sich, nicht allzuviele Übergänge auszuführen, um ein Wiederauflockern des Schotters zu verhindern. Für die Herstellung eines 25 cm starken Schotterunterbaues sollte man höchstens 8 Rüttelübergänge aufwenden, und zwar etwa 2-3 zum Festlegen des Schotters und 4-5 zum Einrütteln des Füllkorns, das man zweckmäßigerweise in 3-4 Teilmengen aufbringt. Anschließend empfiehlt es sich, 1-2 statische Walzgänge auszuführen, um eine gute Oberflächenverspannung zu erreichen. Während die kombinierte Gewichts-Vibrationswalze und die schwere Rüttelwalze mit einem Gewicht von 4-5 t die Möglichkeit zur Verwendung für alle 3 Arbeitsgänge bietet, ist nach dem Einsatz von Plattenrüttlern ein zusätzliches Gerät zum Verspannen erforderlich.

6. Der Druckverteilungswinkel in der verfüllten Tragschicht liegt zwischen 50° und 75°.

20. Erkenntnisse für die Konstruktion und die Praxis

20.1 Kohäsionslose Böden mit geringem Ungleichförmigkeitsgrad

20.11 Statische Glattwalzen

Wie die Versuche auf Mittelsand zeigten, wird die Größe der Verdichtungswirkung vor allem von den lotrecht wirkenden Normal- und den horizontal angreifenden Schubkräften, sowie der Anzahl der Übergänge beeinflußt.

Da die beiden erstgenannten Werte von der Walzenbelastung, dem Walzendurchmesser und der Antriebs- und Bodenart abhängen, war es notwendig, die spezifische Walzenbelastung für die einzelnen Durchmesser und zwei Antriebsarten zu ermitteln, bei der die auftretenden Normal- und Schubspannungen die beste Verdichtung bewirkten.

Die in Abhängigkeit vom Walzendurchmesser für die beiden Antriebsarten aufgetragenen zulässigen Walzenbelastungen (Abb. 207) entsprechen dabei der jeweiligen Grenzbelastung für die einzelnen Durchmesser (Scheitelwerte), die aus den Abbildungen 69, 70, 103 und 104 entnommen wurden. Man erkennt, daß die selbstfahrbare Walze etwa 1 1/2 - 2mal höher als die gezogene Walze belastet werden kann, ohne daß größere horizontale Bodenbewegungen auftreten, die die Verdichtungswirkung ungünstig beeinflussen.

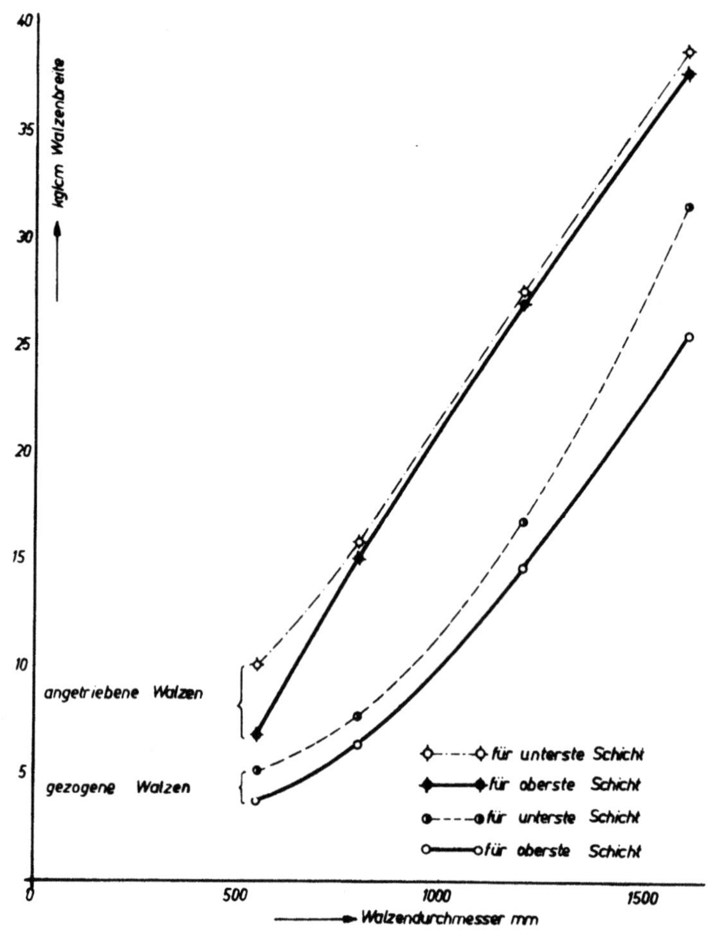

A b b i l d u n g 207

Zulässige Walzenbelastung in Abhängigkeit vom Walzendurchmesser bei gezogenen und angetriebenen Walzen

Walzengeschwindigkeit 1 km/h
Wassergehalt 4-5%
Versuchsboden: Mittelsand
Schütthöhe 300 mm

Die in der Abbildung 207 dargestellten Zusammenhänge gelten allerdings nur für kohäsionslose Böden mit einem geringen Ungleichförmigkeitsgrad.

Auf Grund von englischen Versuchen (s.Seite 22 und 24) [9] zeigte sich, daß ein Boden, der praktisch auch als Mittelsand anzusprechen ist (Abb. 14), der jedoch einen größeren Anteil von Feinstkorn unter 0,06 mm (17%) und einen höheren Ungleichförmigkeitsgrad aufweist, eine wesentlich höhere Walzenbelastung verträgt, ohne daß starke horizontale Bodenbewegungen auftreten und die Verdichtungswirkung ungünstig beeinflussen. Während für die gezogene, 608 mm große Walze die zulässige spezifische Walzenbelastung für den im Institut benutzten Mittelsand etwa 4,5 kg/cm beträgt, konnte beim englichen Versuchs-Sand und bei gleichem Walzendurchmesser eine Walzenbelastung von 25,4 kg/cm gewählt werden, und die guten Verdichtungsergebnisse (Abb. 15) bestätigen, daß trotz dieses hohen Gewichtes und des verhältnismäßig kleinen Walzendurchmessers keine größeren horizontalen Bodenverschiebungen aufgetreten sein dürften.

Die lotrechte Normalspannung σ_z läßt sich nach der Formel, die FRÖHLICH angibt (s.S.70), verhältnismäßig gut berechnen. Wählt man einen Konzentrationsfaktor von $\nu = 4$ und ermittelt die Normalspannung nach der Formel

$$\sigma_z = \frac{3}{4} \frac{\bar{q}}{r} \cos^4 \vartheta$$

so ergeben sich zwischen den gemessenen und den berechneten Bodendrücken nur maximale Abweichungen von etwa 15%, vorausgesetzt, daß die Walzenbelastung nicht über der zulässigen liegt; die Antriebsart beeinflußt dabei die Ergebnisse nicht.

Bei gleichem Durchmesser und gleichem Walzengewicht ergeben sich bei den zwei Antriebsarten keine Verdichtungsunterschiede, solange die zulässige Walzenbelastung für die gezogene Walze nicht überschritten wird; ist dies der Fall, bewirkt die gezogene Walze eine schlechtere Verdichtung.

Die Zugkräfte lassen sich nach der Formel von FÖPPL berechnen, allerdings ist es notwendig, einen Korrekturfaktor K, und an Stelle der Oberflächenabsenkung Δs (bleibende Setzung nach dem Übergang) die statische Absenktiefe t einzuführen.

$$Z = \frac{3}{8} KQ \sqrt{\frac{2t}{R}}$$

Da der untersuchte Mittelsand jedoch bei geringem Überschreiten der zulässigen Walzenbelastung sich stärker vor der Walze staut, besonders wenn man kleine Walzen verwendet, läßt sich die Zugkraft trotz der angeführten Korrektur nur annäherungsweise ermitteln.

Bei 300 mm hoher Schüttung beträgt der Korrekturfaktor:

Walzen-∅	550			800			1200			1600		
Sehne der Aufstandsfläche mm	120-170	70-100	30-50	150-200	120-170	50-100	260-320	150-180	70-100	330-400	200-280	110-150
K	2	2,5	2,0	2,0	2,0	1,2	1,1	1,1	1,0	1,4	0,9	1,5
t	6-13	2,5-5	0,5-1,3	7-13	4-8	0,8-3	15-22	5-7	1-1,5	16,5-25	6-11	1,4-3,5

Für die Berechnung der Umfangskräfte kann man gleichfalls die angeführte Formel benutzen und den Korrekturfaktor K=2 einführen, der für alle Walzendurchmesser und Übergänge Gültigkeit hat.

Somit

$$U = \frac{3}{8} KQ \sqrt{\frac{2t}{R}} = \frac{3}{4} Q \sqrt{\frac{2t}{R}}$$

Der gesamte Bewegungswiderstand W zum Fortbewegen der Walze setzt sich aus

W_r = dem Widerstand der rollenden Reibung,
W_g = dem Widerstand der Lagerreibung,
W_{st} = dem Widerstand zur Überwindung von Steigungen und
W_a = dem Widerstand beim Anfahren zusammen.

W_{r1} = der Rollwiderstand einer Trommel entspricht gleich Z bzw. U, da die rollende Reibung ohne die inneren Reibungsverluste (Lagerreibung erfaßt wurde.

Besitzt eine Walze mehrere Trommeln, so ist der gesamte Rollwiderstand W_r zu berücksichtigen, der sich aus der Summe der Rollwiderstände der einzelnen Trommeln ergibt.

$W_g = Q_W \cdot (1 - \eta)$

auf Grund von Untersuchungen beträgt [34]

$(1 - \eta) = 0{,}02$

Q_W = Gewicht der gesamten Walze in kg,

$W_{st} = Q_W \cdot \tan \alpha$ (α = Steigungswinkel)

$W_a = M \cdot b = \frac{Q_W}{g} \cdot \frac{v}{t}$

v = Arbeitsgeschwindigkeit der Walze [m/sek]

t = Anfahrzeit der Walze ($\approx$ 4-5 Sek.)

g = Erdbeschleunigung.

Somit $W = W_r + W_g + W_{st} + W_a$

und die erforderliche Antriebsleistung

$$N = W \cdot v \quad .$$

Bei kohäsionslosen gleichkörnigen Böden ($U \approx 2$), wie dem vorliegenden Mittelsand, bieten selbstfahrbare Walzen, besonders wenn der Durchmesser kleiner als 1200 mm ist, Vorteile gegenüber gezogenen Walzen, da die horizontalen Bodenbewegungen trotzdem nicht wesentlich zunehmen, wenn die zulässige Walzenbelastung überschritten wird. Die Verdichtung wird somit weit weniger ungünstig als bei der gezogenen Walze beeinflußt.

Zum Verdichten derartiger Böden sollte man Walzen unter 600 mm Durchmesser weder in gezogener noch in selbstfahrbarer Ausführung verwenden und einen Durchmesser von etwa 800 mm nur für selbstfahrbaren Antrieb vorsehen.

Bei beiden Antriebsarten ergeben sich bis zur zulässigen Walzenbelastung keine wesentlichen Unterschiede in der Ebenheit; wird sie überschritten, verursacht jedoch die gezogene Walze, besonders wenn der Durchmesser klein ist, durch Verschieben von Boden stärkere Unebenheiten.

Bei Sand sollte die Überdeckung 130 - 150 mm und die Schütthöhe nicht über 300 mm betragen. Weitere Erkenntnisse wurden bereits unter 12.4 angeführt.

20.12 Rüttelwalzen und Plattenrüttler

Während auf kohäsionslosen Böden mit gleichmäßigem Kornaufbau der Einsatz von Plattenrüttlern schwerster Bauart möglich ist, ist die Verwendung von Rüttelwalzen auf diesen Böden gewichtsmäßig begrenzt und nur dann gegeben, wenn die Walzenbelastung nicht wesentlich über der für den betreffenden Durchmesser zulässigen Belastung liegt.

Obwohl derartige Böden zwar auch mit Rüttelgeräten nicht wesentlich stärker als mit Glattwalzen zu verdichten sind, ist jedoch die Tiefenwirkung der Rüttler wesentlich größer und die gleiche Verdichtung nach wenigen Übergängen zu erreichen.

Vibrationswalzen sollten für den Einsatz auf diesen Böden einen Mindest-Walzendurchmesser von 1000 mm und eine statische Walzenbelastung von nicht mehr als 20 kg/cm bei selbstfahrbarem Antrieb besitzen.

20.2 Kohäsionslose Böden mit größerem Ungleichförmigkeitsgrad und Schotter

Diese Bodenarten kann man am intensivsten und schnellsten mit Vibrationsgeräten verdichten. Hierzu eignen sich in gleicher Weise schwere Vibrationswalzen und Plattenrüttler. Die Wirkung ist dabei um so stärker, je mehr sich der Kornaufbau der Fuller-Kurve nähert.

Während die zufriedenstellende Verdichtungswirkung von schweren statischen Glattwalzen (60 kg/cm) bei Kiessand bis maximal zu 30 cm Tiefe reicht, gestatten schwere Rüttelgeräte eine wirkungsvolle Verdichtung bis zu 80 cm Tiefe.

Bei Bodendruckmessungen unter einem Plattenrüttler,der sich durch Eigenantrieb vorwärts bewegt, zeigte sich, daß die Bodenplatte bei der Vorwärtsbewegung einen mit dem Auge zwar nicht wahrnehmbaren, jedoch an Hand des Oszillogramms feststellbaren pendelnden Aufschlag ausführt; da die Aufschlagfläche der Vorder- und der Hinterkante der Bodenplatte nicht wesentlich größer gewesen sein dürfte als die Aufstandsfläche einer Vibrationswalze, dürfte infolgedessen auch kein wesentlich größerer Druckausbreitungsbereich aufgetreten sein.

Weitere Erkenntnisse, die sich aus den Versuchen auf Kiessand und Schotter ergaben, wurden bereits unter 18.3 und 19.3 zusammengefaßt.

20.3 Bindige Böden

20.31 Statische Glattwalzen

Die Versuche auf Schluff zeigten, daß die Verdichtungswirkung hier vor allem von der lotrecht wirkenden Normalspannung, der Anzahl der Übergänge und dem Wassergehalt, jedoch im Gegensatz zu den Versuchen auf Mittelsand nur wenig von der Antriebsart und den horizontal wirkenden Schubkräften beeinflußt wurde, da der Boden (ausgenommen der aufgefräste Schluff) bereits nach 1 Walzgang einen großen Scherwiderstand besaß, so daß keine nennenswerten horizontalen, die Verdichtung ungünstig beeinflussenden Bodenbewegungen auftraten.

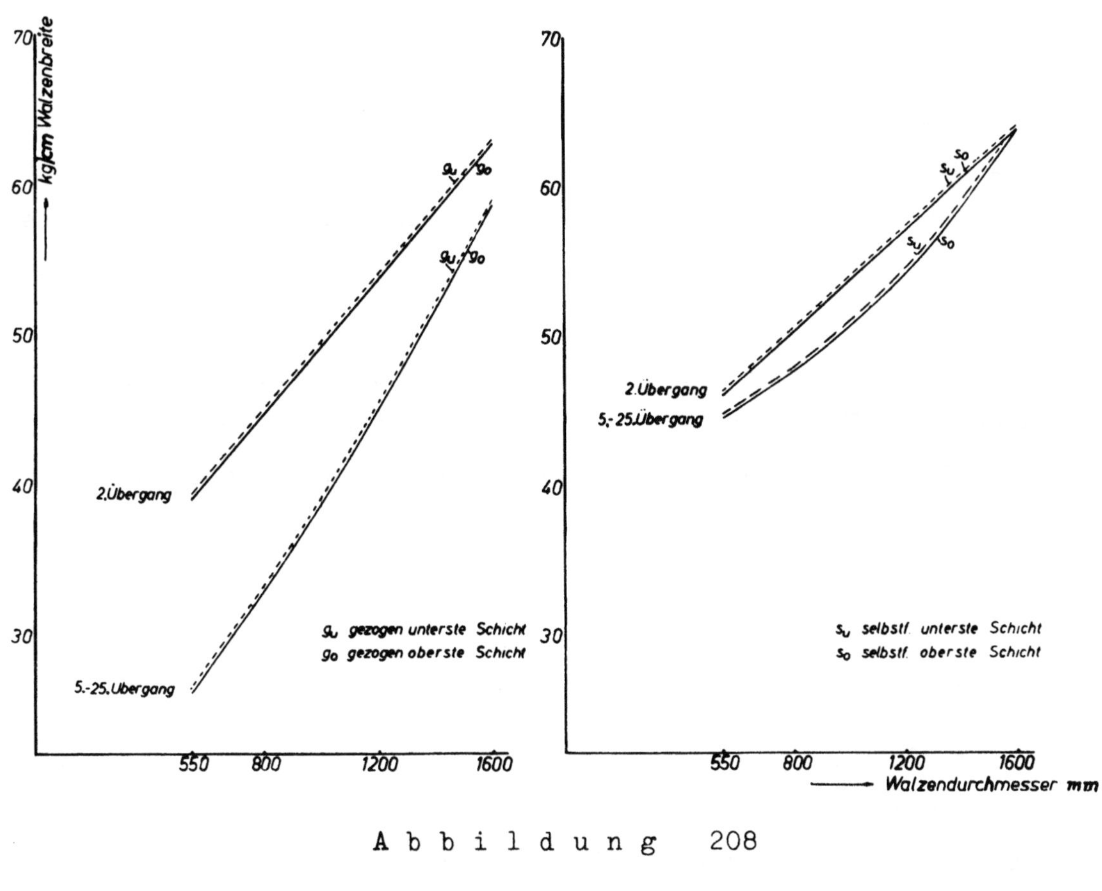

Abbildung 208

Zulässige Walzenbelastung in Abhängigkeit vom Walzendurchmesser bei gezogenen und selbstfahrbaren Walzen

Walzengeschwindigkeit 1 km/h
Wassergehalt 16 ± 0,3%
Versuchsboden: schwach bindiger, sandiger Schluff
Schütthöhe 225 mm

Die Abbildung 208 zeigt für Schluff die zulässige Walzenbelastung in Abhängigkeit vom Walzendurchmesser und von der Antriebsart; sie wurde gleichfalls auf Grund der Verdichtungsergebnisse festgelegt.

Die Angabe der zulässigen Belastung für zwei, für fünf und mehr Übergänge wurde im Hinblick auf die unterschiedlichen Werte, die sich vor allem für die gezogene Walze ergaben, für notwendig erachtet. Die tiefere Lage der zulässigen Walzenbelastung für die höheren Übergänge ergibt sich, wie bereits unter Punkt 13 und 14 besprochen, durch Auftreten von Querrissen nach einigen Walzgängen (meist ab 5) bei zu schwerem Walzengewicht. Das wesentlich stärkere Ausscheren von Bodenkeilen bei der gezogenen Walze kommt auch in der tieferliegenden Kurve für die höheren Übergänge gegenüber der selbstfahrbaren Walze zum Ausdruck.

Die Abhängigkeit der Verdichtung vom Walzendurchmesser und der Walzenbelastung ist bei bindigen Böden wesentlich geringer als bei kohäsionslosen. Die selbstfahrbare Walze bietet bei der Verdichtung von derartigen Böden gegenüber der gezogenen Walze nur bei kleinerem Walzendurchmesser (unter 600 mm) Vorteile, da auch bei einem stärkeren Überschreiten der Grenzbelastung die Verdichtungswirkung nicht so ungünstig wie von kleinen gezogenen Walzen beeinflußt wird.

Die Formeln von FRÖHLICH ermöglichten auch bei Schluff, die lotrechten Normalspannungen σ_z angenähert zu berechnen; die geringsten Abweichungen ($\approx$ 15 bis 20%) gegenüber den gemessenen Bodendrücken ergaben sich bei Benutzung der Formel

$$\sigma_z = \frac{8\,\bar{q}}{3\pi r} \cos^5 \vartheta$$

die für den Konzentrationsfaktor ν = 5 gilt.

Wird in die FÖPPL'sche Zugkraftformel an Stelle der bleibenden Setzung die statische Absenktiefe t eingeführt, so ergeben sich gegenüber den gemessenen Zugkräften gut übereinstimmende Werte.

Für die Berechnung der Zugkraft, die im locker aufgefrästen Schluff (1.Walzgang) aufgewendet werden muß, ist es lediglich bei 550 und 1600 mm erforderlich, Korrekturfaktoren (1,4 und 0,8) einzuführen.

Die Zugkraftformel lautet dann für

$$550 \text{ mm Durchmesser} \quad Z_1 = \frac{3}{8}\, 1{,}4\, Q \sqrt{\frac{2t}{R}} = 0{,}525\, Q \sqrt{\frac{2t}{R}}$$

$$1600 \text{ Durchmesser} \quad Z_1 = \frac{3}{8}\, 0{,}8\, Q \sqrt{\frac{2t}{R}} = 0{,}3\, Q \sqrt{\frac{2t}{R}}$$

Nach der FÖPPL'schen Zugkraftformel lassen sich gleichfalls die Umfangskräfte berechnen, wobei ebenfalls ein Korrekturfaktor K und die statische Absenktiefe t zu berücksichtigen sind.

$$U = \frac{3}{8}\, K\, Q \sqrt{\frac{2t}{R}}$$

K und t sind aus der nachstehenden Tabelle zu entnehmen.

Walzen-Ø mm	550			800			1200			1600		
Sehne der Aufstandsfläche mm	400-440	155-175	120-150	460-530	200-210	170-190	580-600	220-280	110-190	640-740	180-325	140-320
K	1,6	2,2	2,4	1,3	1,8	2,0	1,1	1,2	1,4	1,1	1,1	1,0
t	38-46	11-15	6,5-10,5	36-48	12,5-13	9,5-10,5	38-39	15-24,5	2-8	33-46	5-16	25-15

Für höhere Schüttungen als 225 mm läßt sich die Zug- und die Umfangskraft gleichfalls berechnen, wenn man die für 225 mm Schütthöhe berechneten Kräfte mit einem Vergrößerungsfaktor multipliziert, dessen Größe die Abbildung 166 zeigt.

Der gesamte Bewegungswiderstand W zum Fortbewegen der Walze ergibt sich wiederum aus der Summe der gleichen, auf der Seite 269 angeführten Widerstände.

Über weitere Erkenntnisse, die sich aus den Versuchen auf Schluff ergaben, wurde bereits ausführlich unter Punkt 16 berichtet.

21. Zusammenfassung

Die Untersuchungen mit gezogenen und mit selbstfahrbaren statischen Glattwalzen vermittelten ein Bild von den Verdichtungsvorgängen in zwei stark unterschiedlichen Bodenarten und vom Einfluß verschiedener, die Verdichtung wesentlich beeinflussender Faktoren.

Die Versuche mit Vibrationsgeräten zeigten die größere Wirksamkeit der dynamischen Verdichtung auf bestimmten Böden und auf Schotter gegenüber der statischen Walzverdichtung und erbrachten Erkenntnisse über veränderliche Größen, von denen der Rütteleffekt stark abhängt.

21.1 Die Untersuchungen mit statischen Glattwalzen

Die zur Klärung der Verdichtungsvorgänge dienenden Untersuchungen vermittelten Zusammenhänge über den Einfluß des Walzendurchmessers, des Walzengewichtes, der Antriebsart und der Einwirkungsdauer auf die Verdichtungswirkung, die Ebenheit und die Größe der Bodenbewegungen. Die Notwendigkeit, beim Abwalzen von kohäsionslosen Böden die Belastung je cm Walzenbreite entsprechend dem Walzendurchmesser so festzulegen, daß kein Schieben des Walzgutes erfolgt, um eine gute Verdichtung und eine ebene Oberfläche zu erreichen, trat durch die Versuche deutlich in Erscheinung, und die gefundenen Ergebnisse ermöglichten, die spezifische Walzenbelastung in Abhängigkeit vom Walzendurchmesser für die beiden Antriebsarten und die zwei Versuchsböden, Mittelsand und Schluff, kurvenmäßig darzustellen. Die andersartigen Bodenbewegungen bei gezogener und bei selbstfahrbarer Walze konnten gut sichtbar gemacht werden.

Bei Mittelsand mit geringem Ungleichförmigkeitsgrad hängt die Verdichtung und die Ebenheit der Oberfläche erheblich vom Verhältnis des Walzengewichtes zum Walzendurchmesser und der Antriebsart ab. Die spezifische Walzenbelastung, die für die 4 im Bereich zwischen 550 und 1600 mm liegenden Walzendurchmesser ermittelt wurde, ist für kleine gezogene Walzen mit weniger als 800 mm Durchmesser gering. Für selbstfahrbare Walzen liegt sie im gesamten Bereich 1,5 bis 2mal höher.

Verwendet man Walzen mit kleinem Durchmesser zur Verdichtung von gleichmäßigen Sandböden, die in Deutschland vielfach anzutreffen sind, so ist auf die Einhaltung der zulässigen Walzenbelastung besonders zu achten. Aus diesem Grunde empfiehlt es sich, auf derartige Böden nur Walzen mit mindestens 1200 mm Durchmesser und in selbstfahrbarer Ausführung einzusetzen.

Da die Empfindlichkeit gegen Schieben mit zunehmendem Ungleichförmigkeitsgrad erheblich abnimmt und der Einfluß des Walzendurchmessers und des Walzengewichtes auf die Bodenbewegungen und damit auf die Verdichtung sich stark vermindert, kommt der Verbesserung des Kornaufbaues wesentliche Bedeutung zu.

Bei der Verdichtung von kohäsionslosen Böden bietet die selbstfahrbare Walze, besonders bei kleinem Durchmesser, gegenüber der gezogenen Walze Vorteile.

Die Zug- und die Umfangskräfte sind nach der Formel von FÖPPL zu berechnen, wenn Korrekturfaktoren und die statische Absenktiefe t, die leicht festzustellen ist, eingesetzt werden. Die Korrekturfaktoren sind in der Arbeit angegeben.

Falls die spezifische Walzenbelastung nicht überschritten wird, ist die Antriebsleistung für die selbstfahrbare Walze um 30-50% größer und die Ebenheit der beiden Antriebsarten gleich; liegt das Walzengewicht darüber erfordern die kleinen gezogenen Walzen mit weniger als 800 mm Durchmesser eine höhere Antriebsleistung und verursachen eine größere Unebenheit.

Auf Schluff wirkten sich weit geringer als auf Sand die Antriebsart, der Walzendurchmesser und die Walzenbelastung hinsichtlich der Verdichtungswirkung, der horizontalen Bodenbewegungen und der Ebenheit aus.

Die Vorteile der selbstfahrbaren Walze treten auf diesem Boden stärker nur bei kleinem Walzendurchmesser unter 600 mm hervor.

Die korrigierte FÖPPL'sche Formel ermöglicht, auch bei Schluff die Zug- und Umfangskräfte zu berechnen. Bei fortgeschrittenem Walzprozeß ergibt sich für die selbstfahrbare Walze eine bis zu 250% höhere Antriebsleistung.

Bei der richtigen Wahl des Konzentrationsfaktors sind die Bodendrücke nach den Formeln von FRÖHLICH mit maximalen Abweichungen von 15-20% gegenüber den Meßwerten zu berechnen.

Die erforderliche Überdeckung beträgt für beide Bodenarten 130-150 mm. Aus wirtschaftlichen Überlegungen empfiehlt es sich, weder auf Sand noch auf Schluff mehr als 5 Übergänge zu fahren. Die Veränderung der Walzengeschwindigkeit zwischen 1 und 3 km/h wirkte sich bei beiden Bodenarten in den Ergebnissen nicht aus. Eine Veränderung des Wassergehaltes machte sich bei Sand nicht und bei Schluff stark bemerkbar.

21.2 Die Versuche mit Rüttelgeräten

Die größere Tiefen- und die stärkere Verdichtungswirkung dynamischer gegenüber statischer Verdichtungsgeräte trat bei der Erprobung von Vibrationswalzen und von Plattenrüttlern auf Kiessand, Splitt und Schotter besonders deutlich in Erscheinung. Auf Mittelsand konnte zwar eine größere Tiefenwirkung, jedoch infolge des gleichkörnigen Bodens keine nennenswert stärkere Verdichtung als mit Glattwalzen erzielt werden.

Die Untersuchungen bestätigten zum Teil die verschiedenen aufgestellten Theorien über die Schwingungsverdichtung und die Erkenntnis, daß der optimale Rütteleffekt in einem gewissen Schwingzahlbereich liegt, dessen Größe und Lage außer von der Bodenbeschaffenheit, vom Gewicht und von den Abmessungen der verwendeten Rüttelgeräte abhängt. Es zeigt sich, daß außer den Schlagkräften die Schwingungsweite und die Frequenz die Verdichtungswirkung beeinflussen.

Bei der Schotterverdichtung beeinflußte die Sprungrüttlung die Verspannung der obersten Schotterlage wesentlich ungünstiger als die Auflastrüttlung, was auch in den schlechteren M_E- und E-Werten zum Ausdruck kam. Durch nachträgliches statisches Abwalzen wurde eine bessere Verspannung erreicht und konnten bis zu 100% höhere M_E-Werte erzielt werden.

Professor Dr. Georg GARBOTZ

Dr.-Ing. Josef THEINER

Literaturverzeichnis

[1] GARBOTZ, G. Probleme des Maschineneinsatzes im Autostraßenbau Z-VDI Bd.77 (1933) Nr.38 S.1047-1054

[2] ders. Aufgaben und Ziele, Schwarzdeckenbau Z-VDI Bd.93 (1951) Nr. 32 S.AZ 9

[3] EYMANN, W. Die Entwicklung der Straßenbefestigung, Die Straße (1935) S.21-26

[4] VOIGT, W. Die Entwicklung der Straßenwalze, Verkehrstechnik (1933) H.22 S.572-575

[5] Forschungsgesellschaft für das Straßenwesen e.V. Vereinbarung über die Typenbeschränkung und Kennzeichnung der Straßenwalzen, Kommission für Maschinenwesen im bituminösen Straßenbau, Fassung vom 19.12.1953, Ausgabe 1954

[6] DEUTSCHLÄNDER, H. Untersuchung der Wirkung verschiedener Walzen, Diss.Uni Halle-Wittenberg 1926

[7] KOCH, F. Untersuchungen über die Wirkung glatter Bodenwalzen, Diss.T.H.München 1934

[8] LEWIS, W.A. und D. McLAREN Eine Untersuchung der Abnahme des Verdichtungsgrades mit der Tiefe bei Bodenschichten, die mit einer 8 t Glattradwalze verdichtet wurden, Forschungsarbeit des Road Research Laboratory 1951

[9] PARSONS, A.W. und P. SMITH Eine Untersuchung der Wirkung, die die Veränderung des Durchmessers einer Glattradwalze auf die Verdichtung des Bodens ausübt, Road Research Laboratory Arbeit Nr.RN/2469/AMP.PS., März 1955

[10] SÖHNE, W. Die Kraftübertragung zwischen Schlepperreifen und Ackerboden, Grundlagen der Landtechnik 1952 H.3 S.75-87

[11] ders. Druckverteilung im Boden und Bodenverformung unter Schlepperreifen, Grundlagen der Landtechnik 1953 H.5 S.49-63

[12] NEUMANN, E. Eine Studie über die Wirksamkeit von Geräten für die Bodenverdichtung, Straßen- und Tiefbau 1951 H.6 S.127-129

[13] LORENZ, H. X.Internationaler Straßenkongress in Istanbul, Kirschbaum-Verlag Bielefeld H.21 S.43-48

[14] RAMSPECK, A. — Bodenverfestigung durch Schwingungsrüttler, Bautechnik 15 (1957) H.17 S.219-221

[15] LANGE, G. — Verdichtung geschütteter Dämme, 7.Bericht über die Prüfung verschiedener Verdichtungsgeräte, Die Straße (1940)H.5/6

LOOS, W. — Verdichtung geschütteter Dämme, 5. Bericht über die Nachprüfung der Wirkung verschiedener Verdichtungsgeräte, Die Straße 2 (1935) S.486; 3 (1936) S.562

[16] HUNT, A. — Untersuchung über das Verhalten einer Vibrationswalze bei der Verdichtung eines Sandbodens von verschiedenem Feuchtigkeitsgehalt, Road Research Laboratory, Arbeit Nr. RN/684/AR., Jan.1946

[17] TOMLINSSON, M.J. — Versuche über die Leistungen von Schwingungswalzen, Central Laboratory Southall, Sept.1948

[18] TANNER, J.S. — Untersuchung über das Verhalten einer leichten Vibrationswalze, Road Research Laboratory, Arbeit Nr.RN/1252/JST., Okt.49

[19] ders. — Untersuchung der Leistung einer 2,5 t Vibrationswalze für die Bodenverdichtung, Arbeit Nr.RN/1309/JST., März 1950

[20] ders. — Untersuchung der Leistung eines 2 t Vibrosoil-Verdichters für die Bodenverdichtung, Road Research Laboratory, Arbeit Nr. 1238/JST. 1949

[21] PLANTEMA, G. — Einfluß von Frequenz- und Marschgeschwindigkeit einiger Bodenverdichtungsgeräte, Straßen- und Tiefbau, 8.Jhrg. 1954, Heft 8

[22] NEIMAN, M. — Verdichten des Bodens durch Rütteln, Bauplanung und Bautechnik, 6.Jhg.1952, H.8

[23] BATHELT, U. — Das Arbeitsverhalten des Rüttelverdichters auf plastisch-elastischem Untergrund, Bautechnik-Archiv 1956 H.12

[24] SIEDEK, P. — Die Aufgabe der Bodenmechanik im Straßenbau, Straße und Autobahn 6/1955

[25] SCHAIBLE — Arbeitstagung Untergrund, Stuttgart 1955

[26] SCHULTZE-MUHS — Bodenuntersuchungen für Ingenieurbauten, Springer-Verlag Berlin 1950

[27] PROCTOR, R.R. — The design and construction of rolled earth dams, Eng.News Rec.1933, vol.111

[28] HUGGENBERGER — Talsperrenmeßtechnik, Springer-Verlag Berlin 1951

[29] WEST, L. und A.W. PARSONS — The determination of the dry density of compacted layers of coarse granular materials, Road Research Laboratory, Arbeit Nr.RN/1950/LW.AWP.April 1953

[30] SCHULTZE, E. — Bodenuntersuchungen für Ingenieurbauten, Springer-Verlag Berlin 1950

[31] FRÖHLICH, O.K. — Druckverteilung im Baugrunde, Wien 1934

[32] BJERRUM, L. — Künstliche Verdichtung der Böden, Straße und Verkehr 1952, Nr. 2/5 Zürich

[33] LEUSSINK, H. — Die Verdichtung von Dämmen, sonstigen Schüttungen und Untergrund, Straße und Autobahn H.9, 10 u. 11

Anwendung der Schwingungsverdichtung im Straßenbau, Straße und Autobahn 1952,H.4

[34] CHARCHUTA, N.Ja. — Die Verdichtungseigenschaft der Walzen mit glatten Trommeln beim Walzen von Böden, Wegebau Nr. 6 (1940)

[35] LÜRENBAUM, K. — Vergrößerungsfunktionen für den Schwinger mit einem Freiheitsgrad, Institut für Maschinen-Gestaltung und Maschinen-Dynamik

[36] FÖPPL, A. — Vorlesungen über technische Mechanik, Verlag R.Oldenbourg München-Berlin 1943, Band 1

[37] GARBOTZ, G. — Baumaschinen und Baubetrieb, Carl Hanser Verlag, Band 1, München 1957

[38] KEIL, K. — Der Dammbau, Springer-Verlag Berlin/Göttingen/Heidelberg 1954

[39] GARBOTZ, G. — Eindrücke vom amerikanischen Straßenbau, Straßen- und Tiefbau, Bd.9 1955, Heft 5

ders. — Die Rüttelverdichtung beim Einbau von Schotterunterbau, Straße und Autobahn, Bd. 6 1955, Heft 10, S.380-381

[40] KNÖLL, G. und K. BERNER — Die eingerüttelte Schotterpackung als Unterbau, Bitumen Bd.17 1955, Heft 7 S.149-155

[41] KRONENBERGER, G. — Die Verdichtung von Schotter mit Plattenrüttlern, T.H.Aachen (noch nicht veröffentlicht).

FORSCHUNGSBERICHTE DES LANDES NORDRHEIN-WESTFALEN

Herausgegeben durch das Kultusministerium

BAU · STEINE · ERDEN

HEFT 36
Forschungsinstitut der Feuerfest-Industrie, Bonn
Untersuchungen über die Trocknung von Rohton, Untersuchungen über die chemische Reinigung von Silika- und Schamotte-Rohstoffen mit chlorhaltigen Gasen
1953, 60 Seiten, 5 Abb., 5 Tabellen, DM 11,—

HEFT 37
Forschungsinstitut der Feuerfest-Industrie, Bonn
Untersuchungen über den Einfluß der Probenvorbereitung auf die Kaltdruckfestigkeit feuerfester Steine
1953, 40 Seiten, 2 Abb., 5 Tabellen, DM 7,80

HEFT 59
Forschungsinstitut der Feuerfest-Industrie e. V., Bonn
Ein Schnellanalysenverfahren zur Bestimmung von Aluminiumoxyd, Eisenoxyd und Titanoxyd in feuerfestem Material mittels organischer Farbreagenzien auf photometrischem Wege
Untersuchungen des Alkali-Gehaltes feuerfester Stoffe mit dem Flammenphotometer nach Riehm-Lange
1954, 52 Seiten, 12 Abb., 3 Tabellen, DM 11,60

HEFT 76
Max-Planck-Institut für Arbeitsphysiologie, Dortmund
Arbeitstechnische und arbeitsphysiologische Rationalisierung von Mauersteinen
1954, 52 Seiten, 12 Abb., 3 Tabellen, DM 10,20

HEFT 81
Prüf- und Forschungsinstitut für Ziegeleierzeugnisse, Essen-Kray
Die Einführung des großformatigen Einheits-Gitterziegels im Lande Nordrhein-Westfalen
1954, 54 Seiten, 2 Abb., 2 Tabellen, DM 10,—

HEFT 90
Forschungsinstitut der Feuerfest-Industrie, Bonn
Das Verhalten von Silikasteinen im Siemens-Martin-Ofengewölbe
1954, 62 Seiten, 15 Abb., 11 Tabellen, DM 11,90

HEFT 91
Forschungsinstitut der Feuerfest-Industrie, Bonn
Untersuchungen des Zusammenhangs zwischen Leistung und Kohlenverbrauch von Kammeröfen zum Brennen von feuerfesten Materialien
1954, 42 Seiten, 6 Abb., DM 8,30

HEFT 106
ORR. Dr.-Ing. W. Küch, Dortmund
Untersuchungen über die Einwirkung von feuchtigkeitsgesättigter Luft auf die Festigkeit von Leimverbindungen
1954, 60 Seiten, 10 Abb., 6 Tabellen, DM 11,40

HEFT 111
Fachverband Steinzeugindustrie, Köln
Die Entwicklung eines Gerätes zur Beschickung seitlicher Feuer von Steinzeug-Einzelkammeröfen mit festen Brennstoffen
1955, 46 Seiten, 16 Abb., DM 9,40

HEFT 127
Güteschutz Betonstein e. V., Arbeitskreis Nordrhein-Westfalen, Dortmund
Die Betonwaren-Gütesicherung im Lande Nordrhein-Westfalen
1955, 58 Seiten, 15 Abb., 3 Tabellen, DM 11,50

HEFT 142
Dipl.-Ing. G. M. F. Wiebel, Hannover, A. Konermann und A. Ottenheym, Sennelager
Entwicklung eines Kalksandleichtsteines
1955, 38 Seiten, 4 Abb., DM 8,—

HEFT 149
Dr.-Ing. K. Konopicky und Dipl.-Chem. P. Kampa, Bonn
I. Beitrag zur flammenphotometrischen Bestimmung des Calciums
Dr.-Ing. K. Konopicky, Bonn
II. Die Wanderung von Schlackenbestandteilen in feuerfesten Baustoffen
1955, 54 Seiten, 10 Abb., 5 Tabellen, DM 11,—

HEFT 180
Dr.-Ing. W. Piepenburg, Dipl.-Ing. B. Bühling und Bauing. J. Behnke, Köln
Putzarbeiten im Hochbau und Versuche mit aktiviertem Mörtel und mechanischem Mörtelauftrag
1955, 116 Seiten, 31 Abb., 68 Tabellen, DM 23,—

HEFT 213
Dipl.-Ing. K. F. Rittinghaus, Aachen
Zusammenstellung eines Meßwagens für Bau- und Raumakustik
1957, 96 Seiten, 17 Abb., 7 Tabellen, DM 19,80

HEFT 223
Dr.-Ing. K. Alberti und Dozent Dr. phil. habil. F. Schwarz, Köln
Über das Problem Hartbrand-Weichbrand
1956, 54 Seiten, 25 Abb., 14 Tabellen, DM 12,10

HEFT 231
ORR. Dr.-Ing. W. Küch, Dortmund
Über die Wechselwirkung zwischen Holzschutzbehandlung und Verleimung
1956, 48 Seiten, 10 Abb., 8 Tabellen, DM 10,40

HEFT 250
Dozent Dr. phil. habil. F. Schwarz und Dr.-Ing. K. Alberti, Köln
Entwicklung von Untersuchungsverfahren zur Gütebeurteilung von Industriekalken
1956, 36 Seiten, 9 Abb., 4 Tabellen, DM 16,50

HEFT 266
Fliesen-Beratungsstelle Bad Godesberg-Mehlem
Güteeigenschaften keramischer Wand- und Bodenfliesen und deren Prüfmethoden
1956, 32 Seiten, DM 7,10

HEFT 319
Prof. Dr. C. Kröger, Aachen
Gemengereaktionen und Glasschmelze
1957, 118 Seiten, 53 Abb., 16 Tabellen, DM 26,—

HEFT 370
Dr. phil. habil. F. Schwarz, Köln
Physikochemische Grundlagen der Bildsamkeit von Kalken unter Einbeziehung des Begriffes der aktiven Oberfläche
1958, 90 Seiten, 14 Abb., 16 Tabellen, 36 Titrationen DM 25,10

HEFT 398
Prof. Dr. habil. H. E. Schwiete und Dipl.-Ing. G. Geisdorf, Aachen,
Einlagerungsversuche an synthetischem Mullit I
Prof. Dr. habil. H. E. Schwiete, A. K. Bose und Dr. phil. H. Müller-Hesse, Aachen
Die Zusammensetzung der Schmelzphase in Schamottesteinen I
1957, 58 Seiten, 17 Abb., 17 Tab., DM 14,50

HEFT 399
Prof. Dr. habil. H. E. Schwiete und Dr.-Ing. R. Vinkeloe, Aachen
Möglichkeiten der quantitativen Mineralanalyse mit dem Zählrohrgerät unter besonderer Berücksichtigung der Mineralgehaltsbestimmung von Tonen
1958, 102 Seiten, 34 Abb., 1 Tabelle, DM 26,70

HEFT 402
Prof. Dr. habil. W. Linke, Aachen
Die Wärmeübertragung durch Thermopane-Fenster
1958, 30 Seiten, 17 Abb., 2 Tabellen, DM 10,80

HEFT 430
Prof. Dr. G. Garbotz, Aachen und Dr.-Ing. G. Dress, Cadiz
Untersuchungen über das Kräftespiel an Flachbagger-Schneidwerkzeugen in Mittelsand und schwach bindigem, sandigem Schluff unter besonderer Berücksichtigung der Planierschilde und ebenen Schürfkübelschneiden
1958, 142 Seiten, 81 Abb., DM 37,50

HEFT 453
Forschungsinstitut der Feuerfest-Industrie, Bonn
Die Arbeiten der technisch-wissenschaftlichen Kommission der PRE (Vereinigung der europäischen Feuerfest-Industrie)
1957, 62 Seiten, 9 Abb., 18 Tabellen, DM 14,75

HEFT 454
Dr.-Ing. W. Piepenburg, Dipl.-Ing. B. Bühling und Bauing. J. Behnke, Köln
Haftfestigkeit der Putzmörtel
1958, 130 Seiten, 6 Abb., 63 Tabellen, DM 28,30

HEFT 482
Dipl.-Ing. R. Pels-Leusden und Dr. K. Bergmann, Essen
Die Frostbeständigkeit von Ziegeln; Einflüsse der Materialzusammensetzung und des Brandes
1958, 70 Seiten, 31 Abb 5 Tabellen, DM 20,45

HEFT 484
Prof. Dr. phil. habil. H. E. Schwiete und Dr. G. Franzen, Aachen
Beitrag zur Struktur des Montmorillonit
1958, 76 Seiten, 23 Abb., DM 22,—

HEFT 488
Prof. Dr. phil. habil. H. E. Schwiete, Aachen und Dipl.-Chem. H. Westmark, Recklinghausen
Beitrag zur Kennzeichnung der Texturen von Schamottesteinen
1958, 48 Seiten, 34 Abb., 7 Tabellen, DM 16,80

HEFT 528
Dipl.-Chem. Dr. P. Ney, Köln
Physikochemische Grundlagen der Bildsamkeit von Kalken unter Einbeziehung des Begriffs der aktiven Oberfläche
Dr. F. Schwarz, Köln
Kristallchemische Betrachtung der Bildsamkeit
1958, 96 Seiten, 34 Abb., 6 Tabellen, DM 26,75

HEFT 543
Prof. Dr. phil. habil. H. E. Schwiete, Dr. phil. H. Müller-Hesse und Dipl.-Ing. G. Gelsdorf, Aachen
Einlagerungsversuche an synthetischem Mullit. Teil II
1958, 28 Seiten, 5 Abb., 10 Tabellen, DM 10,—

HEFT 544
Prof. Dr. phil. habil. H. E. Schwiete, Dr.-Ing. A. K. Bose und Dr. phil. H. Müller-Hesse, Aachen
Die Schmelzphase in Schamottesteinen. Teil II
1958, 30 Seiten, 9 Abb., 12 Tab., DM 11,—

HEFT 545
Prof. Dr. phil. habil. H. E. Schwiete, Dr. rer. nat. G. Ziegler und Dipl.-Ing. Ch. Kliesch, Aachen
Thermochemische Untersuchungen über die Dehydration des Montmorillonits
1958, 48 Seiten, 16 Abb., 4 Tabellen, DM 15,40

HEFT 553
Prof. Dr. rer. pol. G. Garbotz und Dipl.-Ing. J. Theiner, Aachen
Untersuchungen der Walzverdichtungsvorgänge auf Lößlehm, Kies und Schotter
in Vorbereitung

HEFT 559
Prof. Dr. phil. habil. H. E. Schwiete und Dipl.-Chem. R. Gauglitz, Aachen
Die Verflüssigung von Montmorillonitschlämmen
1958, 66 Seiten, 15 Abb., 5 Tabellen, DM 19,30

HEFT 634
Institut für Ziegelforschung Essen e. V., Essen-Kray
Verminderung der Streuungen, der Festigkeit und der Sprödigkeit von Ziegeln
in Vorbereitung

HEFT 643
Max-Planck-Institut für Silikatforschung, Würzburg
Spannungsmessungen an Schleifkörpern

HEFT 651
Dr.-Ing. A. Eisenberg, Dortmund
Versuche zur Körperschalldämmung in Gebäuden

HEFT 688
Prof. Dr. H. E. Schwiete, Dipl.-Ing. A. Schüffler, Aachen
Entwicklung einer elektrisch beheizten Apparatur zur Messung von Wärmeleitfähigkeiten feuerfester Materialien bei hohen Temperaturen

HEFT 689
Prof. Dr. H. E. Schwiete, Dipl.-Chem. H. Westmark, Aachen
Die Wärmeleitfähigkeit feuerfester Steine im Spiegel der Literatur

Ein Gesamtverzeichnis der Forschungsberichte, die folgende Gebiete umfassen, kann bei Bedarf vom Verlag angefordert werden:

Acetylen / Schweißtechnik – Arbeitspsychologie und -wissenschaft – Bau / Steine / Erden – Bergbau – Biologie – Chemie – Eisenverarbeitende Industrie – Elektrotechnik / Optik – Fahrzeugbau / Gasmotoren – Farbe / Papier / Photographie – Fertigung – Gaswirtschaft – Hüttenwesen / Werkstoffkunde – Luftfahrt / Flugwissenschaften – Maschinenbau – Medizin / Pharmakologie / Physiologie – NE-Metalle – Physik – Schall / Ultraschall – Schiffahrt – Textiltechnik / Faserforschung / Wäschereiforschung – Turbinen – Verkehr – Wirtschaftswissenschaften.

GPSR Compliance

The European Union's (EU) General Product Safety Regulation (GPSR) is a set of rules that requires consumer products to be safe and our obligations to ensure this.

If you have any concerns about our products, you can contact us on ProductSafety@springernature.com

In case Publisher is established outside the EU, the EU authorized representative is:

Springer Nature Customer Service Center GmbH
Europaplatz 3
69115 Heidelberg, Germany

Batch number: 10585057

Printed by Printforce, the Netherlands